친환경건축의 이해

대한건축학회 부산·울산·경남지회 편

기 문 당

머 리 말

산업혁명은 생산력의 증대와 기술발전을 가져오면서 인간생활의 일대 혁신을 일으켰다. 인류는 물질적으로 과학적으로 풍요롭고 합리적이며 인간중심의 가치관을 형성하게 되었고, 급속한 산업화의 진행으로 도시개발과 편리성이 우선하게 됨으로써 인해 과다한 화석연료를 사용하게 되고, 이로 인해 온실가스배출이 증가하여 지구온난화, 오존층파괴, 기후변화, 사막화, 생태계의 악영향 등이 더욱 심화되고 있다.

1980년 이후 지구환경에 관한 국제적 움직임을 살펴보면 먼저 1987년 UN브렌트랜드 보고서의 '환경적으로 건전하고 지속가능한 발전(ESSD Environmental Sound and Sustainable Development)' 의 제창, 1992년 '리우선언(Rio Agenda21)' , 1993년 UIA/AIA '시카고선언' , 1997년 '교토의정서' , 2005년 2월 '교토의정서 발효' 로 이어져 왔으며, 온실가스 의무감축대상 39개국은 2010±2년 동안 1990년 수준보다 평균 5.2%의 온실가스를 감축해야 하는 내용을 담고 있다. 한국의 경우 쿄토의정서 의무감축국은 아니지만 에너지소비 규모 세계 10위, 이산화탄소(CO_2)배출량 세계 10위로서 경제규모에 비해 온실가스배출이 많은 나라에 속하여 향후 국제사회로부터 감축압력을 배제할 수 없는 상황에 놓여 있다.

건축 분야에서는 1차 오일쇼크가 발생한 1970년대초부터 1980년대에 걸쳐 에너지절약건축(Energy Conservation Architecture), 1990년대의 그린건축(Green Architecture), 그리고 2000년대 들어서는 지속가능한 건축(Sustainable Architecture)로 발전해 오고 있다. 친환경건축은 환경친화, 장수명, 에너지 및 자원절약, 순환시스템, 전통문화 계승 등의 건축이념을 반영하고, 이를 위해서는 지금까지의 무한환경의 세계관에서 유한환경의 세계관으로, 인간중심의 건축관에서 생태환경 중심의 건축관으로 건축 전반에 걸친 주거환경의 패러다임이 변하고 있다.

이러한 시대적 변화와 사회의 요구에 부응하고 저탄소 녹색건축과 친환경적 건축설계 창출에 있어서 조금이나마 이해와 참고가 되길 바라며, 미비하고 부족한 부분에 대해서는 독자제현의 관심과 지도를 기대한다.

2009년 8월

저자 일동

집필위원

(가나다순)

· 김삼열(동의대학교 교수)
· 도근영(한국해양대학교 교수)
· 박　률(동의대학교 교수)
· 박민용(부산정보대학 교수)
· 박종일(동의대학교 교수)
· 우세진(울산과학대학 교수)
· 이경희(부산대학교 교수)
· 이선영(진주산업대학교 교수)
· 이정재(동아대학교 교수)
· 전채휘(인제대학교 교수)
· 조성우(공학박사)
· 최정민(창원대학교 교수)

Content

11장 공기조화시스템의 친환경적 이해 351

12장 친환경건축의 성능평가 373

제1장
친환경건축의 개념

1.1 친환경건축의 역사적 배경

지구환경 문제의 심각성에 대한 인식과 함께 건축 분야에서 환경보전을 주제로 새롭게 대두되고 있는 것이 환경친화적 건축에 대한 개발 노력이다. 이러한 환경친화적 건축운동이 태동하게 된 것은 건축사적 관점에서 볼 때 18세기 중엽 고전주의 이후의 건축양식에서 그 기원을 찾을 수 있다.

18세기 중반에는 기계문명의 발달과 폼페이 유적의 발굴을 계기로 이전의 바로크 및 로코코 건축양식이 퇴조하고, 그리스나 로마 건축에서 볼 수 있는 절제되고 엄격한 법칙과 명확한 공간질서를 추구하는 고전주의 건축양식이 태동하였다.

이러한 고전주의 건축양식은 뒤이어 역사적 건축을 보다 구체적으로 모방한 역사주의 건축양식으로 승계되었다. 나아가 역사주의 건축양식은 이후 자연에서 건축형태의 원형을 찾고자 하는 자연주의적 경향을 지닌 유겐트스틸로 발전하고, 다른 한편으로 또 다른 기하학적 경향을 추구하는 입장에서 초기합리주의의 두 가지 흐름으로 발전하게 되었다. 이후의 건축양식은 자연주의적 경향과 기술+문명 지향적 경향의 두 가지 흐름을 축으로 발전하게 되는데, 여기서 다루는 환경친화적 건축은 이후의 자연주의적 경향을 추구하는 흐름에서 유래한 개념이라 할 수 있다.

자연주의적 경향의 건축양식에 대해 보다 구체적으로 살펴보면 자연주의적 경향을 보여준 유겐트스틸은 20세기 초반에 자연의 원초적, 신비주의적 생명력을 건축에 도입하여 자유롭고 추상적이며 기념비적 형태의 건축양식을 추구하는 표현주의로 발전하였으며 이후 건축물을 자연경관의 일부로 인식하면서 지역 고유의 풍토나 문화적 전통과 연결시키고자 하는 유기건축이 태동하게 된다.

이러한 건축적 경향은 다시 2차 세계대전을 계기로 전통을 의식한 자연주의적 경향을 띠면서 고유의 지역성(Genius Loci)에 관심을 집중시킨 전통주의 건축양식으로 발전하였고 다시 지역주의와 신표현주의 건축양식으로 전개되었다.

동시대적 건축경향으로 볼 수 있는 지역주의와 신표현주의는 건축과 주변 환경과의 연계성이나 지역적인 전통에 대한 인식에 초점이 맞춰져 있다. 이후

1970년대 초반에는 석유파동을 계기로 서구사회의 고도 경제성장에 대한 한계를 인식하게 되면서 새로운 건축적 대안으로서의 환경친화적 건축경향이 나타나게 되었다고 할 수 있다.

이러한 관점에서 볼 때 현대의 환경친화적 건축경향은 자연에 대한 향수에서 출발한 일시적 현상이 아니라 합리주의 건축양식에 뿌리를 두고 있는 극단적 기술 문명 지향의 현대건축이 야기한 환경문제를 해결하려는 동시대적 대안으로 파악할 수 있으며, 분명한 역사적 맥락을 지닌 또 하나의 대안적 건축경향으로 보는 것이 타당할 것이다.

1.2 친환경건축의 정의

친환경건축이란 환경문제가 인류의 생존과 직결된 최대의 현안으로 부각되면서 생태계 파괴로 직결되는 기존의 건축이 안고 있는 문제를 해결하기 위해 새롭게 대두된 대안적 건축의 한 형태이다.

환경을 고려한 미래지향적 대안건축으로서의 환경친화적 건축의 대표적인 성공 사례는 독일의 생태건축(Okologisches Bauen)과 일본의 환경공생주택(環境共生住宅)을 들 수 있다. 이들은 70년대 후반부터 전 세계적으로 대두되기 시작한 환경보전을 기본개념으로 하는 다양한 건축운동, 즉 '생물건축(Bio-Architecture)' 이나 '녹색건축(Green Architecture)', '기후순응형 건축(Bio-climatic Architecture)', '대안건축(Alternatives Bauen)' 등과 맥락을 같이 하고 있으며, 이러한 다양한 건축경향의 근간을 이루거나 다양한 경향을 종합한 대표적인 환경친화적 건축의 개념이라 할 수 있다. 이와 더불어 1992년에 리우의 UN 환경회의에서 주창된 '지속가능한 개발' 의 개념도 건축 분야의 새로운 개념으로 자리잡고 있다.

우리나라에서도 90년대 초반부터 환경문제에 대한 심각성이 국민적 관심의 대상이 되면서 건축 분야에서 환경, 환경보전형, 환경공생형, 친환경, 환경친화적, 환경친화형, 그린, 그리고 생태건축 등 매우 다양한 이름으로 환경친화적 건축 개념이 소개되고 있다.

이 장에서는 이러한 환경보전을 기본 개념으로 하여 전개되고 있는 새로운 대안적 건축으로서의 환경친화적 건축 가운데 대표적인 사례로 볼 수 있는 독일의 생태건축, '지속가능한 개발' 의 개념과 일본의 환경공생주택 등을 중심으로 친환경건축의 개념을 알아보고자 한다.

1.3 생태건축(독일, Okologisches Bauen, 1979)

생태학(生態學, Ecology)은 19세기에 발생되었으며, 생물학과 유사한 개념으로 통용되지만 간결하게 정의되지는 않고 있다. 생태학이라는 용어는 1896년 독일의 생물학자 E. H. 헤켈에 의해 처음으로 사용된 말이다. 생태학, 즉 Ecology는 어원적으로 집을 뜻하는 Oikos와 Logos의 합성어로 "생물과 환경 및 함께 생활하는 생물과의 관계를 논하는 과학"이라고 정의하고 있다.

"생태학은 자연의 경계를 다루는 학문 분야를 의미한다. – 동물을 중심으로 생물적, 비생물적 환경과의 총체적인 관계를 연구하고, 그 외에 직 · 간접적으로 접촉하는 다른 동물들과 식물들과의 이롭고 해로운 관계를 포함한다. – 즉 생태학은 다윈의 생존경쟁 조건에 적용되는 복잡 다양한 모든 상호 연관관계를 연구하는 학문이다.[1]라고 정의하고 있다.

친환경건축 가운데 세계적으로 가장 먼저 구체화된 개념이 독일의 생태건축(生態建築)이다. 1970년대 독일에서는 급속한 산업화에 의한 공해와 환경파괴가 심각한 사회문제로 대두되었고 사회 각 분야에서 이에 대응하기 위한 다각적인 대안이 모색되었는데 건축 분야에서는 기존 건축이 유발하는 환경문제에 대응하기 위한 방안으로 생태건축이 탄생하였다. "생태건축, Okologisches Bauen"은 1979년 P. & M. Krusche 등이 연방환경부에 제출할 연구보고서 제

1) 로버트 매킨토시 지음/김지홍 옮김, 생태학의 배경 – 개념과 이론, 마르케, 2002. 10. p.23.

목을 결정하는 자리에서 공식적으로 명명되었다고 한다.

생태건축은 생태학적인 근원에서 자연에 대한 관심의 증가와 인식의 전환과정에서 건축 분야에 자연스럽게 등장한 것으로 볼 수 있다. 자연환경의 중요성에 대한 인식은 인위적 환경인 건축환경에 대한 새로운 인식을 가능하게 했다. 1973년 스위스의 문화비평가이자 건축가인 R. Keller는 그의 저서 "환경파괴행위로서의 건축"에서 다음과 같이 경고하고 있다. "건축은 모든 경우에 한결같이 기간이 길면 길수록, 양이 증가하면 할수록 본질적으로 환경파괴 행위로 변하고 말았다. 모든 사람이 환경파괴에 대하여 말하지만 건축에서는 일부에 불과한 물, 공기 또는 폐기물처리를 떠올리는 정도이다. 아무도 건축에 의한 환경파괴를 언급하는 이가 없다."[2)]

건축가들이 건축의 생태학적 문제를 다루기 시작한 것은 1960년대 후반 정도이며, 기존 건축이 인간의 삶의 터전인 자연환경의 중요성을 망각하고 행해지는 획일화 · 비인간화된 기존 건축의 문제점을 강하게 비판하고, 건축으로 인한 생태계 파괴의 심각성을 인식하고 자연과 인간이 공존할 수 있는 건축환경을 창조하려고 노력하였다. 생태건축에서 추구한 궁극적인 목표는 건축환경을 자연생태계에 아무런 가해 없이 접목시켜 "인간(인위적) 생태계"로 재창조하는데 있다. 이를 배경으로 1970년대 이후에는 다양한 생태건축적 시도와 대안들이 나타났다.

여기서 생태건축이란 "자연환경과 조화되며 자원과 에너지를 생태학적 관점에서 최대한 효율적으로 이용하여 건강한 주생활 또는 업무가 가능한 건축"으로서 자연생태계의 일부로서 자연환경에 해를 주지 않고 자연자원을 활용하며, 환경의 4대 요소(태양, 토양, 공기, 물)로 구성된 자연의 순환체계에 건축이 연계되어 자연생태계와 더불어 인간이 안정된 생활을 하도록 하는데 그 이상적 목표가 있다. 이런 바탕에서 건축 각 분야에서 생태건축들이 시도되고 있으며, 이 중 핵심은 건축에 유입되는 에너지, 자원수요의 최소화와 태양에너지 이용, 자연조건을

2) 김현수, R. Keller의 경고 – "환경파괴행위로의 건축", 생태건축의 이해와 주거건축의 미래, 신도시, 1994.11, p.20.

이용한 실내기후 조절, 식물을 이용한 외벽 등의 자연조건을 이용한 방법이다.

또한 외부로 배출되는 열과 폐기물, 폐수와 토양, 토양포장의 최소화 등으로 자원절약과 생태계에 대한 인간적 배려를 도모함에 있다. 또한 대지나 건축물의 주변에 다양한 동물, 식물의 종들이 서식할 수 있는 환경을 조성하여 건축물이라는 인공환경을 주위 생태환경과 조화롭게 배치하여 인간의 삶을 풍요롭게 하는 것이다.

그림 1.1 일본 아크로스 후쿠오카

그림 1.2 이탈리아 카스텔라네타 리조트복합시설
(복합쇼핑몰, 호텔, 국제회의장, 스포츠시설, 골프코스 등으로 구성)

1.3.1 생태건축의 목표

이러한 생태건축이 추구하는 건축적 목표는 다음과 같이 3가지로 정리할 수 있다.

(1) 자원과 에너지의 생태적 이용

건축물의 생산과 유지관리에 필요한 에너지와 자원의 수요를 최소화하고 순환 · 활용하는 데 초점이 맞추어진다. 따라서 자연자원과 재생 가능한 자원을 우선적으로 활용하며 태양에너지의 이용이나 자연조건을 최대한 활용한 실내 기후조절 장치, 식생을 이용한 건물 외피 보호 등의 계획요소가 필수적으로 도입된다.

(2) 자연환경과의 조화

기존의 건축이 자연환경의 심미적 측면을 추구하는 것과는 달리 생태건축에서 환경부하의 저감이나 생물서식환경과 건축환경의 조화를 도모하기 위한 물리적, 생물학적 측면에서의 조화에 초점을 맞추고 있다. 따라서 공기의 오염, 폐열, 폐기물, 폐수의 양과 농도, 그리고 토양에 대한 포장을 최소화하고 대지 주변에 다양한 종류의 동 · 식물 서식환경을 조성하기 위한 계획기법이 적극적으로 도입된다.

(3) 건강한 주생활의 추구

건축물을 주변 경관과 조화를 이루도록 배치하여 건강한 주생활과 업무가 가능하게 한다. 이를 위해 자연조건과 에너지 효율을 고려한 입지 선정이나 배치, 건물 형태, 재료 선택, 건물 내 · 외부의 기능적 연계성과 수목과의 연계성을 고려한 계획이 이루어진다.

이러한 건축적 목표를 지닌 생태건축은 환경파괴에 따른 생태계의 문제를 인식하고 이러한 문제를 해결하는데 초점을 맞춘 것으로 자연생태계의 보전을 특히 강조하고 있다. 이와 함께 자연의 순환법칙에 저촉되지 않는 개발을 위한 순환형 건축을 제시하고 있다. 앞에서도 언급하였듯이 독일에서 태동한 생태건축은 이후의 여러 가지 환경친화적 건축운동의 선도적 역할을 하고 있으며 구체적인 모델로 작용하고 있다.

또한 생태건축에서 추구하는 구체적인 목표는 다음과 같다.

① 건축물 시공과 유지관리에 필요한 에너지와 자원의 수요를 최소화한다.
② 자연시스템과 재생가능한 자원을 효율적으로 활용한다. 예를 들면 태양에너지의 이용, 자연조건을 활용한 실내 기후조절, 식물을 이용한 외벽 보호 등이다.
③ 물과 공기의 오염, 외부로 방출되는 열, 폐기물, 폐수의 양과 농도, 그리고 토양의 포장을 최소화한다.
④ 대지 주변에 다양한 종의 동물과 식물이 서식 가능하게 한다.
⑤ 건축물을 주위의 경관과 어우러지게 배치하여 건강한 거주생활과 업무가 가능하게 하도록 하는 것이다.

1.3.2 생태건축의 디자인 원리

생태건축 방법론의 다양한 디자인 원리는 다음과 같이 정리할 수 있다.

첫 번째는 건축물의 계획단계로 건축물이 들어설 부지가 정해지면 건축주와 건축가, 그리고 각 환경 분야의 전문가와 함께 방향을 설정하고 대략적인 건축배치가 정해지는 단계이다.

(1) 최적의 입지 선정 및 토지이용 계획

① 지역기후 특성을 고려한 자연적 입지 고려
② 일사, 통풍의 이점을 고려한 입지 선정
③ 자연 지형과 미기후의 이점을 고려한 건축물 배치

(2) 인간의 삶을 건축물에 반영

–사람들 개개인과 공동체, 그리고 향후 거주자의 생태를 고려한 사회·문화적 특성의 표현도 포함

① 건축가의 이념보다 사용자 중심의 설계 지향

② 설계 및 시공 과정에 거주자 참여

③ 거주자의 생애주기, 일일 사용주기 고려

④ 건축물의 미래 사용자에 대한 고려

⑤ 커뮤니티 형성에 대한 고려

⑥ 사용자의 생활과 습관, 건강을 최우선으로 설계

⑦ 사용자 행동 능률을 최대화하는 동선 계획

두 번째는 건설 준비 및 시공단계로, 건설을 위한 재료의 선택, 보관, 운송, 분배 및 가공단계를 포함하여 건축물을 대지에 건축할 경우 생태계에 직접 영향을 주는 것을 말한다.

(1) 자원 및 에너지 수요의 최소화

① 공기 및 시공의 합리화로 재료 운송 및 시공기간의 최소화

② 사용년한이 길고 재활용이 가능한 자재 사용

③ 재활용이 가능한 폐건축자재 재활용

④ 규격품 사용

(2) 지역 자연생태계와 순환체계 보존

① 건설로 훼손되는 동·식물 생태계의 보존

② 다양한 목초의 식재로 생태계의 균형 유지

③ 동물 서식지 마련 및 보호계획

④ 지역 미기후를 고려한 건물 구조체의 형태 및 배치 결정

⑤ 우수의 흡수와 지하수 보존을 위한 투수성 재료로 포장

⑥ 훼손토양의 보상을 위한 건축물 녹화작업

(3) 기존 대지 중심의 고려

① 기존 지형을 보존하는 배치 및 형태 구성

② 기존 대지의 역사성의 주위 환경과의 맥락 고려

(4) 생태학적 시공재료 사용

① 재활용을 이용한 무독성 천연재료 사용

② 지역 특유의 천연 건축재료와 현대적 적용기술 개발

③ 단열 및 통풍이 우수한 건축물의 디테일 구성

세 번째는 건축물의 유지관리 단계로 실제로 인간이 거주하면서 생활하는데 필요한 물질 및 에너지의 유입 및 유출이 관련되는 부분으로 가장 중요한 것이다.

(1) 자연에너지의 이용

① 지역 기후조건을 최대한 고려한 자연에너지 활용

(2) 자연 순환체계의 효율적 활용

① 건축물 설비체계를 인공생태계로 조성

② 오염물질 방출 최소화 및 정화처리 재활용

③ 폐열교환 및 순환적 에너지 체계 구성

④ 중수와 우수의 재활용 시스템 구성

마지막으로 폐기처리 및 재생 단계로 건축물의 기능과 사용년한이 다하여 폐기되고 건축물을 신축하는 경우 연구가 필요한 부분이다.

(1) 건축물 및 건자재 재활용

① 건축물의 리모델링 등 건축물 재생의 총체적 개념으로 용도의 재활용

② 타 건축물의 신축과 시기를 맞춘 폐건자재 재활용

③ 폐건자재 재활용 기술의 개발

(2) 건축물 및 건자재 폐기

① 폐기 후 대지 생태계의 복구

② 천연재료의 자연 분해

1.4 지속가능한 개발(Sustainable Development, 1987)

1.4.1 지속가능성에 대한 두 섬의 교훈

환경파괴로 인한 환경적 재앙은 여러 가지 모습으로 나타나고 있으며, 아직까지도 일반적인 환경파괴로 인해 발생되고 있는 환경재앙(엘니뇨, 황사, 원인모를 질병 등)에 대해서 기술적 접근으로 제어 또는 해결 가능한 문제로 인식되고 있다.

그러나 최근 지구상의 수몰국가 1호로 기사화된 남태평양의 투발루 섬에 대한 이야기와 1722년에 처음으로 알려진 이스터 섬(Ester island)의 거대석상에 대한 불가사의한 이야기는 오늘날 자원의 과대사용과 자연파괴가 가져올 지구와 인류 생존의 지속성에 대한 좀더 심도 있는 접근이 필요함을 증명해 주는 좋은 예이다.

이스터 섬은 거대한 입면석상으로 유명한 섬이다. 고고학자들의 관심은 550여 개에 달하는 거대한 석상이 과연 어떻게 만들어졌는지 궁금해 했으며, 풀리지 않는 불가사의로 정의하고 있다. 이스터 석상이라고 불리는 이 석상 중 큰 것은 높이 30m, 중량은 80톤에 이른다고 한다.

대부분은 해안을 따라 놓여졌고 응회암으로 만들어진 긴 귀, 뚫려 있는 코를 가진 머리와 어깨만의 상으로서, 디자인은 모두가 거의 비슷하다. 이전에는 머리에 크고 늙은 장식의 돌을 얹어 놓은 것이 많았으나 지금은 무너져 있다. 인면석상은 인근 화산에서 잘라내어 운반된 것으로 채석장 옆으로 뚫린 굴속에는 지금도 돌을 떠내다만 상(像)이 남아 있다고 한다.

그러나 현재 섬의 상태로 보아 어떻게 이런 거상을 만들 수 있었을까 하는 의

그림 1.3 이스터 섬의 거대석상

문이 제기되었다. 이러한 거석상 제작에 필요한 목재나 로프로 쓸 만한 재료는 물론 돌을 운반할 동물도 없었기 때문에 섬 주민만의 힘으로는 불가능한 일이었다고 할 수 있다. 또한 거상을 제작한 이유는 대략 종교적 이유였으리라 판단되고 있는데, 많은 거석상들이 인위적으로 파괴되어 있는 이유도 불가사의하였다.

이를 밝히려는 고고학 및 고생물학의 연구 조사 결과 최초의 원주민이 거주한 연대는 400~700년으로 나타났으며, 거석상은 1200~1500년에 조각되었음이 밝혀졌다. 그리고 당시 원주민의 숫자는 7천 명~만 명으로 추정되었다. 또한 늪지나 못의 바닥에서 수직으로 잘라낸 잔해물층에 있는 수천 가지의 화분을 일일이 분석한 결과 이 섬에는 인간이 거주하기 시작한 30만 년 이전부터 아열대 수림이 우거졌음이 알려졌다. 뿐만 아니라 지금은 사라진 칠레산 와인 야자수 화분이 무더기로 발굴되었다. 직경 6피트에 높이 82피트나 되는 이 야자수는 거석상을 운반하거나 카누를 만드는데 안성맞춤의 목재였던 것이다.

이들 화석과 함께 화분층에서 숯덩이들이 발견되었는데, 이는 아열대수림에서 농경 또는 기타의 목적으로 인위적으로 화재를 발생시킨 것으로 추정된다. 또한 거석상을 만들고 사냥을 위해 무차별한 벌목이 행해진 것으로 추정된다. 이러한 상황에서 증가하는 인구와 많은 나무의 벌채로 인해 야자수는 1400년경에는 사라진 것으로 추측되고 있다.

숲이 사라짐에 따라 토양도 황폐해져, 식량이 부족하게 되었고, 이로 인한 종족간의 분규와 전쟁이 일어났으며, 그들은 경쟁 상대 부족의 거석상을 부수고 상대종족을 파괴하기에 이르게 되었을 것이다.

즉 거상의 제작과 사냥을 위해 무분별한 벌목으로 인해 숲이 사라지고 토양이 황폐해지고 종족간의 생존전쟁이 빈번했으며 숲의 파괴로 인한 해일, 홍수, 가뭄 등의 자연재앙이 몰려와 결국 섬의 원주민 모두 멸종된 것으로 해석되고 있다.[3)]

이는 매우 과학적인 자료에 의한 해석이며, 현재 이러한 결론에 이의를 제기하는 사람은 별로 없는 상황이다.

지속 가능성에 대한 두 번째 예로 남태평양의 투발루 섬인데 최근에 언론에 보도되어 많은 사람이 알고 있는 섬이기도 하다.

투발루 섬은 남태평양 적도 부근에 위치하며, 면적은 26km^2, 인구는 1만 1천 명(2001), 수도는 푸나푸티이다. 오스트레일리아 북동쪽 4,000km 지점, 날짜 변경선 서쪽에 위치하는 엘리스 제도라고 하는 8개의 섬과 1개의 뱅크로 이루어져 있다. 섬은 모두 산호초로 형성되어 있으며 평균 해발고도 3m 정도의 낮고 평평하며 단순한 지형을 이룬다. 해발 4.5m를 넘는 곳이 없는 투발루는 지구온난화의 영향으로 해수면이 상승하여 전 국토가 바다 속으로 잠길 위험에 처해 있다. 이에 따라 투발루 정부는 2002년부터 자국민들을 1년에 75명씩 뉴질랜드로 이주시키기로 결정했으며, 이미 해외에 기반을 가진 주민들의 이민으로 1만 1천 명에 이르던 인구는 최근 9천 명 정도로 급감했다. 또한 투발루 총리는 수도를 이전하고 국가를 포기할 수밖에 없는 상황임을 시인했다.

투발루 기상연구소에 따르면 투발루의 해수면은 해마다 높아져 지난해 3월 역대 최고인 3.346m를 기록했다. 특히 국토의 평균해발고도가 3m인데 비해 11~3월까지 여름철 바닷물의 최고 수위가 3m를 넘어 매달 2~3일씩 침수가 이루어지고 있다. 또 바닷물이 지표면 1~2m 아래까지 스며 올라와 채소를 깡통

3) Norbert Lechner, Heating Cooling Lighting-Design for Method for Architecture, Jhon Wiley & Sons. INC, 2000, p.12.

그림 1.4 해수면 상승으로 인해 사라져가는 투발루 섬

그림 1.5 투발루 섬의 마을 전경

에 키우는 등 농업이 이루어지기 힘든 황폐한 땅으로 변했다고 한다.

환초섬으로 피난 간 사람들이 일궈낸 물의 도시 베네치아도 해마다 조금씩 바다 속으로 침몰하고 있다. 실제로 베네치아 도심의 마르코 광장 일부가 침수되어 징검다리를 이용하고 있으며, 하중을 줄이기 위해 관광객 입장을 제한하자는 의견까지 나오고 있다. 이와 같은 현상은 지구온난화로 인해 해수면이 높아졌기 때문이다.

한국환경정책연구평가원의 조사에 따르면 지난 10년간 국내 연안의 해수면 상승치는 지구 전체의 평균 상승치 3.1cm보다 높은 4.7cm로 나타나 있다.

미국의 환경단체인 지구정책연구소는 "투발루가 지구온난화로 조국을 버린 첫 번째 나라이지만 결코 마지막 나라는 아니라는데 문제가 있다."고 경고하고 있다.

1.4.2 지속가능한 개발의 개념

지속가능한 개발의 개념은 역사적으로 볼 때 19세기 중엽 보존주의(Conservation) 운동과 맥락을 같이 하며 UN Bluntland Report(1987)에서는 "다음 세대의 요구를 만족시킬 수 있는 여지를 방해하지 않는 범위 내에서 현 세대의 요구를 반영한 개발"로 정의하고 있다.

리우선언의 핵심인 "지속가능한 개발(Sustainable Development)"은 현 세대의 자원과 환경의 개발이 과도하게 이루어져서 후세대의 필요와 복지를 위협하지 않도록 진행되는 개발을 뜻하며 WCED(World Commission on

Environment and Development, 1987)는 다음과 같이 정의한 바 있다.

"지속가능한 개발은 미래세대의 필요를 충족할 능력에 손상을 주지 않으면서 현세대의 필요를 충족시키는 개발이다."

또한 Goodland and Ledoc는 "지속가능한 개발"은 재생가능한 자원을 남용하거나 그 사용가치를 소멸시키는 방법을 피하고 재생 불가능한 자원의 사용도 그 속도를 조절하여 자원에 관한 후손의 사용권리를 제한하지 않도록 하여야 한다고 하였다.(Goodland and Ledoc, 1987)

즉 인류에게 주어진 자연환경이라는 자산을 잠식하지 않고, 이 자산을 잘 이용해서 인류가 계속 잘 사는 것이 곧 지속가능한 발전이 추구하는 의미로 해석된다. 비유하자면 경제활동에서 자본의 효율적 운용에 의해 자본잠식을 하지 않는 건실한 경영과도 같다고 정의할 수 있다. 그러나 지속가능한 개발의 이념은 자원의 지속가능만을 의미하는 것은 아니며, 자연자원을 포함하는 생태계 전체가 지속가능할 것을 요구한다. 그러므로 자연자원의 소모뿐만 아니라 환경오염으로 인한 생태계 파괴도 충분히 제어되어야 함을 의미한다.

인간 활동에 따른 자원의 소모와 환경오염은 서로 밀접한 관계에 있기 때문에 이를 분리하여 대처할 수 없다. 또한 지구생태계는 자원이라는 자본을 바탕으로 해서 인간이 이용할 수 있는 자원과 에너지를 지속적으로 생산하여 인간 생존의 기반을 제공하고 수용능력 범위 내에서 인간이 배출하는 오염물질을 정화한다. 그러나 생태계의 정화능력을 넘어선 환경오염은 과소비경제 활동에서 발생하는 과도한 부채와도 같아서 지구환경의 파산을 예고할 수 있다.

따라서 지속가능한 개발은 자원과 환경오염 차원을 넘어서 후세대의 생존 기반이 고갈되지 않도록 하고 복지후생도 현세대보다 보다 감소되지 않도록 하는 계획된 개발과정을 뜻한다. 즉 자연환경이 인류를 수용하는 능력에는 한계가 있으므로 이러한 수용능력의 범위 안에서 자연환경을 이용하는 모든 활동이 이루어지도록 통제되어야 하는 것이다.

이러한 관점에서 지속가능한 개발은 주로 자연자원의 사용한도에 초점을 맞추고 있다. 지구의 생태적 균형과 지속성을 위해 현재 사용 가능한 자원의 총량을 결정하고 그 한도 내에서 자원을 사용하도록 한다. 이 때 그 자원의 가용능력은 지역적일 수도 있고 글로벌적일 수도 있다. 따라서 건축도 이러한 가용능력을 감안하여 계획되어야 하며 어느 정도 개발할 것인가와 그 개발의 우선순위에 대한 판단이 중요한 요소가 된다.

지속가능한 개발은 건축 활동을 포함한 대부분의 개발형태에 대응하는 개념이기 때문에 적용범위가 매우 넓고 포괄적이다. 따라서 여기서는 특히 건축 활동과 직접 관련 있는 분야를 중심으로 그 실천목표를 정리하면 다음과 같다.

(1) 자연자원의 경제적 이용

자연자원의 유한성에 대한 인식을 기초로 생태적 경제학(Ecological Economics)의 개념을 도입하여 자원의 경제성에 대한 평가가 새롭게 시도된다. 즉 원자재의 채굴에서부터 제품의 생산과 사용, 폐기에 이르는 라이프사이클을 총체적으로 고려하여 그 경제성을 평가한다. 이를 통해 특히 재생 불가능한 자원의 고갈이나 환경적 피해가 큰 자재를 건축계획에서 배제할 수 있게 된다. 구체적으로 에너지와 토지, 천연자원의 효율적 활용과 폐기물의 재활용 등을 적극적으로 도입한다.

(2) 주민의 참여와 균등한 배분

지역사회의 개발 또는 토지이용 등에 대한 의사결정시 시민의 참여가 적극적으로 이루어지도록 한다. 나아가 사회공동의 자원은 누구나 사용할 수 있는 권리를 가진다는 형평성의 원칙이 개발의 전제조건이 된다. 예를 들어 한 지역에 집중적으로 녹지를 배치하는 계획보다는 전체 지역에 걸쳐 유기적인 연계를 도모함으로써 모든 주민이 동등한 혜택을 누리도록 하며, 이러한 녹지의 배분에 주민참여를 유도하여 균등한 배분을 통한 형평성의 목표를 달성한다.

(3) 환경보호

환경보호를 위해 자연환경 오염이나 생태계를 해치는 재료의 사용을 금지하는 것을 목적으로 한다. 천연자원에 대해서는 가용범위 내에서만 이를 활용하고, 이로 인해 환경에 미치는 영향을 충분히 고려해야 한다. 이와 같은 세 가지 목표는 서로 종합하여 어느 하나의 목표 달성을 위해 다른 목표가 희생되어서는 안 되며, 서로 보완적이고 균형을 이루는 상호 의존적 개발이 이루어져야 한다. 결론적으로 경제적이면서 친환경적 개발이 지속가능한 개발의 궁극적인 목표라 할 수 있다.

한편 지속가능한 개발은 지구환경 문제와 에너지 고갈 문제에 대한 글로벌적 관심이 고조되면서 국제적인 협의를 통해 나타난 것으로 자원 활용에 있어서 미래의 세대를 고려하자는 취지를 가진 인간중심적 경향을 띠고 있다. 따라서 자연 생태계를 기본원칙으로 하는 생태건축과는 다소 차이가 있지만 근본적으로 추구하는 목표와 방법은 동일하다고 할 수 있다.

나아가 이러한 지속가능한 개발은 환경파괴에 대한 문제점 인식과 함께 환경을 고려한 개발에 대한 국제적 공감대를 토대로 형성된 글로벌 차원의 대응방안 제시라는 점에서 그 의의가 크다고 할 수 있다. 이 개념은 건축에만 국한된 것이 아닌 사회 전반적인 분야에 공통으로 적용되는 개념으로 정치, 경제, 사회의 각 부문을 포괄하고 있다. 따라서 이러한 개념은 보다 상위의 개념으로 국가정책의 수립을 위한 기본개념으로 수용될 경우 그 효과는 보다 광범위하게 영향을 미칠 것으로 기대된다.

1.4.3 지속가능한 개발과 건축

지구환경 보존을 위한 시대적 노력은 건축 분야에서도 예외일 수 없다. 건설산업은 한 국가의 경제활동에서 차지하는 비중이 매우 높다. 미국의 경우 8,000조 달러 또는 GDP의 13%를 차지하고, 1,000만 명 이상에게 직업을 제공하고 있는 것으로 나타나고 있으며, 우리나라의 경우 건설생산의 비중은 1996년 기준으로 약 59조 원 또는 GDP의 14%에 해당하며 전체 취업자의 9%에 해당하는 전문직 및 기능직 고용창출을 하고 있다.

또 한 국가의 재생산이 가능한 부의 50% 이상이 건설시장에 투자된다.

따라서 건설산업에서 운영과 자원 효율성을 증진시키는 작은 변화조차도 경제적 부가가치와 환경개선에 크게 기여할 수 있다. 이와 같이 건축은 국가경제에 가장 크게 기여하는 중요한 분야이며, 건축 분야는 경제활동의 주축이 된다고 할 수 있는 것이다.

이러한 경제활동의 결과 건축이 지구환경 문제에 미치는 영향은 매우 클 수 밖에 없다. 미국의 월드와치연구소(World watch insititute)에 따르면 세계적으로 전체 GNP의 1/10이 주택과 오피스 건설 또는 운용에 투입되고 있다고 밝혔다.

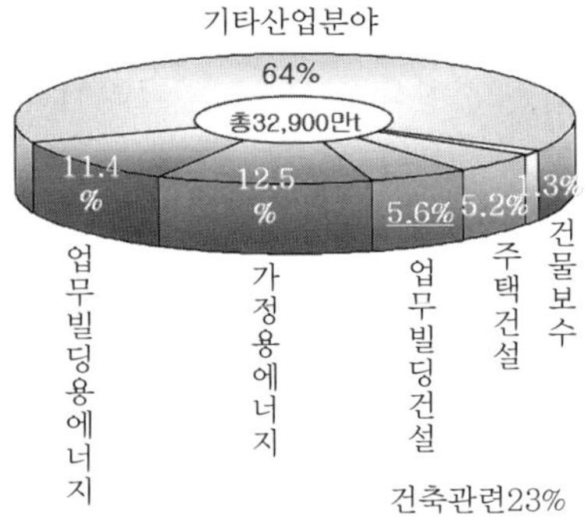

그림 1.6 건축 분야의 CO_2 배출량

건축물은 세계가 소비하는 원재료의 40%를 소비하고 있고, 매년 약 30억 톤의 원재료가 기둥과 벽체, 마감재 등에 사용되고 있다. 매년 약 30억 톤의 원재료가 기둥과 벽체, 마감재 등에 사용되고 있다. 또한 전 세계에서 소비되는 에너지의 1/3은 건물에서 사용되는 조명, 콘센트, 냉 · 난방, 급탕에 의해 소비되고 있다. 또한 미국의 경우 연간 약 9,000만 톤의 쓰레기가 건축물 해체로 인해 발생되고 있고, 이는 총 쓰레기량의 50%에 달하고 있다. 일본에서도 GNP의 1/10이 건설 부문과 토목 부문에 투자되고 있고, 자동차 사업과 거의 비슷한 수준이다.

그림 1.6은 국내 전체 CO_2배출량(1990년 1,166백만 톤) 중에서 건설 분야가 차지하는 비율을 나타낸 것이다. 건설에 관계하는 CO_2 배출량이 총 배출량의 약 23%를 차지하고 있으며, 완공된 건축물의 운영에 관계되는 배출량도 약 23%를 차지하고 있다. 기타 관련된 파급효과를 포함하면 총 배출량의 약 50%를 차지하고 있음을 알 수 있다.[4)]

---

4) 정광섭, 이언구, 환경성능인증제도의 필요성 및 개요, 건축물환경성능인증제도(그린빌딩인증제도) 도입을 위한 세미나, 1999. 10, pp.32~34.

이와 같이 건축은 국가경제발전에 커다란 비중을 차지하면서 동시에 지구환경에 미치는 영향과 파급효과도 매우 크다. 이에 따라 시대가 요구하는 친환경적이고 지속가능한 개발 도입은 어떤 분야보다도 건축 분야에서 시급한 실정이다.

이러한 시대적 요구에 따라 선진 각국은 환경친화적이고, 지속가능한 개발 개념을 건축에 도입하여 보다 쾌적하고 인간적인 건축물을 창출하기 위한 연구와 개발을 활발히 지속적으로 추진하고 있다.

1.5 환경공생주택(일본, 環境共生住宅, 1991)

환경공생주택은 일본에서 정립된 개념으로 1991년 환경공생주택위원회가 발족되면서 본격적인 개발이 시작되었다. 여기서 환경공생주택은 생태계 내에서 서로 다른 두 종의 생물이 서로 이익을 주고 받으며 함께 생활하는 '공생'의 개념을 토대로 "지구 지역환경을 보전한다는 관점에서 지역의 특성이나 거주형태에 대응하여 자원과 에너지 이용이나 폐기물 처리 측면에서 적절한 배려가 이루어짐과 동시에 주변의 자연환경과 친화되고, 나아가 거주자가 주체적으로 참여하여 건강하고 쾌적하게 생활할 수 있도록 연구된 주택 및 그 지역환경"으로 정의하고 있다. 이러한 환경공생주택이 개발된 배경과 구체적인 계획목표를 정리해 보면 다음과 같다.

1.5.1 환경공생주택의 개발 배경

① 지구환경 문제 : 지구온난화와 산성비 등의 환경문제는 인류가 직면한 공통의 문제로서 국제적인 대응책이 모색되고 있다. 일본에서는 1990년 10월의 관계 각료회의에서 "지구온난화방지 행동계획"이 채택되었고, 이를 계기로 이산화탄소 배출 억제, 열대우림 보전 등에 관한 구체적인 지구환경보전 조치가 강구되고 있다.

② 도시의 거주환경 문제 : 전체 인구의 60%가 도시에 거주하는 일본의 실정에서 도시지역에서 집주환경정비는 매우 중요한 과제가 되고 있다. 그리

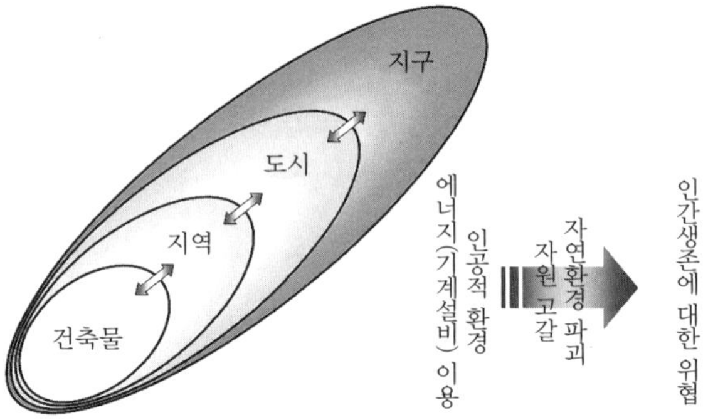

그림 1.7 환경공생주택의 개발 배경

고 대기오염, 소음, 열섬화, 경관의 황폐화, 폐기물의 증대 등 지구나 지역 차원의 환경문제가 날로 심각해지고 있다. 이러한 문제에 대해서는 각각의 주택에서 대책을 찾을 것이 아니라 생태환경을 기반으로 한 지역사회로 시야를 넓혀 종합적인 관점에서 조치를 취하는 것이 필요하다.

③ 자원과 에너지 문제 : 사회 · 경제적 성숙과 더불어 건강의 쾌적성을 지향하는 경향이 강해지고 있는데, 그 결과 생활과 관련된 에너지와 자원의 소비가 급격히 확대되고 있다. 에너지를 해외에 의존하는 입장에서 자원절약, 에너지절약에 관한 기술개발과 보급은 먼저 거주자의 의식 문제와 함께 논의되고 대책이 강구되어야 하는 문제이다.

④ 주택 문제 : 일본의 주택 사정은 경제수준에 비해 질적으로 뒤떨어져 있는 것이 현실이다. 사회의 고령화는 갈수록 심화되고 있으며, 노동시간 단축 등으로 생활의 여유나 주거의 쾌적성과 관련된 질적인 고도화가 사회적 관심사로 대두되고 있다.

1.5.2 환경공생주택의 개념과 설계 방법

환경공생주택의 개념을 이루는 3가지 기본요소와 각 요소별로 적용되는 구체적인 설계방법을 정리하면 다음과 같다.

(1) 지구환경의 보전(Low Impact)

주택의 생산, 건설, 유지, 폐기와 관련된 각각의 과정에서 자원절약, 에너지 절약을 도모하고 미이용 자연에너지를 활용하는 등 지구환경의 보전에 대해 적절한 배려가 이루어질 것.

① 에너지 소비감소와 효과적인 이용을 도모한다.

- 건물, 거실의 적절한 배치, 완충 존에 의한 열부하 저감
- 통풍, 채광에 효과적인 건물 배치, 평면 구성
- 건물의 단열, 기밀성을 높여 냉난방부하 저감
- 계절에 따라 건물 일사취득을 조절, 냉난방부하 저감
- 효율이 좋은 저에너지형 설비기기 채용
- 코제너레이션(Cogeneration) 시스템 채용
- 에너지 낭비를 개선하며, 유효 이용 라이프스타일 권장

② 미이용 자연에너지를 유효하게 이용한다.

- 태양에너지를 Passive적으로 활용
- 태양에너지를 Active적으로 이용
- 태양에너지를 Hybrid적으로 이용
- 풍력을 전기적, 기계적으로 이용
- 미이용 에너지 활용

③ 자원의 효과적인 이용을 도모한다.

- 수자원을 유효하게 이용
- 빗물을 유효하게 이용
- 건물의 내구성 향상 도모
- 공법의 합리화 철저
- 삼림자원의 보전과 유효한 이용 도모
- 리사이클 자재, 건재 활용
- 환경부하가 작은 건재 채용

④ 폐기물을 감소시킨다.

- 건설잔토의 장외처리를 가능한 한 억제
- 건설잔재의 저감, 재이용 도모
- 생활쓰레기 감량, 감용화 철저
- 폐기물의 재자원화 및 리사이클 촉진

⑤ 오존층을 보존한다.

- 특정 프론의 사용을 피할 것.

(2) 주변환경과의 친화성(High Contact)

주택의 계획, 구법(構法)이나 공법(工法), 유지관리, 거주방식 등의 측면에서 주변의 자연환경이나 지역사회 등과의 친화를 염두에 둔 적절한 배려가 이루어질 것.

① 지역 · 지구의 생태적인 풍부함과 순환성 배려

- 지구나 부지의 녹화 기반 정비
- 부지를 지역의 녹화거점화
- 야생조류의 유치환경 창출
- 지역 녹지네트워크화, 지구에 Green-Corridor를 형성
- 지구 내의 물순환에 대한 배려
- 매력 있는 친수공간 창출
- 기후조건에 따른 계획
- 환경부하가 작은 토지조성
- 녹지를 보전, 정비

② 건물 내 · 외의 연관성 배려

- 지역 사회와의 교류를 촉진
- 내 · 외적 관련성 배려

③ 주변 지역과의 조화를 도모

- 주변에 대한 일사장해나 풍해에 대한 배려

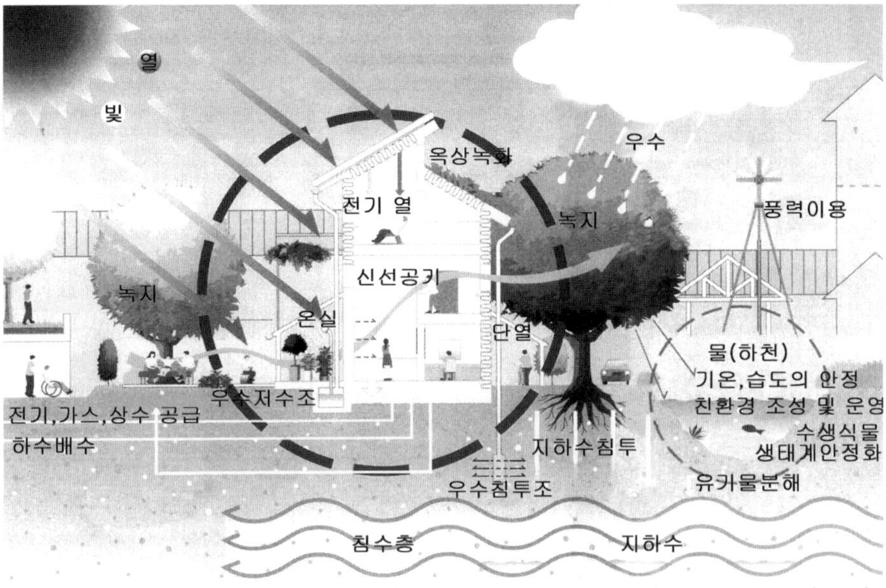

그림 1.8 환경공생주택 적용 방안의 예

- 주변의 경관 형성 배려
- 지역의 사회, 문화, 산업자원과의 친화 및 활용

(3) 거주환경의 건강 쾌적성(Health & Amenity)

주택의 내 · 외부에서 거주환경의 건강과 쾌적성을 실현하기 위해 계획, 유지관리, 거주방식 등 각각의 측면에서 적절한 배려가 이루어질 것.

① 주택 내 · 외의 어메니티 향상

- 외부공간의 어메니티를 높인다.
- 내부공간의 어메니티를 높인다.

② 주택의 안전과 건강성 향상

- 결로, 곰팡이, 벼룩 등의 발생 방지
- 실내공기오염 방지
- 사람에게 안전한 건재, 부재 사용
- 고령자, 장애인에 대한 안전성 배려
- 복사냉난방 시스템 채용

③ 풍부한 집주성이 도출되고 배양될 수 있도록 배려

- 아름답게 조화된 디자인 조성
- 쾌적한 공용시설의 매력적 조성
- 다양한 거주자의 집중을 지원
- 안전하며 쾌적하게 조성

1.5.3 환경공생주택의 목표

환경공생주택은 해당 지역의 지역성이나 개별성이 깊이 반영되기 때문에 일률적인 모델이 존재할 수는 없지만 기본요건으로써 달성되어야 할 기본적 목표는 다음과 같이 정리할 수 있다.

(1) 에너지 소비량과 이산화탄소 배출량 절감

① 환경공생주택 Ⅰ형(보급형)의 목표수준 : 실내환경의 쾌적성과 건강성을 향상시키고 고기밀, 고단열화를 통해 에너지 다소비형 거주방식을 개선함과 동시에 급탕기기나 조명, 가전기기의 효율성 향상 등에 따라 각 가구당 에너지소비량과 이산화탄소 배출량을 현 상태보다 억제한다.

② 환경공생주택 Ⅱ형(고기능형)의 목표수준 : 고기밀, 고단열화를 추진하고 자연에너지, 미이용에너지의 활용이나 신기술을 구사함으로써 각 가구당 에너지소비량과 이산화탄소 배출량을 현 상태보다 1/2 정도의 수준으로 억제한다.

(2) 수자원의 소비절감

빗물의 유효이용이나 중수도시스템 도입, 기타 절수형 기술 도입에 의해 각 가구당 물 사용량을 현 상태보다 20% 이상 절감한다.

(3) 폐기물의 리사이클

가정에서 배출되는 폐기물의 절반은 리사이클이 가능하다고 한다. 이러한 관점에서 거주자의 의식개혁과 협력을 촉진하여 그 배출량의 절감과 철저한 분리수거를 도모함과 동시에 쓰레기분리처리장, 리사이클링시설, 퇴비화설비 등의 확충 등에 따라 가정쓰레기 회수와 재활용을 강력히 추진한다.

1.6 소 결

18세기 후반부터 서구 산업화와 근대화로 인류는 물질적 풍요와 팽창을 가져왔다. 그러나 이러한 인간 중심적 개발은 자연파괴, 환경오염, 에너지고갈이라는 많은 문제를 야기하였다. 특히 지역적으로 국한되는 것이 아니라 지구온난화, 오존층 파괴, 열대림의 무분별한 훼손 등 전 세계적 인류 생존에 대한 문제로까지 부상하였다. 즉 급속한 풍요로 인한 인간의 이기심은 결국 환경문제로 인해 반성의 계기가 되었고, 세계화 차원에서의 대응방안을 논의하기 시작했다.

이러한 지구환경을 해결하기 위한 대안으로 생태학적 개념을 도입하여 지구생태계의 구성요소 속에 인간이 존재하면서 자연과 조화를 이루어야 한다는 사상적 흐름을 환경패러다임(Eco-paradigm)이라 표현하기도 한다. 즉 21세기에 새롭게 이루어지는 건축의 패러다임 주체가 바로 인간이 아닌 자연이 되어야 한다는 것을 깨닫기 시작한 것이다.

이와 같이 지구환경문제가 세계적 차원에서 인류의 생존을 위협하는 가장 심각한 문제로 부각되면서 이에 대한 대안으로 대두된 분야가 친환경건축이다. 친환경건축은 인간을 포함한 모든 생물과 주변의 환경을 하나의 통합된 시스템, 즉 생태계로 인식하면서 그 시스템 내에서 각종 생물과 주변 환경의 유기적 관계를 강조하는 학문이다.

환경문제는 이제 특정지역 또는 국가에만 국한된 문제가 아니라 세계적 차원에서 대응방안을 찾아야 할 인류의 생존과 직결된 문제로 인식되기 시작하였으며, 이러한 인식의 전환에 따라 국제적 차원의 대책이 모색되는 단계에까지 이르렀다. 지구환경문제가 인류의 생존과 직결된 최우선의 해결과제로 등장하면서 지금까지 인류를 자연에 대한 관리자 또는 절대적 지배자로 보았던 서구적 자연관과 기독교적 종교관에 대한 자기반성을 촉구하고 있으며, 친환경건축이 미래를 준비하는 새로운 패러다임으로 자리 잡아 가고 있다.

지금까지 살펴본 지구의 환경문제와 생태계의 관계에 대한 고찰에서도 알 수 있듯이 절대적 자연의 지배자로 군림해 왔던 인간의 활동은 필연적으로 환경오염과 생태계의 파괴로 이어졌으며, 그 중에서도 인간의 기본적 개발행위인 건축활동은 환경오염을 유발하는 주요인이 되며 곧바로 생태계의 파괴로 이어지게 되었다. 이러한 관점에서 건축 활동과 관련된 새로운 패러다임의 정립은 곧 인류의 생존을 결정하는 중대한 전환점이 될 수 있다. 결국 미래사회에서는 환경을 생각하지 않은 개발은 존재할 수 없으며 향후 친환경건축은 건축 분야에서 기본적이며 필수적인 패러다임이 될 것이다.

제2장
도시환경과 친환경건축

2.1 건축 실내 환경과 도시환경

2.2 도시기후의 특성

2.3 열섬의 메커니즘과 영향

2.4 열섬현상의 대책

2.1 건축 실내 환경과 도시환경

산업혁명 이후 급속한 도시화가 진행되고 있다. 도시화현상이란 "특정지역으로 인구가 집중하여 도시적 특성이 확대되어 가는 과정"이라고 국어사전에 정의되어 있듯이 도시화의 진행과 더불어 도시로 인구가 집중되며 인구의 집중이 다시 도시화를 촉진시켜 도시에서 대도시로 다시 거대도시로 도시의 점점 규모가 커지고 있다. 이와 같이 도시의 규모가 확대됨에 따라 열섬(Heat Island)현상, 대기오염, 소음 등 도시의 환경문제는 더욱 심각해지고 있다.

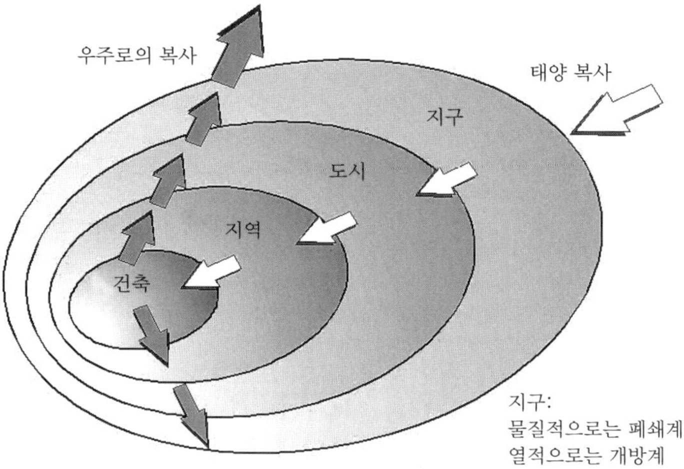

그림 2.1 찬합과 같은 환경구조[1)]

도시는 그림 2.1에 나타낸 것과 같이 찬합과 같은 구조의 중간에 위치하고 있다. 따라서 도시환경이 쾌적하지 못하다면 당연히 도시 안쪽에 있는 건축 실내의 환경도 쾌적할 수 없게 되며 쾌적한 실내환경을 조성하기 위해 설비에 의지할 수밖에 없게 된다. 그러나 실내환경의 쾌적성을 설비에 의지할 경우 설비의 운전을 위한 에너지 소비 등이 다시 도시환경을 악화시키는 악순환이 일어나게 된다. 예를 들면 여름철에 시원하고 쾌적함을 얻기 위해 실내를 냉방하는 경우를 생각해 보자.

실내의 냉방에 의해 실내의 열은 실외(도시)로 버려지며 냉방기 가동을 위한 에너지 소비와 동반되어 발생하는 열 또한 실외(도시)로 버려지게 되어 도시의

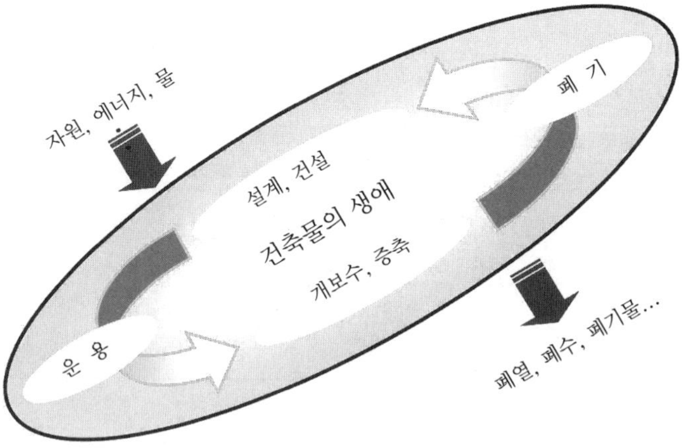

그림 2.2 건축물의 생애

기온을 상승시키게 된다. 도시의 기온이 상승하면 냉방의 강도를 올려야 하고 이에 따라 실외로 버려지는 열은 더욱 많아져 도시의 기온을 더욱더 상승하게 되는 악순환이 일어나게 된다.

따라서 건축과 도시가 그림 2.1과 같은 찬합구조에 있는 한 쾌적한 실내환경을 얻기 위해서는 도시환경을 쾌적하게 유지해야 하는 것이다.

도시환경의 쾌적성에 큰 영향을 미치는 것은 도시에 형성되는 도시기후이며 이 때문에 도시기후를 먼저 파악하고 이에 대응한 환경계획이 필요하다. 또한 도시환경의 쾌적성을 해치는 도시기후를 개선하기 위해서는 도시계획 관점에서 대응해야 하지만 건축물의 집합이 도시이기 때문에 그림 2.2에 나타내는 것과 같이 설계에서 폐기라는 건축물의 생애 전체에 걸쳐 도시기후 개선이라는 관점을 염두에 두고 건축물을 계획하며 사용하고, 폐기해야 한다.

2.2 도시기후의 특성

도시환경의 쾌적성에 큰 영향을 미치는 도시기후를 교외와 비교한 것이 표 2.1이며, 도시의 기후는 교외에 비해 다음과 같은 특징을 가진다고 정리할 수 있다.

표 2.1 도시와 교외의 기후차[2)]

복 사	순복사 자외선(겨울) 자외선(여름) 일사	15~20% 감소 30% 감소 5% 감소 5~15% 감소(25~30% 감소)*3
기 온	연평균 겨울최저	0.5~1.0℃ 높음(2.5℃ 높다)*3 1.0~2.0℃ 높음(3~4℃ 높다)*3
상대습도	연평균 동계 평균 하계 평균	6% 감소(10% 이상 감소) 2% 감소 8% 감소
구 름	운량 안개(겨울) 안개(여름)	5~10% 증가 100% 많음 30% 많음
강수량	일강수량 0.5㎜ 이하의 일수	10% 증가(15~20% 증가)*3
	눈	5% 감소
오염물질*2	거대먼지입자 CN 먼지 SO_2 CO_2 CO	10배(10배 이상)*3 15배 이상 10배 이상 5배(10배 이상)*3 10배 25배(50배 이상)*3
풍 속	연평균풍속 극치 정온도수	20~30% 감소 10~20% 감소 5~20% 증가

*1 H. E. Landsberg, 1970, Meteorological Monographs, Vol. 11, P. 91, table 1
*2 神山惠三의 자료
*3 河村武의 자료(東京의 경우)

① 풍속이 작다.

② 습도가 낮다.

③ 기온이 높다(Heat Island 현상)

④ 일사가 적다.

⑤ 구름 · 강우량이 많다.

도시화가 진행됨에 따라 많은 건축물이 건설되게 되는데, 이 때문에 도시의 지표면 조도가 교외보다 높아져 그림 2.3에 나타내는 것과 같이 표면이 평활한 시골 또는 바다보다 풍속이 작아지게 된다. 그림 2.4는 서울, 부산, 대구의 연평균풍속 변화를 검토한 것으로 도시화가 진행됨에 따라 풍속이 작아지는 경향을 알 수 있다.

한편 도시의 표면은 도시화에 따라 도시에 수증기를 공급하는 녹지가 아스팔

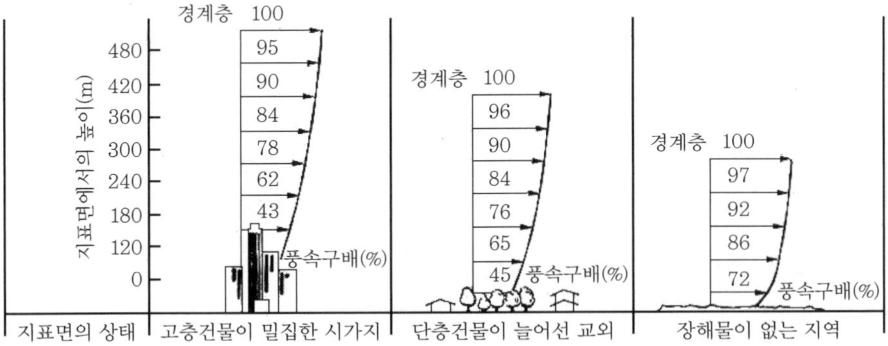

그림 2.3 지표면 상태와 풍속의 연직분포[3)]

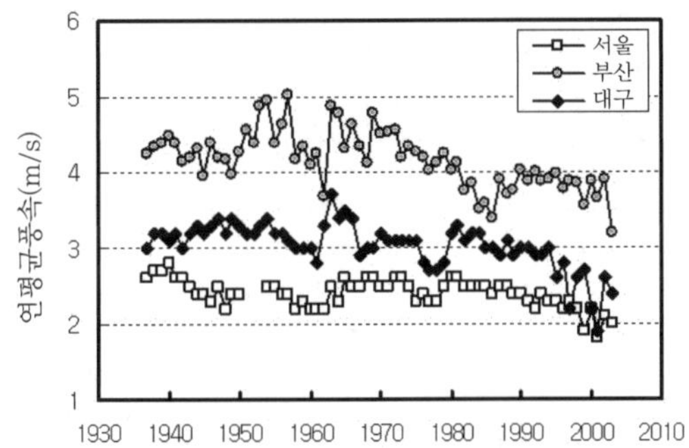

그림 2.4 서울, 부산, 대구의 연평균 풍속 변화[4)]

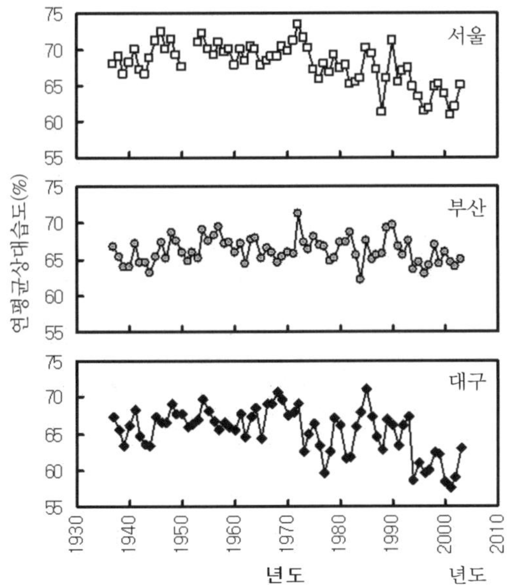

그림 2.5 서울, 부산, 대구의 연평균 상대습도 변화[4)]

트, 콘크리트 등의 불투수층으로 포장되고 빗물을 처리하기 위한 하수시설이 정비되어 비가 내리더라도 빠른 시간에 하수시설을 통해 하천으로 유출된다. 이 때문에 수증기의 공급이 감소하여 습도가 낮아지며 폭우가 내릴 경우에는 도시 지역에 내리는 빗물이 일시에 하천으로 모이므로 도시형 홍수가 발생하게 되는 것이다. 그림 2.5는 서울, 부산, 대구의 연평균 상대습도 변화를 검토한 것으로 서울과 대구의 상대습도가 감소하고 있음을 알 수 있다. 단, 부산의 경우는 연평균 상대습도의 감소가 서울, 대구에 비해 작은데, 이는 바다로부터의 해풍에 의해 수증기가 공급되기 때문으로 생각된다.

이와 같이 도시에 많은 건축물이 건설되고 도시 표면이 아스팔트나 콘크리트 등으로 포장됨으로써 도시의 열용량은 커지게 되고, 도시의 기온을 낮추는 역할을 하던 풍속과 수증기 증발의 감소에 의해 주간에 많은 열이 도시 표면에 축열되게 된다. 또한 야간에는 건설된 건축물들에 의해 야간복사냉각이 감소하게 되어 주간에 축열된 열이 방출되지 못함으로써 도시의 기온이 상승하게 되며 열섬현상이 발생하게 되는 것이다. 설상가상으로 도시에서 발생하는 도시배열(자동차의 배열, 냉방기의 배열 등)도 도시기온의 상승(열섬현상)을 가속시키며 도시의 기온이 상승하면 도시배열이 더욱 증가하는 악순환이 발생한다. 그림 2.6은 서울, 부산, 대구의 연평균기온 변화를 나타낸 것으로 도시화가 진행됨에 따라 기온이 상승하고 있는 경향을 읽을 수 있다.

이러한 열섬현상의 영향 효과는 열방산이 어려운 도시구조가 60%, 도시배열

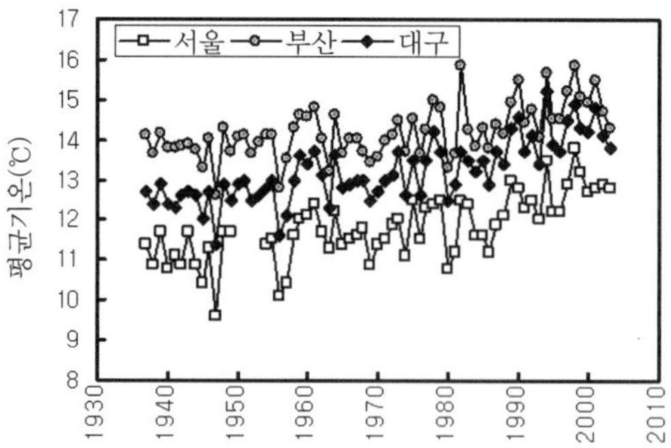

그림 2.6 서울, 부산, 대구의 연평균기온 변화

이 40%라고 하며[5] 표 2.2에 도시의 인공배열(난방, 수송, 생산 등 모든 인간 활동에 이용되는 에너지를 기초로 산출)의 예를 나타낸다.

표 2.2 도시의 인공열 발생량

도시명	연도	인구 (100만인)	인구밀도 (인/㎢)	인공발열량 (W/㎡)
도쿄 23구		8.8	15,000	70
로스앤젤레스	1965~70	7.0	2,000	21
맨하탄	1697	1.7	28,810	117
부다페스트	1970	1.3	11,500	43
서베를린	1967	2.3	9,830	21
밴쿠버	1970	0.6	5,360	19
싱가포르	1972	2.1	3,700	3

(Oke, 1977)

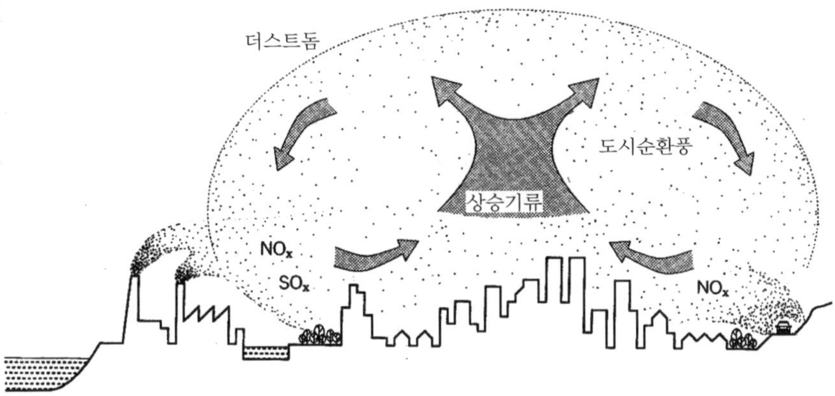

그림 2.7 도시순환풍과 더스트돔의 형성

열섬현상이 발생하면 그림 2.7과 같은 더스트돔(Dust Dome)이 형성되며 도시 주변부의 공장이나 도로 등에서 발생한 대기오염물질이 도심지로 유입되고 도시 내에서 발생한 오염물질과 함께 순환풍 영역에 머물게 되어 오염물질 농도가 높아지게 된다. 이와 같이 도시 상공의 오염물질이 증가함에 따라 지표에 도달하는 일사량은 작아지게 된다. 또한 도시 기온상승과 고층건물의 증가에 따라 도심에 상승기류가 발생하여 구름이 많아지게 되고 구름 속의 오염물질이 응결핵이 되어 강우를 촉진시켜 강우량이 많아지게 된다.

이상의 설명에서 도시기후의 특성은 열섬현상과 밀접한 관계가 있기때문에 쾌적한 도시환경을 만들기 위해서는 열섬현상상을 완화시켜야만 한다.

2.3 열섬의 메커니즘과 영향

열섬현상을 완화시키기 위한 대책에 앞서 열섬이 어떻게 형성되며 열섬의 형성에 의해 어떠한 환경적 영향이 발생하는가에 대해 알아보자.

2.3.1 열섬의 메커니즘

일반적으로 도시의 규모가 커질수록 도시 중심부의 기온은 그 주변의 자연지역보다 한층 더 높아져 최대온도차(Heat Island 강도)가 커진다고 알려져 있다. 이와 같은 현상의 주된 요인으로서 생각할 수 있는 것은 ① 지표면이 일사를 보다 많이 축열하는 성질이 있는 지표 피복으로 변화되는 것, ② 자동차나 냉방장치의 보급 등에 의해 인위적인 배열이 증가하는 것, ③ 건물 밀도의 상승과 고층화에 동반되어 바람이 약하게 되고 도시의 환기가 적어지게 되는 것이다. 이들 원인이 도시공간의 확대와 고밀도화와 함께 열섬현상을 발생시키고 있다.

태양으로부터 복사에 의해 지표에 도달하는 에너지는 지표에서 복사, 대류, 전도, 증발이라는 열이동의 형태로 분배되며 이것이 지구상의 기후를 형성하는 원동력이 된다. 그림 2.8은 주위에 장해물이 없는 수평한 지표면(나대지나 초지 등)을 가정하고 복사수지와 열수지를 모식도로 나타낸 것이다. 지표를 가열하는 본래의 복사열량 R을 순복사(또는 정복사)라 하며, 일사에 기인하는 단파장 복사와 10㎛ 부근의 파장역으로 구성되는 장파장 복사(적외복사)로 나타낼 수 있다. 지표면의 열수지를 순복사 R의 열량이 지표면에서 분배되는 형태로 나타내면 다음과 같이 된다.

순복사 R = 대류열류(현열) V+잠열 LE+전도열류 A

이 식은 지표면에서의 에너지보전법칙을 표현한 것으로 각 항을 열수지 성분이라 한다. 대류열류는 현열이라고도 하며 지표면과 주위 공기와의 열교환을 나타내고, 잠열은 물이 상변화(증발, 응축)할 때 지표의 표면온도를 변화시키고 주위 공기에 영향을 미친다. 전열열류는 지표면에서 지중 또는 지중에서 지표면으

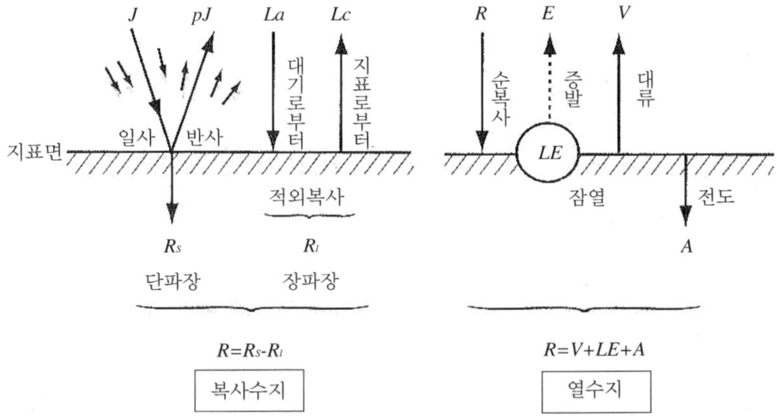

그림 2.8 지표면의 열수지와 그 성분

로 전달되는 열(고체 속의 열이동)을 표현하고 있다. 이들 열수지 성분의 밸런스가 직접적으로 그 지역의 기후형성에 영향을 미치고 있다.

습윤 기후대에서는 물의 증발에 의한 잠열이 크며, 건조기후대에서는 잠열이 없고 현열이 크다. 물의 증발에 의한 잠열은 대기 속으로 수증기를 방출하고 표면온도를 낮춘다. 현열은 지표면에서 직접적으로 대기를 가열하므로 건조지역의 기온은 상당히 고온이 된다.

지표면 열수지라는 관점에서 보면 자연지역과 도시공간의 큰 차이는 ① 지표를 구성하는 물질, ② 지표면의 요철, ③ 공장이나 건물, 자동차 등에서 에너지소비와 동반되는 배열이다. 자연상태에서는 식생이 ①과 ②를 대신하여 열환경의 변화를 가져오고 있다. 습윤지역에서는 잠열이 커서 기온상승이 완화되며 건조지역에서는 현열이 커서 고온이 되는 것과 대응시켜 식생지역과 도시를 생각할 수 있다. 또한 근대 이후 도시가 아스팔트 포장이나 철근콘크리트조의 건물 등 열용량이 큰 물질로 도시가 구성된 것도 도시기온의 형성에 큰 영향을 미치고 있다. 열용량이 크면 한낮에 일사 등으로부터 얻은 열을 축열하여 야간의 지표면은 고온으로 유지되게 된다. 이것이 도시부의 최저기온이 자연지역보다 내려가지 않고 열대야가 많은 원인이 된다. 이상과 같은 시점으로부터 도시와 자연지역에서 여름철의 열수지 성분을 비교하여 나타낸 것이 그림 2.9이다. 도시부에서는 대류현열이 크며 증발에 의한 잠열이 작은 것을 나타내고 있다.

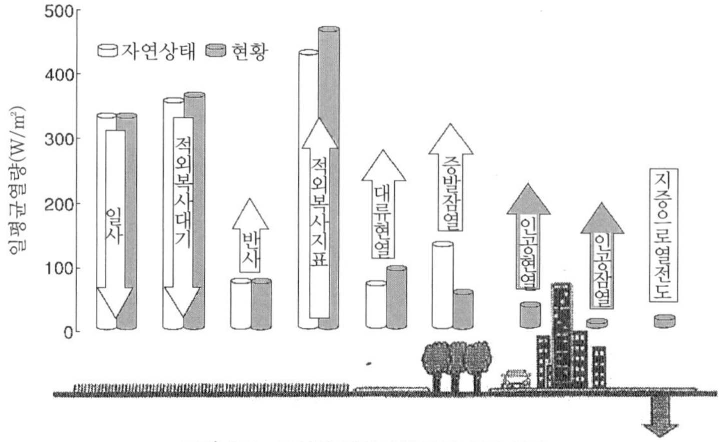

그림 2.9 도시와 자연지역의 열수지 성분

시가지에서 여름철 더위를 체감할 때 직접적으로 열섬과 관련지어 생각하게 된다. 이때의 더위는 반드시 도시화에 기인하는 고온에 의한 것이라고는 할 수 없으며, 오히려 주위로부터 복사열을 받거나 바람이 가로막혀 있는 것이 원인인 경우가 많다. 건축 스케일에서의 열환경 개선은 많은 경우 열섬문제 해결의 방책과 일치한다.

시가지 공간에서의 기온 형성 메커니즘을 검토해 보면 그림 2.10과 같은 요인을 들 수 있다. ①~④는 인위적 배열을 나타내고 있다. ⑤는 수목의 삭감을 나타내며, 건물이나 도로 등으로 바뀐 경우 ⑨아스팔트나 콘크리트 등의 축열 물질

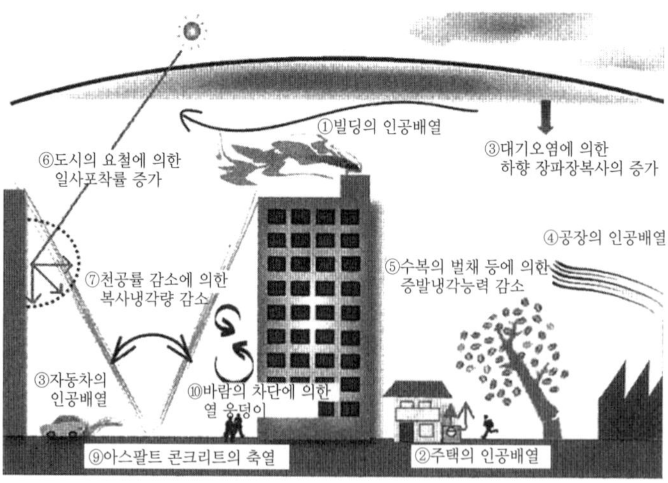

그림 2.10 도시의 기온상승 원인

의 작용에 의해 최저기온이 끝까지 내려가지 못하게 되었다. ⑧은 중요한 영향 인자라고 생각되고 있지는 않다. 특히 주목해야 하는 것은 ⑥도시의 요철에 의한 일사 포착(捕捉)률의 증가, ⑦천공률의 감소에 의한 복사냉각량 감소, ⑩바람의 차단에 의한 열의 웅덩이이다. 이들은 건물로 둘러싸인 가로 공간 특유의 영향인자이다. 이들 모두 중요한 기온 상승요인이며, 특히 ⑩은 도시에 바람길이 필요한 이유가 된다.

2.3.2 열섬의 영향

열섬현상 환경의 영향에 관해 일본의 환경성 보고서[10]에는 건강에 대한 영향, 기상 · 대기질에 대한 영향, 에너지소비에 대한 영향, 생태계에 대한 영향등 4가지를 들고 있다.

먼저 건강에 대한 영향으로 열중증, 열 스트레스, 바이러스 감염, 피로감, 수면장애 등을 지적하고 있다.[11]

열중증은 고온환경에 의해 일어나는 신체 이상 전체를 지칭한다. 열중증의 주된 증세는 열경련, 열피로(열소모), 열사병(열성발열) 등이 있다. 일본의 환경성이 도쿄 소방청 자료에서 정리한 데이터[11]에 따르면 도쿄에서 열중증에 의한 환자 운송인원수는 1984년~2001년에 증가하는 경향(3년간 이동평균으로 150명 정도에서 300명 정도로 증가)에 있음이 밝혀졌다. 또 1970~1990년 사이의 한여름날, 열대야 일수(도쿄 관내 기상대 자료)와 열중증에 의한 사망자수(일본 전국의 인구동태 통계)의 관계를 분석한 보고[12]에 따르면 한여름날 · 열대야가 열중증 사망자수와 통계상 상관관계가 있음이 인정되고 있으며, 상관관계는 한여름날보다 열대야 쪽이 높다는 결과가 있다.

열 스트레스와 관련하여 혼다[13] 등은 일본을 대상으로 1972년~1990년 사이의 65세 이상 고령자 사망률(1억 인당 환산)과 일 최고기온의 관계를 조사했다. 그림 2.11은 조사결과로 여름의 열섬현상은 열 스트레스에 의한 사망률을 상승시키지만 겨울의 열섬현상은 열 스트레스에 의한 사망률 감소에 기여한다. 또한 여름의 열 스트레스에 의한 사망률에 비해 겨울의 열 스트레스(한랭 스트레스)

에 의한 사망률이 높기 때문에 여름의 열 스트레스 완화보다 겨울의 한랭 스트레스의 완화 효과가 건강에 대한 영향으로서는 좋은 방향이라 밝히고 있다.

기온에 대한 영향은 앞에서 설명한 것과 같으며, 대기질에 대한 영향으로 집중호우와 광화학 옥시던트가 있다.

대도시의 집중호우에 대한 것으로 일본의 수도권을 대상으로 여름철 강수특성의 경년변화[14]에 대한 연구가 있으며, 매시 10㎜를 넘는 강수의 비율이 1980년 전반까지 20% 정도였던 것에 비해 1990년대에는 50% 정도로 증가하고 있다고 보고하고 있다. 대도시에서 강한 강수가 증가하고 있는 것은 확실하지만 열섬현상과 집중호우의 인과관계는 아직 명확하지 않다.

열섬현상에 따른 광화학 옥시던트 영향에 대해서는 와카마츠 · 시노사키 등의 보고[15]가 있으며 일 최고기온과 일 최고 옥시던트 농도가 120ppm을 넘는 일수와의 관계에서 여름철에는 광화학 옥시던트나 기타 대기오염물질의 농도변화에 열섬현상이 관여하고 있을 가능성이 시사되었다.

열섬현상의 에너지소비에 대한 영향 중 가장 현저한 문제 중의 하나는 대도시의 여름철 전력소비 증가이다. 예를 들어 도쿄전력의 통계에 따르면 기상청 관측 최고기온이 1℃ 상승할 때의 도쿄 오오데마치의 전력소비는 매년 계속 증가하였으며, 야베 등의 보고[16]에 의하면 2002년에 200만 kW/℃를 돌파했으며, 이후 170만 kW/℃ 정도를 유지하고 있다. 이것은 단순히 생각해도 일 최고기온이

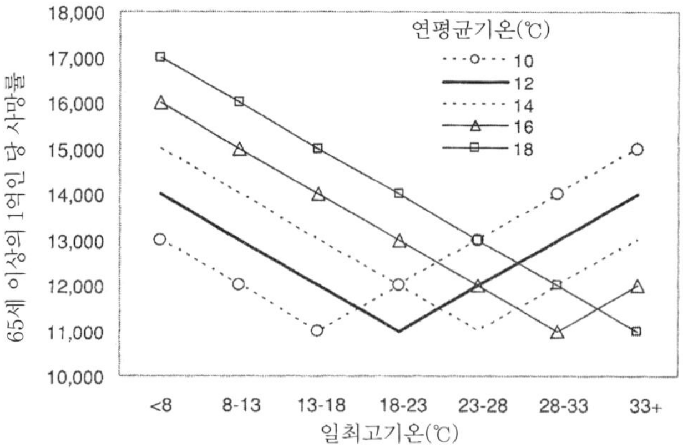

그림 2.11 열 스트레스와 사망률

0.5℃ 정도 상승하는 것만으로 100만 kW급의 발전소를 1기 가동시켜야 한다는 것을 의미한다.

기온상승에 의해 전력소비가 급증하는 원인은 냉방수요이며, 냉방기기를 가동하고 있을 때 실내는 시원하지만 옥외에는 실내의 열부하와 냉방기기를 가동하기 위해 이용하는 에너지가 현열 또는 잠열의 형태로 방출되고 있다. 공조배열이 열섬현상을 악화시킨다고 하는 악순환은 이러한 메커니즘에 기초하는 것이다. 한편, 겨울철의 열섬현상은 난방부하를 경감하기 때문에 에너지 소비량의 삭감으로 이어진다. 기온상승에 의해 주택 부문의 연간 에너지소비는 감소하며, 업무부문은 증가했다는 보고도 있다.[11)]

대도시 도심부의 벚꽃 개화가 교외에 비해 빨라진 것은 이전부터 알려져 있다. 초봄의 기온이 벚꽃의 개화에 결정적인 영향을 미치고 있다는 것은 왕벚나무에 대한 많은 연구에서 밝히고 있으며, 도심에서 빨리 개화하기 시작하는 주된 원인도 열섬현상이라고 알려져 있다.

2.4 열섬현상의 대책

열섬현상을 완화하기 위해 이용할 수 있는 기후 퍼텐셜과 열섬현상 대책기술에 대해 설명한다.

2.4.1 환경완화에 효과가 기대되는 기후 퍼텐셜

(1) 해륙풍

해안 부근에서는 온화하고 맑은날에 그림 2.12와 같이 야간은 육지에서 바다를 향하는 바람(육풍), 주간은 바다에서 육지를 향하는 바람(해풍)이 자주 분다. 이러한 바람은 1일 주기로 교대되며, 해륙풍이라고 한다.

바다와 육지는 비열 · 밀도 · 열전도율 등의 물리적 성질에 차이가 있기 때문에 일사를 받는 경우 양자간에 온도차가 발생한다. 일반적으로 주간은 육역의 표면온도가 해면온도보다도 높고 야간은 역으로 해면온도가 육역의 표면온도보다

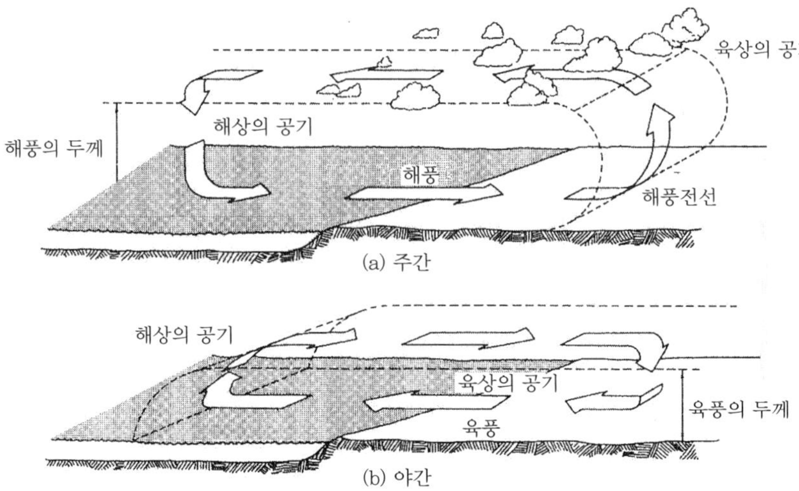

그림 2.12 해륙풍의 모식도

높게 된다. 이것이 해상과 육상 사이에 기온차를 만들며 기온의 수평구배가 발생한다. 이와 같은 온도차가 구동력이 되어 주간의 해풍과 야간의 육풍이 발생하게 된다. 일반적으로 육풍의 강도는 해풍에 비해 약하며, 해풍층은 500~1,000m, 육풍층은 100m 정도라고 알려져 있다.[8] 또 해풍은 해안의 하층에서부터 불기 시작하며 육풍은 해안보다도 내륙에서 먼저 불기 시작하는 경향이 있다. 해풍과 육풍이 바뀌는 시간대는 무풍상태가 되며, 특히 여름철 주간의 해풍에서 야간의 육풍으로 바뀌는 시간대에는 무더운 더위가 시작된다.

도시지역에서는 열섬현상에 의해 주야에 관계없이 교외보다도 고온이 되기 때문에 한낮에는 온도차가 커져 해풍이 강해지는 반면, 야간에는 좀처럼 식지 않아 육풍이 불기 시작하는 시각이 늦어지게 된다. 여름철 육풍의 개시시각은 19시~20시 전후로 알려져 있지만 최근 도시부를 중심으로 늦어지는 경향이 현저하게 나타나고 있다.[8]

예부터 연안지역의 주민에게 여름의 해풍은 「천연의 냉방」의 역할을 담당해 왔다. 해풍전선의 통과에 동반되는 기온저하는 세계 각지에서 관측되며, 특히 서아프리카에서는 10℃ 이상의 기온저하가 보고되고 있다.[17] 그림 2.13은 후쿠오카에서 관측한 사례로 해안에서 내륙을 향해 해풍전선이 진입하고 각 지점에서 전선통과에 동반되는 기온저하가 명확히 나타나고 있다.

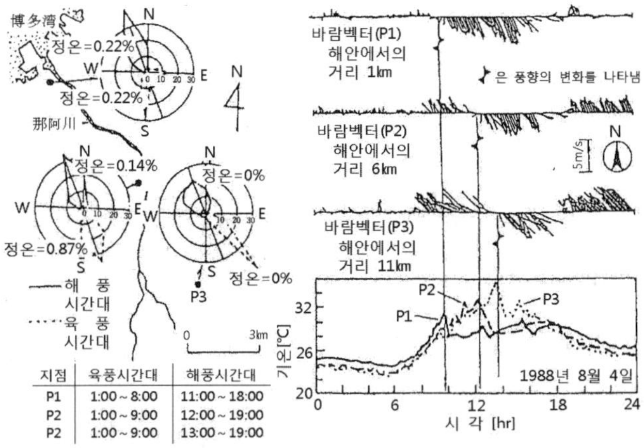

지점	육풍시간대	해풍시간대
P1	1:00 ~ 8:00	11:00 ~ 18:00
P2	1:00 ~ 9:00	12:00 ~ 19:00
P2	1:00 ~ 9:00	13:00 ~ 19:00

(a) 여름의 풍배　　　　(b) 바람벡터와 기온의 일변화

그림 2.13　해안에서의 거리에 따른 풍배와 해풍의 냉각효과

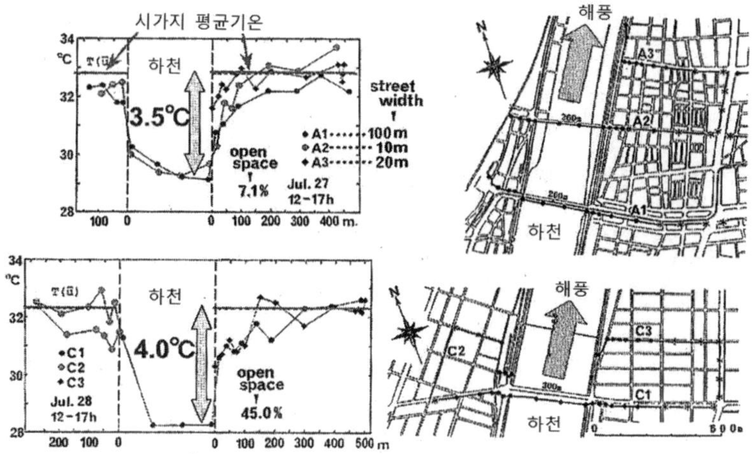

그림 2.14　하천주변의 기온분포(히로시마시의 사례)

(2) 하천효과

예전부터 하천이 열섬을 분단한다고 지리학 분야에서 지적해왔다. 그림 2.14는 하천과 직교하는 가로를 따라 온도분포를 실측한 결과로 여름철 주간에 하천 위는 주변 시가지보다 3.5~4.0℃ 저온이다. 하천은 시가지에 비해 조도가 작고 인공배열이 없으며, 여름철 하천의 수온은 기온보다 낮기 때문에 하천 위에서는 풍속이 강하고 기온이 낮게 되는 것은 당연하다.

해풍이 해역에서 시가지로 침입하면 시가지 지표 부근에서는 온도가 상승하고 풍속이 약한 기층이 형성되어 점차 그 범위를 늘려간다. 따라서 해안에서 어느 정도 내륙으로 들어간 시가지에서는 지표 부근의 높이에서 직접적인 해풍의 혜택을 얻을 수 없게 된다.[8] 강바람이 열섬대책으로서 주목받는 이유는 지표 부근의 레벨에서 시가지 깊숙이까지 해풍을 변질시키지 않고 유도하기 때문이다.

바람을 열섬대책으로 활용하기 위해서는 주변 시가지로 유도하는 고안이 필요하다. 그림 2.14의 실측 결과에서도 가로폭이나 건물의 밀도에 따라 강바람이 횡방향으로 확장되는 것에 차이가 있다는 것을 알 수 있다.

그림 2.15는 풍동실험에서 강바람의 확장과 주변 건물 배치 관계를 검토한 결과의 일례이다. 건물을 하천의 양측에 「八자」형으로 배치함으로써 풍향에 따라 강바람을 선택적으로 도입할 수 있음을 나타내고 있다.

(3) 사면 냉기류

해풍이 도시에 냉열원으로 작용하는 것과 같이 산으로부터의 바람도 도시를 냉각시키는 기후상의 자원이다. 산으로부터의 바람이란 산의 사면에서 야간에 생성된 냉기가 중력에 의해 사면을 타고 내려오는 것을 말하며, 사면 냉기류 또는 산풍 등으로 불리고 있다. 특히 산풍은 사면에서 형성된 냉기가 계곡을 따라 집결하여 하강하는 것으로 계곡 입구(하천이 산지에서 평야로 나오는 곳)에 위치한 도시에 있어서 유효한 냉열원이다.

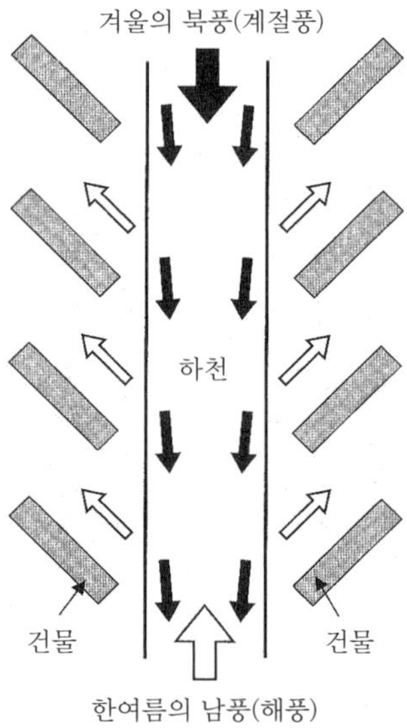

그림 2.15 하천변의 건물배치에 따른 강바람의 선택적 도입 이미지

독일에서는 산풍을 시가지의 대기오염물질 제거에 이용하고 있으며, 도시계획에는 산풍이 부는 방향으로 통풍이 좋아지도록 건축물의 간격이나 공원의 크기에 대한 최저값을 정하는 등 산풍의 「바람길」 확보를 고려하고 있다.[21), 22)]

사면에서의 냉기류는 사면이 복사냉각으로 냉각되어 생성된다. 따라서 사면의 토지가 냉각되기 쉬운 성질일수록, 즉 열용량이나 열전도율이 작을수록 냉기

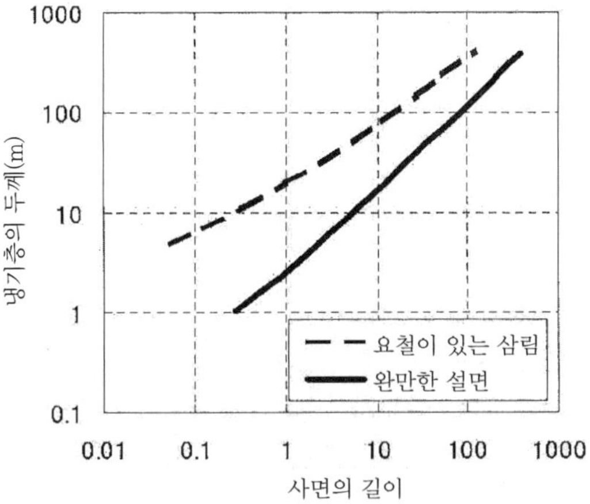

그림 2.16 사면의 길이와 사면냉기풍의 관계

류량은 커지게 된다.[23] 사면의 뒤쪽에 높은 수목이 있는 경우에는 잎이 무성하게 자라 있을수록 대기는 많이 냉각된다.[24] 그림 2.16은 사면의 길이와 냉기류 분포의 관계를 나타낸 것이다. 당연히 사면이 길수록 냉기는 축적되어 층이 두텁게 되고, 광대한 사면을 배후에 둔 도시라면 사면 냉기류에 의한 냉각을 기대할 수 있다.

(4) 녹지와 수면

식물은 증산작용 및 복사냉각을 통해 아스팔트 등의 인공지표면으로 구성된 시가지에 비해 기온을 낮게 유지하는 효과를 가지고 있다. 그림 2.17은 도쿄의 신주쿠 교엔(新宿 御苑)과 그 주변에서의 기온분포를 나타내는 것이며 0.5℃마다 등온선을 그은 것이다. 여름철 주간이지만 녹지의 안쪽은 저온이며 주변의 시가지도 1℃ 정도 기온이 낮은 것을 알 수 있다. 이와 같이 녹지에는 시가지를 냉각시키는 효과가 있으며, 열섬 완화에 녹지가 큰 역할을 할 수 있을 것으로 기대되고 있다.

주변 시가지의 기온을 낮추는 것 이외에도 녹지는 다양한 효과가 있다. 예를 들어 나무그늘의 시원함도 인간의 체감에 있어서 중요하다. 그늘이라는 의미에서는 건물에 의한 그늘과 같지만 식물은 태양으로부터의 일사에너지를 증산으로 소비하므로 인공적인 차양과 비교하여 식물의 표면온도는 낮으며, 이 때문에

그림 2.17 신주쿠 교엔과 그 주변의 기온분포
1978년 7월 9일 13시 30분의 측정값[숫자는 기온(℃)]

인간의 체감온도는 낮게 억제될 수 있다. 또 녹지에는 대기오염 물질을 흡수하는 작용도 있다.[26]

녹지에서 증발산의 기여에 의해 냉기가 만들어지는 것을 생각하면 수면도 도시를 냉각시키는 기능이 있다는 것을 쉽게 상상할 수 있다. 실제 수면도 아스팔트 등의 표면보다 저온이며, 하천 주변은 주변 시가지보다 기온이 낮게 유지된다(그림 2.18).

그러나 하천 등의 수면이 기온보다 저온이 되는 것은 ①지면과는 달리 일사가 수중 깊숙이까지 도달하고 그곳에서 흡수되며, ②하천의 경우는 흐름이 있으므로 수중에서 상하 혼합이 커서 그 결과로 수면에서 대기로 열이 방출되지 않기

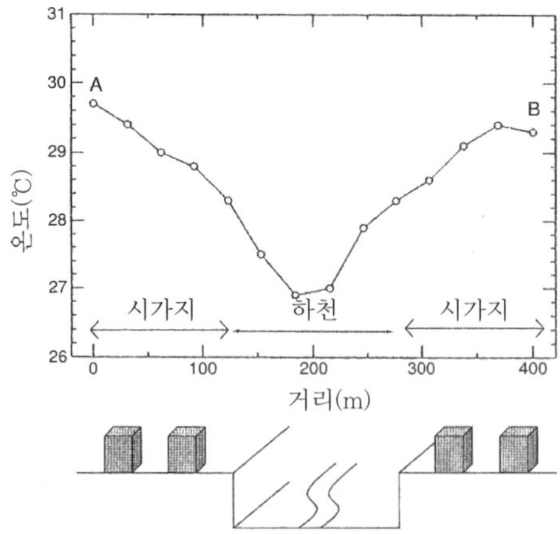

그림 2.18 하천을 횡단하는 방향의 기온분포
1994년 7월 26일 히로세가와에서의 실측값

때문에[27] 증발산의 영향은 작다.

따라서 얕은 수면의 경우 열의 저장이 크지 않기 때문에 주간의 수온은 기온보다도 높아지게 되므로 얕은 물웅덩이와 같은 수면에서는 환경완화기능을 기대할 수 없다. 또 시냇물과 같이 물과 공기와의 열교환이 활발해질 수 있도록 어느 정도 깊은 물로 흐름이 있는 것이 필요하다.[28] 하천인 경우는 하천 부지를 초지로 조성하면 녹지로서의 기능을 가지게 할 수 있다.

2.4.2 열섬의 대책기술

(1) 녹화에 의한 대책

도시개발은 수목 등 식생의 벌채를 동반하며 많은 대도시에서는 인구의 집중과 극도의 인공화에 의해 식생이 급격히 모습을 감추고 있다. 이와 동시에 도시생활에서의 편리성 향유와는 반대로 대기오염, 소음, 열섬현상 등 주거환경이 악화일로를 걷고 있다.

여름철 도시가 더운 것은 기온이 높기 때문만은 아니며, 그 이상으로 기온의 형성 요인인 표면온도가 높기 때문이다. 녹피율과 기온의 관계를 나타낸 그림 2.19에서 녹피율이 감소함에 따라 표면온도가 높아지는 경향을 확인할 수 있다. 녹피율이 30% 이하가 되면 표면온도가 극단적으로 높은 지구가 나타나며 녹지가 거의 없는 상업지구나 목조건물이 밀집한 지구의 표면온도는 55℃에 달하는

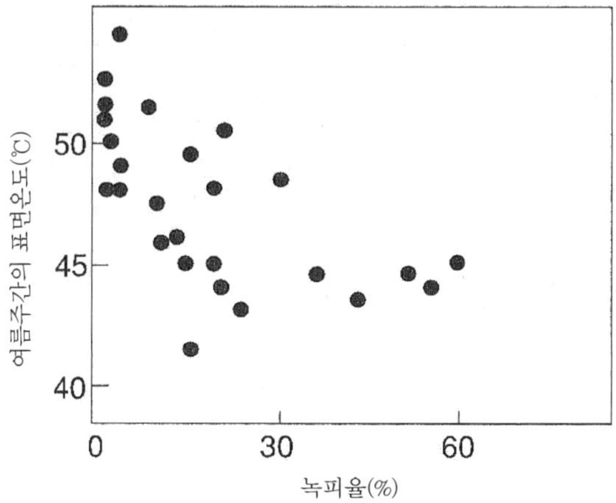

그림 2.19 주택지의 평균표면온도와 녹피율의 관계

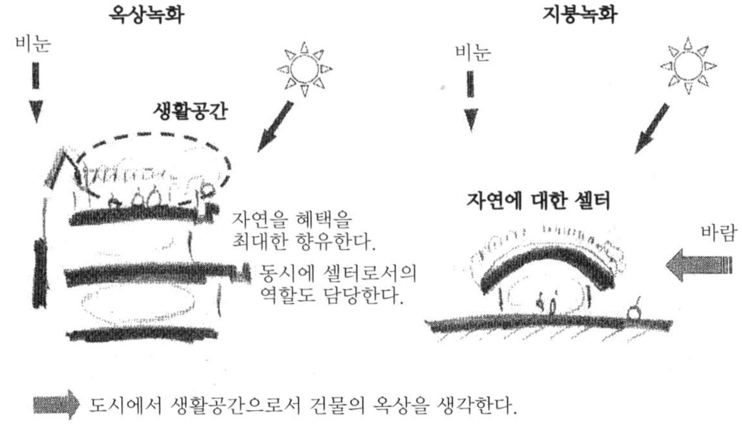

그림 2.20 옥상녹화와 지붕녹화

그림 2.21 도시생활을 위한 건축 외부 공간을 구성하는 한 요소로서 옥상과 옥상녹화

곳도 있다.

녹화기법의 하나로 옥상녹화가 있다. 그림 2.20에 나타내는 것과 같이 옥상녹화는 지붕녹화와 구별해야 한다. 단순히 옥상녹화기술의 문제에 머무는 것만이 아니라 생활공간으로서 옥상을 생각해야 한다. 옥상을 도시의 생활공간이라 생각하면 그림 2.21과 같이 건물과 녹화의 관계는 여러 가지 가능성이 생길 수 있으며, 직방체의 건물이 많은 현재의 도시 모습이 크게 변하게 될 것이다.

가로수에 대해서는 기온저하, 수증기 방출, 일사차폐, 대기 정화(광합성), 사면지 보호, 미관 · 경관 형성, 레크리에이션 공간 제공, 동물생활의 공간 제공 등 물리적인 것에서 심리적인 것까지 도시공간에 대한 많은 기능을 기대할 수 있다.

(2) 건축자재에 의한 대책

별이 강하고, 덥고, 건조한 기후의 지역에서 건물의 외벽은 흰색인 경우가 많다.[32] 예를 들면 지중해 지방의 산토리니 섬(그림 2.22)이나 아테네 등에서는 매우 두꺼운 석조벽의 외측을 흰색으로 칠하고 있으며 특징적인 경관을 형성하고 있다. 이것은 주간의 강한 일사를 반사함으로써 일사에 의한 실내온도 상승을 완화시키려는 것으로 이와 같이 「흰색 벽」의 외벽으로 일사반사율을 높이는 것은 실내를 시원하게 하기 위한 예전부터 있던 지혜의 하나이다.

그림 2.22 산토리니 섬

「흰색 외피」에 대해서 최근 에너지절약과 도시의 온난화 완화의 관점에서 연구가 진행되고 있다. 그림 2.23은 건물 옥상의 일사반사율을 높임으로써 냉방용 전력소비 경감을 꾀함과 동시에 도시 전체의 일사반사율을 높임으로써 태양으로부터의 일사에너지를 천공으로 반사하는 비율을 높여 열섬 형성을 억제하려

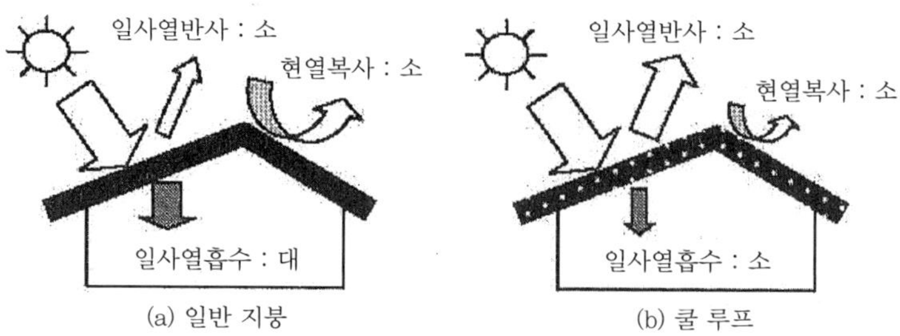

그림 2.23 쿨 루프의 개념도

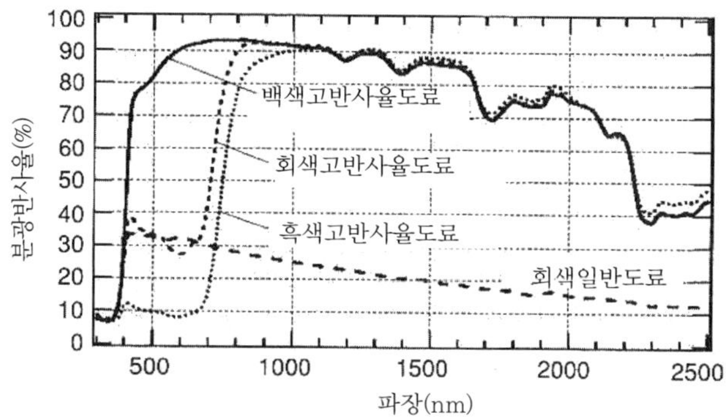

그림 2.24 고반사율 도료의 분광반사 특성의 예

는 것이다.

도시의 기온 상승이나 열대야 증가의 한 원인으로 도시가 콘크리트 및 아스팔트 등의 열용량이 큰 재료로 덮인 것을 들 수 있다. 도시를 덮은 이들 재료가 받는 주간의 일사열이나 인공 배열이 도시 내부에 머물러 열섬현상을 일으키고 있으므로 열섬현상을 억제하기 위한 기법으로서 도시 표면의 일사반사율을 높이는 것이 유효하다.

즉 주간에 받는 일사열은 지표면 · 건축 구체에 축열되므로 축열량을 억제할 수 있는 고반사율 도료(그림 2.23 참조)가 주목되고 있다. 이 고반사율 도료를 건물의 지붕에 적용하는 경우는 '쿨 루프(cool roof)' 라 불리며[33] 포장면에 적용하는 경우는 '쿨 페이브먼트(cool pavement)' 라 불린다.

그림 2.24에 고반사율 도료의 주파수별 반사율을 백색, 회색, 흑색의 3종류에 대해 나타낸다. 근적외선에서 고반사율 도료는 반사율이 매우 높지만 일반적인

도료로는 근적외선의 반사가 그다지 크지 않다. 가시광선도 약 46%라는 매우 큰 에너지를 가지고 있으며, 이 영역에서는 백색 도료의 반사율이 높아진다.

(3) 통풍에 의한 대책

「바람길」의 생각은 환경선진국인 독일에서 생겨났다. 그림 2.25와 같이 슈투트가르트 등의 내륙도시에서는 「바람길」을 확보함으로써 도시 주변의 산지에서 발생하는 냉기류를 도시 내로 도입하는 시책을 실시하고 있다.

여름철 한낮에 해풍의 온도는 시가지보다 3~5℃ 정도 낮다고 알려져 있으

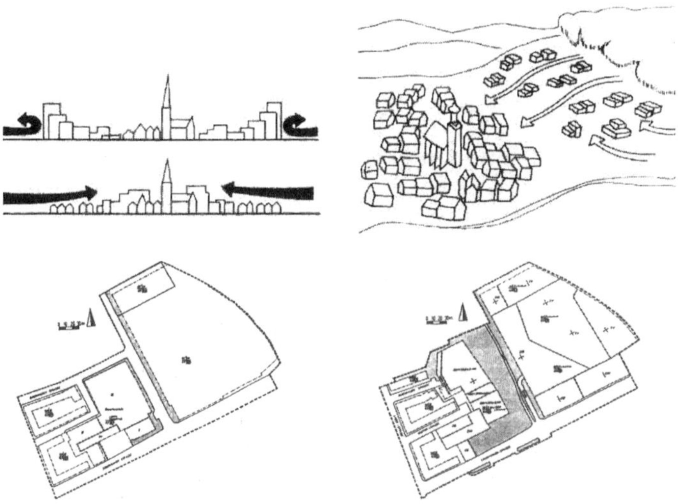

그림 2.25 바람길을 고려한 독일의 사례

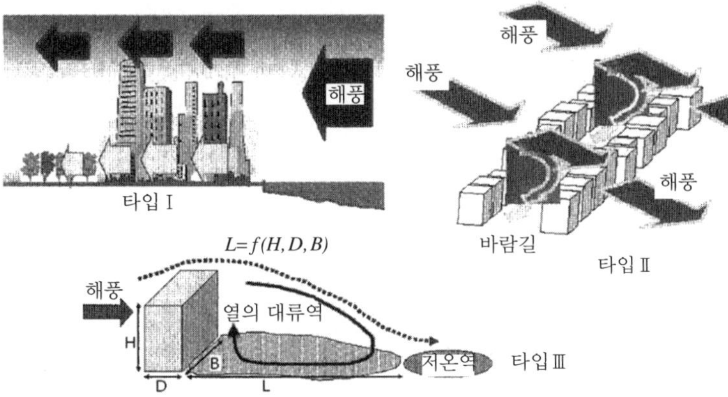

그림 2.26 바람길의 분류

며, 해풍을 포함하여 도시의 통풍을 양호하게 유지하는 것은 열섬대책의 하나로 기대되고 있다. 산지에서 발생하는 냉기류는 야간복사에 의해 산정 부근에서 냉각된 공기가 중력에 의해 저지대로 전해지고 사면을 따라 내려오는 현상이며 냉기류의 분포폭은 슈투트가르트의 경우 50~70m라고 한다. 이에 비해 해풍은 바다와 육지의 온도차를 구동원으로 하여 시가지 전역을 덮을 수 있는 순환현상이며 해풍의 분포는 도쿄에서는 300m에 달한다.

열섬현상 완화에 있어서 해풍의 활용을 생각하는 경우 「바람길」을 입체적으로 파악할 필요가 있다. 그림 2.26에 바람길의 분류를 나타낸다. 지표면 부근의 바람이 상공의 해풍과 같은 방향으로 해안에서 가로 · 하천 등을 통하여 유입하는 것(타입 Ⅰ), 상공을 흐르는 해풍이 가로 · 하천변의 건물군에까지 유도되어 방향을 바꾸어 지표 부근을 흐르는 것(타입 Ⅱ), 초고층 건물(군)에 의해 풍하측으로 약풍역이 형성되면서 상공의 냉기가 유인되어 저온역이 형성되는 것(타입 Ⅲ)의 세 가지이다.

(4) 인공배열 대책

도시의 활동은 매우 큰 물자 · 물 · 에너지 흐름에 의해 지지되고 있다. 특히 대도시에서는 과거 수십 년간 에너지 소비량이 급격히 증가하고 있다. 그림 2.27은 1965년부터 1999년까지 오사카 시내의 전력소비 변화에 대해 검토한 것으로 35년간 전력소비는 3.4배가 되었으며 대부분이 민생부문(가정이나 오피스 빌딩, 상업건물 등 건물에서 소비하는 에너지)의 전력소비 증가가 원인인 것으로 나타나고 있다. 이것은 가전제품이 다양화 · 대형화된 것과 함께 냉방기기 보급의 증가, 오피스의 OA기기나 정보기기 보급 등을 생각할 수 있다.

공장이나 자동차 등 다양한 인공배열원 중에서도 건물의 냉방장치로부터의 배열은 특히 열섬현상의 영향이 문제되는 여름에 주로 발생하며 그때에는 건물 내의 조명이나 TV 등의 에너지소비, 벽이나 창 · 환기에 의한 옥외로부터의 열유입, 냉방장치 자체의 소비에너지량 합계가 모두 냉방장치의 실외기를 통해 방열된다는 점이 중요하다. 이때 건물은 외측에서 보면 벽으로부터의 전열이나 창

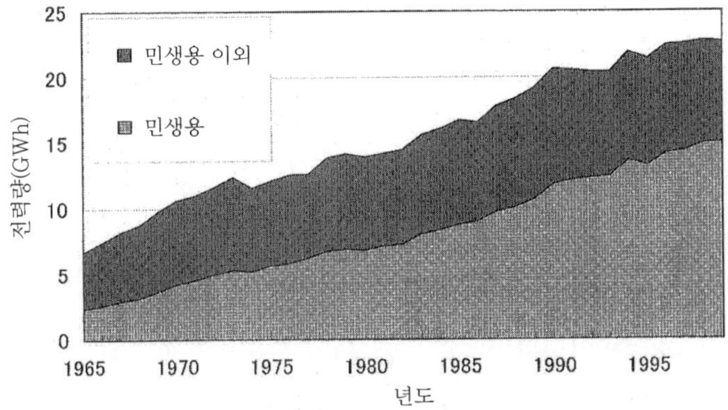

그림 2.27 오사카시의 전력소비량 증가

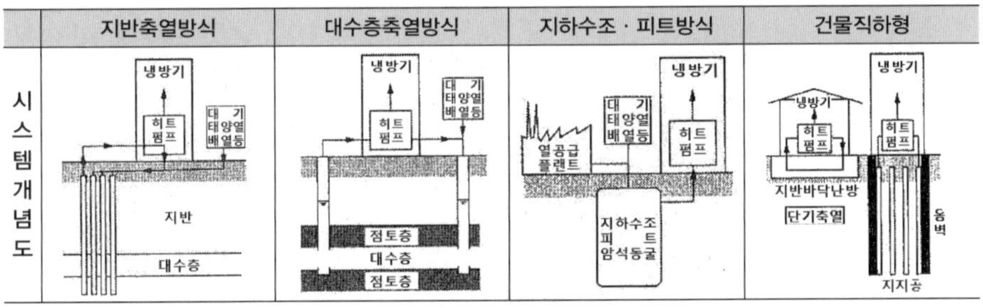

그림 2.28 지하축열방식

으로부터의 일사 흡수의 형태로 열을 실내로 받아들임과 동시에 이들을 포함한 배열을 냉방장치의 실외기에서 일괄하여 배출하고 있다는 것이 된다.

인공배열은 보통 발생원 주변의 대기에 실외기나 냉각탑으로 폐기되지만 여기에서는 발생원에서 다른 곳으로 이동하여 처리하는 대책에 대해서 설명한다. 이 대책에는 인공배열의 발생원 지역에 대한 영향과 이동 후의 지역이나 대상에 대한 영향을 비교하여 이동하는 것이 바람직하다는 것이 전제가 된다.

건물 스케일에서의 인공배열 대책으로 일반적으로 생각할 수 있는 축열형의 시스템을 들 수 있다.

그림 2.28은 지하축열방식을 나타내고 있다. 지반축열방식은 지반에 수십 m 깊이의 구멍을 굴삭하고, 그 속에 열교환기기용 튜브를 넣고 열매를 순환시켜 지반에 간접적으로 축열하는 방식이며, 대수층 축열방식은 지하의 대수층에 직접 냉온수를 주입하여 축열하는 방식, 지하수조 · 피트방식은 지하에 설치한 수조

또는 피트에 축열하는 방식, 건물직하형은 전물의 바로 밑 지반 또는 지지말뚝 등에 축열하는 방식이다.

가구 · 지역냉난방 스케일에서의 대책에는 하수나 지하수, 하천수 · 해수 등이 이용된다. 하수나 해수의 여름철 온도는 도쿄의 경우 26~28℃ 정도이며 공기열원의 냉각탑 설계온도인 32℃ 보다 낮다. 따라서 인공배열을 주변의 대기에 방출하지 않는 것만이 아니라 시스템의 효율도 높아지는 점, 냉각탑의 보급수가 불필요하여 수자원을 유효하게 이용한다는 점 등의 이점이 있다.

참고문헌

1) 環境共生住宅推進協議會編褱, 境共生住宅A-Z, Biocity, 1988.
2) 尾島俊雄, 新建築學大系 9, 都市環境, 彰國社, 1986.
3) A. G. Davenport, Wind Loads on Stractures, Technical papet, NO. 88, 1960.
4) 도근영 외 2명, 부산지역의 기후변화와 매립의 관련성에 대한 연구, 한국항해항만학회지, 제28권 제8호, PP. 759-766, 2004.
5) 環境工學教科研究會編著, 建築環境工學 第2版, 彰國社, 2000.
6) 原田朗著, 大氣の汚染と氣候の　化(氣象學のプロムーナドII), 東京堂出版, 1982.
7) 大西正宜, 環境と共生する建築25のキーワード, 學芸出版社, 1999.
8) 日本建築學會, 日本建築學會叢書 ヒートアイランドと建築 · 都市 -對策のビジョンと課題, (株)技報堂, 2007.
9) ヒートアイランド對策調査檢討委員會, 平成十三年度ヒートアイランド對策手法調査檢討業務報告書, (株)環境情報センター
10) (社)環境情報科學センター, 平成16年度ヒートアイランド現象による環境影響に關する調査檢討業務報告書, 環境省, 2005年
11) 環境省, 平成12年度ヒートアイランド現象の實態解析と對策のあり方について報告書(增補版), 2001.
12) 中井誠一, 熱中症死亡者数と氣象條件-日本における21年間の觀察, 日生氣誌 30(4), 1993年, pp.169-177.
13) Y. Honda, M. Ono, A. Sasaki and I. Uchiyama, Shift of the short-term temperature-mortality relationship by a climate factor, Journal of Risk Research 1(3), pp.209-220, 1998.
14) 佐藤尚毅, 高橋正明, 首都圏における夏季の降水特性の　年　化, 天氣 47(9), 2000年, pp.643-648.
15) 若松伸司, 篠崎光夫, 廣域大氣汚染, 裳華房, 2001年, p.167
16) 矢部邦明, 長期最大電力予測のための省エネの評　, 平成17年電氣學會全國大會, 2005年, p.6-45.
17) 淺井富男, ローカル氣象學, 東京大學出版社, 1996.
18) 片山忠久, 依田浩敏, 福岡-海陸風を生かした都市づくり, 日本建築學會編 都市環境のクリマアトラス-氣候情報を生かした都市づくり, ぎょうせい, 2000.
19) 村上三郎, 關根毅, 成田健一, 西名大作, 千田勝也, 都市内河川が周　の溫熱環境に及ぼす　果に關する研究(續報), 日本建築學會計畫系論文集, No. 415, 1990년, pp.9-19.
20) 成田健一, 清田誠良, 廣島-河風を利用した氣候改善, 日本建築學會編 都市環境のクリマアトラス-氣候情報を生かした都市づくり, ぎょうせい, 2000년
21) 一ノ瀬俊明, シュトゥトガルトにおける「風の道」-都市計畫で都市氣候を制御する試み-, 天氣 40(9), 1993년, pp.31-33
22) ドイツ工業協會(森山正和, 足永靖信, 渡邊浩文, 日本建築學會クリマアトラスの實用化ワーキンググループ監修), 環境氣象學-都市 · 地域計畫のための氣候環境地　, 環境情報センター, 2006.
23) 近藤純正, 地形と地表面性質が夜間の斜面風 · 山風 · 盆地大氣の冷却に及ぼす　果(1), 天氣31(10), 1984년, pp.309-316
24) 竹林英樹, 山麓冷氣流による夏季夜間の市街地熱環境緩和　果に關する研究, 神戸大學博士論文, 2003년
25) 三上岳彦, 都市内部における公園綠地の氣候, お茶の水女子大學人文科學紀要35, 1982년, pp.21-36
26) 田村優佳ほか, 都市内綠地の暑熱緩和 · 大氣淨化　果に關する實測調査, 日本建築學會技術報告集 9　, 1999년, pp.167-170
27) 成田健一ほか, 都市氣候に及ぼす河川水の熱的影響に關する實測研 究隅田川における熱收支と周　影響の檢討, 日本建築學會計畫系論文集 No. 545, 2001년, pp.71-78
28) 近藤純正ほか, 河川水溫の日　化(2) 觀測による檢　-異常水溫と魚の大量死事件, 水文 · 水資源學會誌 8, 1995년, pp.197-209
29) 梅干野晁, 乾正雄, 隆谷光三, リモートセンシングによる住宅地の熱環境の解析-東京における夏季 · 晴日について, 日本建築學會論文報告集 No. 309, 1981년, pp.115-126
30) 梅干野晁, 建築の綠化と都市環境, 太陽エネルギー Vol. 31, 2005년, pp.3-8
31) 森山正和編, ヒートアイランド對策の技術, 學芸出版, 2004년
32) 木村建一編, 建築環境學2 9章 民家の熱環境論, 丸善, 1993년
33) 近藤靖史, 入交麻依子譯, クールルーフによる省エネルギー, 空氣調和 · 衛生工學 73권, 8호, 1999년 8월, pp.55-61
34) 藤本哲夫, 岡田朋和, 近藤靖史, 高反射率塗料の日射反射性能に關する研究, 日本建築學會環境系論文集 No. 601, 2006년 3월
35) 卯月盛夫, エコロジーに配慮したドイツの都市政策と事例, 綠の讀本シリーズ 26, 1993년 봄
36) 鍵屋浩司, 足永靖信, 大橋征幹, 東京臨海 · 都心部におけるヒートアイランド現象の實測調査と數値計算(その2) 研究の概要と課題, 日本建築學會大會學術講演梗概集 D-1, 2006년 9월, pp.493-494
37) 空氣調和 · 衛生學會編, 空氣調和 · 衛生工學便覽 3권, 丸善, 2002년, p.235

제3장

에너지의 친환경적 이해

3.1 우리나라의 에너지 소비현황

3.2 세계의 에너지 소비

3.3 우리나라의 재생에너지 활용

3.4 세계 각국의 재생에너지

3.1 우리나라의 에너지 소비현황

1990년대 후반에 접어들면서 사용이 편리하고 환경오염이 적은 LNG 및 전기소비가 증가하면서 석유 소비비중이 축소되기 시작하여 2005년에는 그 비율이 44.3%로 줄어들었다. 반면, 1980년대 후반부터 도입된 LNG는 90년대 평균 20.1%의 급성장을 하면서 2005년에는 소비비중이 13.1%로 증가되었다. 우리나라의 에너지원별 소비현황을 살펴보면 표 3.1과 같다.

전력수요의 급증에 따라 원자력, 수력, 유연탄의 소비는 증가에 따라 우리나라의 에너지 자급률도 크게 낮아져 에너지 수입 의존도가 96.4%에 이르고 있다.

표 3.1 에너지원별(1차 에너지) 소비현황

단위 : 백만 toe[1] (석유환산톤)

구 분	2002	2003	2004			2005		
				구성비(%)	증가율(%)		구성비(%)	증가율(%)
석탄	49.10	51.12	53.13	24.1	3.9	54.79	23.9	4.1
무연탄	4.04	4.56	4.30	2.0	-5.7	4.77	2.1	10.9
유연탄	45.05	46.56	48.83	22.2	4.9	50.02	21.8	2.4
석유	102.41	102.38	100.64	45.7	-1.7	101.55	44.3	0.9
LNG	23.10	24.19	28.35	12.9	17.2	29.99	13.1	5.8
수력	1.33	1.72	1.47	0.7	-14.9	1.30	0.6	-11.5
원자력	29.78	32.42	32.68	14.8	0.8	36.70	16.0	12.3
기타	2.93	3.24	3.98	1.8	22.7	5.00	2.2	25.9
계	208.64	215.07	220.24	100	2.4	229.33	100	4.1

석유는 1990년~1997년 기간까지 연평균 12.1%의 높은 증가율을 기록해왔으나 외환 위기의 여파로 인해 1998년에 소비가 5.6% 감소한 이후 현재는 증가추세에 있다. 표 3.2는 1997년부터 2005년까지 부문별 석유소비량을 나타내고 있다.

부문별로는 산업용이 1.3% 증가에 그쳤고, 가정상업 부문은 도시가스의 보급 확대 등으로 0.9% 증가에 그쳤고, 공공 기타 부문도 발전용 소비(전환 부문)의 감소로 1.3% 증가에 그쳤다.

1) toe = 원유 1톤이 발열하는 cal을 기준으로 표준화한 단위, 1toe는 원유 1ton(7.41배럴)의 발열량 107kcal가 기준이 되며, 석탄 1.55ton, 천연가스 1,150㎥에 해당된다.

표 3.2 에너지원별(1차 에너지) 소비현황

단위 : 백만 배럴, 1배럴=158.99리터

구 분	1997	1998	1999	2000	2001	2002	2003	2004	2005
산업	348.5	345.8	355.7	362.0	359.9	374.9	374.7	383.1	388.1
증가율(%)	23.8	−0.8	2.9	1.8	−0.6	4.2	−0.1	2.2	1.3
수송물량	219.6	187.7	205.9	223.5	231.1	244.0	249.6	249.1	254.6
증가율(%)	3.2	−14.5	9.7	8.5	3.4	5.6	2.3	−0.2	2.2
가정/상업	141.0	100.6	118.9	105.1	97.7	94.7	88.3	77.5	78.2
증가율(%)	0.9	−28.6	18.1	−11.5	−7.0	−3.1	−6.7	−12.2	0.9
공공/기타	84.8	36.1	39.2	51.9	54.9	49.2	50.3	42.6	40.5
증가율(%)	−2.5	−57.4	8.6	32.5	5.7	−10.3	2.2	−15.3	−5.0
석유합계	793.9	670.3	719.7	742.6	743.7	762.9	762.9	752.3	761.4
증가율(%)	10.1	−15.6	7.4	3.2	0.1	2.6	0.0	−1.4	1.2

석유 다음으로 증가율이 높은 1차 에너지원은 원자력과 무연탄 및 LNG로 나타나고 있으며, 친환경적 원자력과 LNG 비율은 점차 증가하는 것을 볼 수 있다. 표 3.3은 2000년부터 2005년까지 용도별 LNG 소비현황을 나타내고 있다.

특히, 도시가스 부문과 발전용 부문에서는 5년간 각각 40~50% 이상 증가한 것을 볼 수 있다. 그러나 지역난방의 경우, 생활쓰레기 등 지역에서 구할 수 있는 에너지원을 사용하는 열병합발전 설비 등으로 인하여 그 수요는 줄어들고 있는 것을 알 수 있다.

표 3.3 에너지원별(1차 에너지) 소비현황

단위 : 천 톤

	도시가스	발전용	지역난방	합계/증가율
2000	9,528	4,353	675	14,557/12.3%
2001	10,300	4,657	1,033	15,990/9.8%
2002	11,194	5,772	803	17,768/11.1
2003	11,978	5,713	919	18,610/4.7%
2004	12,504	8,818	1,168	21,809/17.2%
2005	14,033	8,821	214	23,068/5.8

1990년 산업성장과 전력소비 급증에 따라 연평균 11.4%의 높은 성장세를 보였으나 최근에는 제철용이나 산업용 수요가 안정화되면서 그 증가율은 둔화되어 2005년에는 2.4%의 증가율을 나타내고 있다. 부문별로는 전력수요에 따라 발전용이 1990년과 비교하여 약 8.4배 증가한 4,785만 톤으로 15.2% 증가하여 점유율이 63.1%로 높아진 반면, 산업용이 점하는 비율은 10%로 감소하였다. 표 3.4는 유연탄의 소비현황을 보여주고 있다.

1977년 시험가동을 시작으로 최근에는 주요 전력 생산원으로 자리매김하고

표 3.4 유연탄의 소비현황

단위 : 천 톤

구분	원료용(제철용)		발전용		산업용		합계	
	소비량	점유율(%)	소비량	점유율(%)	소비량	점유율(%)	소비량	점유율(%)
1990	11,735	53.6	5,723	26.2	4,418	20.2	21,876	6.9
1995	19,415	51.0	14,229	37.4	4,445	11.7	38,089	8.5
2000	19,415	32.2	33,305	55.2	7,609	12.6	60,329	8.5
2001	19,315	20.3	36,601	57.5	7,770	12.2	63,686	11.4
2002	20,098	29.4	40,143	58.8	8,024	11.8	68,265	7.2
2003	20,509	29.1	41,631	59.0	8,399	11.9	70,539	3.3
2004	20,839	28.2	45,512	61.3	7,627	10.3	73,978	4.9
2005	20,810	27.5	47,851	63.1	7,126	9.4	75,787	2.4

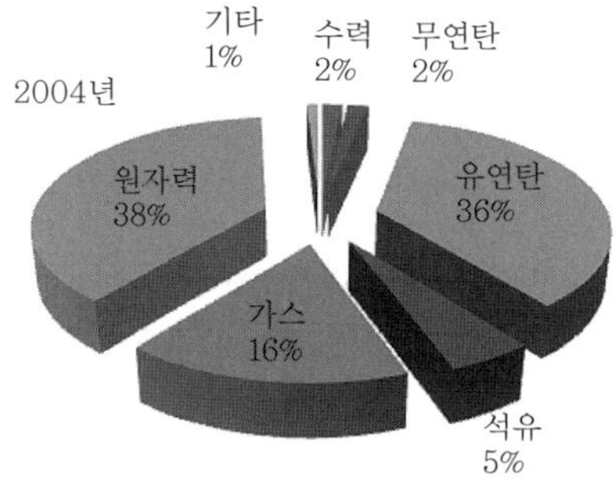

그림 3.1 발전전력량에 대한 에너지원별 비율

있다. 1990년 이후 지속적으로가하여 연평균 7.1%의 높은 성장을 이루어 왔다. 전체 발전량에서 원자력이 차지하는 비중은 1990년대 49.1%로 가장 높은 점유율을 나타내었고, 2000년대에 접어들면서 환경단체 등의 반발로 인하여 그 점유율은 조금 낮아졌으나 여전히 전력 발전의 40.3%(2005년 기준)로 가장 높은 비중을 보이고 있다. 원자력 다음으로 석탄(36.6%)이고 이어 LNG(16.0%)가 주요 발전에너지원이다. 그림 3.1은 우리나라 발전전력량의 에너지원별 비율을 나타내고 있다.

3.2 세계의 에너지 소비

전 세계 에너지 소비는 2002~2025년간 연평균 2.0%씩 증가할 것으로 전망되며, 이는 1970~2002년 기간 동안의 연평균 증가율인 2.2%보다는 다소 낮을 것으로 예측된다.[2)]

2) 세계 에너지 전망 2005, EIA(미국 에너지부 에너지 정보국)

아시아 개발도상국 경제성장률은 5.1%이며, 그 가운데 중국과 인도는 연평균 GDP 증가율이 각각 6.2%와 5.5%로 예상되고 있으므로 이에 따라 아시아 지역의 에너지 수급전망은 2002년도와 비교하여 약 2배 이상 늘어날 것으로 예상되며 평균 소비증가율도 3.5%로 늘어날 전망이다. 이 시기 중국과 인도는 각각 4.1%와 3.3%로 전망된다는 보고가 있으며, 표 3.5는 세계 각국의 에너지 수요 및 전망에 대한 것을 나타내고 있다.[3)]

표 3.5 세계 각 지역의 에너지 수요 및 전망치

단위 : 천 조 Btu[4)]

구분	1990	2001	2002	2010	2015	2020	2025	연평균(02-25)증가율(%)
선진국	183.6	211.2	213.5	234.7	247.3	258.7	271.8	1.1
동구/구소련	76.2	53.4	53.6	63.0	68.4	72.8	77.7	1.6
개발도상국	88.4	139.2	144.3	205.8	237.8	266.6	295.1	3.2
아시아	51.5	84.7	88.4	133.6	155.8	176.3	196.7	3.5
중동	13.1	20.9	22.0	28.7	32.4	35.6	38.9	2.5
아프리카	9.3	12.5	12.7	16.7	19.3	21.4	23.4	2.7
중남미	14.5	21.2	21.2	26.8	30.4	33.2	36.1	2.3
합 계	348.2	403.9	411.5	503.5	553.5	598.1	644.6	2.0

선진국 연평균 에너지 수요 증가는 1.1%인데 반하여 개발도상국과 중국 및 인도가 포함되어 있는 아시아 지역에서의 에너지 수요 증가는 각각 3.2%와 3.5%의 증가추세를 보일 것으로 예상하고 있다.

이를 토대로 가까운 장래인 2010년에는 세계에서 차지하는 에너지 수요의 약 67%가 개발도상국과 아시아에 집중되어 있고, 이 가운데 아시아가 차지하는 비율은 26.5%에 달할 것으로 예측되고, 2025년에는 그 비율이 30.5%로 늘어날 것으로 예상하고 있다.

세계적으로 석유수요는 2025년까지 연평균 1.9%의 증가율을 보일 전망이다. 따라서 2002년에 78.2백만 b/d의 석유수요는 2025년에 119.2백만 b/d로 전망기간 동안 41백만 b/d가 늘어날 것으로 예측하고 있으며, 증가 물량의 대부분은 OPEC 산유국에서 공급을 감당해야 할 것으로 예상된다.

3) 2005년 신재생에너지 백서, 국가에너지정책위원회, 신재생에너지센터, 산업자원부

4) 1W=0.860kcal/h, 1Btu=0.252kcal/h

특히 이라크에 대한 UN의 경제제재가 해제되면서 서방국가들의 대 이라크 투자 확대로 원유생산능력과 산유량이 크게 증가될 전망이다. 2025년에도 OPEC회원국은 여전히 원유의 주요 공급자로 남을 것으로 예상된다.

천연가스는 2001년부터 2025년 사이에 연평균 증가율이 2.3%로 화석연료 가운데 가장 빠르게 소비가 늘어날 것으로 예상되는 에너지원이며, 2025년도에는 소비량이 4조 4천억 m^3에 이를 전망이다. 이는 환경친화적 요소와 함께 연료의 다원화 등의 영향으로 소비는 증가할 것으로 예측됨과 동시에 고효율 가스터빈 등장으로 발전용 부문에서 소비가 급속히 증가할 것으로 판단되며, 개발도상국에서는 발전 부문 이외에도 산업 부문과 가정 및 상업 부문에서도 수요가 늘어날 전망이다. 특히 아시아와 중남미지역에서의 증가율은 각각 4.3%와 3.3%로 타 지역과 비교할 때 2~3배 정도 높은 수준이다. 아시아에서도 중국과 인도는 각각 7.8%와 5.1%의 고속성장이 예상되고 있다.

세계 석탄 사용량은 1980년대 이후 점차 그 성장률이 둔화되고 있는데, 이는 주로 발전 부문에서 연료가 천연가스로 대체되고 있기 때문이다. 이와 같은 추세는 향후에도 2025년까지 지속적으로 이어질 전망이다. 석탄은 2002년~2025년까지 연평균 2.0%의 소비증가율 둔화로 인하여 세계 에너지소비에서 차지하는 석탄 점유율이 빠르게 줄어들 것으로 보인다. 2005년 보고서에서 총에너지수요 가운데 석탄 비중은 2002년의 24%에서 2025년에는 22.5%로 떨어질 전망이다.

원자력 발전량은 2002년 2,560천 GWh에서 2025년 3,270천 GWh로 연평균 1.1% 증가할 전망이다. 최근 원자력 발전은 대부분의 선진국 및 구동구권에서 발전설비의 효율 향상과 운영기간의 연장에 따라 발전량이 증가하고 있으며, 화석연료의 고가화 및 교토의정서 발효로 인하여 지속적으로 증가할 전망이다.

3.3 우리나라의 재생에너지 활용[5)6)]

우리나라에서 신재생에너지는『신에너지 및 재생에너지 개발 · 이용 · 보급 촉진법』제2조에 의해 기존의 화석연료를 변환시켜 이용하는 신에너지인 연료전지, 석탄 액화 · 가스화 및 중질산유 가스화 및 수소 등의 3분야를 일컫는 것이고, 햇빛 · 물 · 지열 · 강수 · 생물유기체 등을 포함하는 재생가능한 에너지를 변환시켜 이용하는 재생에너지로는 태양열, 태양광, 바이오, 풍력, 수력, 해양, 폐기물, 지열 등 8개 분야를 지칭한다. 본 장에서는 주로 건축물과 관련된 재생에너지에서 언급하고자 한다.

우리나라에서 신재생에너지 비율은 선진국의 20~50% 정도라고 조사되었고, 전체 에너지 소비량 중 재생에너지가 차지하는 비율은 2.1%로 덴마크의 11.1%, 미국의 4.5%와 비교하여 매우 낮은 수준이다. 재생에너지 가운데 폐기물에너지와 수력에너지의 비율이 96.1%인 것과 비교하여 바이오매스, 태양열, 풍력, 태양광 등은 3.9%를 차지하는 것으로 나타나 그 비율이 극히 저조한 것으로 나타났다. 이를 위하여 산업계의 신재생에너지 활용화에는「시장 확대」가 중요한 것으로 판단하여

① 시설투자의 60~80% 정도 지원

② 재생가능에너지의 단가상승을 통하여 투자회수기간 5년간을 단축

③ 발전사업자에 대한 신재생에너지에 대한 의무할당제 시행

④ 공공 부문에서 신재생에너지의 이용 의무 확대 등 필요한 조치에 대하여 주장하고 있다.

2003년말 국내의 1차 에너지공급 가운데 2.1%를 신재생에너지가 공급하고 있고, 에너지원별로는 폐기물에너지가 300만 toe로 66.7%를 담당하고, 그 다음이 수력으로 135만 toe로 29.6%, 바이오매스, 풍력, 태양광 순이다. 표 3.6은 신재생에너지의 에너지원별 비율을 나타내고 있다.

5) NEDO 海外レポータ, 新エネルギー海外情報, 韓國における新エネルギー等實態調査, 2005.10
6) 산업자원부(2005), 신재생에너지 백서

표 3.6 재생에너지의 에너지원별 이용량 및 비율

	시설보급현황	이용량(toe)	비율(%)
폐기물발전	서울, 경기도, 부산, 대구 등 500기	3,039,300	66.7
수력발전	강원도, 경상북도 등 33개소 48MW(소수력포함)	1,346,900	29.6
바이오에너지	LFG(Land Fill Gas:매립지가스), 주조, 식품제조공정 등 150개소 정도	131,100	2.9
태양열에너지	태양열온수기 187,000대, 비등설비 3,000대	32,000	0.7
풍력에너지	제주도 등 115기, 18,690kW	5,200	0.1
태양광발전	마라도 등 12,000개소 5,981kW	1,900	0.04
합 계		4,556,400	100.0

정부는 석유제품의 고가격시대 및 교토의정서 발효에 대응하기 위하여 신에너지공급 시스템 구축을 위한 장기적인 신 · 재생가능에너지 보급 목표를 설정하여 추진하고 있으며, 대규모 수력발전을 제외한 신 · 재생에너지 비율을 2006년까지 3%인 712만 8,000toe, 2011년까지 5%로 높여 총 1,346만 6,000toe의 신재생에너지 보급을 계획하고 있다.

3.3.1 태양광

주택보급사업, 발전차액보존제도 및 공공건물 신재생에너지 의무설치 제도 등 다양한 정부지원 제도에 따라 2003년 563kW에서 2004년 2,553kW로 성장세는 급등하였다. 우리나라의 태양광발전 보급현황은 표 3.7과 같고, 설치 사례는 표 3.8과 같다.

표 3.7 태양광 발전시설 보급현황

구분	91~95	96~2000	2001	2002	2003	2004	계
설치용량(kW)	1,005	2,466	792	475	563	2,553	8,534

표 3.8 태양광 발전시설 보급현황

구 분	시설용량(kW)	내 용
전화시설	2,342	마라도(150), 강원도 주택(120), 제주 그린빌리지(142.9), 조선대 의대 (20) 등
통신 및 비상전화	9.6	한전(7.6), 전남(2)
가로등, 해양용	161	단양시 국립공원(45), 대구(15), 소죽도(32.3), 인천(15) 등
기타	39	대구(3), 평택(2.4), 전북(4.6) 등
계	2,553	

2003년에 수립된 제2차 신재생에너지기술개발 기본계획은 2012년까지 주택용, 건물용, 산업용 태양광설비 1,300MW 보급을 목표로 한 기술개발과 정책적

인 지원내용을 담고 있으며, 그 내용은 다음과 같다.

1단계(2003~2006년)에서는 보급촉진형 기술개발 목표로 주택보급형 3kW급 시스템 개발, 건물 상업용 10kW급 시스템 개발, 태양전지 저가화, 고신뢰성 제품개발 및 양산체제 확립을 위한 기술개발이 추진되고 있다.

2단계(2006~2009년)에서는 대량 보급형 기술개발을 목표로 결정질 초박형 태양전지, 차세대 박막 태양전지, 태양광 발전시스템 보급형 유닛화 등을 위한 기술개발 등이 수행될 것이다.

3단계(2009~2012)에서는 2단계에서 개발된 기술의 상용화를 통해 차세대 수출산업화를 추진할 예정이다. 또한 태양광발전 시스템 보급형 패키지 상품화를 시행하여 저가의 고품질 시스템이 보급되고 태양광 산업이 활성화되도록 할 예정이다. 이와 같은 단계를 추진함에 따라 2003년부터 2012년까지 국내 시장의 규모와 보급 전망은 표 3.9와 같다.

표 3.9 에너지원별(1차 에너지) 소비현황

MW	2003	2004	2005	2006	2007	2008	2009	2010	2011	2012	계
보급량	1	5	14	35	50	75	110	230	330	450	1,300

우리나라에 태양광 설치 사례에는 그림 3.2와 같다. BIPV(Building Integrated Photovoltaic System), 추적식과 고정식에 대한 예는 그림 3.2에서 3-4[7]와 같다.

3.3.2 풍력발전

풍력발전의 경우 실질적으로 이용되는 면적은 풍력발전기의 기초부와 도로, 계측 및 중앙제어실 등으로 전체 단지 면적의 1%에 불과하며, 나머지는 목축과 농업 등의 다른 용도로 이용할 수 있는 장점을 지니고 있다. 발전방식에 따른 소요면적은 풍력 1,355㎡/GWh, 석탄 3,642㎡/GWh, 태양열 3,561㎡/GWh, 태양광발전 3,237㎡/GWh로서 풍력발전이 가장 적은 면적을 차지한다. 우리나라

7) http://www.energy.or.kr/

그림 3.2 BIPV형

그림 3.3 추적형

그림 3.4 고정형

의 풍력발전에 대한 용량별, 단계별 기술개발 현황은 표 3.10과 같다.

또한 공해물질 저감효과도 매우 커서 200kW급 풍력발전기 1기가 1년간 운전하여 400,000kWh의 전력을 생산한다고 가정하면, 약 120~200톤의 석탄을 대체하게 되며, 줄어드는 공해물질 배출량은 연간 이산화황은 2~3.2ton, 질소산화물은 1.2~2.4톤, 슬래그(slag)와 분진(ash)은 16~28톤, 이산화탄소는 300~500톤에 달하며, 부유물질은 연간 약 160~280kg 정도 줄어든다.

국내 풍력발전 에너지 잠재량은 161.7백만toe/년이며, 이 가운데 이용 가능한 풍력자원은 16.2백만toe/년으로서 2005년 12월까지 설치 · 운영되고 있는 풍력발전 시스템으로는 국가전력망에 연계되는 상업용은 총 79기로 누적설비용량이 98MW이다.

표 3.10 풍력발전 용량별 기술개발현황

용량별 구분	업체/기관	내 용
소형 (100MW 미만)	한국화이바	30kW급 수직형 풍력발전기 개발 및 시운전 → 효율 및 운용상의 문제점 발견
	한국과학기술연구원	20kW급 소형 수평축 풍력발전기 개발
	전북대	30kW급 dual-rotor 형태의 풍력발전기 개발 및 연구행
중대형 (100kW-1MW)	(주)효성	750kW급 기어드형 풍력발전기 시스템 개발
	유니슨(주)	750kW급 기어리스형 풍력발전기 시스템 개발
	코윈텍	1MW급 듀얼포터형 풍력발전기 시스템 개발
대형 (1MW 이상)	(주)효성	2MW급 풍력발전기 시스템 개발 중
	유니슨(주)	2MW급 multibrid형 풍력발전기 시스템 개발 중
	서울대학교	3MW급 해상용 풍력발전기 시스템 개념 설계 진행 중

이 가운데 2005년 한 해에만 41기, 설비용량은 70MW로서 71.5%가 건설되었다. 국내의 풍력설비 설치현황은 그림 3.5와 같다. 또한 20MW가 넘는 규모의 풍력발전단지로는 영덕풍력발전단지(1.65MW, 24기)와 평창 및 횡계의 강원풍력발전단지(2MW급, 14기)가 있으며, 이들 발전단지가 담당하는 총 시설용량은 67.6MW로서 국내 풍력에너지 보급량의 약 68%를 담당하고 있다. 지역별로는

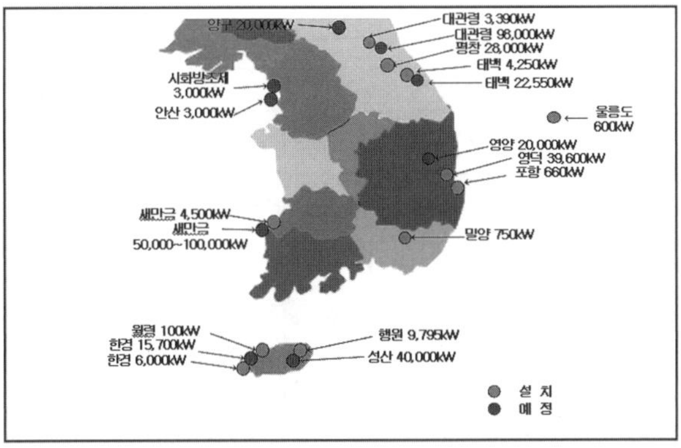

그림 3.5 우리나라의 상업용 풍력발전설비 설치현황(2005년)

경상북도가 약 40MW로 국내에서 가장 많은 용량이 설치되어 있고, 그 다음으로는 36MW인 강원도와 16MW인 제주도가 그 뒤를 잇고 있다. 우리나라의 대표적인 대관령과 영덕풍력발전단지의 전경은 그림 3.6과 그림 3.7과 같다.

그림 3.6 대관령 풍력단지

그림 3.7 영덕 풍력단지

3.3.3 바이오매스

국내에서 바이오매스 분야는 1970년부터 연구를 진행중이었으나 1997년 「대체에너지 기술개발 기본계획」에 의거하여 본격적인 기술개발이 시작되었다고 할 수 있다. 국내에서도 일부 바이오에너지 기술은 상용화되었고, 대표적인 예로는 음식쓰레기 등 유기성 폐기물에 의한 메탄 생산 및 이용과 기술, 매립지 가스 이용 기술, 경유 대체 바이오디젤의 생산 등이 있다.

우리나라의 음식문화 특성상 수분함량이 높고, 음식물 쓰레기 발생량이 매우 많아 처리하는데 어려움을 겪고 있는데, 이를 메탄으로 전환시키는 기술이 개발되어 현재 파주 등 3개 지역에 상용화 공정이 가동 중이다.

매립지 가스 활용 기술의 경우, 현재 전국 13개 매립지에서 매립가스 에너지화 이용 사업이 추진되고 있으며, 매립가스의 활용성을 다양화하기 위한 방안으

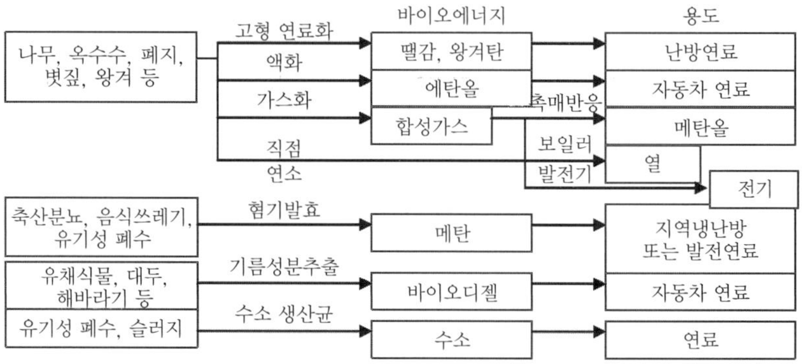

그림 3.8 국내 바이오매스 주요 에너지원과 용도

로 압축 천연가스화하여 청소차량에 적용하는 실증 연구가 수행된 바 있다. 이와 같은 다양한 연구를 통한 국내의 바이오매스 주요 에너지원과 생성물질 및 용도는 그림 3.8과 같다.

국내 바이오매스 부존자원은 연간 1,128만 toe 정도이며, 현재 기술로 이용 가능한 보급 잠재량은 232만 toe 수준이다. 그러나 실제 국내에서 보급된 바이오매스의 에너지원은 유기설폐기물의 혐기소화에 의한 메탄생산 및 이용, 성형탄, LFG(Land Fill Gas) 이용 발전과 바이오디젤이다. 국내 바이오에너지 보급 현황은 표 3.11과 같고, 그림 3.9[8]는 바이오매스 주요 에너지원과 시설을 보여주고 있다.

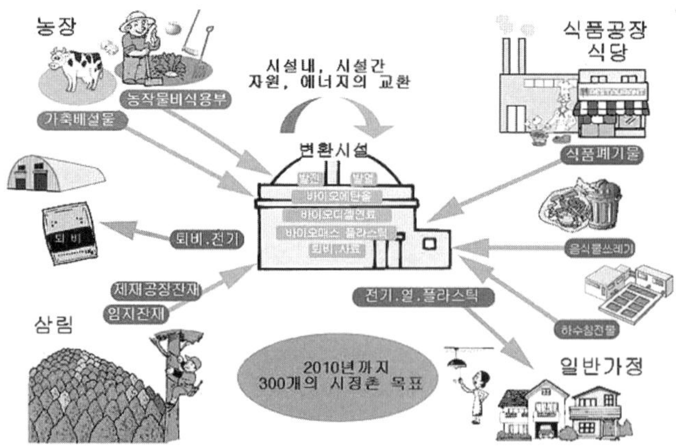

그림 3.9 바이오매스의 에너지원과 시설

8) http://www.sanrimji.com/

표 3.11 국내 바이오에너지 보급 현황(2005년)

구 분	업체수	용량, toe/년	현 황
고형연료(대체탄)	979	42,000	
유기성 폐기물, 폐수의 혐기소화(메탄)	13	41,000	폐수, 음식물 쓰레기 등 처리
LFG(Land Fill Gas)	3	83,2MW	수도권, 전국 매립지에서 전기 및 열에너지 생산
바이오디젤		30,000	수도권, 전라북도 등에서 시범보급

정부는 2011년 총 1차 에너지 소비량의 5%를 신재생에너지로 공급하기로 하였고, 그 중에서 바이오에너지는 폐기물, 수력, 풍력에 이어 1,053천 toe를 공급하여 총 신생에너지 공급 중 7.9%로 상향시켜 이는 2011년 총에너지 소비의 0.4%를 차지할 전망이다.

2011년 바이오에너지원별 보급 비중은, 대체탄 67천 toe/년으로 6.4%, 메탄가스 60천 toe/년으로 5.7%, LFG이용 371천 toe/년으로 35.2%, 바이오디젤과 바이오에탄올을 더한 바이오 연료는 555천 toe/년으로 52.7%를 계획하고 있다.

3.3.4 태양열

1990년대 초 가정용 태양열 온수기의 상업화가 이루어져 1997년 7만7천여 대 규모의 시장이 농어촌을 중심으로 보급되었으나, IMF 이후 심야전기온수기 등장과 영세규모 설치업자들의 도산과 사후관리 부재 및 정부지원 부재로 인해 현재는 거의 보급되고 있지 않는 실정이다.

집열 및 온수 급탕기술은 상용화되어 가정용 온수기(약 18만 대 이상) 및 골프장, 양어장 등의 급탕시설에 보급중이지만 활용 분야는 한정된 수요처에 보

그림 3.10 10kW급 Dish형 태양열 발전시스템 실증(경상남도 진해)

그림 3.11 제로에너지 솔라하우스(에너지기술연구소)

급 · 집중되고 있어서 품질 향상을 위한 생산, 평가 대규모 시스템 설계 기술의 확보가 필요한 실정이다. 단일진공관식 집열기는 최근에 상용화되어 보급되고 있으나 이중진공관식 집열기는 중국에서 전량 수입에 의존하고 있다.

중고온용 집열기인 PTC 및 Dish형 집열기(그림 3.10)는 국내연구를 통해 개발되었으나 상용화되지 못한 실정이다. 자연형 태양열 시스템을 포함한 태양열 난방 및 급탕 시스템, 각종 건물에너지 기술 등을 활용한 태양열 건물 및 시스템의 통합설계를 통한 제로에너지 솔라 하우스 개발(그림 3.11)은 1단계 연구가 수행되었고, 2단계 연구를 수행 준비중에 있고, 태양열 담수화에 대한 연구가 진행중에 있다.

3.3.5 지열

정부에서는 2011년까지 신재생에너지 보급 목표의 1.2%인 161천toe를 지열로 충당하도록 계획하고 있으며, 보급대수로는 주택용 5만 대 등 총 62,000대를 목표로 하고 있다. 정부에서는 시범 보급사업을 통해 지원된 용량을 2000년 10RT에서 2004년 1,768RT로 급속히 증가시켰으며, 총 금액은 2003년 3.4억 원에서 2004년에는 36.7억 원으로 급속히 증가하였다. 우리나라의 지열 이용 보급현황은 표 3.12와 같다. 지열을 이용한 냉방사이클과 난방사이클은 그림 3.12와 그림 3.13과 같다.

표 3.12 국내 지열이용시설 보급현황

구분	2000		2001		2002		2003		2004		합계	
	용량(RT)	개소	용량(RT)	개소	용량(RT)	개소	용량(RT)	개소	용량(RT)	개소	용량(RT)	개소
난방	0	0	13	1	10	1	0	0	0	0	23	2
냉난방	10	1	75	4	197	9	670	14	1768	34	2720	62
합계	10	1	88	5	207	10	670	14	1768	34	2743	64

1. 용산 미군부대 및 대사관저의 용량 제외, 2. 04년 대체에너지 보급 통계, 에너지관리공단

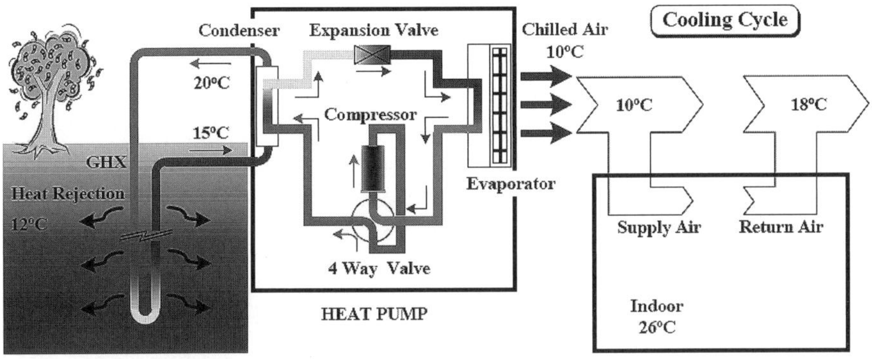

그림 3.12 지열이용 냉방사이클

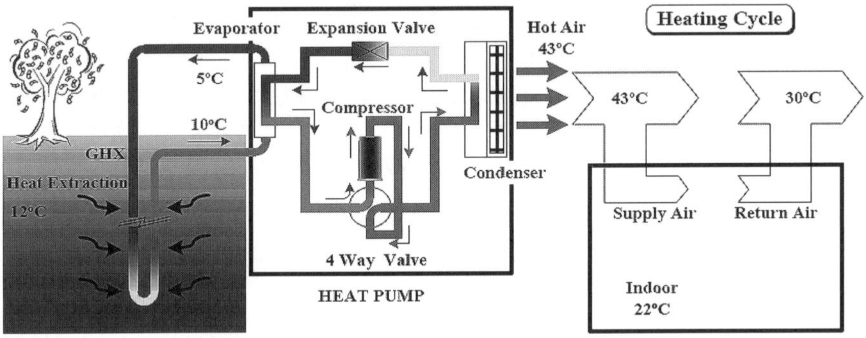

그림 3.13 지열이용 난방사이클

주거용 건축물에서 지열 이용은 그림 3.14와 같다.

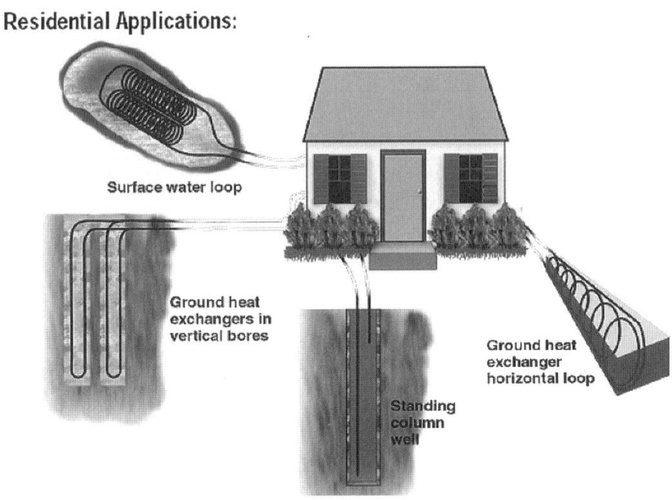

그림 3.14 주거용 건축물에서 지열이용 패턴

우리나라의 신재생에너지 보급량과 월별 신재생에너지 생산량은 그림 3.15, 표 3.13과 같고, 신재생에너지 발전량은 표 3.14와 같다.

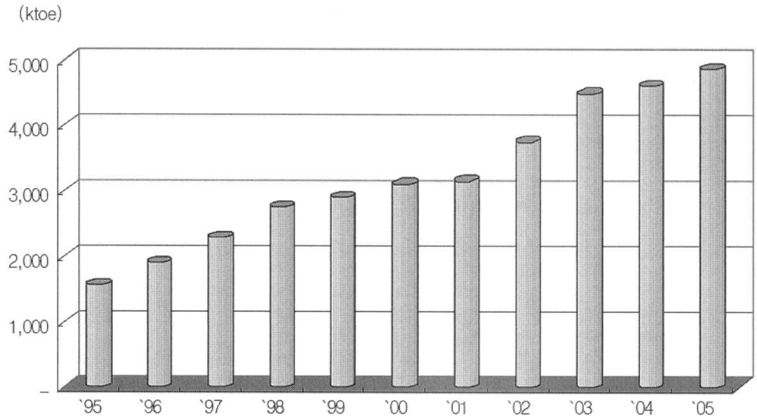

그림 3.15 1995년부터 2005년까지 신재생에너지 보급량

표 3.13 신재생에너지 월별 생산량

단위 : 천 ton

연도	태양열	태양광	바이오	풍력	수력	연료전지	폐기물	지열	합계
95	22	1	59	0	690	–	786	–	1,558
96	32	1	50	0	606	–	1,213	–	1,902
97	46	1	68	0	703	–	1,463	–	2,281
98	44	1	63	1	1,070	–	1,577	–	2,756
99	42	1	65	2	1,040	–	1,761	–	2,911
00	42	1	82	3	582	–	1,978	0	3,108
01	37	2	149	3	808	–	2,380	0	3,153
02	35	2	174	5	1,221	–	2,730	0	3,754
03	33	2	196	7	1,078	–	3,039	0	4,498
04	36	2	179	11	919	–	3,313	1	4,620
05	35	4	181	32		1	3,706	3	4,879

표 3.14 신재생에너지 발전량

단위 : MWh

연 도	태양광	바이오(LFG)	풍 력	연료전지	수 력	합 계
95	2,228	–	433	–	2,759,925	2,762,580
96	2,549	–	347	–	2,424,356	2,427,252
97	3,090	–	808	–	2,913,900	2,817,888
98	3,786	–	2,622	–	4,279,418	4,285,826
99	4,560	–	7,760	–	4,159,259	4,171,579
00	5,273	–	11,947	–	4,009,553	4,026,773
01	6,171	–	13,518	–	2,329,936	2,349,625
02	7,020	70,783	19,459	–	3,232,887	3,330,150
03	7,715	100,193	27,402	–	4,885,635	5,020,945
04	9,834	146,927	43,391	–	4,311,105	4,511,256
05	14,398	129,595	129,888	2,103	3,674,015	3,950,000

3.4 세계 각국의 재생에너지

세계 1차 에너지의 총 공급량에 대한 연료별 내역은 그림 3.16과 같이 정리할 수 있으며, 세계에 공급되는 1차 에너지의 총 공급량(Total Primary Energy Supply ; TEPS)은 10,579M toe이고, 이 가운데 재생에너지 비율은 13.3%를 점하고 있다. 재생에너지에 대한 연간 증가율은 그림 3.17에 나타나 있으며, 가연성의 재생에너지 및 폐기물(Combustible Renewables and Waste : CRW)의 증가 비율이 2.1%로 재생가능한 1차 에너지 전체인 2.3%의 80%를 점유하고 있는 것을 볼 수 있다. 재생가능 에너지의 총 공급량은 과거 33년에 걸쳐서 2.3%의 비율로 증가하였다. 이는 TPES의 연간증가율을 약간 상회하고 있다.

태양, 지열, 풍력 등을 포함한 기타 부문에서 증가율은 8.2%이며, 그림 3.16과 같은 증가추세를 나타내고 있다. 1971년 당시 풍력은 미력하였으나 최근 들

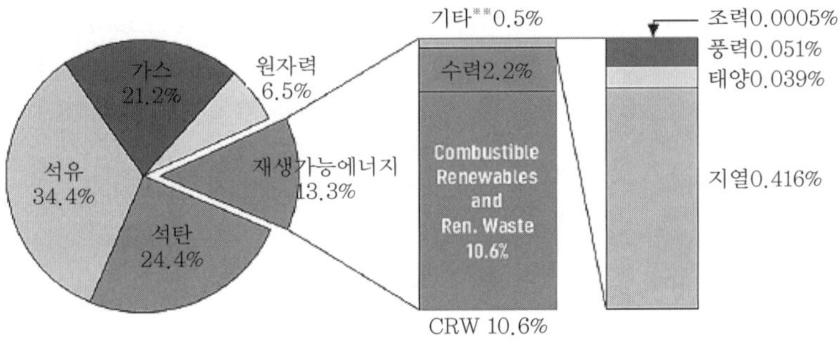

그림 3.16 세계 1차 에너지 총 공급량의 연료별 내역(2003년)

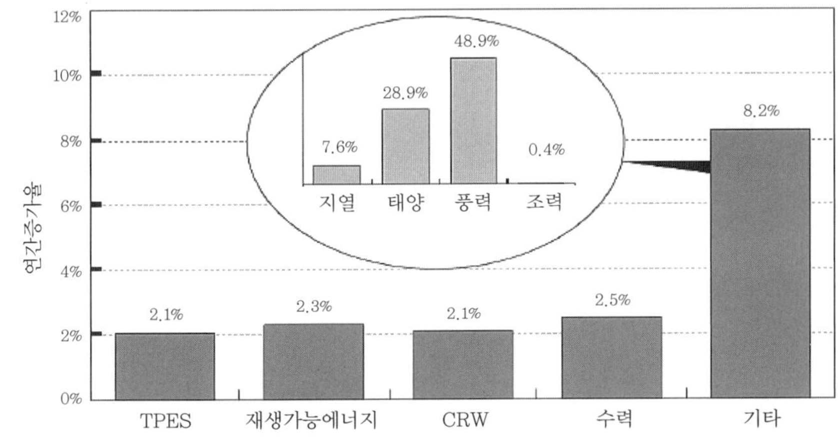

그림 3.17 재생가능 에너지 공급의 연간 증가율(1971~2003년)

어 신장률이 연간 49%로 크게 증가하였고, 태양에너지는 연간 29%로 그 뒤를 이어가고 있다. 바이오매스 또한 재생가능 에너지 전체 가운데 높은 비율을 점하고 있다.[9)]

풍력발전 시스템은 급속한 대형화와 해상풍력발전의 확대로 나눌 수 있다. 현재 제작사별로 3MW급(Vestas, Enercon, GE Wind 등)의 기술개발을 완료하여 생산중에 있으며, 5MW급의 풍력발전 시스템이 시작품으로 제작되었거나 실증을 위한 운전이 진행중이다.

해상용은 3.5~5MW급이 앞으로 시장을 지배할 것으로 예상되고 있다.

EU에서는 제5차 Framework Project의 일부로 5MW 풍력발전 시스템의 개발과 블레이드의 개발 및 자원조사와 Wind Map에 대한 연구를 진행중이다. 그림 3.18은 이를 나타내고 있다.

그림 3.18 대형화되고 있는 풍력발전

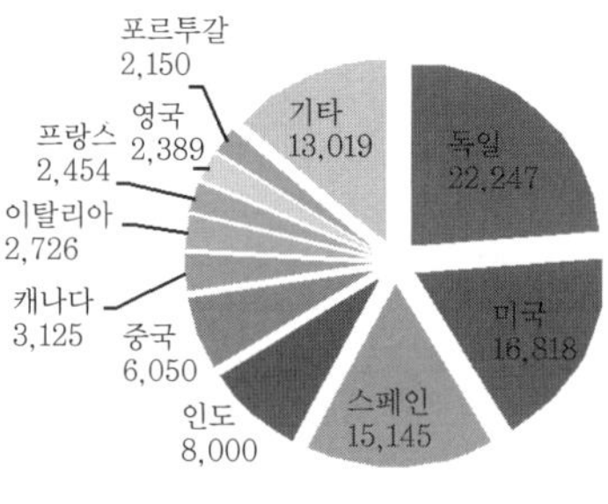

그림 3.19 총 설비용량(2007년 말)

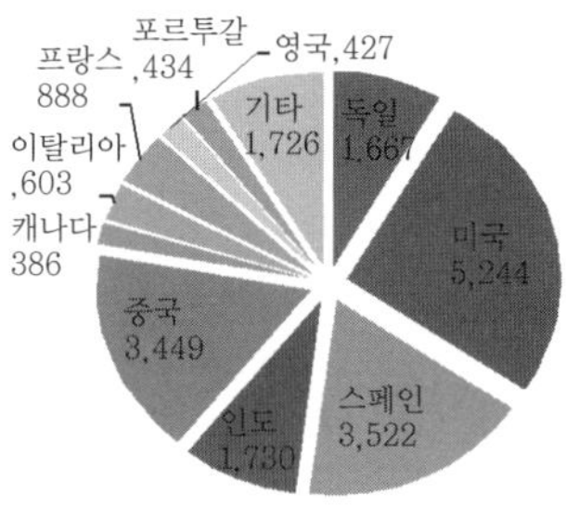

그림 3.20 2007년 신규 설비용량

9) NEDO 海外レポータ, 世界エネルギー供給における再生可能エネルギーの役割, 2006.10

2007년도 중국의 풍력발전 신규 설비용량은 3,449MW이며, 이는 2006년도와 비교하여 156%의 성장률을 기록하고 있다. 2007년을 기준으로 약 6,000MW에 이르고 있다. 태평양 시장은 성장이 둔화되고 있으나 2007년 뉴질랜드에서 151MW가 도입되었고, 오스트레일리아에서도 2020년까지 재생에너지 가운데 풍력발전이 점하는 비율을 20%까지 상승시킬 계획이다. 그림 3.19와 3.20은 2007년말까지 총 설비용량과 2007년 신규 설비용량에 대한 각국의 비율을 나타내고 있다.[10)]

3.4.1 미국[11)]

2003년 미국의 총에너지 사용량은 98,006조Btu, 재생에너지 소비량은 전체의 6.26%인 6,131조Btu이며, 미국의 발전원별 에너지소비량은 표 3.15와 같다.

1999년부터 2003년까지 5년간 전체 에너지 소비량에 대한 큰 변화는 볼 수

표 3.15 발전원별 에너지소비량 단위 : 조Btu

에너지원	1999	2000	2001	2002	2003
석탄	21,628	22,580	21,897	22,195	22,773
코크스	58	65	29	61	51
천연가스	23,010	23,916	22,861	23,069	22,490
석유	37,960	38,404	38,333	38,401	39,074
화석연료 합계	82,650	84,965	83,121	84,297	84,399
전력수입	99	116	75	78	19
원자력	7,610	7,862	8,028	8,145	7,795
수력	−62	−57	−90	−88	−88
기타연료 합계	7,647	7,921	8,013	8,135	7,726
수력발전	3,268	2,811	2,201	2,675	2,779
지열	331	317	311	328	314
바이오매스	2,873	2,893	2,626	2,773	2,865
태양	69	66	65	64	63
풍력	46	57	68	105	108
재생에너지 합계	6,587(6.81%)	6,145(6.21%)	5,272(5.48%)	5,946(6.09%)	6,131(6.26%)
총계	96,763	98,891	96,268	97,633	98,006

10) NEDO 海外レポータ, 再生エネルギ－特集(風力發電), 2008.04
11) NEDO 海外レポータ, 新エネルギ－海外情報, 米國における新エネルギ－等實態調査, 2005.09

없으나 2003년의 소비는 1999년과 비교하여 1.28% 증가에 그쳤다. 재생에너지가 총 에너지소비에서 점하는 비율도 1999년 6.81%에서 2003년에는 6.26%로 나타났다. 재생에너지 소비량에서 차지하는 비율을 살펴보면, 1999년도에는 수력이 49.61%였으나 2003년도에는 그 비율이 45.33%로 줄어든 반면, 바이오매스의 경우에는 1999년도 43.62%에서 2003년 46.73%로 늘어난 것을 알 수 있다.

(1) 바이오매스(Biomass)

재생에너지 가운데 가장 많이 이용되는 에너지원으로 그 비율은 47%에 달하며, 총 에너지에서 차지하는 비율은 4%이다. 바이오매스 에너지의 원료는 농업폐기물, 목재폐기물, 제지공업에서 배출되는 폐기물이 이용되고 있다.

바이오매스에서 생산되는 전력은 연간 9,733MW이고, 이 가운데 목재, 농업폐기물을 원료로 생산되는 전력이 5,886MW로 60%이고, 그 다음이 도시에서 배출되는 쓰레기가 34%이고, 매립지에서 방출되는 가스에서 5.54%가 된다.

여기서 생산되는 전력은 기존 전력시스템의 Base-load로서 이용되고, 일부는 공업용 난방이나 증기제조에 사용되고 있으며, 제조 단가가 낮은 바이오매스는 다른 연료와 혼합되는 경우 가격경쟁력이 크다는 것에 주목할 수 있다. 예를 들어 전력회사는 석탄 사용에 따른 연료 코스트를 낮추기 위하여 바이오매스를 혼합한 코스트를 내릴 수 있고 또한 친환경적 에너지를 생산할 수 있다는 장점을 지니고 있다.

바이오매스 연료자원에 따른 에너지는 직접 연소, 열화학적 변환(가스화, 열분해, 액화), 생물화학적 변환(발효)이라는 전환기술을 사용하여 전기, 열, 합성가스, 액체연료, 화학연료, 수소, 에탄올 등으로 변환시키는 것을 말하는 것으로

표 3.16 바이오매스 연소방식에 따른 코스트 비교

바이오매스 연소방식	kWh당 단가
기존 석탄전력	2.3 cent/kWh
직접연소방식	9 cent/kWh
복합연소방식	2.1 cent/kWh
가스연소방식	5 cent/kWh

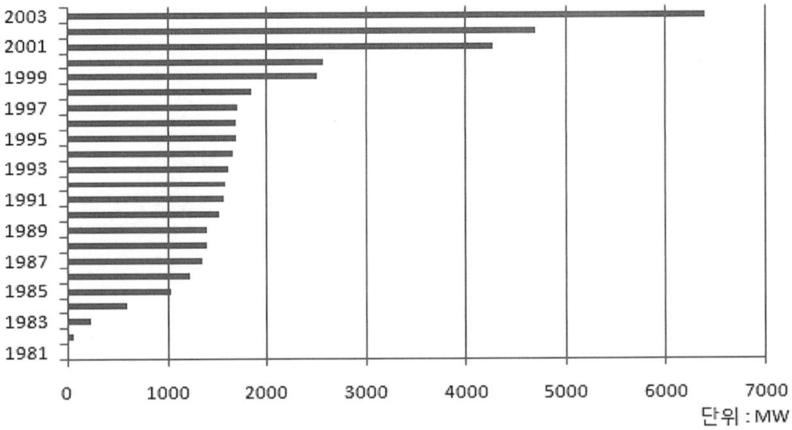

그림 3.21 미국의 풍력발전 용량변화

직접연소방식[12]과 복합연소방식[13]으로 나눌 수 있다. 바이오매스 연소방식에 따른 코스트 비교는 표 3.16과 같다.

(2) 풍력

풍력발전용량은 터빈의 규모와 풍속에 좌우되지만 현재 사용되고 있는 풍력터빈은 250W～1.8MW로 나눌 수 있다. 일반 가정에서 연간 전력사용량은 1kWh 정도로 예측하고, 10kW 풍력터빈이 연간 생산되는 전력량은 1.6kWh이므로 일반 가정용으로는 충분하다. 그러므로 1.8MW 풍력터빈의 연간전력생산량은 520만kWh로 500가구 이상에 전력을 공급할 수 있다.

미국 아이오아주의 스피리트레이크시 교육기관에 설치되어 있는 250kWh급 터빈에서 연간 35만kWh의 전력을 492.4m²의 시설에 공급하고 있다. 여분의 전력은 전력회사에 판매하여 5년간 25,000달러의 이익을 얻고 있다.

---

12) 기존 연소방식은 보일러 내에서 바이오매스 연료를 연소시켜 발생된 고압증기로 터빈을 가동하여 전력을 생산하고 있으며, 이 방식은 신뢰성이 높고 확립된 기술이 있지만 규모가 20～50MW의 소규모이다. 석탄의 100～1500MW와 비교하여 코스트 문제가 있다. 또한, 고압가스에 의한 발전효율의 기술적인 답보는 40% 이상의 이론에 대하여 실질적인 조업에서는 20% 이하가 된다. 이러한 문제점을 해결할 필요성이 있다.

13) 복합연료방식은 기존의 전력발전로에 사용되는 석탄의 일부를 대체연료로 사용하는 경우로서 경제적이며, 즉각적인 이용방법으로서 인정받고 있는 방식이다. 기존의 설비 변경이 전혀 없고, 새로운 바이오매스 연소 전용 설비를 건설하는 비용이나 번거로움에서 해방될 수 있다. 석탄연료를 바이오매스 연료에 변환시키는 산화황류나 질소산화물, 그 유해배기물 배출의 축소를 지향할 수 있다. 직접연소에 의한 발전효율의 문제에 대하여 복합연소의 경우 보일러 효율이 peak에 도달하는 시점에서 바이오매스를 사용하면 그 효율은 33%～37%까지 높아지게 됨으로써 발전효율이라는 관점에서도 이점이 있다.

풍력발전의 경우에는 풍력에 대한 의존성이 높으므로 소규모 터빈과 대규모 터빈에서의 풍속은 일반적으로 소규모 전력터빈의 경우에는 풍속 4.1m/s가 적당하고, 대규모 터빈의 경우 적어도 평균풍속 6m/s가 필요하다.

최근 대형 풍력터빈은 풍력발전시설에서 전기사업자에게 발전용으로 사용되고, 소형터빈은 가정용이나 임시용으로 활용되고 있다. 그림 3.21[14]은 미국의 풍력발전용량 변화를 나타내고 있다.

미국 전체의 풍력발전용량의 31.1%를 차지하고 있는 캘리포니아주는 Altamont Pass, Pacheco Pass, San Gorgonio Pass, Solano County & Vestas, Tehachapi라는 5개 지역이 대표적인 풍력발전지대이고, 이 5개 지역에서 캘리포니아주 전체의 97%에 상당하는 2,030MW의 전력용량을 가지고 있다. 과거 20년간 대규모 풍력발전의 생산 코스트는 80% 이상 하락하였다. 1980년대 초반에는 대규모 풍력발전의 설치시 30cent/kWh였지만, 현재 사용되고 있는 대규모 풍력발전의 생산코스트는 5cent/kWh 이하이다. 그림 3.22는 풍력발전의 코스트 변화를 나타내고, 그림 3.23은 에너지원별 단가코스트를 나타내고 있다.

미국은 2007년도 풍력발전의 신규 설치용량은 5,244MW라고 발표하였고, 이는 2006년도의 2배를 상회하고 있고, 90억 달러 이상의 투자를 유도하고 있다. 또한 미국의 2007년도 신규 발전설비용량(석탄, 수력 등 다른 전원을 포함)

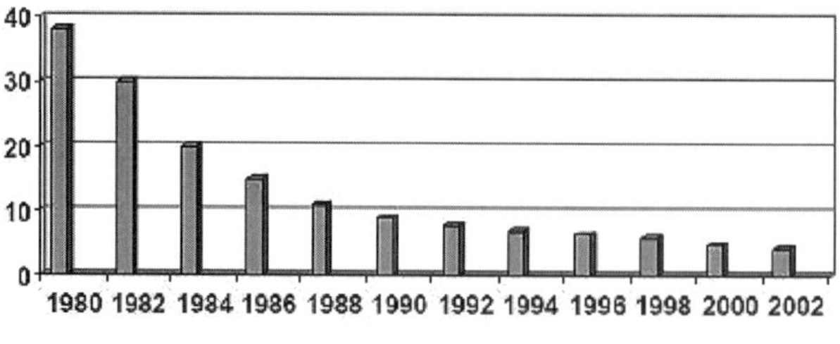

그림 3.22 풍력발전의 코스트변화(단위: cent/kWh)

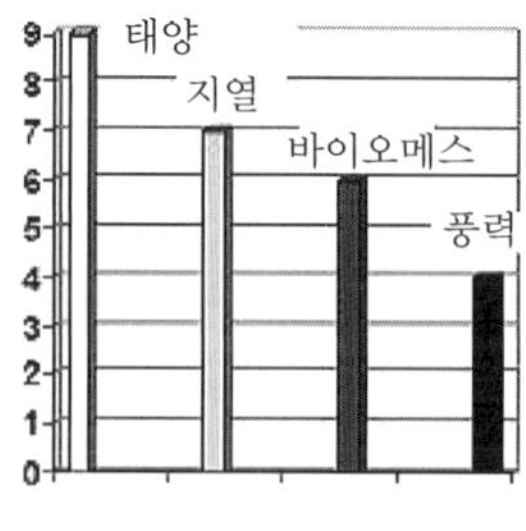

그림 3.23 에너지원별 코스트(단위: cent/kWh)

14) U.S Department of Energy Program & AWEA, 2004

가운데 새로운 풍력프로젝트는 약 30%를 점하며, 이는 150만 세대에 연간 전력 공급량에 상당한다. 2007년에 45%를 성장하여 발전용량은 16.8GW이고, 2009년말에는 독일의 풍력발전설비를 상회할 것으로 예측[15)]하고 있다.

(3) 태양

1997년 클린턴 대통령에 의해 "Solar Roof 백만 호 계획"이 착수됨에 따라 미국 정부는 2010년까지 백만 호의 건물에 Solar Roof를 설치하고, 산업계와 공공기관과의 협력을 통하여 실현하고자 하는 목표를 두었다. Solar roof는 태양전지 패널에 의하여 태양광발전(PV)과 태양열이용 시스템에 의한 급탕, 실내난방, 온수를 목적으로 하였다. 태양시스템은 에너지 효율이 높은 건물을 선정하여 에너지 효율을 최대한으로 극대화시키고, 화석연료사용량의 삭감을 꾀할 수 있는 것으로 환경면과 경제면에서 효과를 기대하였다.

태양열 시스템의 보급에 관해서는 시스템의 운용, 설치에 관한 복잡한 규제 및 기준 등에서 지적된 부분을 표준화하였고, 태양열 시스템의 계몽활동으로서 기술 정보의 공유, 성공한 실증 설치 예의 고지, 직업훈련 및 유익성에 관한 시책을 펼치고 있다. 태양열 에너지 소비목적은 가정용과 발전용으로 이용하고자 하지만, 1999년 이후 변화는 크게 없다. 태양에너지에 의한 에너지 생산량은 2002년 554,841천kWh 중 99.9%가 서해안 지대와 일부 산악지역에서 생산되고 있지만 재생에너지 전체의 0.1%에 지나지 않는다.

(4) 지열

미국에서도 지열에너지는 제한된 주에서 이용되고 있고, 생산량의 최대는 캘리포니아주이다. 2000년에 약 600MW의 지열발전시설이 폐지되어 발전량은 9% 정도 감소되었다. 캘리포니아주에서는 21기의 발전소가 의존하고 있는 증기압력이 강하되어 발전량도 1,650MW에서 862MW로 큰 폭으로 감소되었다.

---

15) NEDO 海外レポータ, 再生エネルギー特集(風力發電), 2008.04

이러한 영향으로 2003년 12월에 재생프로젝트가 개시되었고, 증기의 분출을 촉진시켜 발전용량을 85MW까지 추가하는 것을 목표로 하고 있다.

3.4.2 독일[16)]

2003년 1차 에너지 소비에서 차지하고 있는 재생가능에너지 비율이 전년도부터 상승하여 약 3.1%이고, 전력에서 점하고 있는 비율도 7.9%에 도달하였다. 2004년도의 발전량에서 점하고 있는 재생가능에너지 비율은 연간 전체의 9.3%이고, 재생가능에너지의 사용 증가로 2003년 약 5,300톤의 이산화탄소 배출량이 감소되었다.

발전량에서 가장 큰 재생가능에너지는 3.5%를 차지하는 수력이었으나 2003년 강수량의 감소에 따라 발전량은 전년대비 약 15% 정도 감소하였다. 이와 더불어 수력의 성장세가 하강곡선을 보이는 것은 풍력발전이 그 원인으로 판단된다. 풍력발전은 2003년도 185억 kWh로 전년대비 17% 성장하였다. 독일에서의 에너지소비량 가운데 재생가능에너지가 차지하는 비율은 표 3.17과 같다.

재생가능에너지 이용을 촉진하는 재생가능에너지법의 개정안은 2004년 7월 결정되었고, 주요 내용은 다음과 같다.

① 총 발전량에서 차지하는 재생가능에너지 비율의 수치를 법적으로 정한다. 구체적으로 2010년까지 최저 12.5%, 2020년까지 20%로 한다.

표 3.17 에너지 소비량 가운데 재생가능에너지가 차지하는 비율

단위 : %

	발전량		열이용		연 료	
	2002년	2003년	2002년	2003년	2002년	2003년
수력	4.1	3.5	–	–	–	–
풍력	2.7	3.1	–	–	–	–
바이오매스	0.8	1.2	3.5	3.8	0.8	0.9
태양광발전	0.03	0.06	–	–	–	–
태양열이용	–	–	0.1	0.2	–	–
지열	–	–	0.07	0.1	–	–
합계	7.6	7.6	–	–	–	–

단, 2003년 바이오매스 데이터는 쓰레기 소각분(발전 : 약 0.3%, 열 : 0.2%)을 포함.

16) NEDO 海外レポータ, 新エネルギー海外情報, ドイツにおける新エネルギー等實態調査, 2005.07

② 전력소비가 많은 기업에 대한 우대조치(2003년 7월 개정으로 도입)는 제조업자와 철도사업자로 확대되었다. 우대대상이 되는 기업의 연간 전력소비량은 이제까지 1억 kWh 초과에서 1,000만 kWh로 내리고, 전력코스트의 총 생산액에서 차지하는 비율 또한 20%에서 15%로 강하시켰다.

③ 풍력발전에 대한 전력 구입가격을 내린다. 운전 5년 이하의 시설에 적용되는 전력의 최저 구입단가는 현재 8.8센트/kWh에서 2005년부터 5.5센트/kWh로 한다. 최적 구입단가의 누계는 1.5%에서 2%로 상향한다. 또한 시설계획단계에서 법률에 규정되어 있는 기준발전량의 60%가 달성되지 않으면 풍력에서 발전되는 전력을 구매할 수 없다. 이에 따라 효율이 낮은 시설은 발전 대상에서 제외된다. 해양풍력발전시설의 진흥을 위하여 해상에서 풍력발전되는 전력의 구매가격은 2008년부터 6.19센트/kWh로 하여 육상시설보다 높은 구매단가를 설정한다.

④ 바이오매스 발전시설은 출력에 대하여 2005년까지 8.4~11.5센트/kWh의 구매가격이 설정되었다. 이는 2004년 8.4~9.9센트/kWh에서 상향되었다. 전체로서 소형 발전시설과 Co-generation 시스템보다 우대한다.

⑤ 태양광발전에 관해서는 건물이 없거나 도로 등의 차음벽 측면이 없는 상면에 설치하는 시설에 대해서는 구매금액이 큰 폭으로 상승하였다(8.3~11.7센트/kWh에서 54.0~57.4센트/kWh).

⑥ 지열발전시설에서는 소형 시설을 우대하기 위하여 전력구매대상이 되는 출력 2만kW 이하의 시설이 보다 세분화되었다. 최저구매가격은 표 3.18과 같다.

⑦ 수력발전의 경우 소형 시설을 우대하기 위하여 전력구매대상이 되는 시설을 원칙으로 하고 있으며 표 3.19와 같다.

(1) 풍력

2004년 9월말을 시점으로 16,017개의 풍력발전시설이 있고, 총 발전용량은 1,570만kW에 달한다. 평균적인 기상조건이면 연간 약 316억kWh의 발전량이

표 3.18 지열발전시설 규모별 전력 최저 구매단가

규 모	최저 구매단가
~ 500kWh이하	15센트/kWh
500kW초과~10,000kW이하	14센트/kWh
10,000kW초과~20, 000kW이하	8.95센트/kWh
20, 000kW초과	7.16센트/kWh

표 3.19 수력발전시설 규모별 전력 최저 구매단가

규 모	최저 구매단가
~ 500kWh 이하	9.67센트/kWh
500kW초과~5,000kW 이하	6.65센트/kWh
5,000kW 초과[17]	–

가능하다. 이는 재생가능에너지의 약 54%를 점하는 것으로 1999년도 풍력발전시설 7,900기, 총 발전용량 440만kW와 비교하면 비약적으로 발전하였다. 5년간 시설수에서는 약 2배 정도, 발전용량으로는 4배 정도가 된다. 현재 독일에서 대형 풍력발전시설에 사용되고 있는 제조업체와 시설 개요는 표 3.20과 같다.

이와 같은 비약적인 발전으로 인하여 육상에서의 입지조건이 줄어들고, 2002년 이후에는 시설수가 감소[18]하였다. 그러나 실용적인 면에서의 연구개발은 촉진되어 1기당 발전용량이 대형화되었다. 1990년도에 풍력발전시설 정격출력은

표 3.20 대형 풍력발전설비의 제조회사 및 개요

형식 (제조회사)	E-112 (Enercon)	Multibrid M 500 (Prokon)	Repower 5M (Repower)	GE 3.6s Offshore (GE)	V90 (Vestas)	N80 (Nordex)	2,3MW/82 (ANwind-energie)
정격출력	4,500kW	5,000kW	5,000kW	3,600kW	3,000kW	2,500kW	2,300kW
프로펠러직경	114m	116m	126m	104m	90m	80m	82.4m
프로펠러 중앙부 높이	124m	102m	90~120m	100~104m	80~105m	60~105m	80~100m
프로펠러 회전속도	8~13rpm	5.9~14.8 rpm	6.9~12.1 rpm	8.5-15 rpm	9~19rpm	10.9~ 19.1rpm	6~17rpm
허용풍속 (m/s)	28~34	25~35	25~30	27	25	25	25
프로펠러 포함 상부하중	504톤	301.8톤	약350톤	275톤	104톤	134.8톤	134.5톤

17) 5,000kW 초과 시설의 경우 15만kW 이하의 시설에서 법률시행 후 2012년까지 개량한 성능이 15% 이상 개량되어 생태계에 악영향이 없는 것으로 증명되면 개량에 따른 발전량의 증량분은 법률이 정하는 전력구매 대상이 된다.

18) 2002년: 2,326기, 2003년 1,703기, 2004년 9월까지 : 653기

100~200kW, 프로펠러의 직경은 20~30m 정도였지만, 2004년에는 풍력발전의 평균출력은 1,700kW까지 상승하였고, 신형기 중에 출력이 4,000~5,000kW, 프로펠러의 직경은 110~130m나 되는 신형기기도 출시되고 있다.

대형기기의 경우는 바람이 강한 해상에 설치되는 경우가 많으므로 공기저항의 증대에 견딜 수 있는 프로펠러 강도가 요구된다. 이를 위하여 프로펠러의 재질은 유리섬유강화플라스틱(GERP)에서 탄소섬유강화플라스틱(CFRP)으로 변화되는 추세이다. 향후 대형 화력발전소 등과 같은 동일한 레벨의 발전능력을 가진 풍력발전도 등장할 가능성이 있다.

(2) 해양풍력발전

독일 정부는 육지에서 풍력발전의 최적지에 대한 포화상태를 해결하기 위하여 북해의 해양풍력발전에 눈을 돌리고 있다.

독일 정부 계획으로는 해상풍력발전의 총 발전출력을 2006년까지 최저 50만kW에서 2010년 300만kW를 목표로 하고 있다. 더욱이 2025년부터 2030년까지 해상풍력발전 출력을 2,500만kW로까지 증가시켜 장래에는 해상풍력발전을 풍력발전의 중심으로 한다는 계획을 가지고 있다.

(3) 바이오매스

2003년 바이오매스에서 발전된 전력의 총 공급량은 약 51억kWh로 총 전력소비량에서 차지하는 비율은 전년대비 0.4% 상승한 1.2%에 이르고 있다. 이 가운데 고형연료 바이오매스에서 29억kWh, 액체연료와 하수오니 및 폐기물 매립지에서 획득한 메탄가스에서 22억kWh이다. 더욱이 일반폐기물에서의 발전공급량은 19억kWh를 추가하면 바이오에너지에 의한 전체 전력공급량은 70억kWh가 된다. 바이오매스에 의한 열공급량은 2003년도 약 540억kWh로서 열공급량 전체에서 차지하는 비율은 3.8%에 이르고 있다.

전체 재생가능에너지 가운데 바이오매스가 차지하는 비율은 전력공급 분야에서는 15%이고, 열공급 분야에서는 93%에 이르고 있다. 현재 바이오매스 이용 확대를 유도하는 것은 농림업이 발달된 지역에서 볼 수 있다. 이는 농림업 이외의 수입원으로 인식하고 있기 때문이다.

따라서 독일 또한 농업 분야에서 경제적 수익을 우려하고 있으나 바이오매스 이용은 농림업지역에서 새로운 사업 분야로 기대를 받고 있다.

① 발전 분야

현재 발전용으로 이용되고 있는 자원은 폐기물매립지에서 추출되는 메탄가스이다. 독일의 전통적인 폐기물처리가 소각이 아니고 매립 중심이므로 2000년에 이미 268개소에서 총 23만kW의 발전용량을 보이고 있다. 2005년부터 폐기물매립 규제가 강화됨에 따른 소각처분의 급격한 증가뿐만 아니라 매립지의 고경년(高經年)화에 따른 메탄 생산량의 변동도 클 것으로 예측된다.

독일에서는 슬러지를 발효시키는 설비를 가진 하수처리가 약 1,300개 소이고, 이 가운데 1/2 정도는 메탄가스를 발전에 이용하고 있다. 에너지 연감에 따르면 총 발전량의 약 17만kW로 추정된다.

메탄에 이어 중요한 에너지원은 가축의 분뇨 등 농축산 폐기물에서 얻을 수 있는 바이오매스에 의한 발전이다. 특히 이 분야는 재생가능에너지법에 따라 전력의 구매 대상이 되고 유리한 융자를 받을 수 있다. 이러한 공적인 지원책을 이용하여 독일 남부지방에서는 10kW 정도의 소형 시설 증가를 볼 수 있고, 동부독일에서는 바이오매스 시설의 대형화가 추진되고 있다.

이미 독일 전체에서는 500kW를 초과하는 시설이 30개소 이상으로 농축산업의 부업으로도 자리매김하고 있다. 이러한 가축분뇨 이외에도 발효사료, 사료와 수확물의 잉여분, 식품 산업폐기물, 유지분리 후 남은 잔류물 등을 이용할 수 있으므로 폐기물처리사업을 전면적으로 시작하는 업체도 많다.

향후 농축 산업만이 아니고, 산업이나 지자체에서 배출되는 폐기물로 확대하여 처리사업과 가스판매로부터 보다 많은 수입을 창출할 수 있을 것으로 예측할 수 있다. 시설의 출력이 클수록 1kW당 건설비가 작고, 발전효율도 높아지므로 사업성을 가진 바이오시설이 확대되는 이유 중의 하나이다. 이와 같은 시설에서

2001년 총 발전용량은 14만kW이다. 액체연료에서는 식물기름과 바이오디젤을 연료로 하는 시설이 있지만 전체에 차지하는 비율은 매우 낮다.

향후 기대되는 고형연료는 직접 연소하는 것으로 발전(發電)한다. 그러므로 재생가능에너지법에 따라 전력구매대상이 되는 이점을 이용하기 위하여 제재, 목재가공업체에서 부업으로서 목재(사용하고 남은 목재)를 연료로 전력을 생산하는 업체가 증가하고 있다. 더욱이 건설폐자재나 고목재도 바이오매스로서 인정하고 있으므로 목질폐기물을 이용한 시설도 설치되고 있다. 고체연료에 따른 발전시설은 2001년의 총 발전용량 28만kW에서 2004년까지 60만kW로 증가할 것으로 예측한다.

② 열공급

바이오매스에 의한 열공급은 재생가능에너지의 열공급의 많은 부분을 차지하고 있다. 열공급면에서는 일반가정에서 이용되는 난로 등이 난방시설수(총 연소출력:약 5,000만kW)가 수적인 면에서는 가장 높다. 목재바이오매스를 이용하는 가정도 증가하고 있다.

15kW에서 100kW의 목질계 바이오매스 연소시설이 대규모 건물이나 공장 등에 설치되기도 하고, 목재나 목재가공업 공장 등이 중심이 되어 100kW를 초과하는 시설에서는 통상 전열(電熱)병용형이 채택되고 있다.

(4) 태양광발전

2004년 9월 세계 최대급의 집중형 대규모 태양열 발전시스템 2기는 모두 환경오염이 심한 공장지역에 설치되어 가동되었다. 1기는 동부독일에 설치되었으며, 출력은 5,000kW이고 9월 8일 운전을 시작하였다. Shell Solar사의 제품으로 33,500개의 태양전지모듈로서 구성되어 약 1,800세대(4인 가족 기준)에 전력을 공급함으로써 연간 3,700톤의 이산화탄소 배출의 삭감을 예상할 수 있다.

다른 1기는 역시 동부 독일의 농공단지에 설치되어 있으며, 출력은 4,000kW로서 9월 13일에 운전을 개시하였다. 이는 BP Solar사의 제품으로 22,500개의 태양전지모듈로 되어 약 1,000세대의 가정에 전력공급이 가능하다. 연간 2,055톤의 이산화탄소 배출량을 줄일 수 있을 것으로 기대된다.

또한 이와 같은 집중형 대규모 태양광발전 시스템의 설치가 앞서 언급한 2기 이외에도 서부 독일을 시작으로 진행되고 있으며, 태양광발전 관련업계에 따르면 2004년도에만 총 출력 30만kW의 시설이 새로 설치될 것으로 예측하고 있다. 이는 전년도의 총 출력 12.5만kW보다 2.4배가 증가된 것이다.

이는 2003년 12월에 개정된 재생가능에너지법 가운데 대형 태양광발전시설에서의 전력도 구매대상이 된다는 것이 큰 영향으로 작용한 것이다. 개정 전에는 태양광발전에서는 출력 100kW까지 시설만이 전력구매대상이 되었다.

(5) 지열

현재 독일에서 지열은 열공급원으로 활용되고 있지만 2003년 11월을 시작으로 지열발전시설이 가동되었다. 지열발전을 개시한 시설은 독일의 동북부에 있는 시설로서 1995년 열원공급시스템으로서 가동되었지만 여름철 열수요가 적기 때문에 잉여열을 발전에 이용하고자 하는 생각에서 출발하였다. 그러나 코스트상의 문제에서 지열발전계획은 실현되지 않았지만 지열에 의해 발전된 전력구매를 추진하는 재생가능에너지법이 2000년 4월 시행되면서 지열발전계획도 진행되었다.

독일 정부는 2002년부터 장래 투자사업 내에 지열이용을 적극적으로 지원하면 정부의 추정으로는 향후 10년에서 15년 내에 전체 100만kW 규모의 지열발전시설이 될 것으로 예측하고 있다. 현행 재생가능에너지법에 의하면 지열에 의하여 발전된 전력의 최저구매단가는 표 3.18(86page)과 같다.

(6) 기타

재생가능에너지와 수소 · 연료전기기술을 조합한 설비가 독일의 모 대학 수소연료전지기술능력 센터가 개발 · 설치한 실증 설비가 설치되어 있다. 이 설비는 대학 구내의 다기능센터의 옥상에 설치되어 12기의 소형풍차(발전용량 약

10kW)에서 발전하여 이 전력을 사용하여 물의 전기분해장치에서 수소를 제조하고, 이 수소를 압력탱크에 저장한 후 연료전지에서 사용하고 있다.

3.4.3 일본[19)]

일본은 교토의정서 발효에 따라 온실가스 배출을 1990년 대비 6%로 줄이기 위하여 많은 노력을 하고 있으며, 2010년까지 신재생에너지의 보급을 현재의 총 에너지소비 대비 1.3% 수준에서 약 3%까지 증가시킬 계획을 가지고 있으며, 표 3.21은 일본의 신재생에너지 보급 현황을 나타내고 있다.

표 3.21 일본의 신재생에너지 보급 현황 및 전망

구 분		2004년 실적①		2010년 목표②				②:① (비율)
				신BAU		신정책		
		천toe	MW	천toe	MW	천toe	MW	
발전	태양광발전	280	1,130	620	2,540	1,180	4,820	4.2:1
	풍력발전	377	927	320	780	1,340	3,000	4.0:1
	폐기물발전	1,349*	1,554*	2,080	1,750	5,520	4,170	4.1:1
	바이오매스발전	226**	218**	130	160	340	330	6:1
열	태양열	640	–	720	–	900	–	1.4:1
	미이용에너지 (빙하에너지포함)	36**	–	93	–	50	–	1.4:1
	폐기물 열이용	1,640**	–	–	–	1,860	–	1.1:1
	바이오매스	790*	–	–	–	3,080	–	3.9:1
	흑액과 폐기물	4,710**	–	4,790	–	4,940	–	1.1:1
	신재생에너지 공급합계 (총 1차에너지 비중)	7,630** (1.3%)	–	8,780** (1.4%)	–	19,740 (약 3%)	–	2.5:1

* 2003년, ** 2002년, BAU는 Business As Usual로 현상태 유지시 전망치

(1) 태양광

일본 국토의 면적을 고려할 때, 태양광발전 잠재력은 원유로 환산하면 약 85억*kl*가 될 것으로 미래 에너지원으로 잠재력이 매우 크다. 표 3.22는 태양광 설치 단가 변화 및 전망치를 나타내고 있다.

2004년 태양광 발전설비는 세계 총 생산량 120만kW의 절반인 60만kW에

19) 산업자원부(2005), 신재생에너지백서

표 3.22 일본의 태양광 발전 설비 설치비용 감소 추이 및 전망

(천엔/kW)	실 적			전 망		
	2000년 중반	2001년 말	2004년	2010년	2020년	2030년
설치비용	888	771	250	100	75	50

달한다. 2004년말 태양광 총 발전설비 총용량은 1,130MW로 세계 총 태양광 발전용량의 48%를 차지하고 있다. 태양광주택(3kW를 기준)은 약 20만 가구로 집계되고, 2010년까지 4,820MW까지 확대 · 보급할 계획으로 있다. 태양광발전 설비의 설치단가는 1989~1999년까지 10년간 약 절반으로 하락하여 1999년에는 W당 500엔이었으나 2004년에는 250엔으로 하락하였다. 이러한 설비단가는 2010년에는 100엔으로 2020년에는 75엔, 그리고 2030년에는 50엔까지 하락할 것으로 전망되고 있다.

(2) 풍력

풍력발전 설비용량은 2004년 924기가 설치되어 있고, 총 927MW이다. 일본은 2010년까지 총 3,000MW의 풍력발전설비를 건설할 계획을 가지고 있다. 풍력이용이 신재생에너지자원 중 자연조건이 적합한 지역이라면 발전비용이 가장 저렴하기 때문이다. 2001년 1MW급의 풍력발전설비가 설치된 반면, 최근에는 2MW 이상의 설비가 출시되고 있다.

풍력발전설비의 규모는 점차적으로 유럽과 미국에서도 대형화 추세에 있고, 설비의 기계적 크기 이외에도 풍속이 낮은 지역에서 설치가 가능하도록 많은 연구가 이루어지고 있다.

(3) 바이오매스

2002년 바이오에너지 발전용량은 218MW이었으나 이 가운데 열적으로 이용된 양은 극히 적었다. 그러나 2003년 4월 RPS[20]법이 도입 · 시행되면서 열이

20) Renewable Portfolio Standard : 신재생에너지 의무 할당제, 우리나라는 2012년부터 본격 시행

표 3.23 바이오매스 잠재량과 회수가능 전망치

		단위 : 천toe	
바이오매스 형태별		2010년 전망	
		자원량	회수가능자원
농산폐기물	쌀겨	800	233
	볏짚	3707	197
	유채씨	–	–
	바가스[21]	166	154
가축 분뇨	소,돼지 분료	–	–
	닭분료	293	19
임산자원	유채씨	1302	374
	바가스	139	40
	간벌목 등	720	720
산업폐기물	폐목	2229	602
	건축폐자재	2063	1978
	오니(유기액체)	3530	2312
	오니(하수)	2613	2613
	흑액	5450	5450

용량이 증가하여 2003년은 7,900천toe에 달한 것으로 나타났다. 한편, 일본의 바이오에너지 잠재량은 매우 높은데, 2010년 바이오에너지 발전계획용량은 330MW이며, 열생산량은 3,080천toe를 계획하고 있다. 일본 내의 바이오매스 잠재량과 회수가능 전망치는 표 3.23과 같다.

바이오에너지는 환경에 미치는 악영향이 매우 적기 때문에 점진적으로 늘어날 전망인데, 현재 하나의 문제점은 경제성 문제이다. 이는 바이오에너지의 수송 및 수집 비용이 바이오에너지 이용 확대를 저해하고 있다. 미활용 바이오에너지의 이용 확대를 위해서는 우선 수집, 수송, 예비처리, 에너지전환과 인프라시스템에 관한 종합적인 조치가 필요할 것으로 보고되었다.

(4) 태양열

일본 태양열 집열설비에 의한 열생산량은 640천toe로 집계되고 있는데 이는 종전에 비하여 감소한 것이다. 당초 2010년 목표량은 4,390천toe였으나 900천

21) 사탕수수로 설탕을 생산하고 남은 섬유질 부산물을 바가스(Bagasse)라고 한다.

toe로 변경되었다.

2000년까지 태양열 이용설비의 숫자는 4백만 대를 능가한 바 있는데, 사용하지 않는 태양열 설비의 숫자가 이미 설치된 설비숫자를 능가한다고 할 정도로 문제점이 있는 것으로 나타나 있다.

최근 신규 태양열 설비의 설치 수량도 감소하고 있는데, 이는 태양열 이용설비를 이용하여 생산되는 열에너지 비용이 기존 도시가스나 석유를 이용한 열에너지 생산원가보다 높은 것이 가장 큰 원인으로 지적되고 있다.

주택용이 아닌 태양열설비의 설치비용은 초기 투자비가 매우 높아 열을 많이 이용하는 경우에만 경제성이 있어서 병원이나 공공건물에 많이 이용된다.

(5) 수력

1910년 후 수력발전이 보급된 이래로 1960년대 전까지는 화력발전의 보조적 전력공급원 역할을 수행해 왔으나 지구온난화 문제 등에 봉착하면서 재평가를 받고 있고, 이에 따라 중소형 수력발전 프로젝트개발에 박차를 가하고 있다.

2003년말 현재 일본의 총 수력발전시설은 개발공사중인 30곳을 합하여 1,873개 소로 조사되었고, 기(旣) 개발된 발전소의 용량은 22,005MW에 달하며, 현재 공사중인 곳의 용량은 223MW인 것으로 보고되었다. 일본에서는 이미 기술적 · 경제적으로 개발가능한 발전용 수자원은 거의 65%가 완료된 상태로 보고 있고, 제5차 수력자원 잠재량 보고서에 의하면 나머지 35% 가운데 약 12,012MW가 이용 가능할 것으로 평가하고 있다.

참고문헌

1) 세계에너지전망 2005, EIA(미국에너지부 에너지 정보국)

2) 2005년 신재생에너지 백서, 국가에너지정책위원회, 신재생에너지센터, 산업자원부

3) NEDO 海外レポータ, 新エネルギー海外情報, 韓國における 新エネルギー等實態調査, 2005. 10.

4) http://www.energy.or.kr

5) http://www.sanrimji.com

6) NEDO 海外レポータ, 世界エネルギー供給における再生可能エネルギーの役割, 2006. 10.

7) NEDO 海外レポータ, 再生エネルギー特集(風力發電), 2008. 04.

8) NEDO 海外レポータ, 新エネルギー海外情報, 米國における新エネルギー等實態調査, 2005. 09.

9) U.S Department of Energy Program & AWEA, 2004.

10) NEDO 海外レポータ, 新エネルギー海外情報, ドイツにおける新エネルギー等實態調査, 2005. 07.

제 4 장

열의 친환경적 이해

4.1 기후와 건축

4.1.1 미기후계획

건축물을 둘러싸고 있는 외부 기상요소로는 강수량, 바람, 기온, 습도, 일조 일사, 증발량, 기압 등이 있다. 이러한 요소 중에 건물 내부의 열부하나 온열환경, 공기환경, 빛환경 등에 가장 큰 영향을 미치는 기상요소는 기온, 일사, 습도, 바람, 비라고 볼 수 있다. 기후는 그 지역 토지의 장기간에 걸쳐 나타나는 대기현상을 종합적으로 표현하는 것으로 대기 중에서 발생하는 다양한 현상, 즉 기온, 기압, 바람, 강우 등을 개별적으로 분리해서 생각하는 것보다 전체적으로 보는 것이 더 바람직하다. 그림 4.1과 같이 건축물은 외부기후로부터 많은 영향을 받고 있다. 인간은 외부환경의 기후를 잘 조절하고 건축물의 실내기후를 쾌적한 상태로 유지하기 위해 건축과 자연, 그리고 인간과의 상호관계를 보다 잘 이해할 필요가 있다.

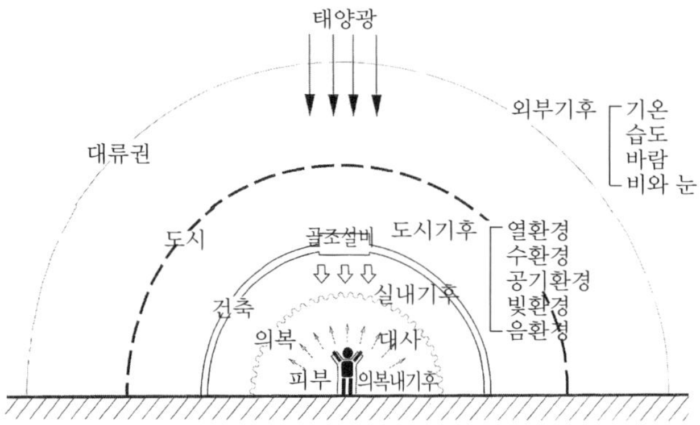

그림 4.1 인간 · 건축 · 기후

주택을 신축 또는 증 · 개축함에 있어서 계획의 각 단계에서 건물의 내외에 대한 환경을 적극적으로 배려하여 다양한 연구와 검토를 하고, 이를 위해 설계자와 시공자가 공동으로 노력하는 것이 바람직하다. 그 지역의 기후나 풍토, 부지조건을 파악하는 일이다. 공기의 흐름, 일사조절 등을 통해 지역에 순응하는 미기후 디자인(micro climate design)으로 냉난방부하를 감소시킨다. 표 4.1은 미기후디자인에 관련되는 다양한 설계요소이다.

건물에는 다양한 목적에 따라 규모, 환경, 수준 등의 설계조건이 주어져 있

표 4.1 미기후디자인의 검토 내용

대항목	소항목	검토내용
물리적 요소	지역권	지질, 지형, 방위, 경사, 토양, 침식, 오염 등의 유무와 이력
	수계권	지하수, 표층수 흐름, 용수, 하천, 바다, 호수의 유무
	대기권	공기오염 유무
생물적 요소	식물요소	초지, 풀, 관목, 교목, 수종 분포와 성숙도, 관리상태, 부지 내의 귀중 및 희귀수목 분포 및 유무
	동물요소	곤충, 조류 등의 생식분포, 야생동물 유무, 맹수류 생식 상황, 희귀동물 유무
미기후 요소	태양	연간 일조시간, 계절별, 월별 일조시간, 방위별 일조분포. 태양고도, 일영분포
	강우	연간 · 월별 강수량, 태풍빈도, 집중호우 빈도 상황
	온도	월별 평균, 최저, 최고온도, 건조지역, 고온지역
	습도	월별 평균, 최저, 최고습도, 건조지역, 고습지역
	강설	계절 및 기간, 정도, 발생빈도, 발생장소
	바람	월별풍향풍속, 주풍분석, 태풍빈도, 육풍, 해풍, 계곡풍, 부지 내외의 바람길
자연에너지	태양열	태양이동, 계절별 일사량 분포, 일사세기, 태양광
	풍력	계절별 풍속, 풍향, 바람의 세기
	지열	지열온도분포, 지하수 유무
	수력	수로, 수맥, 연못, 호수분포, 용수 유무
	바이오매스	목재, 유기폐기물 유무
과거요소	재해	수해, 풍해, 지진, 태풍, 토사붕괴 등 자연재해 이력
	지혜	전통주거문화 및 지혜, 에너지절약, 방풍 및 치수의 지혜
	경관	주변의 거리 및 마을경관 형성
미래요소	자연환경변화	부지 및 주위 자연의 변화예측, 식물의 성장과 생물의 다양성 예측, 식물성장에 따른 미기후 변화
	인공환경변화	부지 주위 개발계획 유무, 부지 주위의 자연환경 변화 유무와 형성예측, 미기후형성예측

다. 에너지절약뿐만 아니라 쾌적성을 확보하면서 각각의 목적을 달성하도록 기능을 구성한다.

이때 건물의 목적 달성을 잘 유지하면서 기능을 고효율화하는 것이 중요하다. 지금까지는 고도의 설비에 의해 안정된 고수준의 거주성을 실현하는 것이 우선시 되어 에너지소비량이 증가되어 왔다. 그러나 이제부터는 영속적인 생활환경 유지와 건전한 지구환경을 계승하기 위해 장기적 시야에서 에너지절약을 추진해야 한다.

자연환경 속에서 에너지소비 없이 모든 기능을 발휘하는 것은 불가능하지만 가능한 한 기계적 설비에 의존하지 않고 유사한 수준의 거주성을 확보하는 것이 바람직하다. 우리나라는 일조나 강우 등 자연에너지 자원이 풍부한 나라이며, 연간 기후변화에 대응하며 4계절의 기후 구분이 뚜렷하고, 지역성을 유지하며 풍부한 자연요소들을 잘 활용하고, 자력으로 공생할 수 있는 시스템을 구축하며 건축계획을 검토할 필요가 있다.

자연의 풍력, 온도차 등을 이용하여 자연통풍, 큰 창이나 천창, 반사판, 유리블록 등에 의한 자연채광과 같이 자연에너지를 적극적으로 이용할 필요가 있다. 이 경우 구름의 이동 · 운량 등에 의해 발생하는 채광의 변동에 대해 조도조절 시스템 등의 설비 수법의 조합으로 효율을 향상시키도록 검토한다. 자연채광이용은 자체의 에너지절약 성능 평가와 동시에 공조시 열 유입의 증가, 조명 발열의 삭감 등 다른 영향도 배려하여 종합적으로 검토할 필요가 있다.

달, 태양광발전 패널을 건축 부재의 일부(외벽, 루버 등)에 설치하여 건축재료와 일체화하는 방법도 있다. 표 4.2는 자연적 조절을 갖는 민가의 지혜와 현대적 기술과의 상관성을 정리한 것이다.

표 4.2 민가의 지혜와 현대적 기술

부위	민가	현대적 적용	기능 · 효과
지 붕	급구배 지붕	지붕 · 천장의 단열강화 · 지붕속 환기	수열촉진 · 방열촉진 · 과열방지
	새(때)지붕	흙지붕	증발냉각
	다락지붕	다락지붕	지붕 속 자연 환기
	기와지붕	기와지붕	증발냉각 · 침기 통풍
	낙설방지	낙설방지, 무낙설지붕	낙설제어
	굴 뚝	솟은 지붕	배연 · 수직방향 통풍
외 벽	백색 석회벽	백색외벽	일반반사 · 장파장 복사제어
	지면반사	조습건재 · 콘크리트벽 · 블록	흡 방습원리
	판 벽	판 벽	흡 방습성
	비늘판벽	통기성벽	일사열 흡수 · 증발냉각
	연와이중벽	외 단열 콘크리트벽	단열성
천 장	반자틀 지붕	단열 · 방습흡음 천장	흡방습
	천 창	천 창	채광 · 통풍
바 닥	온 돌	전기난방	복사난방
	마 루	후로링	접촉냉각
	툇마루	쿨튜브	바닥하부냉기
	높은 바닥	방습유리 · 환기	바닥하부방습
	토 방	토방마루	흙 접촉 · 작업장
	바닥환기구	바닥환기 · 버림 콘크리트	지면증발냉각 · 바닥공간 확보
칸막이	들 문	문	흡 방습 · 간이 가동 벽
	고 창	개폐 가능 한 개구부	통풍 · 야간자연환기 · 조명 · 채광

4.1.2 기후와 주거

지구의 다양한 기후를 공통점과 유사점으로 분류하고, 유형화한 것을 기후구분이라 한다. 기후환경을 반영하는 여러 현상으로부터 기후를 구분하는 방법으로 러시아 기후학자인 코펜(W. P. Köppen)법이 많이 알려져 있는데, 이것은 크게 수목이 자라는 지역(수목기후)과 자라지 못하는 지역(무수목기후)으로 나누고, 수목기후는 생육에 필요한 기온과 강수량이 있는 기후로 기온에 따라 A(열대), C(온대), D기후(냉대, 아한대)로 구분한다. 무수목기후는 기온 또는 강수량이 있거나 둘 다 부족한 기후로 강수량이 매우 적어 수목의 생육이 어려운 B기후(건조), 그리고 기온이 매우 낮아 수목이 생육하지 못하는 E기후(한대)로 분류하고 있다.

건축은 인간의 생활공간을 자연의 위협으로부터 보호하기 위해 만들어진 것으로 주거생활의 근원이다. 이러한 주거는 각 지역의 기후, 풍토, 유지관리에 용이한 건축재료 특성을 고려하여 다양한 구법, 기법으로 발전하여 오늘에 이르고 있다. 기후별 주거의 모습을 살펴보면 다음과 같다.

(1) 한랭지역 주거

한대기후에서는 두꺼운 건축 재료를 사용하고 외부와 차단된 폐쇄적인 주거공간이 특징이다. 극한지의 경우는 재료가 귀하여 대부분 눈이나 얼음을 사용하여 에스키모 이글루족의 돔형주거 등이다. 북유럽 한랭지역의 침엽수가 많은 지역에서는 목재를 사용한 로그하우스주거를 볼 수 있다. 또 강설량이 많은 지역에서는 지붕구배가 급하고 창은 비교적 작으며 연와, 석재, 나무를 병용하고 세대별로 난로를 설치한다.

(2) 건조지역 주거

흙이나 돌과 같은 열용량이 큰 재료를 이용하여 벽체를 두껍게 하고, 외부열의 영향을 적게 받기 위해 창을 작게 하며, 건축물이나 담 등으로 가로와 뜰에 그늘이 지도록 계획하는 것이 특징이다. 이와 같이 그늘은 생활공간을 감싸주며 바람과 먼지를 막아주고, 낮에 강한 고온환경에 슬기롭게 대처할 수 있는 생활공간을 제공하는 역할을 한다. 또 건조지역에서는 강수량과 수목이 적은 반면 흙과 돌 등은 쉽게 구할 수 있으므로 조적조 건축물이 많다.

(3) 고온다습지역 주거

고온다습지역에서는 지붕이나 벽체에 비축열 단열재를 사용하고, 통풍이 잘 되도록 하는 것이 주거의 기본이다. 바람을 이용하여 증발작용을 촉진하고 체감온도를 낮게 한다. 가볍고 얇은 재료를 많이 사용하며, 그 지역에서 쉽게 구할 수 있는 대나무, 목재, 나뭇잎 등이 많다. 보통 수변가, 언덕이나 고지대에서는 지중주거가 많고, 저지대에서는 고상주거가 많다. 한편, 곡식 저장을 위한 창고는 세계 전 지역에서 고상식(高床式)이 대부분이다.

그림 4.2 지역기후와 주거환경

(4) 전통주거와 특징

우리나라의 전통주거인 초가집은 그림 4.3에서와 같이 우리나라 기후에 적합하고 자연과 조화를 이루고 순응하는 풍수사상을 근간으로 주거를 바라보고 접근하였다. 초가집의 재료는 대부분 자연에서 채취한 것을 사용하였다. 지붕재료는 농경생활에서 생산된 볏짚을 이용했는데, 이것은 보온효과가 뛰어나고 가볍다. 볏짚은 자연소재로 전통주거에 잘 어울리는 친환경재료이며, 어디서나 쉽게 구할 수 있는 재료이다. 사계절의 구분이 뚜렷하여 여름에는 마루구조로 통풍을 유도하고 겨울에는 온돌구조를 이용하여 난방을 했으며 과학적으로도 우수한 난방으로 평가받고 있다. 벽체는 흙벽으로 구성하였으며 흙의 축열 효과를 이용

표 4.3 기후계획의 원리

기후권 계획요소	한 냉	온 난	고온건조	고온다습
고려해야 할 기후요소	· 바람, 냉기, 눈더미, 적설하중	· 비, 눈, 차가운 바람, 여름의 더위와 겨울의 추위	· 일사, 모래, 먼지, 바람, 건조 · 더운 여름	· 비, 열, 습기, 일사
필요한 조절	· 열손실 최소	· 열손실 최소 · 겨울 일사취득 · 여름의 일영과 환기	· 소량의 비 이용 · 하루 중 큰 온도 변화를 없앰	· 통풍효과를 높임
건물의 기본 계획특성	· 외피면적 최소 · 창의 면적 최소 · 겨울철 방충에 주의	· 여름의 차양 · 겨울의 방풍실과 유리로 된 현관 사용 · 지하공간은 겨울철 음식저장, 여름철 피서장소로 좋음	· 두꺼운 벽이 주간에 열흡수, 야간에 방출 · 과도한 건조를 막기 위해 환기를 피함	· 차양에 주의, 개구부로 하여금 주야간 통풍이 잘 되게 함 · 단이 진 바닥, 전면창 및 open plan은 통기를 촉진시킴
바람직한 대지특성	· 겨울철:방풍 및 일사열 취득 · 연중 아침햇살을 받는 곳 · 서쪽과 북서쪽 차폐 · 언덕 아래와 산정상을 피할 것	· 겨울철:방풍 및 일사열취득 · 여름철:바람을 실내로 받아들이고 동 · 서쪽 차폐 · 지하공간은 건조하나 여름 식물을 기를 수 있는 토양일 것	· 여름철, 서쪽일사차단 · 겨울 태양의 접근이 어느 정도 가능한 곳, 바람을 막을 곳 · 건물 주위의 활엽수를 위해 지나치게 건조하지 않고 지하공간을 위해 눅눅하지 않은 곳	· 차양이 풍부하고, 미풍을 많이 받는 곳, 겨울 태양의 접근은 어느 정도 차양을 위해 지붕 위로 나무를 드리울 것
지 붕	· 최적의 겨울 태양열취득을 위해 급경사의 남면	· 최적의 겨울 태양 열 취득을 위해 적당한 경사의 남면	· 평지붕은 밤에 열손실 촉진	· 축열을 피하기 위한 경량구조 이용 · 지붕표면의 상하환기
벽의 방위	· 여름 : 서쪽벽의 차양 고려 · 태양열 획득량 : 남쪽벽이 동 · 서쪽벽의 3/4 · 태양고도가 낮을 때의 현휘 고려 · 강풍 고려	· 여름 : 동 · 서쪽벽 차양 고려 · 태양열획득량 : 남쪽벽이 동 · 서쪽벽의 약 2/3 · 남쪽벽은 현휘 고려	· 여름 : 서쪽벽 차양 고려 · 태양열획득량 : 남 · 북쪽벽이 동 · 서쪽벽의 약 1/2이하	· 여름 : 동 · 서쪽벽의 차양 고려 · 태양열획득량 : 남 · 북쪽벽이 동 · 서쪽벽의 1/2 이하 · 저위도에서 북쪽벽의 취득량은 남쪽면을 초과
대표적인 예	· 이상적인 에스키모 주거 : 용적에 대한 최소 표면적, 풍향에 대해서 직각으로 이루어진 아주 작은 개구부 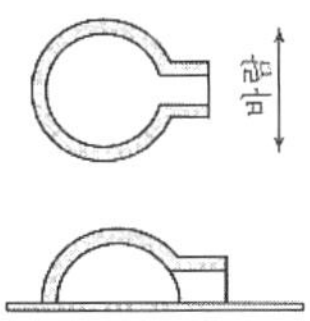	· 양질의 단열 · 동기의 일사를 받는 커다란 창 · 하기의 일사를 피할 수 있는 차양 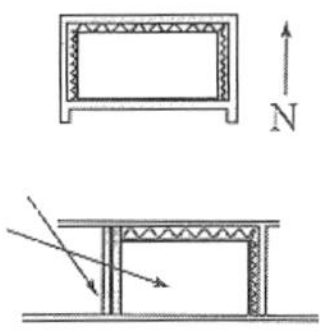	· 중정형, 연못이나 분수가 있는 중정에 면한 그늘진 베란다, 타임-form가 큰 중량벽 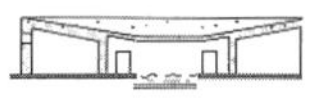	· 그늘진 베란다, 동서로 길고, 남북은 벽, 통풍을 위한 루버, 방은 높은 위치에, 지붕환기 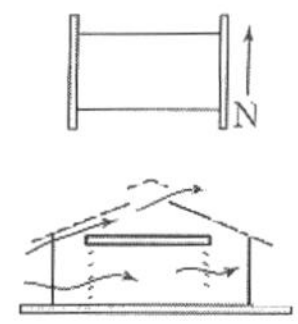

하여 겨울철 실온변동이 적고 습도를 조절하는 조습 기능이 있어 건강에도 유익하다.

그림 4.4는 파키스탄의 풍탑주거 모습이다. 파키스탄은 남북이 1,500km 정도로 기후변화가 심하다. 인도와 접경지역인 남동부 하이델버드신드 지역은 4월~6월에 걸쳐 낮에 40도를 넘는 혹서가 나타나는데, 여름철의 혹서에 견디기 위해 500여 전부터 굴뚝같은 풍창(버드기어라 칭함)을 설치하여 저녁부터 밤 사이에 아라비아 해에서 불어오는 시원한 바람을 실내로 유도하고 있다. 이러한 원리는 이란과 같은 사막지대에도 적용되고 있다.

캐나다 북극지방에 사는 이누엣(에스키모)족은 눈 블록을 이용하여 돔형 건축을 구축하여 사는데, 이 형태는 역학적으로 매우 안정되고 체적에 비해 표면적이 최소가 되어 외기의 영향을 적게 받으며 이 주거형태를 이글루라고 한다. 그림 4.5의 이글루 주거는 외기에 접하는 면적이 가장 적게 되어 외부의 영향을 가능한 한 차단하는데 적합한 형태이며, 재료량도 최소로 할 수 있다. 내부는 모피 등으로 마감하여 얼음과 모피 사이의 중공층을 이용하여 단열성과 보온성을 갖추고 있으며, 내부의 기류는 대류에 의해 순환되어 열효율이 좋다. 사막지방에서 볼 수 있는 돔형 건축도 이와 같은 원리이다.

그림 4.3 한국의 초가집

그림 4.4 파키스탄의 풍탑주거

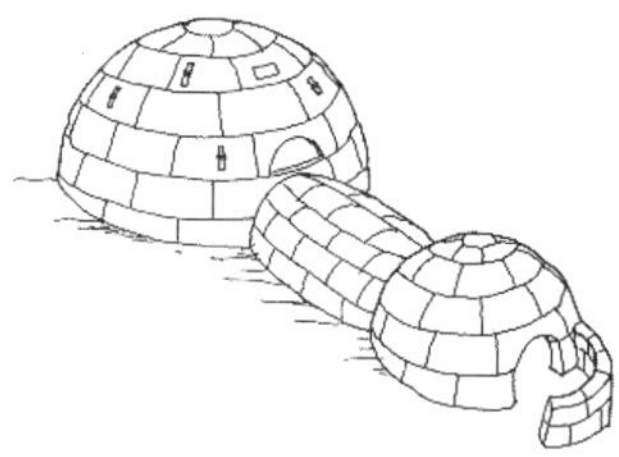

그림 4.5 이누엣의 이글루

4.1.3 건물 형태와 에너지

난방에너지를 줄이기 위해 유입되는 열을 최적화하는 것은 건물 방위를 고려해야 할 뿐만 아니라 건물의 형태도 고려해야 한다. 건물의 형태는 태양복사열의 수용 정도와 열방출을 결정짓는데, 이는 건물의 표면적과 관계있다. 이러한 건물의 표면적은 바닥의 면적이 같아도 공간형이나 평면 형태에 따라 달라지며, 형이 같다면 부피에 따라 달라진다. 그러므로 이러한 모든 경우를 감안하여 계획에 적용해야 할 것이다.

(1) 배치계획

건물의 방위는 일사량과 바람의 영향을 고려하여 결정한다. 건물의 일사열 취득은 시간, 계절, 방위에 따라 달라지므로 1년을 통해 건물의 열평형(수열과 차열)이 잘 이루어질 수 있도록 건물의 방위를 결정해야 한다. 형상이 복잡한 건물은 방위를 적절하게 설정하기 어렵다. 그림 4.6은 이와 같은 방법을 통해 여러 기후권에서 건물의 최적방위를 결정한 예이다.

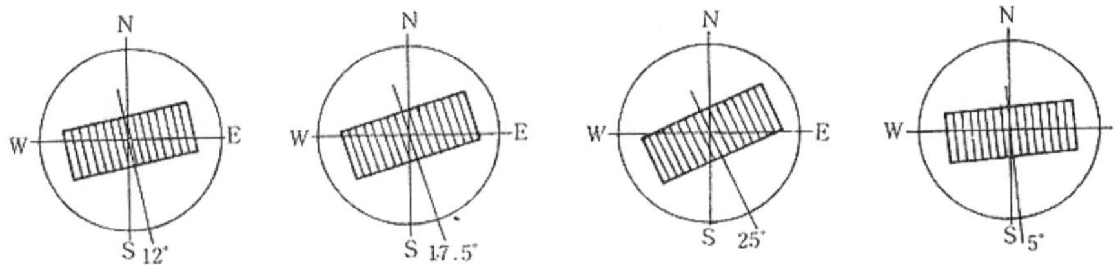

그림 4.6 기후권에 따른 건물의 최적방위

주택지 계획에서는 지형이나 기상조건, 식생 등 부지와 주변 지역의 자연조건을 적극적으로 활용하고, 에너지절약 및 양호한 주거환경을 형성하기 위한 배치계획을 검토한다. 이를 위해 부지 및 주변의 자연조건을 충분히 조사할 필요가 있다. 부지 주위의 자연환경과의 연결성을 좋게 하고, 지역의 자연환경에 미치는 환경부하를 감소시킬 수 있도록 바람, 물, 태양, 흙이 가지고 있는 자연에너지를 충분히 활용하도록 검토한다. 공동주택의 향에 따른 난방부하 손실이 다르게 나타나는데 남향을 100%로 하는 경우 북향은 114%로 14%의 손실이 증가하고 있다. 이를 정리하면 표 4.4와 같다.

표 4.4 아파트 향에 따른 난방부하 비율

	남 향	남동향/남서향	동향/서향	북동향/북서향	북 향
난방손실비율(%)	100	102	104	109	114

(2) 건물 형태

건물 형태의 가장 기본을 이루는 평면 형태에서 에너지효율 차이는 보통 평면 형태의 장·단면비에 따라 효율이 달라진다. 같은 면적의 평면에서는 장·단면비가 1 : 1인 정방형의 밀집된 형태가 에너지를 가장 절약할 수 있다. 장·단면비에 따른 에너지절약의 우선순위를 보면 그림 4.7과 같다. 그러나 건물의 평면 형태를 결정하는데 실의 기능과 공간 구성 요소의 영향, 일조와 일사 등을 고려해야 하므로 정방형 형태가 아닌 경우 남북으로 긴 형태보다는 동서로 긴 형태의 평면이 유리하다. 특히 우리나라와 같은 온대지방에서 가장 유리한 평면 형태의 장·단면비는 1 : 1.6인 동서로 긴 형태이다. 동서축으로 길어질수록 겨울철 수열량이 많아지고 여름철 수열량은 적어진다. 일사만을 고려하면 이 형태가 가장 유리하지만 표면적이 늘어남으로써 열손실 영향이 커져 한랭지에서는 1 : 1인 정방형의 형태가 가장 유리하다.

일반적으로 건물에서의 열손실은 표면적이 늘어날수록 커진다. 그러므로 기본적으로 밀집된 사각형의 평면 형태에서 변화를 주면 외피 면적이 증가하여 에너지 소비도 증가하게 된다. 그림 4.7은 평면의 변화 형태에 의한 난방에너지 소비 순으로 형태가 단순할수록 난방에너지가 절약됨을 알 수 있다. 그러나 표면적을 무조건 적게 하는 것이 유리한 것은 아니며, 채광에 의한 경우도 있다. 기후조건을 고려해서 여름철 냉방이 더 필요한 곳에서는 표면적을 최대한 늘려 통풍을 고려한 개구부를 크게 하는 것이 냉방에너지를 절약하는데 유리하다.

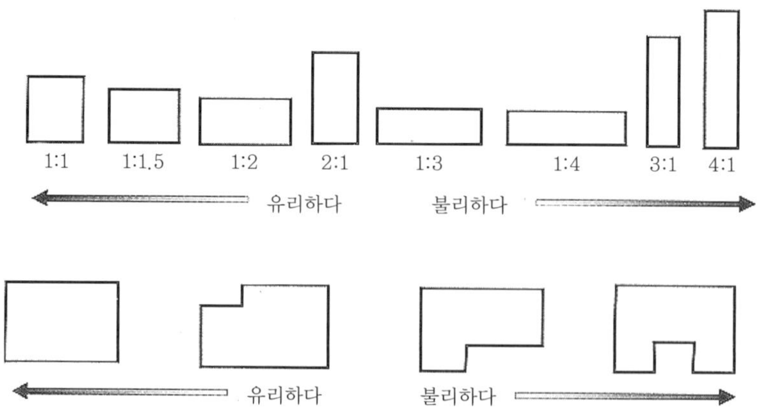

그림 4.7 평면 형태와 에너지

이나 시계의 확대라는 점에서 태양고도 및 방위 등을 고려하여 표면적이 클 때 더 유리하다.

(3) S/F비 및 S/V비

건물의 외표면은 끊임없이 외기의 영향을 받으며 자연에너지를 취득하거나 건물 내부에서 외부로 방출하고 있다. 따라서 건물의 외피 면적과 방위는 건물의 에너지소비와 깊은 관계가 있다. 이러한 관계를 나타내는 주요한 변수로서 단위 면적당 외피면적비(S/F비)와 단위체적당 외피면적비(S/V비)가 있다. 예를 들어 연면적이 100m^2, 1,000m^2, 10,000m^2로 하여 비교해 보면 표 4.5와 같다. 여기서 주택처럼 소규모 건축물의 단위바닥면적당 외피면적은 대규모 건축의 약 4배가 되며, 단위체적당 외피면적도 약 4배에 달한다.

이것은 소규모 건축물일수록 대규모 건축물에 비해 외부의 자연요소(일사, 외기온, 바람, 야간복사 등)의 영향을 받기 쉽다는 것을 의미하며, 건축공간을 감싸는 건물 외피의 대소 정도가 에너지소비에 지배적인 관계가 있음을 알 수 있다. 따라서 건물 외피의 구조, 특성(단열성, 기밀성, 일조조절 등)은 건물 내부의 에너지소비량에 큰 영향을 미치며, 소규모 건물일수록 그 영향이 현저하게 나타난다.

여기에 대해 대규모 건축물 등 바닥면적에 대한 외피면적이 상대적으로 적은 고층건물인 경우, 건물 외피를 통한 열의 출입보다는 건물 내부에서 소비되는 에너

표 4.5 건물 규모와 S/F, S/V비

구 분	단독주택	중규모 건물	대규모 건물
건물형태	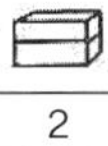	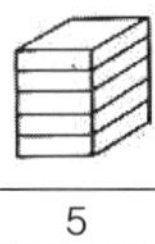	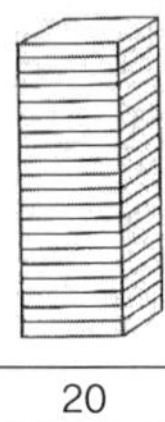
층 수	2	5	20
연면적(m^2)	100	1,000	10,000
외피면적(m^2)	230	1,100	5,900
체적(m^3)	300	3,000	30,000
단위면적당 외피면적비 S/F비	2.3	1.1	0.59
단위체적당 외피면적 S/V비	0.77	0.37	0.2

주)층고는 3m

지(조명, 모터, 환기, 반송 등)의 비율이 높게 되므로 그 건축물의 용도와 목적, 유지관리측의 시스템기기 및 특성 등에 의한 계획을 충분히 검토할 필요가 있다.

4.2 건축과 열

4.2.1 인체생리

인체는 음식 속의 당질, 지방질, 단백질 등을 산화하며, 그 에너지의 약 20%를 소비하고 열에너지를 발생시킨다. 이것을 에너지대사라고 한다. 공복시 바로 누워 자고 있는 안정상태의 에너지소비량을 기초대사라고 하는데 인체 표면적에 비례한다. 성별, 나이 등에 따라 개인차가 있는데, 에너지대사량을 체표면적당 열량으로 나타낸다. 의자에 앉은 상태에서 58.2W/m^2(50kcal/m^{2}h) 정도이다. 이 값에 해당하는 작업 정도의 에너지대사량비를 에너지대사율(Met)이라 한다. 인체의 방열구성을 살펴보면 표 4.6에서와 같이 복사, 수분증발, 대류로 나타나며, 피부 표면에서의 열복사가 약 90%를 점하고 있다. 열복사의 양과 비율은 착의량, 계절, 주위환경 등에 따라 다르다. 대류에 의한 복사는 주위 공기온도, 풍속, 주위벽이나 난방기구 등에 따라 영향을 받는다. 수분증발은 피부면 및 호흡에 따라 발생하는데 주위 환경온도가 높아 대류 복사에 의한 열복사가 부족

표 4.6 인체방열구성

방열면		비율(%)
방열 내용	피부면	88
	폐	12
	계	100
방열 구성	복사	42
	수분증발	30
	대류	26
	호흡	2
	계	100

표 4.7 작업상태별 방열

작업상태	적용건축물	에너지대사율	방열량 실내온도 20℃		실내온도 24℃		실내온도 28℃	
			현열	잠열	현열	잠열	현열	잠열
착석(안정시)	극장, 초등학교	1.0	69	21	59	31	44	46
착석(경작업시)	고등학교	1.1	75	30	62	42	45	58
사각작업	사무소, 호텔	1.2	77	40	63	54	45	71
기립상태	은행, 백화점	1.4	79	51	66	64	45	84
착석(중작업시)	레스토랑	1.2	86	56	71	71	48	95
착석(중작업시)	공장	2.0	101	94	76	118	48	147
댄스(중정도)	댄스홀	2.2	110	110	84	137	56	165
보행	공장	2.5	125	132	88	162	68	191
중작업	공장, 볼링장	3.7	164	211	136	240	116	262

*1 열량 1kcal/h는 SI 단위로 환산하면 1.16279W(=)
*2 Met : metabolic rate
*3 잠열 : 수증기의 상태변화에 필요한 열량
*4 현열 : 공기의 건구온도를 변화시키기 위한 열량

한 경우에 발한이 시작되어 피부면에 땀이 나온다. 이 수분이 증발하면 잠열이 되는데 열복사가 매우 증가하게 된다. 작업상태에 대한 에너지대사량과 실온별 현열발생량, 잠열발생량(증발열)은 표 4.7와 같다.

인체는 체온을 항상 36~37℃로 유지하는 항온동물이며, 온도, 습도, 기류 복사열에 따라 열생산(에너지 대사)과 열방산이 균형을 이루고 있다. 이것을 표현하면 다음과 같다.

$$M = E \pm R \pm C \pm s \ (W/m^2) \cdots\cdots\cdots\cdots \text{(식 4.1)}$$

M : 인체생산열량, E : 증발에 의한 방열량, R : 복사에 의한 방열량

C : 대류에 의한 방열량, S : 체내 축열량

여기서 R, C의 경우 +는 방열, −는 수열, S는 +는 체온상승, −는 체온 강하상태를 의미하며, 보통은 0이다.

4.2.2 고령자와 열환경

우리나라의 고령화는 유럽이나 일본에 비해 빠른 속도로 진행되고 있으며, 2014년에 고령사회(65세 이상 인구가 14% 이상), 2023년에 초고령 사회(65세 이상 인구가 20% 이상)를 예상하고 있어서 피할 수 없는 사회문제이며 고령자와 열환경에 관한 연구의 중요성을 인식하고 있다. 고령자에 대한 정의가 어려운 점은 나이가 들어감에 따라 신체기능의 저하와 질병에 의한 것이 명확히 구별되지 않는 데 있다. 고령자(질병이 없는 경우)의 특징인 체온조절 기능저하와 이에 수반되는 장애에 대해 살펴본다. 추운환경에서는 피부혈관 수축의 응답속도가 둔화되어 방열량이 항상 증가하게 된다. 또한 추위로 인한 떨림은 발열 시점을 늦추게 되고, 저체온증으로 인한 설사 등 소화기능 저하와 옷을 많이 껴입음으로써 움직임이 둔화되어 운동기능까지 저하시켜 치매가 진행되는 원인이 되기도 한다.

온열환경에서는 발한기능의 시작이 늦어지고, 발한량 감소가 눈에 띄게 감소한다. 피부혈관 확장으로 피부표면 온도상승의 시작이 늦어지기도 한다. 더불어

우리나라의 경우 고령화 사회문제에 대한 기준이 전혀 없다. 국제적으로도 고령자에 대한 온열환경 기준의 배려는 크지 않다. 이와 관련한 연구와 토론이 더욱 필요하다.

4.2.3 온열환경지표

인체의 더위와 추위는 온도, 습도, 복사 및 기류(풍속)에 따라 많은 영향을 받는데 이것을 온열요소라고 한다. 주위 온도가 낮고 인체의 열방출이 많아지면 추위를 느끼게 된다. 예를 들면 겨울철에 주위 온도나 주위 벽표면 온도가 낮은 경우는 대류와 복사에 의해 인체열을 빼앗기므로 추위를 느끼게 된다. 이때 풍속이 빠르면 추위를 더 느끼게 된다. 여름철에는 주위 온도가 높고 열방출이 적어지면 더위를 느끼게 된다. 즉 이런 요소는 인체의 온감에 대해 따로 작용하는 것이 아니라 4개의 요소들이 복합적으로 작용하고 있다. 온열환경에 대한 설계기준은 표 4.8과 같다.

표 4.8 온열환경설계기준

작업상태	작업량(Met)	착의량(Clo)	실온(℃)	습도(%)	적용예
착석작업	0.7~1.0	0.4~0.6 0.8~1.0	25~27 23~25	40~60 40~60	주택, 극장
가벼운 작업	1.0~1.2	0.4~0.6 0.8~1.0	23~25 21~23	40~60 40~60	사무소, 호텔, 학교, 레스토랑
보통작업	1.4~1.8	0.4~0.6 0.8~1.0	21~24 18~21	40~60 40~60	은행, 백화점, 상점, 요리점
무거운작업	2.0~2.5	0.4~0.6 0.8~1.0	17~20 14~17	40~60 40~60	댄스홀, 공장

실온 = 평균복사온도(MRT), 기류≤0.2m/s

인체는 체내에서 생산한 열을 끊임없이 피부 및 호흡을 통해 내부에서 대기중으로 방출하고 있는데, 그 방출량이 체내 생산열량과 비교하여 적당한 경우 체온은 일정하게 유지되며 쾌적하다. 온열감각은 기온, 습도, 복사 및 기류 등 4요소의 다양한 조합에 의하는데, 그 주요한 지표를 인체는 체내에서 생산한 열을 피부 및 호흡을 통해 대기중으로 방출하고 있으며. 그 방출량이 체내 생산량과 비교하여 적당한 경우 쾌적하게 느끼게 된다.

온열감각은 기온, 습도, 복사, 기류의 4요소에 의해 다양하게 조합하여 나타나는데, 주요한 지표로는 유효온도, 수정유효온도, 신유효온도, PMV(예측평균온냉감신고) 등이 있다. 온열환경지표와 평가요소는 표 4.9와 같다.

표 4.9 온열환경지표와 평가요소

평 가 지 표		평 가 요 소					
		온도	습도	기류	복사	착의	대사량
물리적 계측에 의한 지표	습구온도 (Haldane, 1905)	O	O	O	-	-	-
	글로브 온도 (Vernon, 1930)	O	-	O	O	-	-
주관적 경험적 지표	유효온도 (Yaglou, et al., 1923)	O	O	O	-	약 1clo	좌석작업 경작업
	수정유효온도 (Vernon, 1932 / Bedfoord, 1935)	O	O	O	O	보통 착의	좌석작업경작업
열평형식에 의한 지표	작용온도 Operative Temperature (Gagge, 1937)	O	-	O	O	-	-
	신유효온도 (New Effective Temperature) 표준신유효온도 (Standard Effective Temperature) (Gagge, et al,. 1971)	O O	O O	O O	O O	약 0.6clo	좌석안정
	Predicted Mean Vote PMV (Fanger, 1973)	O	O	O	O	임의 설정	임의설정

*1clo=0.155k/W(=0.18 h /kcal) *1Met=58.2 W

(1) 유효온도(Effective Temperature)

유효온도(ET)는 감각온도라고도 한다. 보통 실내 열환경을 검토하는 경우 주위벽이나 천장, 바닥온도는 실내공기온도와 거의 비슷하기 때문에 유효온도는 주위벽의 복사요소를 제외하고 기온, 습도, 기류 3요소를 종합하여 열환경을 평가하게 된다. 1923년 미국의 Houghton과 Yaglou에 의해 제안되어 그림 4.8과 같이 피험자를 대상으로 실험에 의해 통계적으로 구한 쾌적지표로 공기조화 평가 등에 널리 이용되어 왔다.

습도 90% 이상에서는 땀이 나와도 증발되지 않으며, 20% 이하에서는 목이 건조하며 가래가 나와 불쾌한 상태가 되므로 유효온도는 극단적인 고습, 저습 환

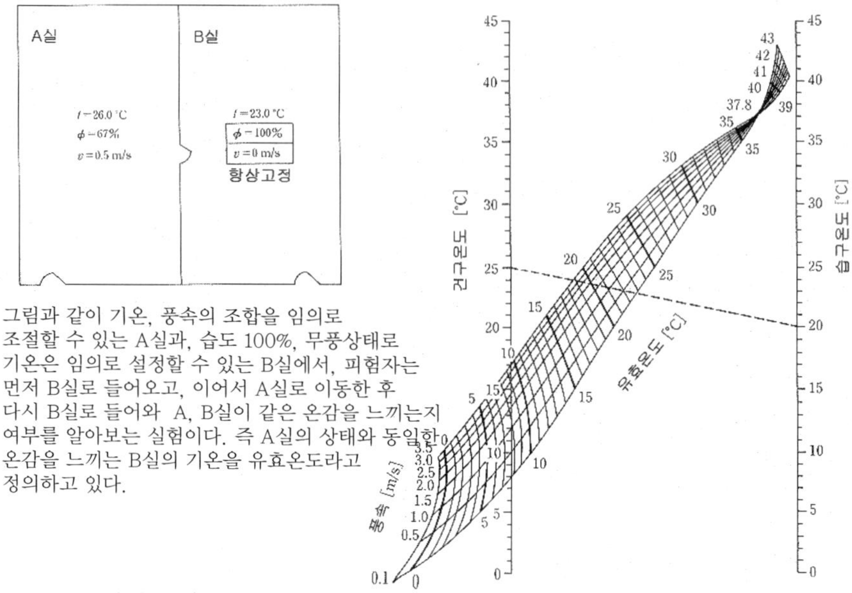

그림 4.8 유효온도

경에서 적당하지 않으며, 습도 40~60%, 풍속 0.5m/s 이하일 때 유효온도가 겨울철 17~22℃, 여름철 19~24℃이면 실내기후는 양호하다.

야그로 씨의 실험은 피험자가 입실 후 단시간에 신고한 것에 근거하고 있으므로 유효온도는 저온영역에서 습도의 영향이 과대하게 되고 고온영역에서는 과소하게 되는 것이 지적되고 있다.

〈유효온도 구하는 방법〉 그림 4.8과 같이 건구온도 25℃, 습구온도 20℃로 하여 두 점을 연결한 선과 풍속 0.5m/s선이 만나는 점을 읽으면 유효온도는 약 22℃가 된다. 또 풍속 1.0m/s의 경우는 21.4℃가 된다. 풍속 2.0m/s에서는 20℃로 저하한다. 이처럼 37.7℃까지는 풍속이 증가함과 동시에 유효온도를 저하하지만 37.8℃ 이상이 되면 이와는 반대로 풍속이 증가할수록 유효온도는 상승한다.

(2) 수정유효온도(CET : Corrected Effective Temperature)

주위 벽면 온도가 인체 표면온도보다 낮게 되면 인체에서 주위 벽면으로 열이 복사하는 속도가 증가하게 되어 추위를 느끼고, 그 반대의 경우는 따뜻함을 느끼게 된다. 따뜻한 벽면이나 차가운 벽면이 인체에 미치는 영향은 크며, 벽면온도가 열복사면에서 부적당한 여름철이나 겨울철에는 유효온도(ET)에 복사의 개념을 추가하여 수정유효온도(CET)를 사용한다. 수정유효온도는 글로브온도를 건구온도 대신 사용하고, 상당습구온도를 습구온도를 사용하여 그림 4.9와 같이 구할 수 있다.

〈수정유효온도 구하는 방법〉 건구온도 25℃, 습구온도 20.5℃, 기류 0.5m/s, 글로브온도 30℃일 때 수정유효온도는 그림 4.9(a)에서 건구온도 25℃선과 습구온도 20.5℃선이 만나는 점①에서 오른쪽으로 수평선을 긋고, 글로브온도 30℃의 선과 만나는 점②에서 상당습구온도 22℃를 구한다. 다음에 그림 4.9(b)에서 글로브온도 30℃와 상당습구온도 22℃를 연결하는 직선과 기류 0.5m/s 곡선과 만나는 점에 의해 수정유효온도 25.3℃를 구할 수 있다.

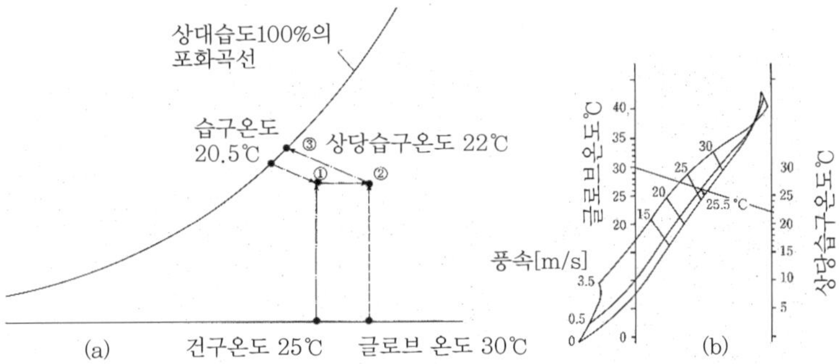

그림 4.9 수정유효온도 구하는 방법

(3) 신유효온도(ET *)

신유효온도 ET * 는 1971년 게지 씨 등에 의해 제안되어 다음 해 ASHRAE (American Society Heating Refrigerating and Air-conditioning Engineers, 미국냉난방공조학회)에서 채택된 지표로서 온열환경의 주요소인 기온, 습도, 복사, 기류에 인체의 착의량, 대사량을 추가하여 6요소를 변수로 하고 있다. 신유효온도는 착석상태에서 착의량 0.6clo(클로 : 의복은 기온 21.2℃, 상대습도 50%, 기류속도 0.1m/s 조건에서 의자 착석 안정상태인 사람이 쾌적하다고 느끼는 의복량을 나타낸다. 나체는 0clo, 남자 봄 · 가을 정장 1.0clo, 여름철 민소매 0.6clo 정도이다.), 기류 0.5m/s 이하에서 그림 4.10에 나타내는 방법으로 공기선도의 상대습도 50%일 때의 실온으로 나타낸다. 이것을 표준 신유효온도라 한다. 그림의 사선 부분과 같이 ET * 가 22.0~25.5℃, 절대습도 0.0042~0.012 kg/kg, 즉 대략 실온이 22.9~25.2℃, 상대습도가 20~60% 범위가 쾌적범위이다. 겨울철에는 단열성이 나쁜 건축물, 여름철에 큰 열선흡수 유리를 사용한 건축물 등에서 실온 t와 평균복사온도(MRT:Mean Radiant Temperature) 차이가 클 경우 실온 대신에 작용온도를 사용하여 ET * 를 구하면 된다.

ASHRAE의 쾌적범위는 ET * 22.2~25.7℃이고, 착의량이 1clo의 경우 실온은 19.5~23.4℃ 범위이다.

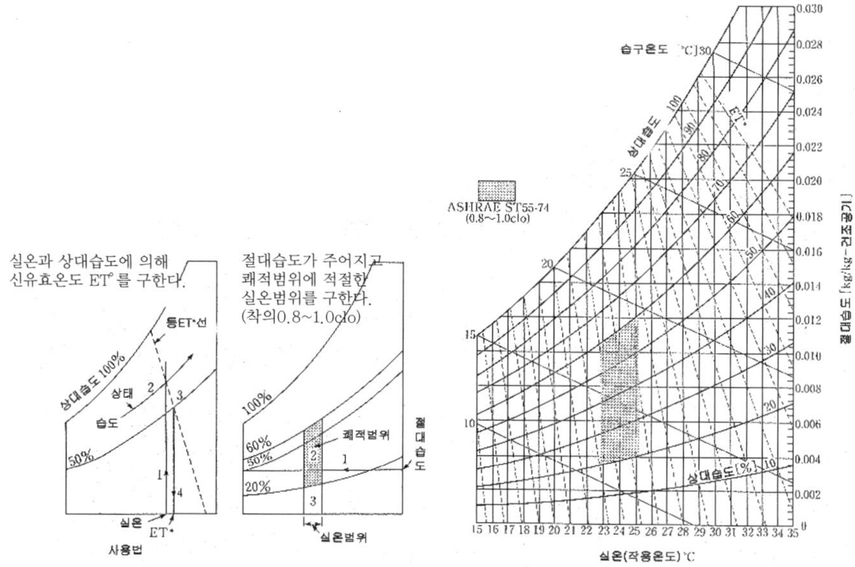

그림 4.10 신유효온도

(4) PMV(Predicted Mean Vote : 예측평균온냉값 신고)

PMV * 는 1970년 덴마크 Fanger가 제안한 것으로, 1984년 국제규격(ISO-7730)을 취득한 온열지표이다. PMV는 온열 4요소에 착의와 대사량을 추가하여 6요소를 함수로 하여 다음 식으로 나타낸다.

$$PMV=(0.303e^{-0.036M}+0.028)(M-E-R-C) \cdots\cdots\cdots\cdots (식\ 4.2)$$

여기서 M, E, R, C는 인체생산열량, 증발에 의한 방열량, 복사에 의한 방열량, 대류에 의한 방열량으로 온열 6요소를 반영하고 있다. 많은 피험자 실험에 의해 산출된 PMV값과 온열감각이 관련되어 있다. 어떤 PMV값에 대해 몇 %의 사람이 불만을 나타내는가를 나타내는 것이 PPD(Predicted Percent of Dissatisfied)이며, 그림 4.11에 PMV와 PPD의 관계를 표시한다. ISO-7730에서 PMV는 피험자의 체감신고를 기준으로 환경조건을 +2에서 −2까지 5단계로 평가하고, −0.5 < PMV < +0.5, 즉 PPD가 10% 이하를 쾌적 권장범위로 하고 있다. 이것은 사무작업의 경우 작업량 1.2Met일 때, 여름에는 착의량 0.5clo, 습도 60%에서 작용온도(OT) 23~26℃, 겨울에는 착의량 1.0clo, 습도 40%에서 OT 20~24℃에 해당한다. PMV는 균일한 실내환경에 대해 적용하고 있는 쾌적지표이다.(그림 4.11)

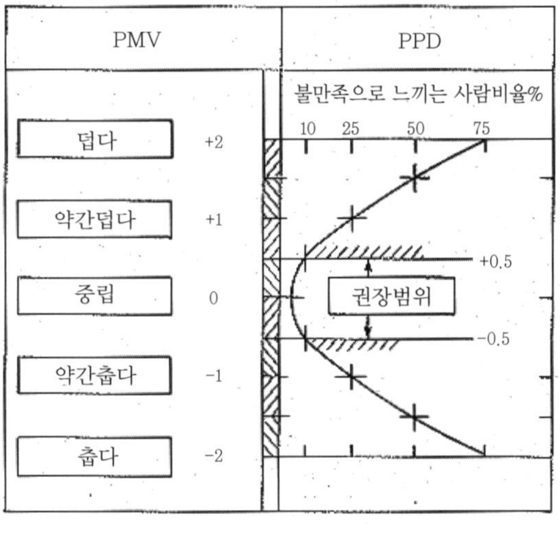

그림 4.11 PMV와 PPD의 관계

4.2.4 건축전열

열은 일반적으로 전도, 대류, 복사에 의해 온도가 높은 쪽에서 낮은 쪽으로 이동한다.

(1) 전도

전도는 물체로 열이 이동하는 것을 말한다. 어떤 물체에 온도가 높은 물체가 접촉하면 온도가 높은 물체의 분자운동에너지가 온도가 낮은 물체의 분자로 에너지를 주게 된다. 이것이 점점 인접하는 분자운동을 자극하게 되고, 보다 높은 분자운동에너지상태가 된다.

금속에서는 그 자체 내부를 자유롭게 움직이는 자유전자가 존재하고, 열운동을 하기 때문에 열을 잘 전도하는 특성이 있다(그림 4.12).

그림 4.16에서 두께 lm인 재료의 단층 벽면 양측 온도가 각각 t_1, t_2(K)인 경우, 이 벽체의 단위면적(m^2)을 통과하는 열류 Q(W/m^2)는 다음 식으로 나타난다.

$$Q = \lambda \frac{t_1 - t_2}{l} A \quad \cdots\cdots (식\ 4.3)$$

비례상수 **λ**는 재료의 열전도율(W/m · K)이며, 재료의 열전도 정도를 나타내는 고유값으로 이 역수를 열전도비저항이라 한다. **λ**값은 재료마다 다르다(예, 강재 45, 콘크리트와 모르타르 1.3, 기와 0.96, 유리 0.78, 목재 0.12, 카펫 0.073, 물 0.6, 공기 0.022). 보통 비중량이 클수록 **λ**값이 크며 열전도가 용이하다. 재료의 열전도율은 온도에 따라 변하며 상온에서 100℃ 정도까지 대부분의 재료는 온도상승에 비례하여 열전도율도 증가하는 경향이다.

(2) 대류

대류는 물체가 자연 또는 강제적으로 유동하는 것을 말한다. 전자를 자연대류, 후자를 강제대류라고 하며, 일반적으로 열이동을 유발한다. 자연대류란 유체배부의 온도차에 의한 밀도차로 인해 유동하는데, 강제대류란 자연풍이나 송풍기 등 풍력에 의한 유동상태를 말한다(그림 4.13).

(3) 복사

온도를 갖는 모든 물체는 열을 복사하고 있다. 이 복사열은 빛과 같은 전자파의 일종으로 온도가 높게 됨에 따라 파장이 짧은 복사선을 방출한다. 물체는 방열에 의해 그 분자 운동에너지를 잃게 되고, 그 결과 온도가 저하한다. 물체로부터 복사되는 열량은 그 표면의 절대온도 4승에 비례하며, 이를 스테판볼츠만(Stefan-Boltzman) 법칙이라 한다. 온도차가 있는 두 물체 사이의 복사 전달열량은 각각의 절대온도 4승의 차에 비례하므로 온도차가 약간만 있어도 복사전달열량은 크게 된다(그림 4.14).

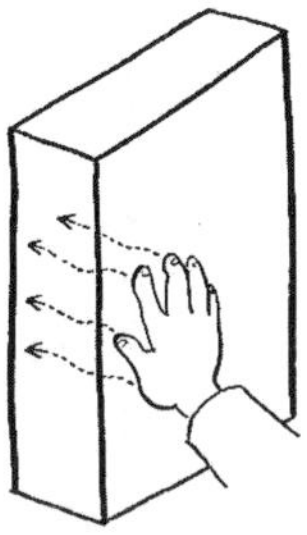

그림 4.12 전도

그림 4.13 대류

그림 4.14 복사

(4) 열관류

열관류란 고온측 공기로부터 벽체 표면으로 열전달, 벽체 내부의 열전도, 벽체 표면에서 저온측 공기로 열전달을 종합화한 개념이다. 따라서 그림 4.15와 같이 벽, 지붕, 바닥 등을 통해서 발생하는 열이동을 열관류라고 한다. 그림 4.16에서의 관류열량은 다음 식으로 나타낸다.

$Q = K(t_1 - t_2)\ A$ ………………………………… (식 4.4)

Q : 열관류량(W) K : 열관류율(W/m^2K) t_1 : 실내측 표면온도(℃)

t_2 : 실외측 표면온도(℃) A : 면적(m^2)

열관류율 K는 열관류의 정도를 나타내며, 이 값이 적을수록 벽체의 단열성이 높다. 열관류량은 실내 · 외 온도차($t_1 - t_2$)에 비례함을 알 수 있다.

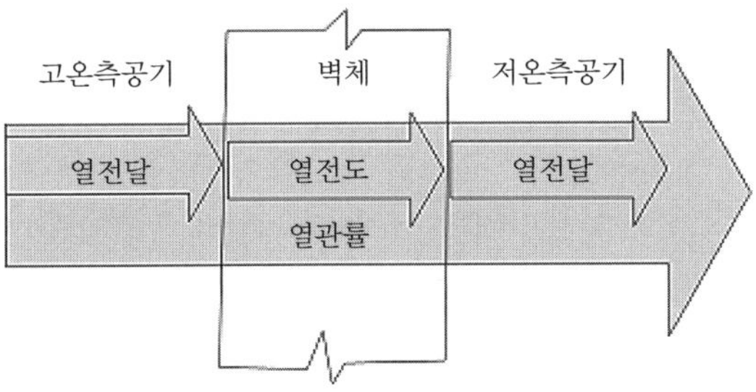

그림 4.15 전열과정

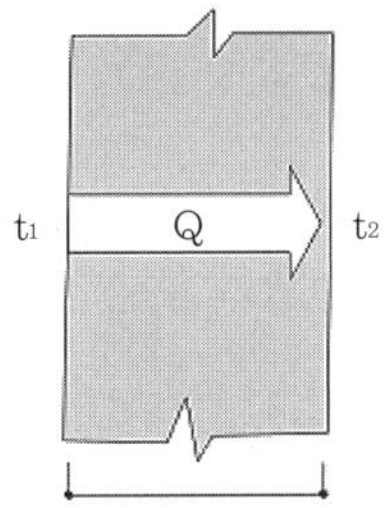

그림 4.16 단층벽열전도

4.2.5 열용량

건축재료는 외기온, 일사 등의 자연조건이나 실내 발생열에 의해 축열되고, 실온에 크게 영향을 미친다. 여기에는 건축재료의 열용량이 크게 좌우한다. 같은 질량의 물체에 같은 열량을 주어도 물질에 따라 상승온도는 다른데, 이는 물질의 비열에 영향을 받는다. 비열이란 어떤 물질 1kg의 온도를 1K(1℃) 상승시키는데 필요한 열량이다. 물(15℃)의 비열은 4.19KJ(Kg · K)을 1로 하면, 보통 콘크리트는 0.2~0.21이고, 아연도금철판은 0.11이다. 즉 같은 1kg 온도를 1K 높이는데 콘크리트는 물의 약 1/5 열량이면 되고, 아연도금철판은 약 1/10로 가능하다. 각종 재료의 비열은 표 4.10과 같다.

표 4.10 각종 재료의 비열(KJ/Kg · K)

재 료	비 열	재 료	비 열	재 료	비 열
강재	0.48	콘크리트	0.88	석면슬레이트	1.20
알루미늄	0.90	경량콘크리트	0.80	석면	0.84
화강암	0.84	모르타르	0.80	글라스울	0.84
흙벽(마감)	0.80	목재	1.30	물	4.20
판유리	0.78	연와	0.84		

비열의 정의에서 알 수 있듯이 그 물체 전체의 온도를 1K 높이는 데, 그 물체의 질량이 관계있다. 질량 m(kg), 비열 c(KJ/Kg · K)의 물체온도를 1K 높이는 데는 m · c(Kg/K)의 열량이 필요한데 이 열량을 그 물체의 열용량이라 한다. 열용량이 큰 물체의 온도를 높이는 데는 많은 열량을 필요로 하며 반대로 식히는 경우에도 그 만큼 많은 열을 방출해야 한다. 이러한 점에서 열용량이 큰 물체는 데우거나 식히기가 어렵다. 콘크리트의 비열은 그다지 크지 않지만 건축물 전체로 보면 콘크리트량이 매우 많으므로 콘크리트에 의한 건축물의 열용량도 매우 크게 된다.

그림 4.17은 실내에서 열이 발생하는 경우 열용량의 영향에 따른 외단열과 내단열의 온도분포를 나타낸 것이다. 여기서 겨울철 외단열은 내단열에 비해 벽체 내의 온도가 상승하므로 결로방지에도 유리함을 알 수 있다. 외단열의 경우, 여름철에는 외기측 표면의 온도변동이 커져 방수층의 신축에 크게 영향을 주므로 재료 선정에 유의할 필요가 있다.

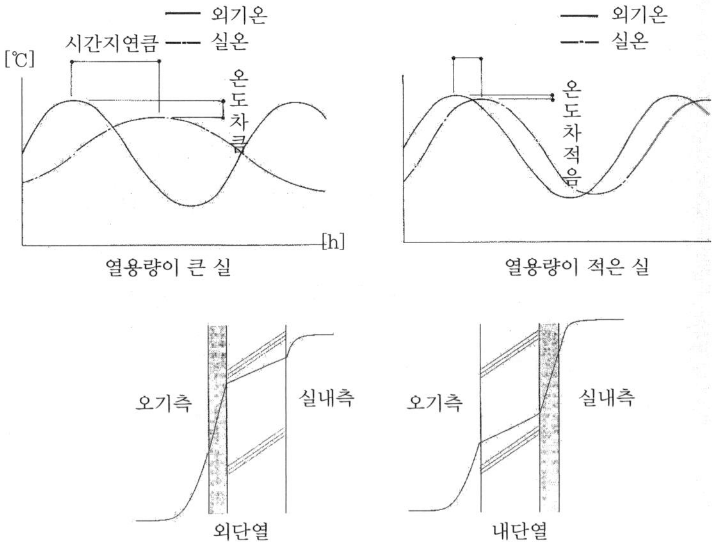

그림 4.17 외단열과 내단열의 열용량 영향

4.2.6 일사열

(1) 벽면으로부터 유입

건축물 벽면에 입사한 일사는 벽 표면에 흡수되어 실내로 유입되고, 여름철 냉방부하를 증가시킨다. 일사열(직달일사, 천공일사, 반사일사의 합계)을 I, 벽 표면 일사흡수율을 a, 의 표면의 일사열 전달률을 fo로 하면 T=a · I / fo분만큼 외기온이 상승한 것과 동일한 열관류에 의해 실내로 유입된다.(그림 4.18) 이 T를 일사의 등가기온이라 하며, T에 외기온을 더한 것을 상당외기온도 te라 한다. 일사의 두 열을 고려한 열관류량 Q는 상당외기온도와 실온 ti와의 차에 비례하며, 열관류율을 K, 벽면적을 S라 하며 다음 식으로 구할 수 있다.

$$Q=K \cdot (te-ti) \cdot A(W) \quad \cdots\cdots\cdots\cdots \quad (\text{식 } 4.5)$$

예로 일사흡수율 0.6, 일사량 500W/m^2, 외기측 열전달률(fo) 20W/(m^2 · K)일 때 일사의 등가온도 T=0.6×500×20=15℃가 된다(그림 4.18).

(2) 유리창으로부터 유입

유리창으로 입사한 일사는 일부는 반사하고 일부는 유리에 흡수되며, 나머지는 투과하여 실내 열부하가 발생한다. 유리에 흡수된 일사열도 시간경과와 함께 실내 · 외로 복사된다(그림 4.19). 유리의 성분에 따라 열 유입이 다른데 열선흡수 유리는 직접 투과되는 양은 적으나 흡수된 후에 복사하는 양과 합하면 보통유리보다 약간 유리한 정도이다. 열선 반사유리는 일사방지면에서 우수하지만 반사로 인한 인접건물에 영향을 주거나 실내가 어두워지는 결점이 있다.

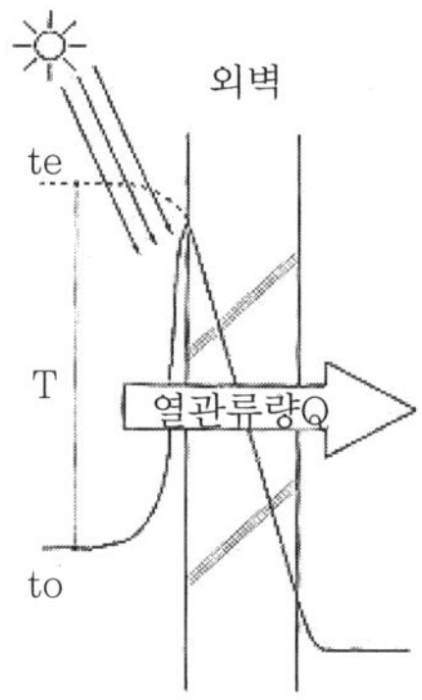

그림 4.18 벽체의 일사유입

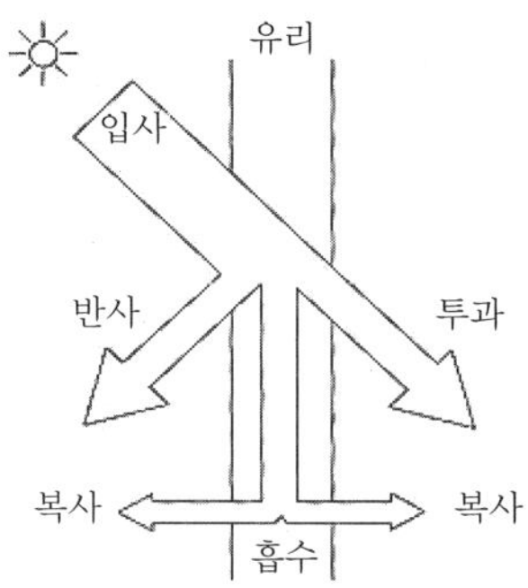

그림 4.19 유리창의 일사유입

4.2.7 일사조절

(1) 일사조절의 의의

겨울철 일사는 실온을 높이고 결로를 방지하는 효과를 기대할 수 있지만 여름철 일사는 냉방부하를 증가시킨다. 직사광에 의한 과대한 조도는 대비 및 현휘를 발생시키는 등 시환경을 악화시키기도 한다. 또 자외선이 강한 화학작용은 가구 등의 색을 변색시킨다. 따라서 건축물 자체에 일사나 창을 통하는 일사는 필요할 때마다 취득하고 불필요한 경우는 차폐시킬 필요가 있다.

(2) 일사조절장치

차양은 가장 간단한 일조조정 장치이다. 태양이 남중할 때 태양고도는 서울의 경우 하지 74°, 동지 28°, 대전은 하지 75°, 동지 29°, 부산은 하지 77°,

동지 31° 이다.(그림 4.20)

창면의 일사조정 장치로 수평 루버는 차양과 같은 효과로 남면 창에 효과적이고, 수직루버는 서향일사를 차폐하는데 효과가 있다. 인텔리전트 빌딩에서는 반사유리의 반사율을 낮게 하여 실내의 어두움을 피하고 강한 일사에 대해서는 자동으로 블라인드가 차폐되는 조광장치도 있다. 직사광은 이전부터 차폐해야 하는 것으로 되어 있었지만, 직사광의 입사각도에 따라 블라인드 핀 각도를 조절 또는 적당한 각도에 핀을 고정시켜 직사광을 천장에서 반사시켜 확산광으로 이용하는 것도 효과적이다.(그림 4.21)

이외에도 수엽수나 담쟁이 식물은 여름철에는 잎으로 일사를 차폐하고, 겨울철에는 낙엽이 되어 일사를 벽면이나 실내로 사입할 수 있는 자연이용조정 장치이다. 일사의 등가기온은 벽면에 흡수되는 일사량에 따라 좌우되므로 외벽 색을 흰색으로 하는 등 벽 표면 일사반사율을 높여 일사열의 건축물로 유입되는 것을 줄일 수 있어 효과적이다.

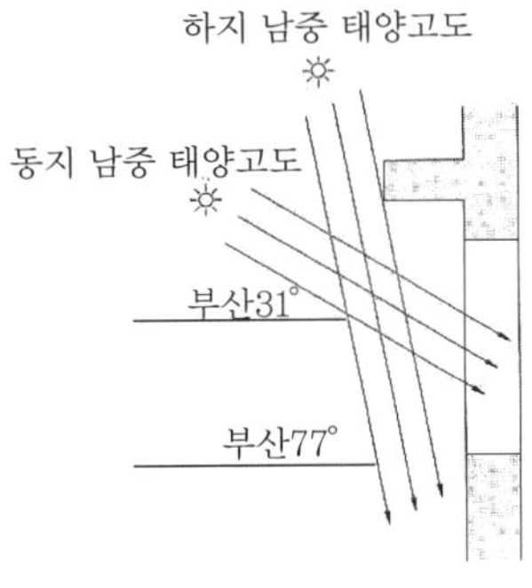

그림 4.20 차양의 효과

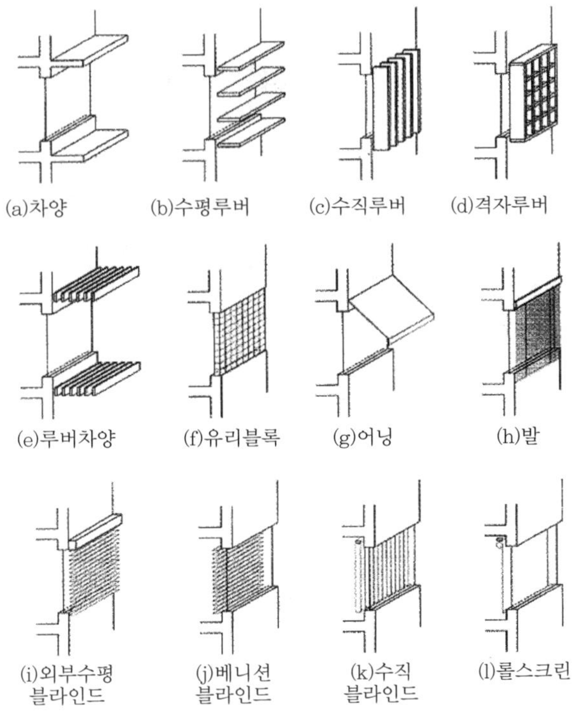

그림 4.21 차양의 형태

(1)전동식 외부 블라인드
열과 빛을 효과적으로 조절한다.
(수직으로 이동)
(2)복층유리
단열 및 차음효과 향상
(3)배기통
천장의 열을 배출(봄, 가을)
(4)순환용 덕트 천장면에 고인 열을
바닥 아래로 순환시키기 위한 덕트
(5)고창
환기와 채광을 겸하여 높은 곳에 설치
(6)천장면의 열을 순환시켜 바닥 아래에서 배출
(7)PC콘크리트

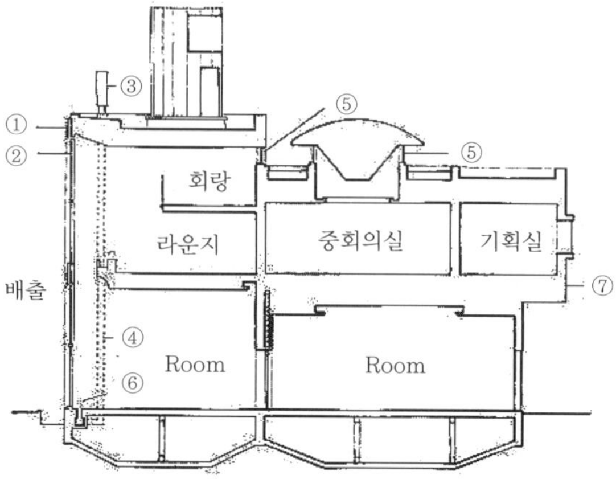

그림 4.22 개념 및 단면도

그림 4.23 외측블라인드 일사조절(그림 4.22의 내부)

4.3 단열계획

4.3.1 단열재

단열성을 강화함으로써 주택의 에너지절약과 실내 환경성을 향상시키는 취지의 개념이다. 공동주택의 에너지절감에 있어서 구조체의 단열성 및 기밀성 검토가 매우 중요하다.

난방시에는 창을 제외한 바닥, 벽체, 지붕으로 손실되는 비율이 35%, 냉방시에는 창을 제외하여 열취득 비율이 25%에 달한다. 따라서 창과 함께 구조체의 단열성능은 공동주택 전체의 에너지절감과 직결된다고 볼 수 있다. 건축재료의 대부분은 실질부와 공극으로 구성되어 있다. 정지 공기상태의 열전도율은 상온에서는 0.022W/m · K이므로 정지상태의 비슷한 공극이 많은 재료일수록 열전도율은 작다고 볼 수 있다.

예를 들면 유리의 열전도율은 0.78W/m · K이지만, 공극이 많은 유리섬유의 경우는 0.035~0.051W/m · K이다. 0.1W/m · K 미만의 재료는 벽 등의 열관류율을 낮추기 위해 사용하는데 이를 단열재라 한다. 열전도율은 재료의 함수율에 따라 다르다. 수분의 열전도율은 약 0.6W/m · K로 크며, 재료에 수분이 있게 되면 재료 내의 공기가 수분으로 치환되므로 재료의 열전도율은 크게 된다.

4.3.2 중공층의 단열 효과

구조체의 외부에 보드마감을 하는 경우 구조체와 보드 사이에 공기층이 생긴다. 이와 같이 건축물 주위의 벽체에 생기는 공기층을 중공층이라 한다. 중공층은 경계층과 대류층으로 구성된다.

경계층의 두께는 공기의 점성과 유속에 영향을 받는다. 중공층 내의 열이동은 그림 4.24와 같이 경계층 내의 전도와 대류층 내의 대류 및 중공층 내 표면간의 복사로 구성된다. 대류 발생이 어려운 중공층에서는 주로 복사와 전도가 대부분이지만 중공층내 표면간의 온도차는 매우 적으므로 복사전열량은 적다. 따라서 중공층의 열전도압은 적다.

중공층의 열저항은 대류가 발생하지 않는 범위의 두께에서 매우 크며, 1cm 두께의 글라스울이나 석면의 열전도저항과 비슷하다. 그러나 중공층이 너무 좁으면 공기 자체의 열전도저항이 작아지므로 중공층의 열저항도 매우 적어지므로 주의해야 한다. 반대로 중공층이 너무 넓게 되면 대류가 발생하므로 열이동이 생기므로 열저항이 증가한다고 할 수 없다.

중공층을 계획함으로써 벽체의 단열성을 용이하게 증가시킬 수 있지만 중공

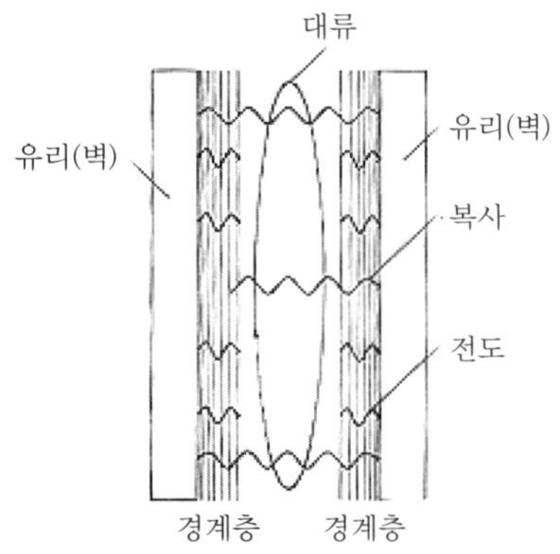

그림 4.24 중공층의 열거동

층 한쪽 면에 알루미늄판을 붙여 복사열을 차단하게 되면 단열 효과가 더욱 향상된다. 또 1개의 중공층을 두는 것보다 그 반 두께를 두 개로 하여 중공층을 설치하면 열저항이 약 2배가 되어 단열에 유리하다.

복층유리도 단열효과를 기대하지만 유리의 경우는 입사가 통과하므로 외곽유리를 열선반사유리로 하든가 루버나 블라인드를 사용하면 단열효과를 높일 수 있다. 그림 4.25와 그림 4.26은 지붕의 중공층을 이용하여 열을 조절하는 사례이다. 여름철과 겨울철 지붕으로부터의 열이동을, 중공층을 이용하여 효율적으로 처리하고 있다. 여름철에는 중공층의 더워진 열이 자연적으로 상승하면서 유출되도록 하고, 겨울철에는 데워진 공기를 실내로 유입시켜 난방으로 활용하도록 한다.

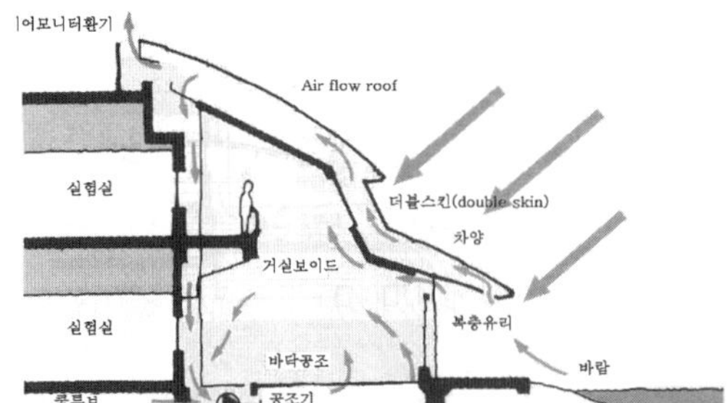

그림 4.25 개념 및 단면도

그림 4.26 중공층 지붕을 이용한 열조절
(그림 4.25의 내부)

4.3.3 내단열과 외단열

우리나라에서는 과거에 주로 공사비 등의 증가를 이유로 내단열공법을 채용했는데, 여기에 큰 오류를 범했다고 볼 수 있다. 그 결과 실내환경의 저하, 에너지손실 증가, 결로 발생, 건강성 저하 등의 문제가 발생하였다. RC나 S조에서는 외단열 설계가 내단열에 비해 단열효과, 실온안정, 내구성, 내장자유, 결로방지면에서 우수하다.(그림 4.27)

유럽이나 미국에서는 외단열 설계를 기본으로 한 것과는 대조적이다. 외단열공법은 건물 구체 외측에 단열층을 둠으로써 단열 효과가 우수하여 한랭지에서 사용한 방법이기는 하지만 최근 건물의 에너지절약 문제가 대두됨에 따라 외단열 설계가 증가하고 있는 상황이다. 내단열과 외단열을 비교하면 표 4.11과 같다.

그림 4.28은 단열재 위치에 따른 벽체온도분포를 나타낸 것이다. 실외온도가 0℃, 실내온도가 20℃인 경우 무단열, 내단열, 외단열별의 온도분포이다.

무단열의 경우 실내표면온도는 내단열, 외단열보다 낮기 때문에 실내표면 결로가 가장 발생하기 쉽다. 내단열의 경우 콘크리트 외측온도와 단열재 부분의 온

표 4.11 내단열 외단열의 비교

구 분	무단열	내단열	외단열
벽체온도분포	온도진폭 감쇄 큼	온도진폭 감쇄 보통	온도진폭 감쇄 작음
실내측온도 변동	크다	작지만 실온변동영향 받음	작다
실내쾌감도	불량	양호 (실온변동 있으면 불량)	양호
균열발생	크다	크다	작다
결로발생	표면결로 용이	내부결로 용이	매우 적다
시공성	용이	용이	외단열공법 용이

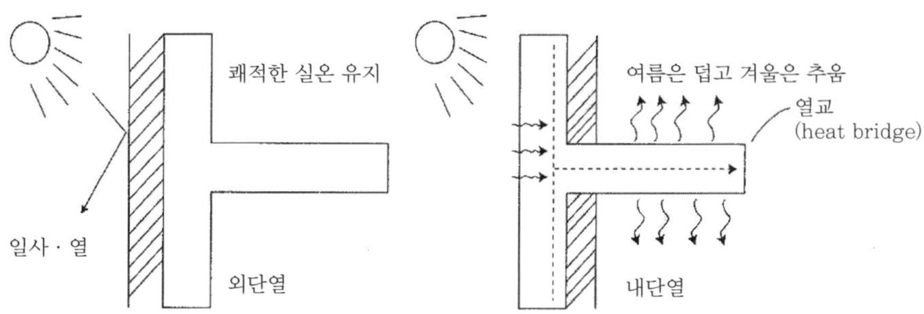

그림 4.27 외단열과 내단열

도 차이가 크다. 그러나 외단열에서는 동일한 부분의 온도차가 내단열보다 적어 결로발생이 어려워 겨울철 벽체의 내부결로방지에 유리하다.

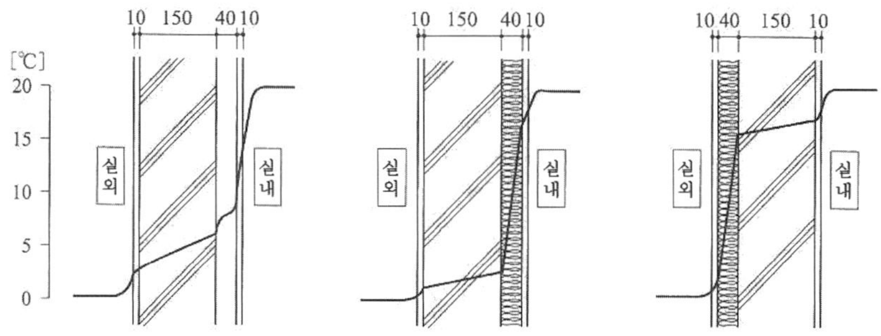

(a) 무단열 (b) 무단열 (c) 무단열

그림 4.28 단열재 위치에 따른 온도분포

4.3.4 구조체의 단열

건축물의 배치 · 구조 및 설비 등의 설계를 하는 경우에는 에너지가 합리적으로 이용될 수 있도록 하고 건축 부분의 단열설계기준은 규칙 제21조의 규정에서 정하는 바에 따라 건축물의 열손실방지 조치를 하여야 한다.

표 4.12는 주요 국가별 단열기준을 나타낸 것이다. 거실 천장의 단열기준을 보면 미국, 영국, 일본, 한국, 외벽은 미국, 영국, 한국, 일본, 바닥은 미국, 일본, 영국, 한국, 그리고 개구부에서는 미국, 영국, 일본, 한국 순으로 단열기준이 강화되어 있다. 일본 Ⅳ지역의 경우 열손실계수가 1980년 당시 5.2W/m²K를 1992년에 4.2W/m²K로, 이어서 차세대 에너지절약 기준인 1999년 2.7W/m²K로 점점 강화되는 움직임을 보이고 있다.

126

표 4.12 주요 국가별 단열기준 비교 단위 : W/m²K

건축물 부위		한 국 (남부지역)	미 국 (ASHRAE)	영 국	일 본 (Ⅳ지역)	독 일 (DIN평균치)
거실 천장 및 지붕		0.35	0.15	0.2	0.37	0.51
외벽	외기에 직접 면함	0.58	0.36	0.45	0.75	1.39
	외기에 간접 면함	0.81	0.54	0.6	–	1.96
바닥	외기에 직접 면함	0.47	0.19	0.35	0.37	0.81
	외기에 간접 면함	0.64	0.27	0.6	0.53	0.93
세대간 천장 및 바닥		1.16	–	–	0.83	1.64
개구부		4.19	1.08	3.0	4.65	–

구조체로서의 벽은 지붕과 함께 건물의 외피를 구성하는 주요한 부분이다. 벽은 시각적으로 외부디자인에 미치는 영향이 크며 손이나 피부가 직접 접촉하는 면에서 질감, 재료, 색채 등 건물 전체의 분위기를 결정하는데 기여한다. 열적인 면에서 보면 태양의 일사가 벽에 직접 닿아 실내온열환경에 영향을 미치므로 외표면 처리와 벽의 구성에 있어 일사에 대해 충분한 대책을 강구할 필요가 있다.

벽을 구성하는 재료는 다양한 기능과 물성을 지닌 다층구조로 형성되며, 층이 많을수록 외부환경에 대해 상대적으로 영향을 적게 받지만 건설단계에서의 경제적인 면도 고려해야 하는 문제를 안고 있다. 벽의 구성에 따른 열적 효과를 비교해 보면 그림 4.29, 표 4.13과 같다.

건축법에서 규정하고 있는 각 지역별, 부위별 열관류율 및 단열재 등급별 두께는 표 4.14, 표 4.15와 같다.

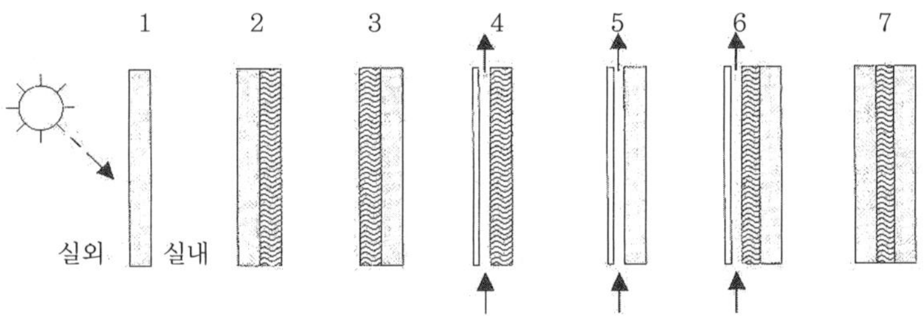

그림 4.29 벽구성에 따른 열적 효과

표 4.13 벽구성에 따른 열적 효과

구 분	열 적 효 과
1	콘크리트벽 양면을 노출시킨 경우로 여름철 일사유입과 겨울철 저온냉각으로 결로 등 열용량의 효과가 극심하게 나타난다.
2	내단열구법으로 실내측에서 콘크리트의 열용량을 활용하기가 곤란하지만 열용량의 영향을 받지 않는 장점이 있다.
3	외단열구법으로 여름철, 겨울철 모두 열용량을 활용한 축열, 축냉효과를 기대할 수 있다.
4	통기구법으로 공기의 대류작용을 이용하여 벽체내부의 습기를 배출, 결로방지와 일사차폐에 효과적이다.
5	일사차폐효과는 있지만 겨울철 보온효과는 기대하기 어렵다.
6	4와 5의 효과를 동시에 지닌다.
7	내단열구법으로 위도가 높은 한랭지에서 많이 사용된다. 외측의 열용량으로 일사와 기온변화를 지연시킬 수 있어 피크컷(peak cut) 효과가 있다.

표 4.14 지역별 건축물 부위의 열관류율표

단위 : W/㎡ · K(괄호 안은kcal/㎡ · h · ℃

구 분			중부지역[1]	남부지역[2]	제주도
거실의 외벽	외기에 직접 면하는 경우		0.47 이하 (0.40 이하)	0.58 이하 (0.50 이하)	0.76 이하 (0.65 이하)
	외기에 간접 면하는 경우		0.64 이하 (0.55 이하)	0.81 이하 (0.70 이하)	1.10 이하 (0.95 이하)
최상층에 있는 거실의 반자 또는 지붕	외기에 직접 면하는 경우		0.29 이하 (0.25 이하)	0.35 이하 (0.30 이하)	0.41 이하 (0.35 이하)
	외기에 간접 면하는 경우		0.41 이하 (0.35 이하)	0.52 이하 (0.45 이하)	0.58 이하 (0.50 이하)
최하층에 있는 거실의 바닥	외기에 직접 면하는 경우	바닥난방인 경우	0.35 이하 (0.30 이하)	0.41 이하 (0.35 이하)	0.47 이하 (0.40 이하)
		바닥난방이 아닌 경우	0.41 이하 (0.35 이하)	0.47 이하 (0.40 이하)	0.52 이하 (0.45 이하)
	외기에 간접 면하는 경우	바닥난방인 경우	0.52 이하 (0.45 이하)	0.58 이하 (0.50 이하)	0.64 이하 (0.55 이하)
		바닥난방이 아닌 경우	0.58 이하 (0.50 이하)	0.64 이하 (0.55 이하)	0.76 이하 (0.65 이하)
공동주택의 측벽			0.35 이하 (0.30 이하)	0.47 이하 (0.40 이하)	0.58 이하 (0.50 이하)
공동주택의 층간바닥	바닥난방의 경우		0.81 이하 (0.70 이하)	0.81 이하 (0.70 이하)	0.81 이하 (0.70 이하)
	그밖의 경우		1.16 이하 (1.0 이하)	1.16 이하 (1.0 이하)	1.16 이하 (1.0 이하)
창 및 문	외기에 직접 면하는 경우		3.84 이하 (3.30 이하)	4.19 이하 (3.60 이하)	5.23 이하 (4.50 이하)
	외기에 간접 면하는 경우		5.47 이하 (4.70 이하)	6.05 이하 (5.20 이하)	7.56 이하 (6.50 이하)

1) 중부지역 : 서울특별시, 인천광역시, 경기도, 강원도(강릉시, 동해시, 속초시, 삼척시, 고성군, 양양군 제외), 충청북도(영동군 제외), 충청남도(천안시), 경상북도(청송군)

2) 남부지역 : 부산광역시, 대구광역시, 광주광역시, 대전광역시, 울산광역시, 강원도(강릉시, 동해시, 속초시, 삼척시, 고성군, 양양군), 충청북도(영동군), 충청남도(천안시 제외), 전라북도, 전라남도, 경상북도(청송군 제외), 경상남도

표 4.15 단열재의 두께

[중부지역]

(단위 : mm)

구 분			단열재 등급별 허용 두께			
			가	나	다	라
거실의 외벽	외기에 직접 면하는 경우		65	75	85	100
	외기에 간접 면하는 경우		45	50	55	65
최하층에 있는 거실의 바닥	외기에 직접 면하는 경우	바닥난방인 경우	90	105	120	135
		바닥난방이 아닌 경우	75	90	100	115
	외기에 간접 면하는 경우	바닥난방인 경우	55	65	75	80
		바닥난방이 아닌 경우	50	55	65	70
최상층에 있는 거실의 반자 또는 지붕	외기에 직접 면하는 경우		110	125	145	165
	외기에 간접 면하는 경우		75	85	100	110
공동주택의 측벽			90	105	120	135
공동주택의 층간 바닥	바닥난방인 경우		30	35	45	50
	기 타		20	25	25	30

[남부지역]

(단위 : mm)

구 분			단열재 등급별 허용 두께			
			가	나	다	라
거실의 외벽	외기에 직접 면하는 경우		50	60	70	75
	외기에 간접 면하는 경우		30	35	40	45
최하층에 있는 거실의 바닥	외기에 직접 면하는 경우	바닥난방인 경우	75	90	100	115
		바닥난방이 아닌 경우	65	75	90	100
	외기에 간접 면하는 경우	바닥난방인 경우	50	55	65	70
		바닥난방이 아닌 경우	45	50	55	65
최상층에 있는 거실의 반자 또는 지붕	외기에 직접 면하는 경우		90	105	120	135
	외기에 간접 면하는 경우		55	65	75	85
공동주택의 측벽			65	75	85	100
공동주택의 층간 바닥	바닥난방인 경우		30	35	45	50
	기 타		20	25	25	30

[제주도]

(단위 : mm)

구 분			단열재 등급별 허용 두께			
			가	나	다	라
거실의 외벽	외기에 직접 면하는 경우		35	45	50	55
	외기에 간접 면하는 경우		20	25	30	30
최하층에 있는 거실의 바닥	외기에 직접 면하는 경우	바닥난방인 경우	65	75	90	100
		바닥난방이 아닌 경우	60	70	75	85
	외기에 간접 면하는 경우	바닥난방인 경우	45	50	55	65
		바닥난방이 아닌 경우	35	40	45	50
최상층에 있는 거실의 반자 또는 지붕	외기에 직접 면하는 경우		75	90	100	115
	외기에 간접 면하는 경우		50	55	65	75
공동주택의 측벽			50	60	70	75
공동주택의 층간 바닥	바닥난방인 경우		30	35	45	50
	기 타		20	25	25	30

단열재 등급별 열전도율 범위 W/mK(kcal/mh℃)
가 : 0.034(0.029)이하, 나 : 0.035~0.04(0.03~0.034), 다 : 0.041~0.046(0.035~0.039), 라:0.047~0.051(0.04~0.044)

4.3.5 개구부의 단열

건축 부위별 열손실 비율을 보면 겨울철에 창을 통하여 손실되는 비율이 37%, 여름철 취득비율은 53%이다. 냉난방시에 부위별 비율은 그림 4.30과 같

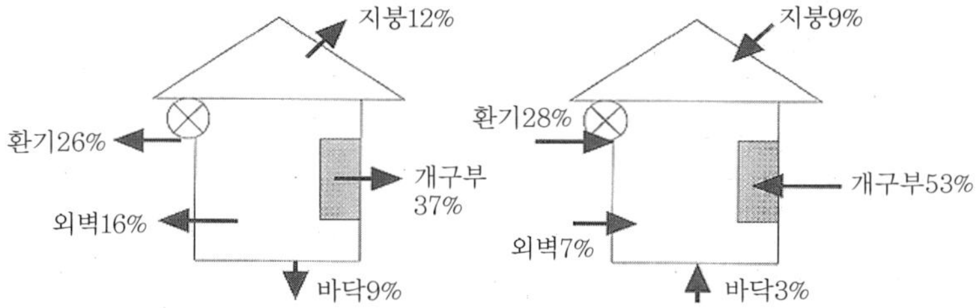

겨울철 열손실비율　　여름철 열취득비율

그림 4.30 겨울철 열손실 및 여름철 열취득 비율

다. 따라서 창의 단열을 충분히 하는 것은 창의 단열성능과 실내의 쾌적함을 유지하는데 중요하다.

개구부를 고단열하는 수법으로는 2중새시, 단열새시(플라스틱, 목제, 단열재 충진), 복층유리 등이 있다. 2중새시는 새시를 2중으로 조합하고 이 사이에 공기층을 두어 단열층을 형성하는 것이며, 이 원리를 더 발전시켜 외피 자체를 2중벽(double skin)으로 하는 방법도 있다. 최근 에너지절약면에서 성능이 우수한 고성능유리는 특수한 금속막을 유리표면에 코팅하여 단열성능과 차열성능을 높여 고성능 열반사유리, 복층유리, Low-E(Low Emissivity Glass, 저복사복층유리) 등이 있다.

① 복층유리새시는 투명유리새시에 비해 새시 부분의 열관류율은 1/3에서 1/2로 감소하고, 일사침입률은 최대 1/2로 감소한다.

② 고단열창은 페리미터 부분의 공조부하 저감, 연간유지비 절감, CO_2 감소, 실내환경 향상, 결로발생 억제 등의 효과가 있다.

③ 유리의 단열성능을 보면 고단열복층유리, 차열복층유리, 복층유리, 단층유리 순이고, 새시는 목재새시, 플라스틱새시, 알루미늄열차단새시, 알루미늄새시 순으로 단열성이 낮다.

유리종류별 열관류율은 그림 4.31과 같다.

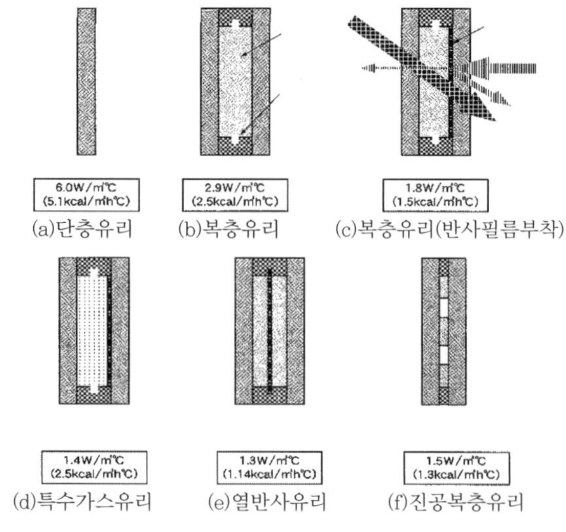

그림 4.31 유리종류별 열관류율

개구부의 일사를 차폐하는 방법은 창유리 자체의 재질과 일사차폐장치를 이용하는 방법으로 분류되고, 일사차폐장치는 실내측 설치와 실외측 설치로 구분된다. 일사를 이용하여 자연난방을 목적으로 하는 경우 실내온열환경이나 빛환경이 훼손되지 않도록 일사를 적절하게 조절하면서 가능한 한 많은 일사를 도입하는 것이 중요하다.

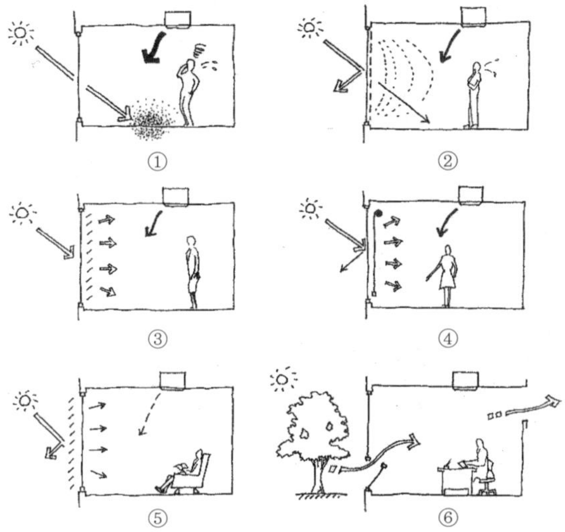

그림 4.32 창의 일사조절에 따른 실내부하

그림 4.32는 여름철 창의 일사조절에 따른 실내부하의 변화를 나타내는 개념도이다. 그림 4.32에서 ①은 일사에 대한 창의 조절을 하지 않은 상태로 이 경우는 창을 통해 유입된 일사가 바닥에 축열되고 냉방부하를 증가시켜 화석연료 소비가 증가되는 문제가 있다.

②는 열선흡수유리로 어느 정도 일사차폐효과는 있으나 흡수된 일사열로 인해 유리 자체 온도가 상승하여 다시 실내로 복사되어 창 부근의 온열환경이 악화될 우려가 있다. ③은 실내측에 블라인드를 설치한 경우로 일단 실내측으로 유입된 일사로 인해 실내부하가 발생한다. 그러나 주광이용면에서 보면 실내측의 조도분포를 용이하게 조절할 수 있다.

④는 실내측에 롤스크린 같은 가동장치를 설치한 예로 차열 효과와 함께 빛환경을 조절할 수 있다. ⑤는 외부 블라인드를 설치하여 일사를 조절하는 경우로

내부 블라인드에 비해 일사에 의한 실내부하를 줄이는데 효과적이다. ⑥은 외부의 식수를 이용하여 그림자를 형성하고 수목의 증산작용을 이용하여 공기온도를 낮추어 이를 자연환기시스템으로 처리하여 실내부하가 발생하지 않도록 하는 계획이다.

창은 주간에는 일사를 적극적으로 실내로 사입시키고, 야간은 실내로부터 열손실을 최소화시키기 위해 다양한 개구부 단열방법을 알아보면 그림 4.33과 같다.

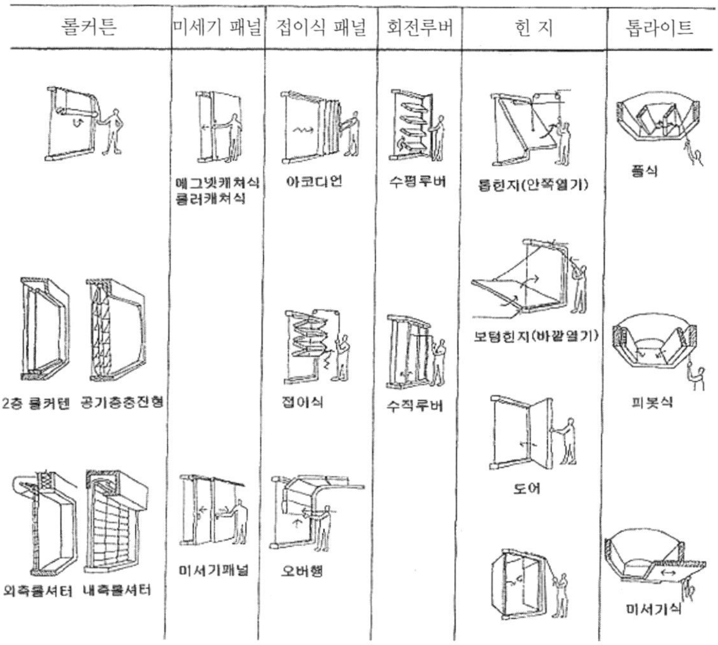

그림 4.33 개구부의 단열방법

건축법에서 규정하고 있는 개구부 단열규정은 다음 표 4.16과 같다.

4.3.6 고단열 · 고기밀

고단열 · 고기밀은 난방부하를 경감할 목적으로 북유럽과 북미(R-2000기준)를 중심으로 나온 개념이다. 건축물의 고단열은 벽체 · 개구부의 열관류부하 경감이 매우 중요하다. 벽체의 열저항 증가와 개구부 면적의 최소화, 복층유리, 3중유리, 단열새시와 단열문 채용이 효과적이다. 또 고단열과 함께 극간풍부하를

표 4.16 창 및 문의 단열성능

단위 : W/m²K(괄호 안은 kcal/m² · h · ℃

창 및 문의 종류			창틀 및 문틀의 종류별 열관류율								
			금속재						플라스틱 또는 목재		
			열교차단재[1] 미적용			열교차단재 적용					
유리의 공기층 두께[mm]			6	12	16이상	6	12	16이상	6	12	16이상
창	복층창	일반복층창[2]	4.0	3.7	3.6	3.7	3.4	3.3	3.1	2.8	2.7
창	복층창	로이유리(하드코팅)	3.6	3.1	2.9	3.3	2.8	2.6	2.7	2.3	2.1
창	복층창	로이유리(소프트코팅)	3.5	2.9	2.7	3.2	2.6	2.4	2.6	2.1	1.9
창	복층창	아르곤 주입	3.8	3.6	3.5	3.5	3.3	3.2	2.9	2.7	2.6
창	복층창	아르콘 주입+ 로이유리(하드코팅)	3.3	2.9	2.8	3.0	2.6	2.5	2.5	2.1	2.0
창	복층창	아르콘 주입 + 로이유리(소프트코팅)	3.2	2.7	2.6	2.9	2.4	2.3	2.3	1.9	1.8
창	삼중창	일반삼중창[2]	3.2	2.9	2.8	2.9	2.6	2.5	2.4	2.1	2.0
창	삼중창	로이유리(하드코팅)	2.9	2.1	2.3	2.6	2.1	2.0	2.1	1.7	1.6
창	삼중창	로이유리(소프트코팅)	2.8	2.3	2.2	2.5	2.0	1.9	2.0	1.6	1.5
창	삼중창	아르곤 주입	3.1	2.8	2.7	2.8	2.5	2.4	2.2	2.0	1.9
창	삼중창	아르콘 주입+ 로이유리(하드코팅)	2.6	2.3	2.2	2.3	2.0	1.9	1.9	1.6	1.5
창	삼중창	아르콘 주입+ 로이유리(소프트코팅)	2.5	2.2	2.1	2.2	1.9	1.8	1.8	1.5	1.4
창	사중창	일반사중창[2]	2.8	2.5	2.4	2.5	2.2	2.1	2.1	1.8	1.7
창	사중창	로이유리(하드코팅)	2.5	2.1	2.0	2.2	1.8	1.7	1.8	1.5	1.4
창	사중창	로이유리(소프트코팅)	2.4	2.0	1.9	2.1	1.7	1.6	1.7	1.4	1.3
창	사중창	아르곤 주입	2.7	2.5	2.4	2.4	2.2	2.1	1.9	1.7	1.6
창	사중창	아르콘 주입+ 로이유리(하드코팅)	2.3	2.0	1.9	2.0	1.7	1.6	1.6	1.4	1.3
창	사중창	아르콘 주입+ 로이유리(소프트코팅)	2.2	1.9	1.8	1.9	1.6	1.5	1.5	1.3	1.2
창	단 창		6.6 (5.68)			6.10 (5.25)			5.30 (4.56)		
문	일반문	단열 두께 20㎜ 미만	2.70 (2.32)			2.60 (2.24)			2.40 (2.06)		
문	일반문	단열 두께 20㎜ 이상	1.80 (1.55)			1.70 (1.46)			1.60 (1.38)		
문	유리문 단창문	유리비율[3] 50% 미만	4.20 (3.60)			4.00 (3.44)			3.70 (3.18)		
문	유리문 단창문	유리비율 50% 이상	5.50 (4.73)			5.20 (4.47)			4.70 (4.04)		
문	유리문 복층창문	유리비율 50% 미만	3.20 (2.75)	3.10 (2.67)		3.00 (2.58)	2.90 (2.49)		2.70 (2.32)	2.60 (2.24)	
문	유리문 복층창문	유리비율 50% 이상	3.80 (3.27)	3.50 (3.01)		3.30 (2.84)	3.10 (2.67)		3.00 (2.58)	2.80 (2.41)	
문	방풍구조문		3.80 (3.27)								

주1) 열교차단재 : 열교차단재라 함은 창호의 금속프레임 외부 및 내부 사이에 설치되는 폴리염화비닐 등 단열성을 가진 재료로서 외부로의 열흐름을 차단할 수 있는 재료를 말한다.

주2) 복층유리는 이중창(단창+단창)을 포함한다.

주3) 문의 유리비율은 문 및 문틀을 포함한 면적에 대한 유리면적의 비율을 말한다.

감소시키는 것도 중요하다. 이를 위해 기밀화계획을 충분히 검토할 필요가 있다. 고단열 · 고기밀에 의한 기대효과는 그림 4.34와 같이 3차원적 「균일한 온도공간의 창출」이다. 한편, 기밀화에 따른 자연환기량(극간풍 환기)의 감소로 인해 실내공기질 유지와 내부부하처리를 위해 계획환기의 필요성이 대두된다.

고단열 · 고기밀 건축의 평가에는 ① 에너지절약적 관점의 중시, ② 거주자의 열적 쾌적성 중시로 볼 수 있다.

고단열 · 고기밀 및 건축의 명확한 기준이 정비되어 있지 않은 상황에서 보면 다양한 표현이나 공법 등이 제시되고 있다.

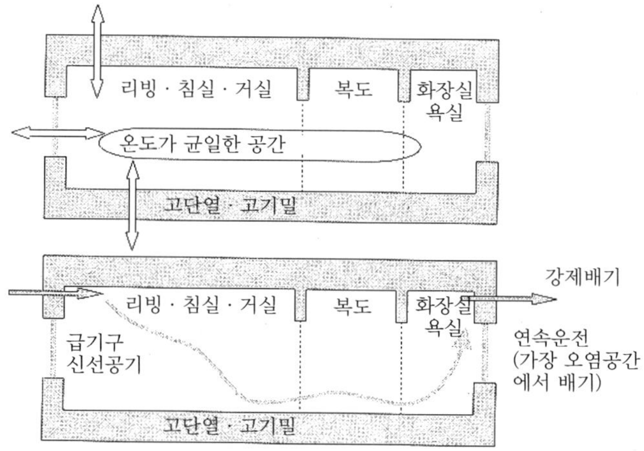

그림 4.34 고단열 · 고기밀 · 계획환기

북유럽 · 북미보다 위도가 낮은 우리나라의 고단열 · 고기밀 건축물 도입에 있어서는 많은 것을 검토해야 한다.

① 겨울철 일사 이용에 의한 패시브적 난방부하경감의 기대

② 일사제어에 의한 냉방부하경감의 기대

③ 벽체의 여름철 내부결로 발생문제 등이 지적되고 있다.

여름철 결로의 예측법 또는 제어법은 벽체 재료의 흡방습성과 수분 용량의 정확한 파악이 필수이다.

자연과의 일체감을 추구하는 우리나라 주거사상과 계획환기(24시간 기계환기)는 상충되는 부분도 있다. 한편, 고단열 · 고기밀 주택의 어떤 것을 평가할 것

인가에 따라 관점의 차가 나타나게 된다. 단순하게 에너지절약이나 쾌적성 선택이 아니라 고단열 · 고기밀 주택은 기존의 자연적 주거환경에 대한 생각에 많은 변화와 문제를 제시하고 있다.

4.4 결 로

4.4.1 결로발생 메커니즘

겨울철 난방중인 유리창 실내측 표면에 물방울이 생기는 경우가 있다. 이와 같은 현상을 결로라 한다. 습기란 공기중 또는 재료중에 기체로 존재하는 수분이다. 이 수증기를 포함한 공기를 습공기라 하고, 수증기를 포함하지 않는 공기를 건조공기라 한다.

습공기를 서서히 냉각하면 공기중의 수분이 수증기상태로는 존재할 수 없는 한계에 도달하게 된다. 이 공기를 포화공기라 한다. 그리고 더 냉각시키면 수증기의 일부가 조그만 물방울이 되어 공기중에 부유하게 된다. 이 물방울을 안개라고도 한다.

그림 4.35와 같이 실온 t(℃), 습도 w(%)인 공기는 공기선도상에서 P점에 위치한다. 여기서 저온의 고체 표면에 접하면 공기는 냉각되어 왼쪽으로 이동하게 되고, 결국 포화상태(P_d)점에 도달한다. 이때의 온도(t_d)를 노점온도라 한다. 표면온도(t)가 t_d보다 낮게 되면 공기는 더 냉각되어 과포화상태가 되며, 이때 공기

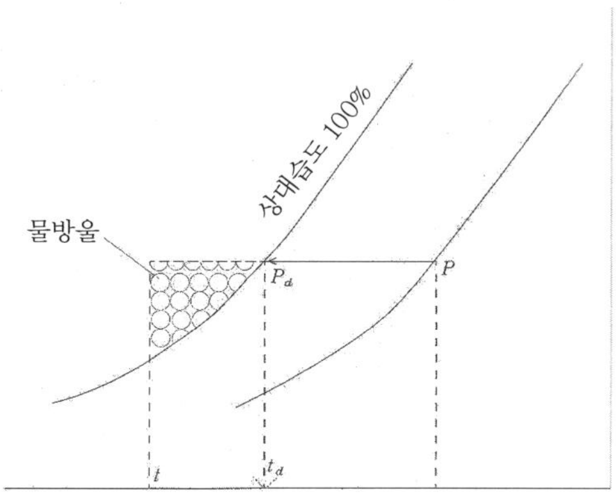

그림 4.35 공기선도상의 결로검토

중 여분의 수증기는 표면에 응결하고 물방울이 된다.

결로는 발생장소에 따라 표면결로와 내부결로로 구분된다. 일반적으로 벽체 표면에 발생하는 결로를 표면결로라 하고, 유리창면과 같이 비투습성 벽체에는 표면결로가 발생하기 쉽다. 그러나 투습재를 벽면의 고온측에 유효한 방습층이 없는 경우 습기가 벽체 내부에 침투하여 노점온도 이하 부분이 생겨 결로가 발생하는데 이를 내부결로라 한다(그림 4.36).

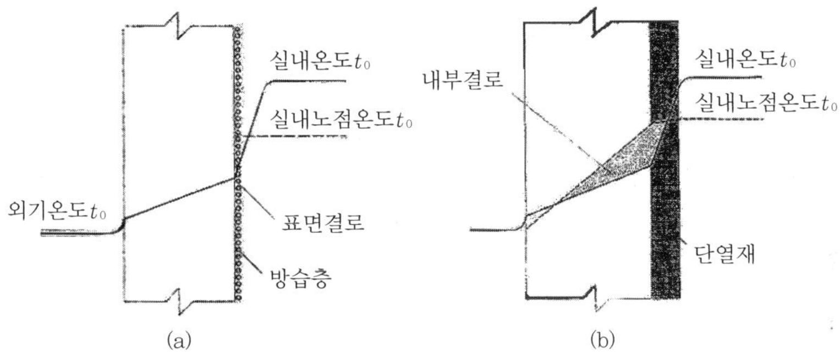

그림 4.36 표면결로와 내부결로

4.4.2 열교

강재는 다른 재료에 비해 열전도율이 매우 크다. 철골조 건물의 경우 기둥이나 보 등에 강재가 사용되며, 목조건물에서는 목재접합부에 강재가 사용되기도 한다. 이 강재가 실내측에 노출되는 경우 이 부위를 통하여 실내측 열이 실외로 유출됨으로써 실내측 노출부분의 온도저하로 인해 결로가 발생하기도 한다. 이러한 부위는 강에 다리가 놓여 있는 것과 같이 열이 이 부분을 통하여 흘러가는 현상으로 열교(heat bridge)라 한다. 열교부분에는 단열을 이용하여 열흐름을 차단할 필요가 있다.

콘크리트조 외단열의 경우 외벽과 발코니 바닥이 연결된 부분은 단열재가 단절되어 열교가 되기 쉽다. 또 내단열의 경우는 외벽이 바닥 슬래브나 칸막이벽과 연결된 부분은 단열재가 단절되어 열교되기 쉽다. 이러한 부위에는 단열재가 단절되지 않도록 함으로써 열교현상을 방지해야 할 필요가 있다. 벽을 관통하는 금속파이프나 앵커 등 벽재료전도율에 비해 큰 열전도율의 재료가 벽에 매입되어 관통할 경우, 벽체의 실내측 표면온도는 외기온도와 비슷하여 난방시에는 벽체 부분의 표면온도보다 온도가 낮아 열교(heat bridge)가 발생한다. 또 벽의 구석진 부분에서 표면온도는 주위벽 표면온도보다 외기온과 비슷하여 겨울철 난방시 주위 벽 표면온도보다 저온이 된다.

그림 4.38은 실온 20℃, 외기온 −15℃의 경우 우각부의 온도분포 예를 나타낸 것이다. 우각부의 온도는 주위벽 부분보다 벽두께 20cm의 경량 콘크리트에서 5℃ 이상 낮다. 따라서 우각부의 열교부분은 표면결로의 위험이 증가하므로 그림 4.37처럼 주위벽과는 별도로 이러한 부분에 단열재를 추가 설치하는 것이 효과적이다. 두꺼운 커튼은 창유리의 온도저하를 초래하므로 결로발생이 용이하다. 붙박이장이나 가구는 큰 단열층이므로 외벽에 따라 설치하게 되면 결로발생이 용이하므로 그림 4.39와 같이 벽면과 물체 사이의 통기성을 충분히 검토한다.

결로의 피해는 가구, 건구 등의 부식, 바닥 미끄럼 등 경미한 것부터 곰팡이, 벌레 발생, 구조재 부식 등 심각한 경우가 있다. 석고보드마감의 천장에는 천장 반자틀이 지나는 부분에 열저항 차이로 인한 공기 중의 먼지 등이 부착되어 천장 표면이 오염되어 시각적으로 좋지 않다. 일반적으로 목재 함수율이 20% 초과되면 부패균이 번식하기 쉬우므로 목조주택의 경우는 토대 주위의 환기에 특별히 주의해야 한다.

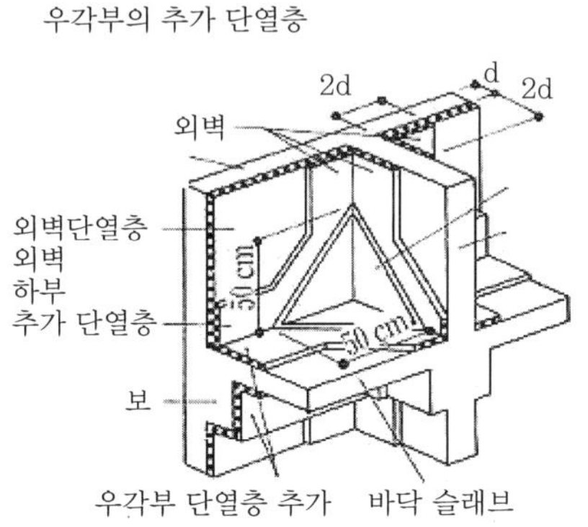

그림 4.37 우각부 보온계획

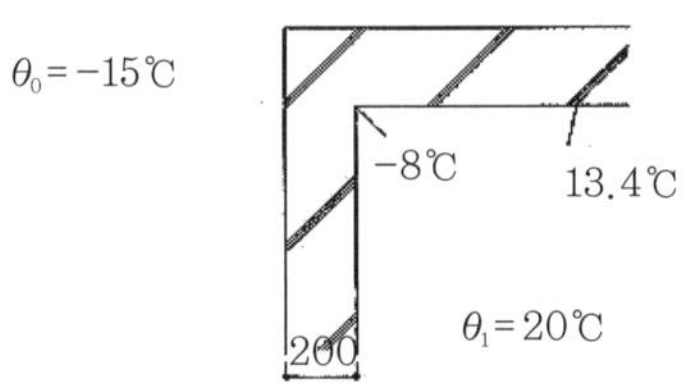

그림 4.38 우각부 온도분포

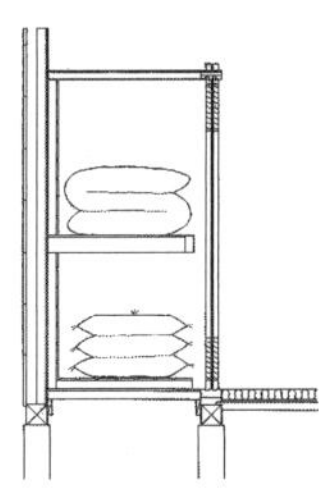
그림 4.39 붙박이장 환기

4.4.3 결로방지

(1) 실내공기의 노점온도를 낮추는 방법

① 환기를 이용하여 수증기를 배출한다. 절대습도(수증기분압)를 낮추면 그 공기의 노점온도도 떨어지게 된다.

② 벽면과 물품 사이는 공간을 두어 공기가 유동할 수 있게 하고, 습기의 정체를 막아 냉기의 체류를 방지함으로써 벽 표면온도를 상승시키는 효과가 있다.

③ 가능하면 실내에 수분발생을 억제하도록 한다.

습도를 필요 이상으로 높지 않도록 하기 위해 실내의 수증기 발생을 억제한다. 공기로 화기, 화기편 등을 이용하여 강제적으로 제습하여 수증기가 감소하도록 한다. 또 벽체의 표면온도가 저하되지 않도록 단열재를 적절하게 사용하여 벽체의 열관류저항을 높인다.

실내측 벽표면온도를 tsur, 내벽면 전달저항을 ri, 열관류저항을 R, 실온을 ti, 외기온을 to(ti > to)로 하면 벽표면온도 tsur은 다음과 같다.

$$tsur = ti - \frac{ri}{R}(ti - to) \quad \cdots\cdots\cdots \text{(식 4.6)}$$

이때 실내측 벽표면온도 tsur을 실내공기 노점온도보다 높게 하면 결로를 방지할 수 있다.

(2) 표면결로방지

표면결로는 벽면에 접하는 실내공기의 노점 이하로 떨어지면 발생하는 현상이다. 표면결로를 방지하는 데는 실내공기의 노점온도를 낮추게 하는 것이 기본이다.

① 실내습도를 억제한다.

② 벽체 표면온도 저하를 방지한다.

③ 벽, 지붕, 천장, 바닥 단열을 충분히 한다. 벽체 내부에 공기층을 설치하거

나 창은 복층유리로 한다. 즉 열관류율이 적어지기 때문에 실내 표면온도가 올라가는 효과가 있다.

④ 건물의 벽체와 바닥이 만나는 우각부에서는 외부측의 노출면적이 크며, 여기를 통하여 실내측 우각부의 온도가 저하하여 결로발생이 쉬워지므로 단열을 충분히 한다.

⑤ 실 전체 또는 저온부분을 난방하여 실내측 표면온도를 높인다.

⑥ 열교부분에는 단열처리를 한다.

(3) 내부결로방지

① 단열 방법과 방습층 설치

내부결로의 유무를 검토하기 위해서는 건축재료에 포함되어 있는 공기의 노점온도분포를 알 필요가 있다. 벽체 내부의 온도가 그 부분의 노점온도보다 낮은 부분에서 결로가 발생한다.

그림 4.40에 겨울철 철근콘크리트조 벽체 온도분포와 노점온도분포를 나타낸 것이다. 벽체의 종류는 내단열, 내단열+방습층, 외단열+방습층을 상호 비교한 것이다. 이 그림에서 내단열의 경우 콘크리트와 단열재 부분(사선부)에서 온도가 노점온도보다 낮게 되어 이 부분에서 내부결로가 발생한다. 내단열+방습층 벽체에서 온도분포는 내단열과 동일하지만 방습층으로 인해 노점온도를 크게 낮아지므로 내부결로 발생 부분이 감소되어 있다.

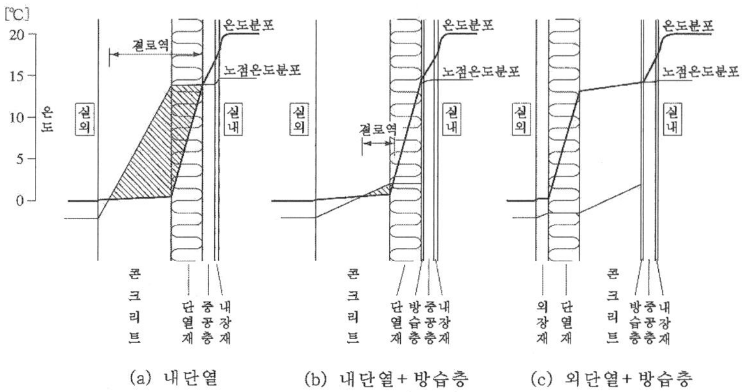

그림 4.40 단열재 위치에 따른 결로 발생정도

외단열+방습층 벽체에서는 콘크리트 외측면과 실내측 온도와의 차이가 적어 내부결로 발생 부분이 보이지 않는다. 또 벽체 내에 수증기가 침입하지 않도록 하는 것이 중요하다. 벽체 내에 방습층을 설치할 경우 일반적으로 그림 4.6과 같이 고온 · 고습측(실내측)에 배치하는 것이 효과적이다.

② 통기층 설치

실내의 습기가 벽체 내부로 스며드는 것을 방지한다. 실내측 습기가 벽체 내부로 침입한 경우에 대비하여 콘크리트 외측이나 단열재 실외측에 투습층을 설치함과 동시에 이 투습층과 외장재 사이에 통기층을 둠으로써 공기흐름을 이용하여 습기를 유출하게 한다. 통기층 상하단은 외기에 개방하고, 이와 같은 방습계획이 미비한 경우 단열재를 두껍게 해도 내부결로를 방지하는 것은 어렵다.

최근 고단열공법이 유행하고 있는데, 외벽 내의 내부결로 발생이 쉬우므로 방습시공을 철저히 하고, 통기구법을 병용하는 것이 좋다. 통기구법에서는 그림 4.41과 같이 투습성 방수층 설치가 필요하다.

투습성 방수층으로는 외부의 바람을 차단하면서 습기를 통과시키는 재료가 적합하며, 합판, 연질섬유판, 고분자 플라스틱막 등이 있다.

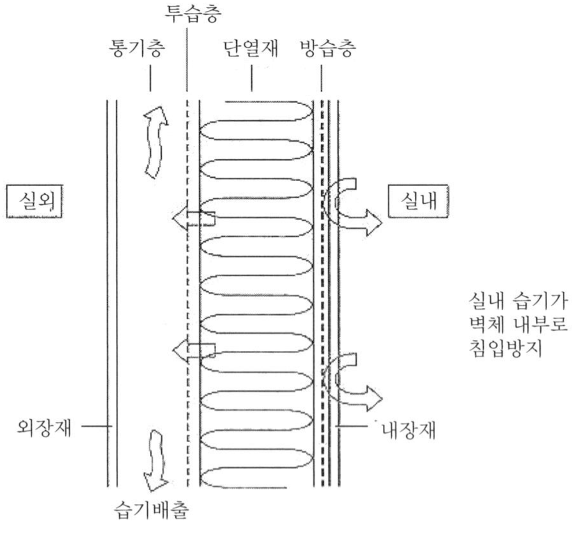

그림 4.41 방습층과 통기층에 의한 내부결로 방지

4.5 열과 다른 환경요소

4.5.1 열과 빛

채광이나 시야 확보를 위해 필요한 큰 개구부는 온실효과를 발생하는 열선을 받아들이고, 열취득과 열손실 측면에서는 취약하다. 빛은 항상 열을 수반하지만 빛과 열을 동시에 필요로 한 경우와 빛은 필요하지만 열을 차단하고자 하는 경우가 있다. 광천장은 패널 히팅과 같은 기능을 하는데, 여름에는 냉방부하가 되어 열을 제거해야 하지만 겨울에는 열원으로 이용 가능하며 열회수 공조시스템으로도 활용할 수 있다.

발전소에서 전기조명을 위해 투입되는 화석연료를 100이라 할 때 형광등으로부터 얻을 수 있는 빛은 7이고 나머지 93은 형광등 조명을 위해 소비된다고 하는 점이다. 이 결과 배열과 폐기물이 발생하고 환경문제를 야기하는 것이다. 조명에너지절약을 위해 창으로 입사하는 일사를 100으로 했을 경우 이 중 70은 주광에너지로 활용 가능성이 있다. 일사의 경우 최근 저탄소 건축을 구현하기 위하여 태양열 및 태양광을 적극적으로 이용하려는 경향을 보이고 있다.

채광을 위해 개구부를 계획하여 실내의 빛환경을 향상시키는 것은 기본이지만 창의 외피기능을 채광이나 조망에 국한시키는 것은 바람직하지 않다. 필요한 곳에 적당한 크기의 개구부를 설치하는 동시에 실내외의 열이동을 적절하게 조절 가능한 조처와 대책을 강구할 필요가 있다. 특히 외피 중에서도 창은 열적으

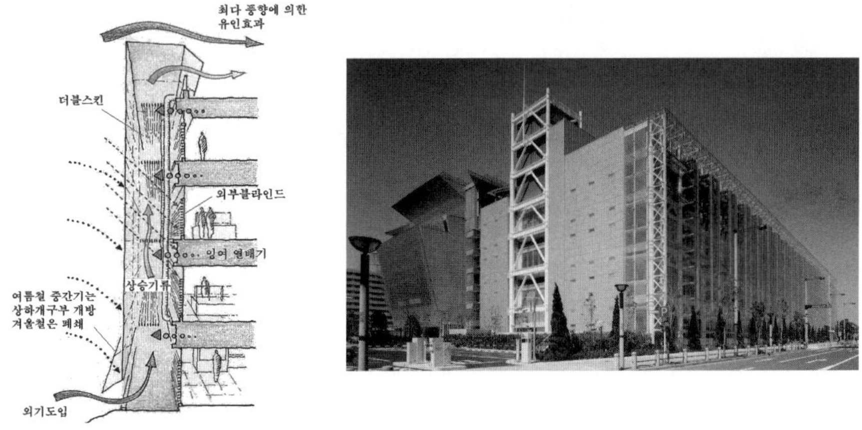

그림 4.42 더블스킨 외피디자인(일본산업기술종합연구소 전경)

로 매우 취약한 부위이므로 에너지손실을 최대한 방지할 수 있는 방안이 모색되어야 한다. 그림 4.42는 커튼월의 열적 취약을 최소화하기 위하여 파사드 전면에 두고, 열적 완충공간을 확보하기 위해 더블스킨(double skin)으로 계획한 설계 사례이다. 즉 채광과 열적 취약점을 동시에 배려한 디자인으로 열환경과 빛환경 성능을 동시에 배려한 환경계획이라 볼 수 있다.

그림 4.43의 경우는 여름철 일사의 영향을 최소화하고 직사일광을 피하기 위해 일조조절을 고려하여 건물의 형태가 태양고도와 평행이 되도록 계획하여 건물에 닿는 직달일사를 차폐하고 건물부하를 감소하면서 건물의 북측 공간에도 일조가 가능하도록 한 형태계획이다.

그림 4.43 태양고도를 고려한 형태디자인(런던시청사 전경)

4.5.2 열과 공기

거주공간에서 공기가 미치는 영향은 매우 크며, 공기에 의한 열적 환경은 중요하다. 공기가 유체로서 열을 운반하는 점에서 보면 열과 공기는 상호불가분의 관계에 있다. 열과 공기의 관계에서 보면 공기조화라는 역할이 크게 작용하고 있다. 이런 점에서 열과 공기를 취급하는 것은 쾌적한 실내환경을 조성함에 있어서 충분한 검토가 필요하다.

통풍환기는 외기의 열적 조건을 실내에서 이용하는 데 필요하지만, 겨울의 틈새바람 같은 불쾌적 현상은 미리 예방해야 한다. 이와 같은 점에서 공기의 흐름이 열적으로 이용되는 다양한 조건에 대해서 검토할 필요가 있다. 대류에 의한 실내공기의 상하온도분포나 개구부를 통해 출입하는 공기유동에 대해서는 적절한 건축적 조치를 검토하는 것이 중요하다. 환기에 의한 열손실을 줄이기 위해 배기열을 급기에 재활용하는 전열교환기도 검토한다.

겨울철에는 실내외 온도차가 큰 경우가 많고, 공기로 인하여 온열환경에 나쁜 영향을 주는 경우도 자주 발생한다. 난방공간에서는 데워진 공기가 상승하므로 오히려 난방효과가 나빠지고, 심한 경우는 난방공기가 천장 또는 지붕을 통해 옥외로 유출되는 경우도 있다.

특히 냉각된 벽면이나 창면에 접한 공기는 하강하여 바닥에 체류하므로 발부분이 차가워져 불쾌감을 느끼게 한다. 실내외 온도차로 인하여 공기밀도차가 발생하여 굴뚝 효과가 발생하고, 계단실이나 샤프트를 통해 난방공기는 외부로 빠르게 유출되어 아래층의 틈새바람을 형성하게 된다. 그림 4.44는 수평기류의 흡인효과와 온도차에 의한 벤튜리효과 및 굴뚝효과를 이용한 배열 및 환기시스템이다.

실내기온이 동일하더라도 광천장 아래서는 더위를 느끼지만 겨울철 창가에서는 추위를 느끼는데 이와 같은 현상은 표면온도에 의한 영향을 미친다. 이 경우 겨울철 창가의 추위를 덜 느끼게 하기 위해서는 커튼이 효과적이다. 그림 4.45에서 커튼의 표면온도가 유리표면 온도보다 높기 때문에 추위를 덜 느끼게

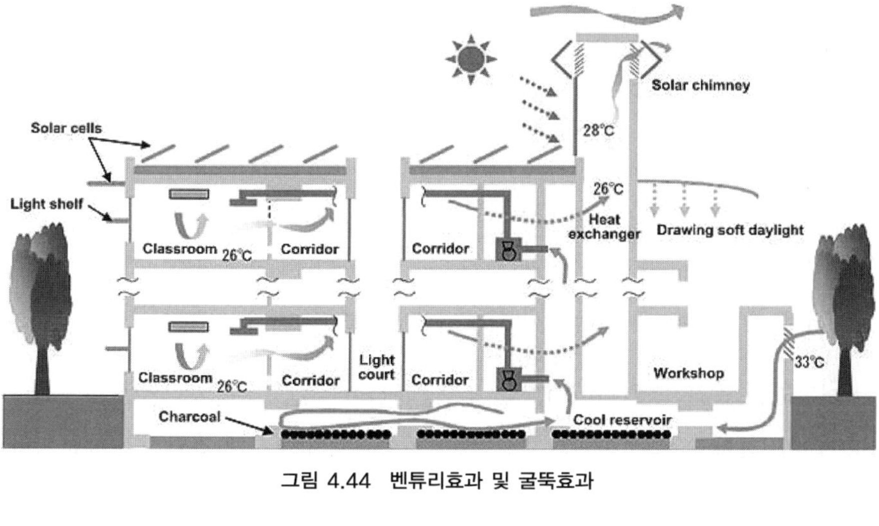

그림 4.44 벤튜리효과 및 굴뚝효과

된다. 한편 유리표면은 커튼의 열저항 때문에 커튼이 없을 때보다 저온이며 결로가 발생하기 쉽다. 유리창면과 커튼 사이의 공기층이 밀실하지 않아 콜드 드래프트(cold draft)현상이 발생하여 냉기가 바닥면에 체류하고 결로발생도 유발시킨다. 붙박이장의 결로는 문의 열저항과 공기유동이 적어 표면온도가 떨어지기 쉽기 때문이다. 이와 같이 열과 공기의 성질을 고려하여 부재나 공간에 적합한 단열구조를 통하여 표면온도를 조절하는 것이 중요하다. 유리창의 결로방지에도 표면온도의 컨트롤이 중요하다. 실내난방을 하여 유리표면온도를 높이면 결로예방에 효과적이다.

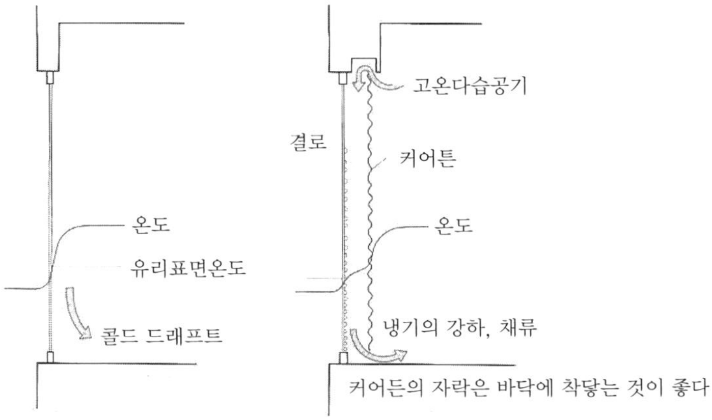

그림 4.45 유리면의 복사영향 조절

4.5.3 열과 음

열과 음의 상관관계에서는 필요충분조건으로 상호 효과적인 경우가 있다. 단열재로 쓰이는 건축재료는 흡음성도 갖추고 있으며 음향을 고려하여 설치한 천장재는 오히려 단열효과까지 있어 상호 효과적이다. 열적으로 취약한 유리창과 틈새가 많은 새시는 음의 전파가 쉬워서 음향적으로는 불리하다.

개구부나 통풍은 열과 공기환경에서는 유리한 역할을 하지만 차음적인 면에서는 약점이 된다. 또 천장흡음재를 잘못 사용하면 더워진 공기가 천장을 통해 빠져나가 난방효율이 떨어지는 경우도 발생한다. 공기조화시스템에서는 취출구나 덕트의 소음전달, 환기갤러리를 통한 대화음의 상호전달 등이다.

이러한 문제는 열의 운반매체인 공기가 소리까지 동시에 전달하기 때문이다.

즉 열적으로 필요하고 유리하지만 음향적으로도 여러 문제를 야기하므로 열경로인 덕트 내의 흡음 및 소음처리가 중요하다. 특히 외부 도로면에 접한 건축물의 경우 교통소음에 대비하여 개구부 배치나 구조 등에 대해 면밀한 검토가 필요하다. 도시규모의 경우 1968년 영국 뉴캐슬에서 의뢰받은 랄프 어스킨(Ralph Erskin)의 공공주택단지계획(바이카계획)이다. 이 바이카계획에서는 개구부가 적은 고층과 저층의 균형 있는 조합을 통해 근처의 철도소음을 줄이는 데 기여했다.

4.6 건물에너지관련 정책 및 법규

4.6.1 정부의 공동주택 정책

국토해양부 및 환경부는 2002년 1월부터 건축물의 토지이용, 에너지, 재료자원, 생태환경, 실내환경 등의 친환경성을 평가하여 일정 기준에 적합한 건축물에 대해 친환경건축물인증서(Green Building)를 부여하는 제도로, 이들 2개 부처가 인증운영위원회를 구성, 건물소유자로부터 신청을 받아 심의하게 된다.

이 제도는 환경친화적 건축물의 건설을 유도하기 위해 건축물 설계 및 시공, 그리고 유지관리 등 전과정에 걸쳐 환경오염과 에너지소비를 줄이고, 생태성이 우수한 건축을 유도하는 것으로 2002년 1월 공동주택(2006년 4월 개정), 2003년 1월 주거복합건축물, 업무용 건축물, 2005년 3월 학교건축물, 2006년 9월 판매 및 숙박시설(리모델링 포함)의 6종류로 확대 · 시행되고 있다.

인증유효기간은 5년으로 유효기간 만료시 1회에 한해 인증내용 유지 여부를 심사하여 5년 연장이 가능하다. 평가점수가 85점 이상은 최우수, 65점 이상을 우수로 인증한다.

4.6.2 건축물 에너지관련 정책 및 법규

(1) 건축물의 에너지이용 및 폐자재 이용

① 국토해양부 장관은 연면적 500m^2 이상인 건축물로서 다음 표 4.18의 건축

표 4.17 공동주택 에너지관련 정부정책

2006. 12현재

구 분	주관부처	평가항목	평가기준	대상건물	시행년월	비고
친환경 건축물 인증제	건설교통부 환경부 (2년교대 운영)	토지이용 등 9개 부문 44개 항목 -토지이용(8개) -교통(4개) -에너지(2개) -재료 및 자원(8개) -수자원(4개) -환경오염(1개) -유지관리(3개) -생태환경(6개) -실내환경(8개)	각 항목에 대한 점수 부여 후 종합점수 -우수등급 : 65점 이상 -최우수등급 : 85점 이상	-공동주택 -주거복합건축물 -업무용 건축물 -학교건축물 -판매 및 숙박시설(리모델링 포함)	2002. 1	임의제도
주택 성능 등급표 시제	건설교통부	5개 성능 20개 항목 -소음관련등급 -구조관련등급 -환경관련등급 -생활환경등급 -화재소방등급	항목별로 3 또는 4등급 표시 -소음 : 경량, 중량, 화장실, 경계소음 -구조 : 가변성, 수리용이성 (전용/공용), 내구성 -환경 : 조경(외부환경), 실공기질, 일조, 열환경 -생활환경 : 놀이터 등 주민공동시설, 고령자 등 사회약자배려(전용/공용) -화재소방 : 화재감지경보설비, 배연피난설비, 내화성능	-공동주택 2,000세대 이상 -2008년부터 1,000세대 이상 -에너지성능은 500세대 이상	2006.1	의무제도
건물에너지효율등급 인증제	산업자원부 (에너지관리공단)	표준공동주택대비 에너지절감률 -환기, 외피열손실, 태양열 취득 등에 의한 에너지성능 분석	에너지절감률에 따라 등급 부여 -1등급 : 33.5% 이상 -2등급 : 23.5~33.5% -3등급 : 13.5~23.5%	-공동주택 50세대 이상 -업무시설 바닥면적 3,000m^2 이상	2001.11	임의제도

물에 대한 효율적인 에너지관리와 건축폐자재의 활용을 위하여 필요한 설계, 시공, 감리 및 유지, 관리에 관한 기준을 정하여 고시할 수 있다.

② 앞의 ①규정에 적합하게 설계한 건축물에 대하여는 다음 표 4.18에 정하는 기준에 따라 대지 안의 조경, 용적률, 건축물의 높이 규정을 완화하여 적용할 수 있다. 이는 에너지절약설계기준에 따르거나 건축폐자재(건축구조물의 철거과정에서 발생하는 폐자재로부터 분쇄·가공된 재생골재가 50% 이상 포함된 재생자재로서 한국산업규격 '콘크리트용 재생골재'에서 정한 제1종 이상의 품질을 갖는 것을 말함)를 건축물 구조체에 사용시 건축기준(대지 안의 조경, 용적률, 높이 제한)의 115/100까지 완화하는 규정으로 친환경 건축정책을 반영할 경우 인센티브를 부여하고 있다.

표 4.18 에너지절약 적용대상 건축물

<table>
<tr><th>건축물용도</th><th>연면적</th><th>완화조건</th><th>완화대상</th><th>완화범위</th></tr>
<tr><td rowspan="2">· 공동주택
· 문화 및 집회시설
· 의료시설
· 운동시설 중 수영장
· 숙박시설
· 제1종 근린생활시설 중 일반목욕장
· 판매 및 영업시설
· 교육연구 및 복지시설 중 학교
· 업무시설
· 위락시설 중 특수목욕장</td><td rowspan="2">500m² 이상</td><td>에너지절약설계기준에 적합하게 설계</td><td rowspan="2">· 건축물조경
· 용적률
· 건축물의 높이제한</td><td rowspan="2">115/100 이내</td></tr>
<tr><td>신축공사의 골조공사에 건축폐자재를 15/100 이상 사용</td></tr>
</table>

에너지절약계획서를 제출하여야 하는 건축물은 표 4.19와 같다.

표 4.19 에너지절약계획서 제출대상 건축물

바닥면적 합계	건축물 용도
1. 50세대 이상	· 공동주택(기숙사 제외)
2. 500m² 이상	· 제1종 근린생활시설 중 일반목욕장 · 운동시설 중 실내수영장 · 위락시설 중 특수목욕장
3. 2,000m² 이상	· 공동주택 중 기숙사 · 의료시설 중 병원 · 교육연구 및 복지시설 중 유스호스텔 · 숙박시설
4. 3,000m² 이상	· 교육연구 및 복지시설 중 연구소 · 업무시설
	· 중앙집중식 냉방 또는 난방설비를 설치하는 판매 및 영업시설 중 도매시장, 소매시장, 상점
5. 연면적합계 10,000m² 이상	중앙집중식 공기조화설비를 설치하거나 중앙집중식 냉방 또는 난방설비를 설치하는 다음 건축물 · 문화 및 집회시설 중 공연장, 집회장, 관람장 · 교육 및 복지시설 중 학교

(2) 건축물의 열손실방지

① 원칙 : 건축물을 건축하는 경우에는 열손실방지 등의 에너지이용합리화를 위한 다음 표 4.20의 조치를 하여야 한다.

② 앞의 ①규정에 의한 단열조치를 해야 하는 부위(창호 및 공동주택의 층간 바닥을 제외)에는 방습층을 설치하여야 한다.

표 4.20 건축물의 열손실방지

건축물 부위	열손실방지 조치
· 거실의 외벽 · 최상층에 있는 거실의 반자 또는 지붕 · 최하층에 있는 거실의 바닥 · 공동주택의 측벽 및 층간 바닥, 창, 문	열관류율은 설비규칙에 따라 표 4.14에 의한 기준으로 한다. 이 경우 건설교통부장관은 이 표에 의한 열관류율에 적합한 단열재의 두께기준을 정하여 고시할 수 있다.
연면적 5,000m² 이상 건축물(공동주택 제외)로서 중앙집중식 냉난방설비를 하고 외기에 접하는 거실의 창 및 출입문	건설교통부장관이 고시하는 기준에 적합한 공기차단 성능을 갖출 것
건축물의 배치, 구조 및 설비 등의 설계	에너지가 합리적으로 이용될 수 있도록 할 것

(3) 주택성능등급 중 에너지성능등급

에너지절약설계에 따른 난방에너지 절감효과에 대한 정보를 제공하여 관리비에서 가장 큰 부분을 차지하고 있는 난방비 절감을 유도하고 쾌적한 실내온열환경이 유지될 수 있도록 한다. 성능등급은 에너지절약계획서에서 산출된 점수 또는 건물에너지효율등급 인증기준에서 산출된 등급에 의해 표 4.21과 같이 평가한다.

표 4.21 에너지성능등급기준

등 급	등급기준
1급	에너지성능지표 검토서 평점 합계가 81점 이상이거나 건물에너지효율 1등급 수준인 경우
2급	에너지성능지표 검토서 평점 합계가 74점 이상~81점 미만이거나 건물에너지효율 2등급 수준인 경우
3급	에너지성능지표 검토서 평점 합계가 67점 이상~74점 미만이거나 건물에너지효율 3등급 수준인 경우
4급	에너지성능지표 검토서 평점 합계가 60점 이상~67점 미만이거나 건물에너지효율 1등급 수준인 경우

(4) 건축기준의 완화 적용

건축법에서 에너지절약 설계기준에 적합하게 설계하는 건축물에 대해 표 4.22와 같이 용적률, 높이제한 등을 완화하여 적용할 수 있도록 정하고 있다(건축법 제66조 및 건축물의 에너지절약기준 제15조).

표 4.22 완화기준(용적률, 조경면적, 높이제한 기준 중 선택분할 적용가능)

에너지 관련	에너지성능지표검토서 평점합계(EPI)	90점 이상	80점 이상 ~ 90점 미만	70점 이상 ~ 80점 미만
	건물에너지효율등급 인증등급	1등급	2등급	3등급
	건축기준 완화비율	6% 이하	4% 이하	2% 이하
지능형 건축물	지능형건축물 인증등급	1등급	2등급	3등급
	건축기준 완화비율	3% 이하	2% 이하	1% 이하

4.6.3 열의 친환경계획 체크리스트

건축물에 대한 열의 친환경계획을 위한 체크리스트를 정리하면 표 4.23과 같다.

표 4.23 건축물의 친환경 열설계

항 목	설 계 요 소	계획	설계	시공	유지관리
지형(자연)의 특징과 주위 자연요소 건축물	건물 주위의 열환경 조건 · 일영, 일사, 바람, 일사반사체들을 충분히 파악하여 계획에 반영	O	O		
옥외환경의 열적 계획	식재의 효과적 이용 · 수목으로 그림자 형성 · 수목으로 방풍(특히 겨울철 방풍벽 역할)	O	O		
	연못, 분수 등으로 주위 온도를 낮춤	O			O
	반사율이 큰 포장도로를 지양하고 흙, 잔디, 수목 등으로 계획	O	O		
건물형태	연면적과 외표면적 · 요구에 대한 최소 용적으로 계획	O	O		
	평면 형상 · 아스펙트비(aspect ratio) · 용적에 대하여 최소의 표면적(S/F, S/V비)	O	O		
	층수 · 높이	O			
	· 층고, 천장고	O	O		
외벽방위	열적으로 유효한 방위	O			
	방위에 적합한 계획 · 같은 평면 형상의 경우 동서축이 유리	O	O		
	· 주개구부 벽면은 남측으로 배치	O			
평면 · 단면계획 상의 열적 조닝	공조 · 비공조 구분과 배치 · 비공조구간 · 비거주공간을 외측으로 배치 (double side core)	O	O		
	· 기계실은 최상층에 배치	O	O		
	요구 성능에 의한 공간의 적정 배치 · 사용시간대 · 사용자–사람 및 물건 · 흡연실 배치 · 잔업실 배치 · 내부발열이 큰 공간 집중화 및 외벽측 배치 (예) 고조명밀도, 공간의 재실밀도가 큰 공간, 기기발열 큰 공간	O	O		
	서비스 공간의 열완충대 이용	O	O		
	개구부의 풍하측 배치	O	O		
지붕의 단열성과 축열성	단열재 · 단열재 충진 · 단열두께 증가 · 단열성 유지를 위해 방습 · 방수	O	O		
	지붕구조 · 더블스킨(double skin) 구조 · 히트 브리지(heat bridge) 미발생 구법	O	O	O	
	옥상처리 · 흙 · 식재 조성 · 수공간 설치(살수)	O	O		O
	일사차폐(flying roof)	O	O		O
	색채조절	O	O		
	축열성 · 중량구조화 · 외단열	O	O		

외벽단열성과 축열성	단열재 · 단열재 충진 · 단열두께 증가 · 북측면, 창면적비가 적은 벽면 · 단열성 유지를 위한 방습 · 방수구조	O	O		
	벽구조 · 공기층 이용(밀폐층) · 통기층 설치 · 단열재 위치 · 히트 브리지(heat bridge) 발생 방지 구법	O	O	O	O
	일사차폐 · 루버 등 일사차폐 장치	O	O		O
	복사열 저감 · 수목이용 · 색채조절 및 재료마감 · 통기층 설치 · 흙으로 마감	O	O		O
	축열성 · 중량 구조화 · 외단열	O	O		
창 · 출입구 단열성, 기밀성, 통풍성, 채광성	단열성 · 유리 종류와 구조-복층유리, 차폐필름, 다중 창문, 덧문, 단열문, 커튼, 블라인드, 단열건구, 유리블록, 조합복층유리, 열흡선유리, 열반사유리 · 창면적비를 적게 한다. · 일사차폐 실외-수목이용, 차양, 외측 블라인드, 루버, 발코니, 돌출벽 실내-블라인드, 커튼 · 방위 · 주개구 벽면을 남측으로 배치 불리한 방위의 유리창면 각도 변경	O	O		
	기밀성 · 건구성능(기밀 새시) · 출입구 형태 · 통제실, 자동문, 이중문, 회전문, 도어체크, 에어커튼	O	O	O	O
창 · 출입구 단열성, 기밀성, 통풍성, 채광성	통기성 · 개방 가능한 창 · 통풍 저항이 적은 창 배치	O	O		O
	채광성 · 반사루버 · 천창 · 천장 가까이 유리창 설치 · 투과율이 높은 유리 채용 · 같은 창면적의 경우 연창이 유리	O	O		
외벽 · 내벽의 컬러 컨트롤	일사흡수, 주광, 조명의 반사를 고려한 컬러계획	O	O		

4.6.4 건축물의 에너지절약 설계기준

(국토해양부 제2008-652호 2008.11 개정 고시)

제2장 에너지절약 설계에 관한 기준(건축부문)

제4조(건축부문의 의무사항) 건축물을 건축하는 건축주와 설계자 등은 다음 각 호에서 정하는 건축부문의 설계기준을 따라야 한다.

1. 단열조치 일반사항

가. 외기에 직접 또는 간접 면하는 거실의 각 부위에는 규칙 제21조의 규정에서 정하는 바에 따라 건축물의 열손실방지 조치를 하여야 한다. 다만, 다음 부위에 대해서는 그러하지 아니할 수 있다.

1) 지표면 아래 2미터를 초과하여 위치한 지하 부위(공동주택의 거실 부위는 제외)로서 이중벽의 설치 등 하계 표면결로방지 조치를 한 경우

2) 지면 및 토양에 접한 바닥 부위로서 주변 외벽 내표면까지의 모든 수평거리가 10미터를 초과하는 부위

3) 외기에 간접 면하는 부위(공동주택의 발코니, 복도, 계단실, 샤프트, 승강기실에 면하는 부위 및 바닥 부위는 제외)로서 당해 부위가 면한 비난방공간이 외기에 직접 면하지 않는 경우(다만, 당해 부위에 면한 비난방공간이 지표면 아래 2미터 이내의 토양에 직접 면하는 경우는 그러하지 아니하다)

4) 외기에 간접 면하는 부위로서 당해 부위가 면한 비난방공간의 외피를 규칙 제21조〔별표 4〕에 준하여 단열조치하는 경우

5) 공동주택의 층간 바닥(최하층 제외) 중 현관 및 욕실의 바닥 부위

6) 연면적 3,000㎡ 미만의 판매 및 영업시설(도매시장, 소매시장, 상점에 한한다.) 및 상가용 건축물에서 바닥면적 150㎡ 이하의 개별 점포의 출입문

나. 단열조치를 하여야 하는 부위의 열관류율이 위치 또는 구조상의 특성에 의하여 일정하지 않는 경우에는 해당 부위의 평균 열관류율값을 면적가중 계산에 의하여 구한다. 다만, 부분적으로 열저항이 낮은 부위가 발생

하는 경우 해당 부위는 결로가 발생하지 않도록 최소한의 열저항을 갖도록 하여야 한다.

다. 단열조치를 해야 하는 부위에 대해서는 다음 각 호에서 정하는 방법에 따라 단열기준에 적합한지를 판단할 수 있다.

1) 이 기준 〔별표 2〕의 지역별 · 부위별 · 단열재 등급별 허용두께 이상으로 설치하는 경우(단열재의 등급 분류는 〔별표 1〕에 따름) 적합한 것으로 본다.

2) 해당 벽 · 바닥 · 지붕 등의 구성 재료에 대하여 KS F 2277(건축용 구성재의 단열성 측정방법)에 의한 열저항 또는 열관류율 측정값이 규칙 제21조 〔별표 4〕의 부위별 열관류율에 만족하는 경우 적합한 것으로 본다.

3) 구성 재료의 열전도율값으로 열관류율을 계산한 결과가 규칙 제21조 〔별표 4〕의 부위별 열관류율에 만족하는 경우 적합한 것으로 본다.(단, 각 재료의 열전도율값은 한국산업규격 또는 공인시험기관 시험성적서의 값을 사용하고, 표면열전달저항 및 중공층의 열저항은 이 기준 〔별표 4〕 및 〔별표 5〕에서 제시하는 값을 사용)

4) 창 및 문의 경우 KS F 2278(창호의 단열성 시험 방법)에 의한 시험성적서 또는 기준 〔별표 3〕에 의한 열관류율값이 규칙 제21조 〔별표 4〕의 열관류율에 만족하는 경우 적합한 것으로 본다.

5) 열관류율 또는 열관류저항의 계산결과는 소수점 2자리로 맺음을 하여 적합 여부를 판정한다.(소수점 3째 자리에서 반올림)

라. 규칙 제21조 〔별표 4〕 건축물 부위의 열관류율 산정을 위한 단열재의 열전도율값은 한국산업규격 KS L 9016 보온재의 열전도율 측정방법에 따른 국가공인기관의 시험성적서에 의한 값을 사용하되 열전도율시험을 위한 시료의 평균온도는 20±5℃로 한다.

마. 수평면과 이루는 각이 70도를 초과하는 경사지붕은 규칙 제21조 〔별표 4〕의 규정에 의한 외벽의 열관류율을 적용할 수 있다.

바. 복합용도의 건축물에서 주택용도로 사용되는 공간의 하부가 주택 외의 용도로 사용되는 난방공간인 경우에는 당해 주택의 바닥 부위는 규칙 제

21조 〔별표 4〕의 최하층에 있는 거실의 바닥으로 보며 외기에 간접 면하는 경우의 열관류율을 적용한다.

2. 바닥난방에서 단열재 설치

가. 바닥난방 부위에 설치되는 단열재는 바닥난방의 열이 슬래브 하부 및 측벽으로 손실되는 것을 막을 수 있도록 온수배관(전기난방인 경우는 발열선) 하부와 슬래브 사이에 설치하고, 온수배관(전기난방인 경우는 발열선) 하부와 슬래브 사이에 설치하는 구성 재료의 열저항 합계는 층간 바닥인 경우에 해당 바닥에 요구되는 총열관류저항(규칙 제21조 〔별표 4〕에서 제시되는 열관류율의 역수)의 60% 이상, 최하층 바닥인 경우에는 70% 이상이 되어야 한다. 다만, 슬래브의 축열을 직접 이용하는 심야전기이용 온돌 등(한국전력의 심야전력이용기기 승인을 받은 것에 한한다.)의 경우에는 단열재의 위치가 그러하지 않을 수 있다.

나. 단열재로서 거실의 바닥에 시공하는 것은 내열성(온돌로 난방하는 경우에 한한다) 및 내구성이 있어야 하며, 상부의 적재하중 및 고정하중에 버틸 수 있는 강도를 가진 것이어야 한다.

3. 기밀 및 결로방지 등을 위한 조치

가. 벽체 내표면 및 내부에서의 결로를 방지하고 단열재의 성능 저하를 방지하기 위하여 규칙 제21조 규정에 의하여 단열조치를 하여야 하는 부위(창호 및 공동주택 층간 바닥 제외)에는 방습층을 단열재의 실내측에 설치하여야 한다.

나. 방습층 및 단열재가 이어지는 부위 및 단부는 이음 및 단부를 통한 투습을 방지할 수 있도록 다음과 같이 조치하여야 한다.

1) 단열재의 이음부는 최대한 밀착하여 시공하거나 2장을 엇갈리게 시공하여 이음부를 통한 단열성능 저하가 최소화될 수 있도록 조치할 것.

2) 방습층으로 알루미늄박 또는 플라스틱계 필름 등을 사용할 경우의 이음부는 100㎜ 이상 중첩하고 내습성 테이프, 접착제 등으로 기밀하게 마감할 것.

3) 단열 부위가 만나는 모서리 부위는 방습층 및 단열재가 이어짐이 없이 시

공하거나 이어질 경우 이음부를 통한 단열성능 저하가 최소화되도록 하며 알루미늄박 또는 플라스틱계 필름 등을 사용할 경우의 모서리 이음부는 150㎜ 이상 중첩되게 시공하고 내습성 테이프, 접착제 등으로 기밀하게 마감할 것.

4) 방습층의 단부는 단부를 통한 투습이 발생하지 않도록 내습성 테이프, 접착제 등으로 기밀하게 마감할 것.

다. 건축물 외피 단열 부위의 접합부, 틈은 밀폐될 수 있도록 코킹과 개스킷 등을 사용하여 기밀하게 처리하여야 한다.

라. 외기에 직접 면하고, 1층 또는 지상으로 연결된 출입문은 방풍구조로 하여야 한다. 다만, 다음 각 호에 해당하는 경우에는 그러하지 않을 수 있다.

1) 판매시설 중 도매시장, 소매시장 및 상점으로서 바닥면적 300㎡ 이하의 개별 점포 출입문

2) 공동주택 출입문

3) 사람의 통행을 주목적으로 하지 않는 출입문

4) 너비 1.2미터 이하의 출입문

마. 방풍구조를 설치하여야 하는 출입문에서 회전문과 일반문이 같이 설치된 경우에 일반문 부위는 방풍실 구조의 이중문을 설치하여야 한다.

바. 연면적이 5천 제곱미터 이상인 건축물(공동주택을 제외한다)로서 중앙집중식 냉방 또는 난방설비를 하는 건축물의 거실 창호가 외기에 직접 면하는 부위인 경우 창호의 통기량은 10㎥/h · ㎡ 미만으로 설치한다.

제5조(건축부문의 권장 사항) 건축물을 건축하는 건축주와 설계자 등은 다음 각 호에서 정하는 사항을 제12조의 규정에 적합하도록 선택적으로 채택할 수 있다.

1. 배치계획

가. 건축물은 대지의 향, 일조 및 주풍향 등을 고려하여 배치하며, 남향 또는 남동향 배치를 한다.

나. 공동주택은 인동간격을 넓게 하여 저층부의 일사수열량을 증대시킨다.

2. 평면계획

가. 거실의 층고 및 반자높이는 실의 용도와 기능에 지장을 주지 않는 범위 내에서 가능한 낮게 한다.

나. 건축물의 체적에 대한 외피면적의 비 또는 연면적에 대한 외피면적의 비는 가능한 작게 한다.

다. 실의 용도 및 기능에 따라 수평, 수직으로 조닝계획을 한다.

3. 단열계획

가. 건축물 외벽, 천장 및 바닥으로의 열손실을 방지하기 위하여 기준에서 정하는 단열두께보다 두껍게 설치하여 단열 부위의 열저항을 높이도록 한다.

나. 외벽 부위는 외단열로 시공한다.

다. 외피의 모서리 부분은 열교가 발생하지 않도록 단열재를 연속적으로 설치하고 충분히 단열되도록 한다.

라. 건물의 창호는 가능한 한 작게 설계하고, 특히 열손실이 많은 북측의 창 면적은 최소화한다.

마. 발코니 확장을 하는 공동주택이나 창호면적이 큰 건물에는 단열성이 우수한 로이(Low-E) 복층유리나 삼중창 이상의 단열성능을 갖는 창호를 설치한다.

바. 야간에도 난방을 해야 하는 숙박시설 및 공동주택에는 창으로의 열손실을 줄이기 위하여 단열셔터 등 야간단열 장치를 설치한다.

사. 태양열 유입에 의한 냉방부하 저감을 위하여 태양열 차폐장치를 설치한다.

아. 건물 옥상에는 조경을 하여 최상층 지붕의 열저항을 높이고, 옥상면에 직접 도달하는 일사를 차단하여 냉방부하를 감소시킨다.

4. 기밀계획

가. 틈새바람에 의한 열손실을 방지하기 위하여 거실 부위의 창호는 기밀성 창호를 사용한다.

나. 공동주택의 외기에 접하는 주동의 출입구와 각 세대의 현관은 방풍구조로 한다.

5. 자연채광계획

가. 자연채광을 적극 이용할 수 있도록 계획한다. 특히 학교의 교실, 문화 및 집회시설의 공용부분(복도, 화장실, 휴게실, 로비 등)은 1면 이상 자연채광이 가능하도록 한다.

나. 공동주택의 지하주차장은 300㎡ 이내마다 1개소 이상의 외기와 직접 면하는 2㎡ 이상의 개폐가 가능한 천창 또는 측창을 설치하여 자연환기 및 자연채광을 유도한다. 다만, 지하 2층 이하는 그러하지 아니하다.

다. 수영장에는 자연채광을 위한 개구부를 설치하되, 그 면적의 합계는 수영장 바닥면적의 5분의 1 이상으로 한다.

라. 창에 직접 도달하는 일사를 조절할 수 있도록 차양장치(커튼, 블라인드, 선스크린 등)를 설치한다.

6. 환기계획

가. 외기에 접하는 거실의 창문은 동력설비에 의하지 않고도 충분한 환기 및 통풍이 가능하도록 일부분은 수동으로 여닫을 수 있는 개폐창을 설치하되, 환기를 위해 개폐 가능한 창부위 면적의 합계는 거실 외주부 바닥면적의 10분의 1 이상으로 한다.

나. 문화 및 집회시설 등의 대공간 또는 아트리움의 최상부에 자연배기 또는 강제배기가 가능한 구조 또는 장치를 채택한다.

제4장 건축기준의 완화 적용

제15조 에너지절약형 건축물에 대한 건축기준 완화

1. 건축법에서 에너지절약 설계기준에 적합하게 설계하는 건축물에 대해 용적률, 높이제한 등을 완화하여 적용할 수 있도록 정하고 있으나(법 제66조) 세부기준이 없는 실정임.

2. 에너지효율등급 또는 EPI(에너지절약계획서상의 에너지성능지표) 점수에 따라 기준완화비율을 차등적용하고, 지능형 건축물 인증을 받은 경우 등급에 따라 추가로 기준 완화

3. 건축주 또는 사업주체가 지능형건축물 인증을 별도로 획득한 경우 다음의 기준에 따라 건축기준 완화를 신청할 수 있다.
4. 건축주 또는 사업주체가 제2항과 제3항을 동시에 충족하는 건축물을 설계할 경우에는 각각의 건축기준 완화비율을 합하여 건축기준의 완화신청을 할 수 있다.

참고문헌

1) 이경회, 건축환경계획, 문운당, 2007.1
2) 전채휘, 자연환경건축디자인, 기문당, 2001.6
3) 박현주, 환경건축 · 환경도시, 기문당, 2007.1
4) 김자경, 자연과 함께하는 건축, spacetime, 2005.3
5) 신용재외, 도시공동주택의 변화와 전망, 대한건축학회 부울경지회, 2007.11
6) 장동찬, 건축법규, 기문당, 2006.1
7) 용마루, 지속가능한 도시, 간향미디어, 1999.12
8) 日本建築學會, 建築雜誌, vol.118 No.1505, 2003.5
9) 日本建築學會, 建築雜誌, vol.120 No.1532, 2005.4
10) 南雄三, 高斷熱高氣密バイブル, 株式會社建築技術, 2004.10
11) 日本建築學會, 地球環境デザインと 承, 彰國社, 2004.7
12) 日本建築學會, 地球環境建築のすすめ, 彰國社, 2002.8
13) 三浦昌生, 建築環境工學, 森北出版, 2006.5
14) 彰國社, Sustainable Design Guide, 1995.4
15) 環境共生住宅推進協議會, 環境共生住宅A-Z, 環境共生住宅推進協議會, 1999.12
16) 彰國社, 光 · 熱 · 音 · 水 · 空氣のデザイン, 彰國社, 2000.2
17) 大野治代ほか, 住まいの環境, 彰國社, 1998.10
18) 建築テキスト編集委員會, 建築環境, 學芸出版社, 1997.6
19) 彰國社, パッシブ建築設計手法事典, 彰國社, 2000.7
20) 村上周三ほか, CASBEE, JSBC, 2005.9
21) 自然エネルギー住宅編纂委員會, 自然エネルギー住宅, 世界文化社, 2003.9
22) Brian Edwards,Green Buildings Pay,Spon Press,2003.5
23) Paul Oliver,Vernacular Architecture of the World, Cambridge University Press,1997
24) Mikjenks and Rod Burgess, Compact Cities,Sustainable Urban Forms for Developing Countries,Spon Press,2000
25) Neil B Hutcheon and B.E,Building Science for A Cold Climate,John Wiley & Sons,1983
26) T.A.Markus and E.N.Morris, Building' Climate and Energy,Pitman,1980
27) http://www.aia.org/index.htm
28) http://www.usgbc.org/
29) http://www.lib.utk.edu/refs/arch/green.htm
30) http://eere.buildinggreen.com/
31) http://greenbuilding.ca/
32) http://www.nakatani.com/
33) http://jccca.org/content/view/1278/820/
34) http://www.kenchiku-sekkei.jp/philosophy/env.html

제 5 장

빛의 친환경적 이해

5.1 조명의 기초

5.1.1 조명의 정의와 목적

(1) 조명의 정의

조명핸드북(일본조명학회)에는 다음과 같이 조명(lighting, illumination)을 정의하고 있다.

① 물체와 그 주변을 볼 수 있도록 빛을 비추는 것.

② 인간의 감정과 기분에 작용하도록 빛을 사용하는 것.

③ 신호, 표시, 간판, 전기사인 등에 의해 정보가 전달되도록 광원을 보이게 하는 것.

④ 가시방사뿐만 아니라 자외 · 적외방사를 응용하는 것.

이처럼 조명이란 인간의 생활과 활동에 도움이 되는 목적으로 빛을 사용하는 경우부터 조명디자인을 행하는 경우까지 당연 대상이 되는 장소에서 행해지는 인간의 행동을 먼저 이해할 필요가 있다. 그리고 기능성을 확보한 다음에 미관성과 경제성을 추구하고, 최적화를 도모해야 한다.

(2) 조명의 목적

조명은 다른 인테리어 요소에 비해 실내분위기를 가장 간단하고 효과적으로 연출시킬 수 있는 요소이다. 심리적으로 상당한 효과를 미치는 조명은 단지 밝기만 하면 되는 것이 아니라 각각의 목적과 분위기에 어울리는 조명환경을 제공해야 한다. 즉 실용적인 면과 함께 온화함과 쾌적함 등의 조건을 배려한 것이어야 한다. 인간에게 있어서 조명은 평온함과 쾌적함을 연출하기도 하며 호화롭고 고급스럽게도 연출할 수 있다.

조명은 실을 밝게 하는 기능적인 목적뿐만 아니라 분위기 연출이라는 목적을 갖고 있는 것이다. 물리적으로 너무 지나치게 밝게 하면 심리적으로 안정되지 못하고 피로감을 느끼게 된다. 편안함을 느끼게 해 주는 조명이란 그림자가 생기는 적당한 밝기인 것이다.

분위기를 위해 명암대비를 강조

그림 5.1 식사를 위한 조명연출

시작업을 위해 충분한 밝기 확보

그림 5.2 사무공간의 조명연출

(3) 조명의 분류

조명은 크게 주광조명과 인공조명으로 분류한다. 태양광을 광원으로 하는 조명을 주광조명 또는 채광이라 하고, 건축물의 개구부를 통해 채광을 행한다. 태양광, 즉 주광은 광량, 광의 방향, 광색이 항상 변동하고 또 일반적인 실내조도에 비해 현저하게 조도가 다른 직사일광을 포함하고 있다는 것을 고려하여 계획해야 할 필요가 있다.

인공광을 광원으로 하는 조명을 인공조명 또는 단순히 조명이라 하고, 건축물의 형상과 용도에 대응한 조명계획을 세운다. 인공조명은 주광조명의 보조로서 병용하는 경우와 야간의 밝기를 확보하는 주요 조명으로 사용하는 경우가 있다.

둘 다 완전히 독립적인 것이라고는 말할 수 없지만 공간의 시환경을 계획함에 있어 어느 쪽에 중점을 둘 것인가는 처음부터 생각하지 않으면 안 된다.

한편, 인공조명에는 다음과 같은 조명들이 있다.

· 시대상을 보기 쉽게 하기 위한 명시조명

· 분위기 연출을 목적으로 하는 분위기 조명

· 도시의 야경을 창조하는 도시경관 조명

· 건축공간의 빛환경을 디자인하는 건축조명

5.1.2 조명과 심리

인간은 조명에 의해 기분이 좋아지기도 하고 나빠지기도 한다. 또 청년층보다는 노년층이 더 밝은 조명을 요구하는 등, 조명은 심리 · 생리적으로 여러 가지 영향을 미친다.

심리 · 생리적인 면에서 인간에게 영향을 미치는 조명요소에 대해 알아보자.

(1) 명암대비

조명공간은 주로 기능적 가치와 미적 가치를 높이는 경우로 구별된다. 전자는 공장이나 사무실과 같은 안전과 생산을 위한 공간으로, 시대상을 빠르고 정확하게 보여주기 위해 필요 최소한의 음영표현과 보다 밝고 균일한 조명이 요구된다. 즉 실의 밝기분포에 지나치게 밝은 부분과 어두운 부분이 있다면 명시를 방해한다.

그러나 미적 가치를 추구하는 공간에서의 균일조명은 시각적으로 바람직하지 않다. 특히 단시간에 감정반응을 높이기 위해서는 명암대비가 강한 다이내믹한 조명이나 광의 조형, 색조명, 움직이는 빛 등의 특별한 조명이 사람의 기분을 좋게 한다. 또한 명암대비가 과도하면 오히려 불쾌감을 초래할 수 있어 세심한 주의가 필요하다.

안정적이고 부드러운 이미지

드라마틱하고 입체적인 이미지

그림 5.3 명암대비의 차이

(2) 밝기

일반적으로 공간이 밝으면 개방감과 활동성이 높게 평가되고, 어두우면 차분하고 평온한 것으로 평가된다.

밝기(조도)의 정도는 주로 작업내용에 따라 결정되며, 바람직한 추천조도를 확보한다는 것은 생산성 향상과 심리적 쾌적성은 물론이고 적정장소에 적정조도를 확보한다는 점에서 에너지절약 효과도 기대할 수 있다.

실내가 밝으면 활동적이며 개방감 있는 분위기를 연출한다.

실내가 어두우면 차분하고 평온한 분위기를 연출한다.

그림 5.4 실내 밝기의 차이

(3) 밝기 분포

실내공간은 천장, 벽, 바닥의 3차원 공간이 어떠한 밝기분포를 이루고 있는가에 따라 분위기가 달라지기도 한다.

천장면을 간접조명으로 밝게 하면 천장이 밝게 느껴져 개방감이 높아지고, 다운라이트로 벽면을 밝게 하면 공간이 넓게 느껴지며 밝기감이 증가한다. 또 다운라이트를 천장 중심 부근에 집중해서 바닥면을 밝게 조명하면 공간은 좁게 느껴지지만 구심성이 증가하게 된다.

천장면 조명 강조 → 개방감 증가

벽면 조명 강조 → 밝기감 증가

바닥면 조명 강조 → 구심성 증가

그림 5.5 밝기분포 차이

(4) 광색

전등은 종류에 따라 광색이 다르다. 백열전등은 붉은 빛이 강하기 때문에 따뜻하고, 부드러운 분위기를 주는 반면 형광등은 푸른빛이 강하기 때문에 차갑고, 활기차고, 밝은 분위기를 준다. 따라서 분위기 조명을 중시하는 곳에는 백열등 사용이 많으며 명시조명을 중시하는 기능적인 공간에서는 형광등 사용이 많은 것이 일반적이다.

형광등의 푸른 광색은 조도가 낮으면 우울한 느낌을 주기 때문에 강한 조도로 사용하는 것이 일반적이었다. 이에 비해 백열등의 붉은 빛은 조도가 낮아도 심리적으로 안정된 느낌을 준다. 그러나 근래에 여러 가지 광색의 형광등이 개발되어 다양한 이미지의 조명연출이 가능하게 되었다. 따라서 분위기 조명을 위해서도 형광등의 사용빈도가 증가하고 있는 추세이다.

(5) 조명의 수

조명의 개수로도 실내분위기가 달라진다. 공간에 조명의 수가 많으면 화려함과 생동감이 증가하고, 조명의 수가 적으면 단순하면서도 자연스런 이미지가 높아진다. 또한 주조명에 복수의 보조조명을 추가한 1실 다등의 수법은 공간의 인상을 장면에 따라 변화시키는 것이 가능하다.

주조명만을 점등하게 되면 밝고 편안한 일상적인 분위기가 연출되고, 주조명에 보조조명을 점등하게 되면 공간이 화려하면서도 생기 있는 분위기를 만들 수 있다. 조용하고 세련된 분위기를 즐기고 싶을 때는 보조조명만을 점등하면 효과적이다.

(6) 조명의 높이

광원 또는 조명된 부분이 실내의 높은 곳에 집중되면 비일상적인 이미지가 되기 쉽다. 눈높이 아래의 낮은 위치에 광을 집중시키면 평온한 공간을 연출할 수 있다. 더욱이 조광하여 광의 양을 낮추게 되면 더욱 효과적이다.

실내의 높은 곳을 집중 조명 　　　　 눈높이보다 아래 부분에 조명 배치

그림 5.6 조명의 높이

5.1.3 조명현상

쾌적한 시환경에 영향을 크게 미치는 조명현상에 대해 알아보자. 명시조명으로는 이들 현상이 바람직하지 않는 경우가 많지만 분위기 조명을 위해서는 바람직하기도 하다.

(1) 글레어

조명공간에 불쾌 글레어는 모든 시각을 방해할 뿐만 아니라 공간의 아름다움이나 재미도 없어지게 한다. 조명기구는 그 자체가 강하게 빛날 필요는 없으며, 광원이 직접 눈에 보이는 하면노출조명보다는 매입조명이나 커버부착 등으로 처리하고, 인테리어나 건축디자인을 아름답게 비추는 간접조명으로 하는 것이 불쾌 글레어를 방지할 수 있다.

시작업 공간에서의 조명은 시각 저하 글레어를 주의 깊게 검토할 필요가 있는데, 글레어를 너무 제어하면 천장이나 벽면 대부분이 어둡게 되고 음울한 분위기를 만들기도 한다. 불쾌 글레어와는 달리 하이라이트나 화려하게 눈에 번쩍이는 기분 좋은 글레어도 있다. 이런 기분 좋게 반짝이는 빛은 단조로워지기 쉬운 조명환경에 기분 좋은 시각효과를 준다.

그러나 이런 번쩍이는 조명도 도가 지나치면 시기능이 저하하는 고령자의 눈에 강하게 비추어질 수도 있다.

고령자의 생활공간은 글레어가 없는 밝은 전반조명을 주체로 하며, 장식효과

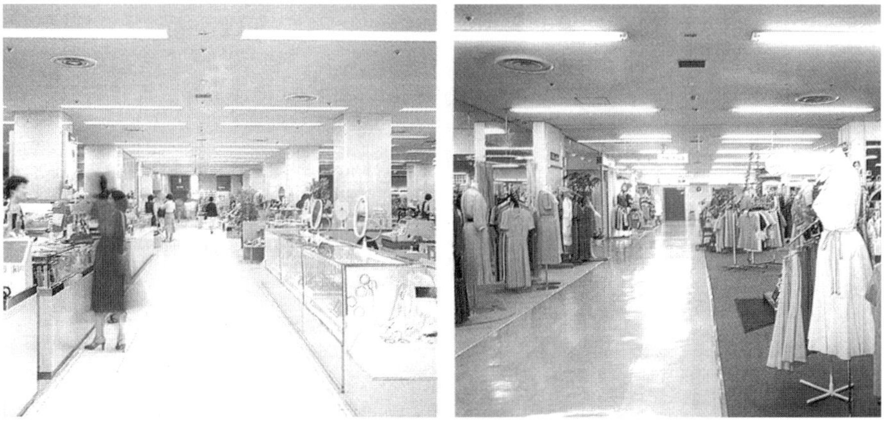

(좌)개선후 : 천장매입조명으로 하고 조명기구 하면에 커버를 부착하였다.
(우)개선전 : 천장에 부착된 하면노출형
조명기구로 인한 광원 자체 눈부심과 그 광원이 바닥면에 반사되어 심한 불쾌글레어를 발생.

그림 5.7 불쾌 글레어

상점조명에서의 눈부심은 오히려 고급스러움과 화려함을 부여하는 조명요소가 된다.

그림 5.8 기분 좋은 글레어

로 샹들리에나 스탠드조명 등을 사용하더라도 가능하면 광원이 보이지 않도록 하는 것이 바람직하다.

(2) 모델링

한 방향에서 강한 빛이 들어오면 강한 그림자가 생긴다. 이처럼 빛의 방향성이 강해서 음영이 생기면 물체의 형태를 깊이 있어 보이게 하여 상품이 더 고급스럽게 느껴지고 실내 분위기에도 활기를 준다. 반대로 완전한 담천공 상태에서와 같이 빛이 각 방향으로 흩어진 확산성이 높은 경우에는 그림자가 생기지 않는다. 이러한 현상이 발생하면 물체의 입체감을 포착할 수 없게 되며 사람의 인상은 밋밋해진다.

이처럼 조명으로 물체에 입체감을 주는 것을 모델링이라 하지만 대상의 입체감, 형상의 보는 방법을 가리켜 모델링이라 하기도 한다.

사람의 얼굴을 호감 있게 보이기 위해서도 모델링이 중요하다. 얼굴 중에서 최대휘도와 최저휘도의 비가 3 : 1 정도가 가장 호감 있게 보인다.

일반적으로 실내조명계획에서 모델링의 검토까지는 할 수 없지만 확산광으로 얼굴 전체의 최저 밝기를 확보하고 경사로 위에서 빛이 얼굴을 조명하면 좋다. 그러나 시작업 공간에서는 음영이 생기지 않는 방향의 빛을 표준으로 한다.

방향성이 강한 점광원으로 조명한 경우, 음영과 광택이 있어 상품이 입체적이며 고급스러워보인다.

확산성이 강한 면광원으로 조명한 경우, 음영과 광택이 없어 상품이 밋밋하고 평면적으로 보인다.

그림 5.9 모델링 효과

(3) 실루엣

배경으로 하면 그 창 앞에 있는 물체나 얼굴 정면에는 그림자가 생기고, 주위의 밝기에 눈이 순응하기 때문에 그림자가 생긴 부분은 보기 어렵다. 이러한 현상을 실루엣 현상이라 한다.

그림 5.10 실루엣 현상

실루엣 현상을 방지하기 위해서는 배경이 되는 부분의 밝기를 낮추거나 그림자가 생긴 부분을 밝게 하여 밝기대비가 지나치게 커지지 않도록 한다. 주광이 강하게 비춰 들어오는 창면이 배경이 되는 경우에 이 현상이 생기기 쉬우므로 커튼이나 블라인드를 사용해서 강한 빛이 들어오는 것을 차단하고, 대상 정면에도 충분하게 빛이 도달하도록 조명계획을 고려한다.

5.2 인공조명계획

5.2.1 인공조명설계의 목표

조명의 목표는 효율적이고 기분 좋은 실내를 창조하는 것이며, 구체적으로 설명하면 다음과 같다.

- 대상 시작업을 효율적으로 하기에 충분한 조도를 확보한다.
- 실의 용도에 적합한 휘도분포, 연색성, 방향성 등을 고려하여 적절한 빛의 질을 확보한다.
- 조명기구가 시야를 방해하지 않도록 적절한 위치에 조명기구를 설치한다.
- 초기 투자비와 에너지 비용을 동시에 고려하여 적절한 조명기구와 조명방식을 선택한다.

5.2.2 조명수법

실내에 빛을 배분하는 방법은 조명의 목적을 달성하기 위한 중요한 기법이다. 인공조명은 빛의 강함과 방향을 실내에서 자유롭게 제어할 수 있다. 그 방법에 따라 실내 이미지 및 사용하기 편리함이 크게 바뀐다.

조명수법에 관한 전문적인 지식이 풍부하여야 우수한 조명계획과 조명실시를 동시에 획득할 수 있게 된다.

(1) 전반조명

전반조명이란 실내 전체를 구석구석까지 비추는 조명기구에 의해 작업면과 그 주변을 동시에 밝게 하는 방법으로 균일조명이라고도 한다. 주로 천장에 조명기구를 균등하게 배분함으로써 밝기를 확보한다. 실내 전체가 고르게 밝기 때문에 실내분위기도 활기 있게 느껴지며, 순응상태가 변하지 않기 때문에 눈에 부담이 적은 조명방법이라 할 수 있다. 반면에 실내 전체를 항상 조명하기 때문에 에너지절약 측면에서는 불리하다.

(2) 국부조명

국부조명이란 높은 조도를 필요로 하는 작업면이나 악센트를 주고 싶은 부분 등의 정해진 영역만을 조명하는 수법이다.

이 수법은 필요한 장소에 필요한 조도를 충분하게 줄 수 있고, 조명이 불필요한 곳에서는 점멸하므로 조도를 경제적으로 확보할 수 있어 에너지절약적인 측면에서 매우 유리하다. 또한 분위기 조명을 목적으로 하는 경우에도 매우 유용한 방식이다. 그러나 국부조명만으로 높은 조도를 얻으려고 하면 명암대비가 너무 심하여 심리적 불쾌감을 일으킬 수 있으므로 주의해야 하며, 국부조명은 등기구를 사용하는 경우가 많으므로 비용지출이 과다해질 수 있다.

(3) 부분적 전반조명

무조건 실 전체를 밝게 조명하던 종래의 조명과는 달리 실 전체에도 밝기의 많고 적음이 필요하게 되었다. 또한 작업면 주위가 작업면보다 어두우면 집중력이 향상되는 반면에 국부조명방식처럼 작업면 주위가 극단적으로 어둡게 되면 오히려 집중력이 떨어지기도 하므로 주의해야 한다.

이를 위해 전반조명의 조명기구를 사용해서 작업면을 중점적으로 조명하면서 그 여분의 빛으로 주변의 밝기도 동시에 확보하는 방법을 취하고 있다. 전반조명에서 보이는 에너지낭비를 적어도 억제할 수 있다는 점이 유효하지만 실내의 레이아웃 변경 등이 있는 경우에 유연하게 대응할 수 없다는 단점이 있다.

(4) TAL(Task and Ambient Lighting) : 데스크 엠비언트 조명

종래에는 시작업 대상(데스크)과 주변 환경(엠비언트)의 조명기능을 구별해서 생각하지 않고 천장에 균일하게 배치한 조명기구에 의해 작업면에 필요한 조도를 확보하고 그에 의해 얻어진 빛으로 주변 조도도 확보했다.

이에 대해 데스크 엠비언트 조명방식이란 작업면과 그 주변을 각각 전용의 특성을 가지는 조명설비를 콤비로 이용해서 조명하는 방식이다. 공용 부분인 작업면 주변에 필요한 최소한의 밝기를 확보하면서 데스크용 조명설비로 작업면에 부족한 밝기만을 추가하는 방법, 또 자리를 비운 사람의 데스크 조명은 소등하는 방법을 채용하는 것에 의해 에너지절약을 꾀할 수 있다.

이처럼 실의 전체 밝기를 낮게 억제할 수 있기 때문에 에너지소비 면에서는 유효하지만 데스크 조명 설치로 초기 비용이 높아진다. 또 필요한 장소만 밝기 때문에 실이 전체적으로 어둡게 되기 쉽다.

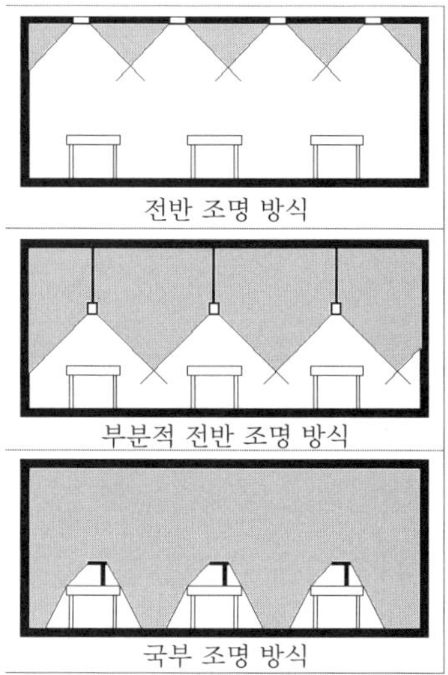

그림 5.11 기구배치에 의한 조명방식

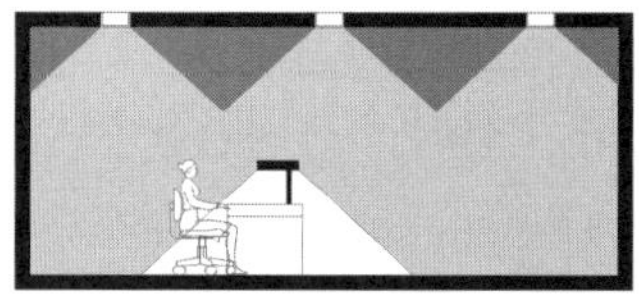

그림 5.12 데스크 엠비언트 조명방식

(5) 독립형 조명과 건축화 조명

조명기구를 건축에서 독립시켜 이용하는 방식을 독립형 조명이라면 기구를 천장 · 벽 · 기둥 · 보 등 건축구조체 중에 설치하든가 또는 건축물 표면의 반사광에 의하여 채광하는 방식을 건축화 조명이라 한다.

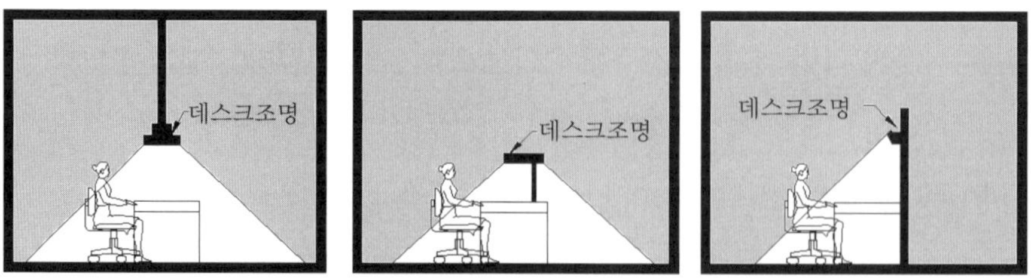

그림 5.13 데스크 엠비언트 조명방식에서 데스크조명의 종류

표 5.1 건축화 조명방식

1) 광원을 천장에 매입한 방식		
	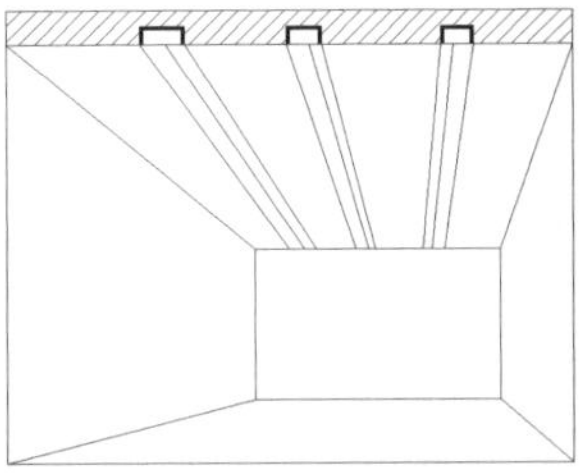	① 광량조명(반매입 라인라이트)-조명기구를 천장에 일렬로 반매입한다. 하면을 확산 플라스틱을 사용하여 천장면을 밝게 할 수 있어 전반조명으로 좋다.
	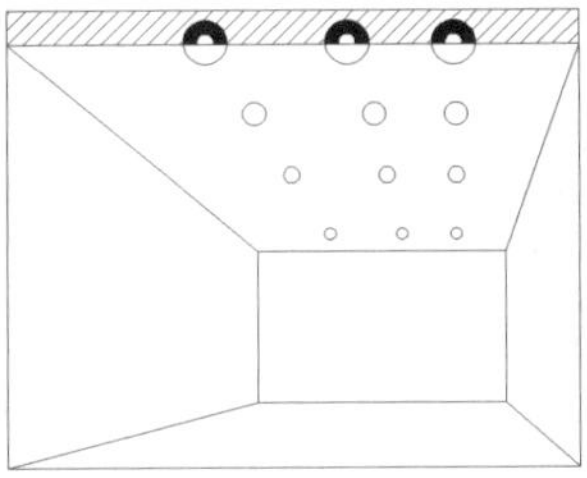	② 다운라이트조명 - 천장면에 작은 구멍을 많이 뚫어 그 속에 여러 형태의 광원을 배치하여 빛을 아래로 투사하는 방식이다.
	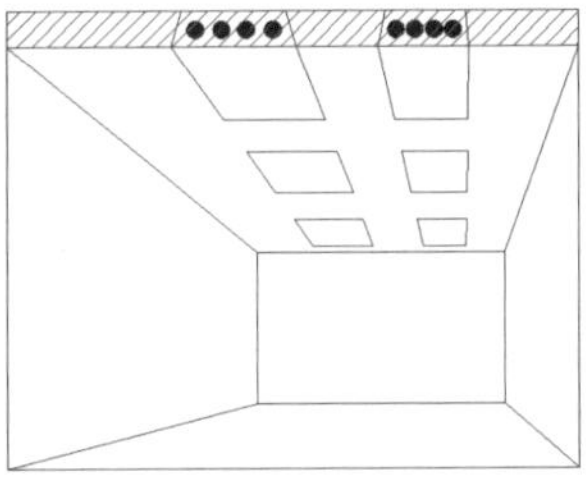	③ 코퍼조명(Coffer Light)-천장면을 원형,사각형 등의 구멍을 뚫어 그 내부에 조명기구를 매입하는 방식이다. 하면에 플라스틱 투과재를 붙이기도 한다.
2) 천장면을 광원으로 한 방식		
	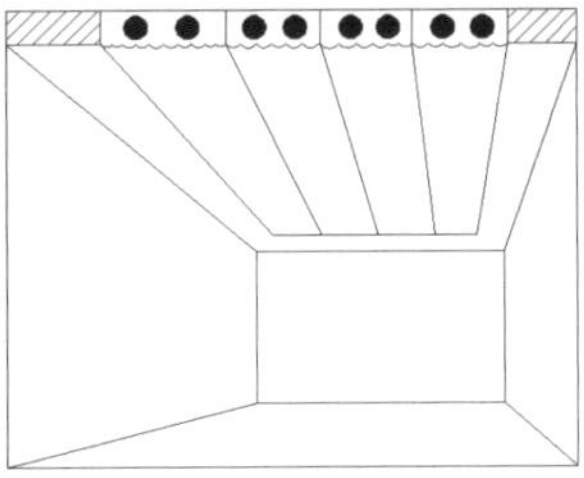	① 광천장조명- 천장에 조명기구를 설치하고 그 밑에 루버나 유리, 플라스틱 같은 확산 투과재로 천장전체를 마감처리하는 방식이다.
	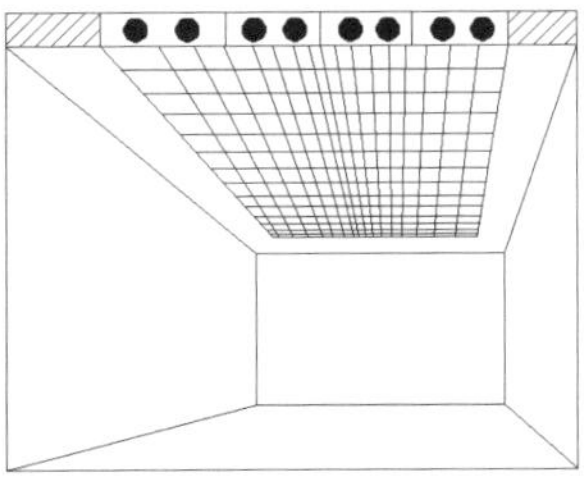	② 루버조명(louver Light) - 천장에 루버를 설치하고 그 속에 광원을 매입하는 조명 방식이다. 올려다보지 않는 이상 광원이 직접 보이지 않아 눈부심을 막을 수 있다.

<table>
<tr><td></td><td>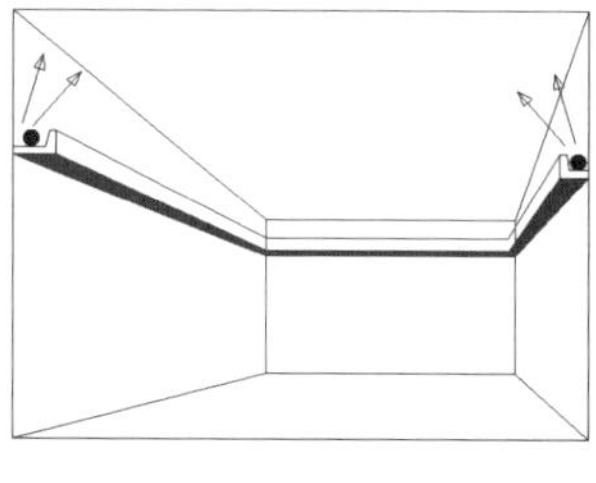</td><td>③코브조명(Cove Light) –벽 상부에 선반 혹은 천정면을 우묵하게 잘라낸 곳에 광원을 숨기고 벽의 상부와 천정면을 비추게 한다. 그 반사된 빛이 실내에 유입되어 실내를 부드럽고 차분한 분위기로 만들어준다.</td></tr>
<tr><td colspan="3">3) 벽면을 광원으로 한 방식</td></tr>
<tr><td></td><td>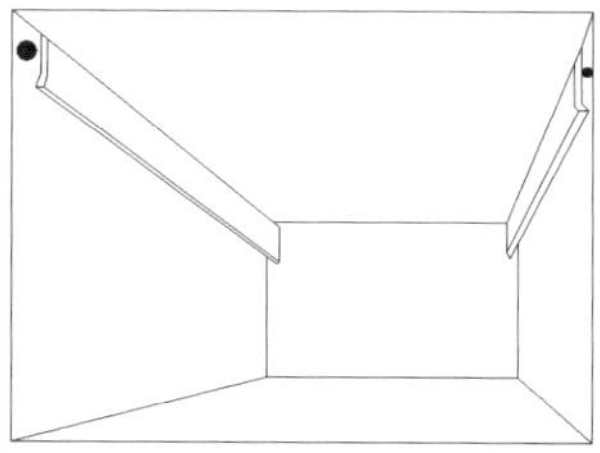</td><td>①코니스조명(Cornice Light) – 벽에 평행하게 된 패널의 뒷면이나 천정에 광원을 숨겨 부착, 그 조명광이 벽면을 위에서 아래로 향해 조명하는 방식이다.</td></tr>
<tr><td></td><td>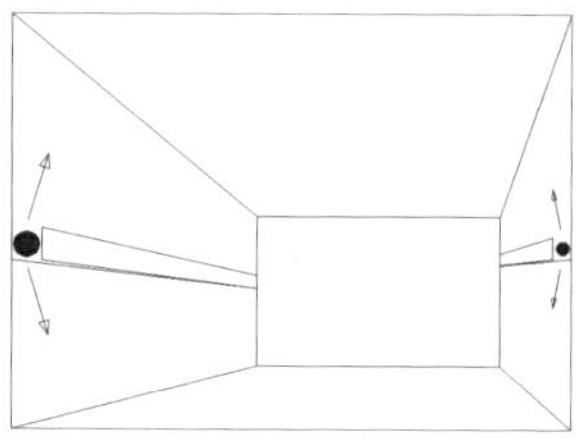</td><td>②밸런스조명(Balance Light)–광원을 벽면에 설치하고 앞에 설치된 차광판에 의해 광을 상하로 분산시키는 방식이다. 상부의 천장과 하부의 벽을 비춘 조명이 방안으로 확산되어 분위기를 만들어낸다</td></tr>
<tr><td></td><td>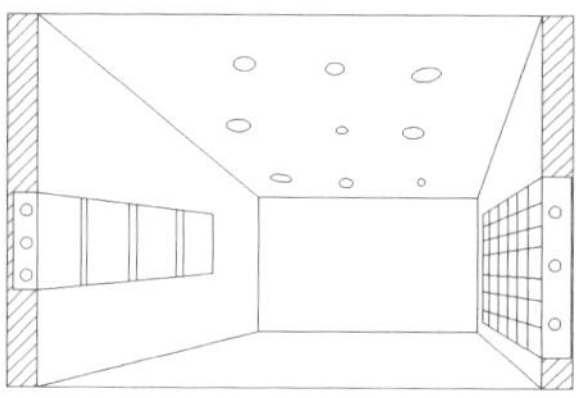</td><td>③광벽조명(Light wall)– 광원을 넓은 면적의 벽면에 매입하는 방식으로 지하실조명으로 이용하면 주광과 같은 느낌을 줄 수 있다.</td></tr>
</table>

건축화 조명에는 크게 광원을 천장에 매입한 방식, 천장면을 광원으로 한 방식, 벽면을 광원으로 하는 방식으로 분류할 수 있다(표 5.1).

(6) 분위기 조명

보기 쉬움을 확보한다는 기능적인 시점에서 조명의 수단을 생각하는 것이 명시조명이라 한다면 공간을 연출하는 조명의 질이란 점에서 조명의 수단을 생각하는 것이 분위기 조명이다. 장식성이 강한 샹들리에, 펜던트, 브래킷, 스탠드 조명기구 등으로 디자인하거나 건축화 조명을 사용하기도 한다.

분위기를 좌우하는 조명요소로는 광색, 조도, 명암대비, 광원의 높이 등이 있다. 일반적으로 광원의 색온도와 조도가 높으면 활동적이고, 낮으면 차분한 분위기가 된다. 또 명암대비가 강할수록 분위기는 드라마틱하고 긴장되며, 약할수록 부드럽고 마일드한 분위기가 된다.

5.2.3 간접조명 계획시 주의점

간접조명이란 조명기구에서 나온 빛이 눈에 직접 도달하지 않도록 직접광을 차단하고, 천장이나 벽으로 반사시킨 간접광을 피조면에 도달시키는 조명수법을 말하며, 유의어로 건축화 조명이 있다.

간접조명을 계획할 때는 다음과 같은 점에 주의한다.

(1) 광원과 반사면의 거리를 충분하게 한다.(그림 5.14)

광원과 실내 벽면과의 거리를 변화시키는 것에 의해 광의 표정을 변화시키는 것이 가능하다. 거리가 작을수록 다음과 같은 문제가 생긴다.

① 광원 부근이 극단적으로 밝다.

② 반사면에 빛이 많이 미치지 않는다.

③ 광원에 따라 내장재를 변색시킨다.

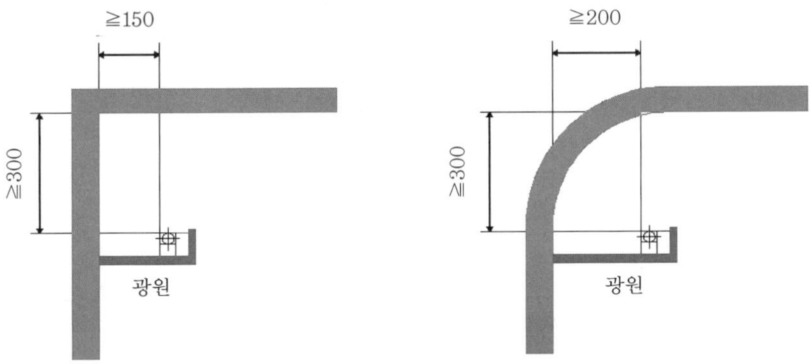

그림 5.14 코브조명의 반사면과의 거리

(2) 내장재의 반사특성에 주의한다.

천장면이나 벽면의 내장재에 의해서도 분위기는 크게 변하지만 다음에 주의할 필요가 있다.

① 표면에 확산성 재료를 이용한다. : 표면에 광택이 높은 재료를 이용하면 광원이 반사되어 효과가 떨어진다. 확산성이 높은 재료가 조명의 그라데이션이 아름답고 부드러운 표면을 연출할 수 있다.

② 반사율이 낮은 것은 사용하지 않는다. : 간접조명은 반사면의 반사광이 보이기 때문에 반사율이 낮으면 광원의 빛이 반사면에 충분히 닿아도 어둡게 보인다.

(3) 시선에 주의한다.

간접조명은 광원을 직접 보이지 않게 하는 것이 중요하므로 여러 가지 시점을 생각해서 시선에 광원이 들어오지 않도록 해야 한다.(그림 5.15)

그림 5.15 사람의 선

(4) 광의 도달점에 주의한다.

L자형 차광판을 이용하는 경우에는 벽면에 비춰지는 광과 그림자의 한계라인을 고려해야 한다. 빛의 도달점이 벽면과 바닥면의 코너부에 오도록 하는 것이

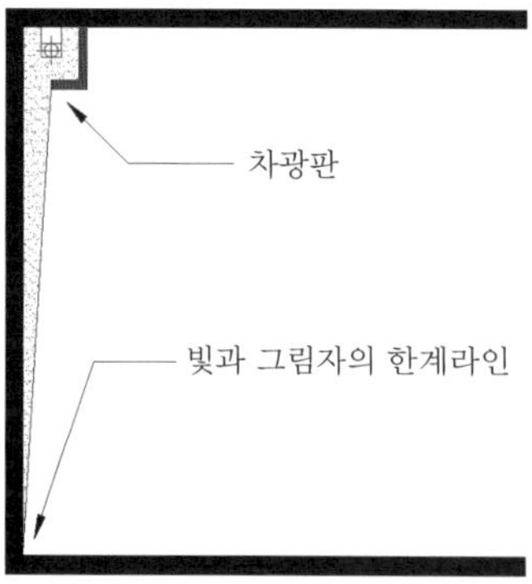

벽면과 바닥면의 코너부분에 빛이 도달하면 벽면의 조명 그라데이션이 보기가 좋다.

그림 5.16 이상적인 한계라인

빛이 벽면 중앙부분에 도달하여 벽면의 조명 그라데이션이 부자연스럽게 연출되었다.

그림 5.17 부자연스런 한계라인

벽면의 조명 그라데이션이 보기가 좋다.(그림 5.16)

5.3 주광조명계획

자연채광은 거주자의 시각적 피로를 덜어주고, 긍정적인 태도를 갖게 할 뿐만 아니라 인공조명에너지를 절약할 수 있는 효과적인 방안으로서 건물 설계시 자연채광과 인공조명간의 적절한 균형이 요구된다.

5.3.1 주광조명의 가능성

(1) 에너지절약

주광조명의 이점은 에너지절약뿐만 아니라 지구환경문제에 대한 대책으로 요구된다. 건물의 에너지 소비량을 살펴보면, 조명용 에너지가 전체 에너지 사용량의 25%를 차지하고 있어서 조명용 에너지의 삭감은 건물 전체의 에너지절약 효과가 있다.

주광조명에 의한 에너지절약을 위해서는 주광도입량에 따른 인공조명의 출력을 삭감하는 것이 필요하다. 그러나 주광조명은 동시에 일사열취득으로 이어진다. 특히 사무실에서는 난방부하가 공조용 에너지에 차지하는 비율이 높기 때문에 주광조명과 일사차단이라는 상반되는 제어를 해야 할 필요가 있다.

일사차단에 의한 난방부하를 경감하는 것이 공조용 에너지를 삭감하기 위한 중요한 열쇠이다. 더욱이 주광조명에 의한 인공조명 소등은 조명 발열에 의한 난방부하 삭감도 기대된다. 그러나 도입된 주광도 최종적으로는 열로 되기 때문에 소등에 의한 조명 발열의 감소분이 그대로 난방부하 면에 유리하게 작용하는 것은 아니다.

실제로 주광조명에서 에너지절약이 기대되는 것은 인공조명의 소등 · 감등에 의한 조명용 에너지의 삭감 때문이고 설계조도를 넘어서는 과잉의 주광은 그대로 난방부하의 증대를 가져오는 것이다.

(2) 주광조명의 쾌적성

주광조명의 목적은 단지 에너지절약만은 아니다. 실내에 거주하면서 실외에 있는 듯한 느낌을 주고, 자연감을 연출하는 주광조명 공간은 실내에서도 자연을 느낄 수 있게 해준다.

앞으로는 고령화시대가 예상되면서 실내에서 보내는 시간이 점점 많아짐에 따라 주광조명을 필요로 하는 건축은 늘어날 전망이다.

5.3.2 주광의 실내분포를 위한 수법

개구부로부터 입사한 빛을 실내 안쪽까지 받아들이는 수법으로는 공간구성에 의한 수법, 반사에 의한 수법, 장치에 의한 수법이 있다.

(1) 공간구성에 의한 수법

기본적으로는 벽이나 바닥에서 빛이 차단되지 않도록 하는 것이다.

· 고창을 설치하는 것에 의해 실내 깊숙한 곳까지 빛을 도달시킬 수 있다.
· 칸막이벽의 상부에 교창을 설치하는 것에 의해 채광조건이 나쁜 북측의 방에도 빛을 도달시킬 수 있다.
· 중정이나 광정(광우물)에 의한 저층부에도 빛을 도달시킬 수 있다.

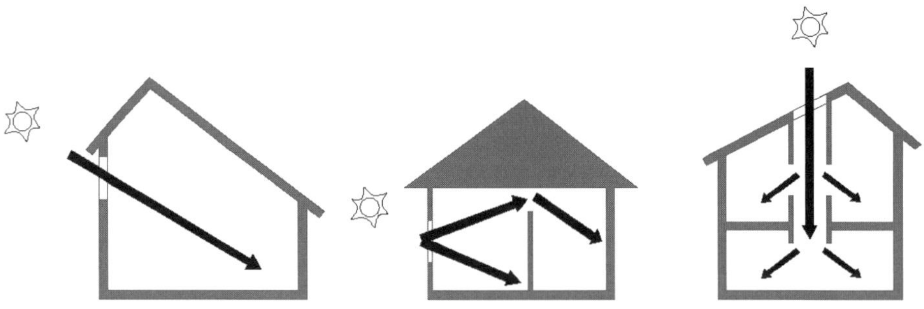

그림 5.18 공간구성에 의한 수법

(2) 내장재의 반사에 의한 수법

기본적으로는 내장재에 의한 빛의 흡수를 적게 하도록 하는 것이다.

· 지면에서의 반사광을 다시 차양에 반사시켜 실내 안쪽까지 빛을 도달시킬 수 있다.

· 실내의 천장, 바닥의 반사율을 높임으로써 실내 안쪽까지 빛을 도달시킬 수 있다.

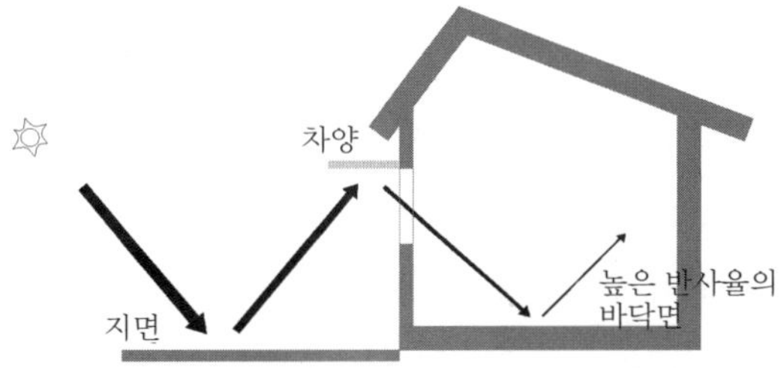

그림 5.19 내장재의 반사에 의한 수법

(3) 장치에 의한 수법

빛을 적극적으로 실내에 도입시키기 위한 수법으로 구조 · 설비적 장치를 사용한다.

· 광선반 : 채광창의 중간에 선반을 설치하여 선반 윗면에 빛을 반사시켜 실내에 입사시키는 장치로 실내에 들어온 빛을 다시 천장에 반사시켜 실내 안쪽까지 빛을 도달시킬 수 있다.

· 태양추미식 시스템 : 태양의 위치에 맞추어 반사거울을 제어하여 태양광을 집광하고 광파이버에 의해 실내 안쪽까지 빛을 도입하는 방식이다.

· 광덕트 시스템 : 채광부에서 주광을 받아들여 내장면을 고반사율 경면으로 한 덕트 내부로 연속 · 반사시키면서 실내의 필요한 장소에 빛을 전송한다.

· 프리즘 윈도 : 비교적 위도가 높은 지방에서 사용되며, 자연채광을 적극적

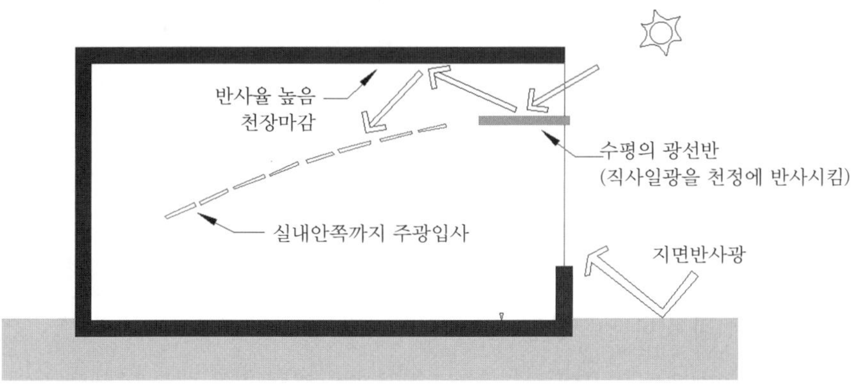

그림 5.20 장치에 의한 수법(광선반)

으로 실 안쪽 깊숙이까지 도입시키기 위해 개발된 것으로 전용 프리즘 패널을 창의 외부에 설치하여 태양으로부터의 직사광이 프리즘 안에서 굴절되어 실을 밝히게 하는 것이다.

5.3.3 설비형 주광조명장치

설비형 주광조명장치는 센서나 프로그램에 의한 태양광을 추적하고 빛을 채광하는 채광부, 채광된 빛을 전송하는 전송부, 그리고 실내공간에 전송된 태양광을 산란하는 산광부로 구성된다.

표 5.2 설비형 주광조명장치

구성요소	역 할	구체적인 장치 예
채광부	건물 외피에 설치하고, 주광조명장치 내에 주광을 도입	- 채광용 개구부(창) - 반사재를 사용한 채광부(알루미늄, 거울) - 굴절재를 사용한 채광부(렌즈) - 프리즘 · 반사경 병용한 채광부
전송부	건물 내의 공간 또는 설비 · 장치를 이용해서 주광을 산광부로 전송	- 반사경 방식 - 광덕트시스템, 광파이프 - 광정 - 광섬유
산광부	실내 표면에 설치하여 광원으로서 빛을 방출	- 아트리움 - 스폿라이트(천장매입형, 스탠드형) - 천장부착형, 다운라이트

(1) 채광부

주광을 도입하는 채광부에는 일반적으로 채광용 개구부가 있으며, 그 외에 반사재와 굴절재를 이용한 채광부, 그리고 프리즘 · 반사경을 병용한 채광부가 있다.

그림 5.21 여러 개의 반사재를 이용한 채광부

① 반사재를 이용한 채광부

평면경이나 곡면경을 이용하여 반사시킨 태양광은 바로 아래로 진행한다. 반사재의 바로 아래에는 천창이 있고, 그곳을 투과한 광이 건물 내로 입사한다.

그림 5.22 렌즈 · 광섬유방식

보다 많은 양의 직사일광을 반사하기 위해서는 고반사율의 재료가 요구된다. 거울과 내구성이 높은 특수 표면처리를 한 금속판은 반사율이 높다. 알루미늄판은 저렴하고 반사율이 높으며 자유스런 형상이 가능하기 때문에 많이 사용되고 있다.

커다란 1장의 반사재는 고가이기 때문에 최근에는 여러 개의 작은 반사재를 이용한다(그림 5.21). 그러나 반사재 개수만큼의 제어장치가 필요하다.

반사경을 사용한 채광부가 보다 많은 직사일광을 도입하기 위해 채광부의 반사면이 항상 태양을 향해 움직이는 자동추미장치를 추가하는 경우가 있다.

② 굴절재를 이용한 채광부

채광부에 굴절재를 설치하면 직사일광을 임의의 방향으로 굴절시켜 실내에 도입할 수 있다. 대표적인 굴절재료로는 렌즈가 있다.

오목렌즈를 투과한 직사일광은 외측에 넓게 퍼지면서 진행되어 오목렌즈의 면적보다 넓은 면적으로 조사되기 때문에 단위면적당 광량이 적어진다. 볼록렌즈를 투과한 직사일광은 내측에 좁혀지면서 진행하여 볼록렌즈의 면적보다 좁은 면적을 조사하기 때문에 단위면적당 광량은 많아져 매우 밝아지지만 집열에 주의를 요한다.

조도가 낮아지는 오목렌즈와 많은 양의 열을 모이게 하는 한 장의 거대한 볼록렌즈는 현재 채광부에 잘 사용되지 않고 있다. 그러나 볼록렌즈는 모여진 열을 처리할 수 있기 때문에 작은 볼록렌즈를 여러 개 열거하여 하나하나 열처리하여 채광부로 사용하고 있다. 또한 볼록렌즈로 농축하여 집광된 빛은 광섬유 케이블로 필요한 곳에 전송할 수도 있다(그림 5.22).

③ 프리즘 · 반사경을 병용한 채광부

전반사 프리즘 시트에서 도입된 태양광을 시트면의 프리즘에서 직하방향으로 전하고, 수평방향의 빛은 평면반사경에 의하여 직하에 반사하는 방식이다. 이 방식은 반사거울방식에 비해 태양고도에 의한 채광량의 변화가 적으며, 대용량의 채광량 전송이 가능하다.

(2) 전송부

채광부에서 모아진 빛을 산광부까지 전송하는 방법에는 빛 전송 이외의 목적으로 설치된 공간을 산광부로서 겸용하는 경우와 빛 전송을 위한 전용 공간에 장치를 설치하여 산광부로 사용하는 경우로 먼저 분류할 수 있다. 그리고 공기나 물처럼 광투과재 속을 통과시키는 방법과 거울 같은 광반사재로 반사시켜 반송하는 방법이 있다.

① 건축공간을 전송부로 겸용하는 경우

계단 상부의 채광부를 통해 입사된 주광은, 계단 상부의 수직공간을 전송부로 이용하여 계단 아래쪽 혹은 계단에 면한 공간에 전송된다. 이처럼 무언가의 목적을 갖는 공간을 전송부로 이용하는 것이 가능하다.

전송부로 겸용하는 공간의 벽면은 반사재나 굴절재를 사용해서 보다 많은 양의 주광이 도달할 수 있도록 한다.

② 독립공간으로서의 전송부

가. 공중전송방식(반사경방식)

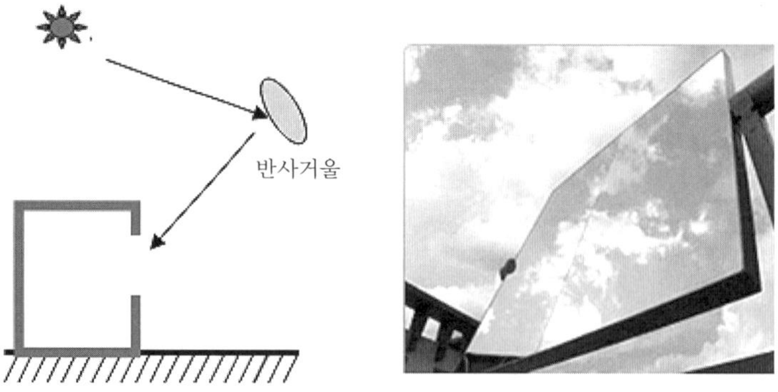

그림 5.23 반사경방식

고반사율의 거울(반사경)을 채광부로 사용하여 자연광이 요구되는 지점에 항상 일정한 각도로 태양광을 전달하는 방식이다.

건물 밖 또는 건물의 외벽 등에 설치할 수 있어서 시공이 간단하며, 가격이 싸고 비교적 높은 채광효율로 실내를 채광할 수 있다. 그러나 지하실과 같은 공간으로의 조명이 어려워 사용 범위가 제한되는 단점이 있다.

그림 5.24 광덕트 방식

나. 광덕트

광덕트는 외부의 주광을, 덕트를 통해 실내로 유입하는 장치로 태양광을 직접 도입하기 보다는 덕트 내면으로 빛을 도입시켜 덕트 내의 반사를 반복시켜가면서 실내에 주광을 전송하는 방법이다.

연속반복반사에 의한 감광량을 적게 하기 위해서는 반사횟수를 줄이고, 반사면을 고반사율로 할 필요가 있다.

다. 광섬유방식

태양광을 컬렉터라 불리는 렌즈로 집광한 후 광섬유를 통하여 조명이 요구되는 장소로 태양광을 전송시키는 방식이다. 공간을 확보하지 못해도 주광을 효율적으로 전송할 수 있다. 또한 광섬유는 구부릴 수 있어서 작은 곡률로도 빛의 진행방향을 바꿀 수 있다.

빛은 전반사를 반복하면서 광섬유 속을 진행한다. 전반사를 이용한다 해도 길이가 길어지면 전송하는 광량이 감쇠한다. 재질에 의해 감쇠 정도가 다른데, 감쇠가 가장 적은 재질은 석영유리이다.

그림 5.22의 볼록렌즈를 채광부로 사용하여 집광된 빛을 광섬유로 통해 주광이 필요한 곳에 전송하는 주광조명장치가 일본에서 상용화되었다.

광섬유에 의한 주광전송은 단면적이 작기 때문에 다음과 같은 몇 가지 문제가 있다.

· 광섬유 내에 주광을 도입하기 위한 집광기술이 필요하다.

· 집광에 따른 집열처리 기술도 필요하다.

· 단면적 자체가 작기 때문에 한 개의 섬유로 전송할 수 있는 빛의 절대치가 작아 실내로 산광된 주광의 조사면적이 작다.

라. 광정

광정이란 건물 중앙부를 우물처럼 도려낸 것으로 광정 상부에 입사한 주광을 저층부까지 보낼 수 있으며, 광우물이라고도 한다. 전송부 상부에 거울이나 프리즘 굴절재를 이용한 채광부를 설치해서 태양광을 도입하기도 한다.

그림 5.25 광섬유 방식

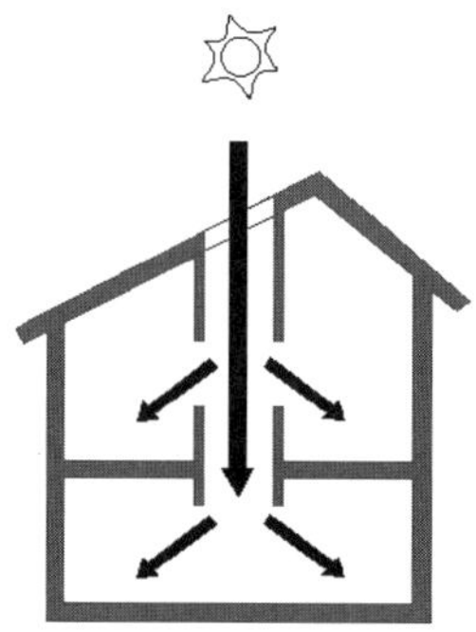

그림 5.26 광정의 구조

(3) 산광부

채광부를 통해 집광하여 전송부로 전송된 태양광을 실내에 방사하는 부위를 산광부라 하며, 실내에서는 광원 역할에 해당된다.

그림 5.27 다운라이트형 산광부

직선적인 빛을 다양한 배광으로 변화시키는 것이 가능하며, 전반확산 및 국부조명도 가능하다. 또 색필터를 사용하여 광색을 다양하게 변화시킬 수도 있다.

5.4 에너지절약과 조명계획

조명기술의 최종 목적은 전기에너지를 유효하게 사용하면서 심리 · 생리적으로 쾌적한 조명환경을 창출하는 것이다.

5.4.1 에너지절약을 위한 조명계획

(1) 쾌적 조명환경과 에너지절약

지금까지 건축설계에 있어서 조명설계는 전기설비설계의 일부로 생각되어져 수평면조도를 만족시키는 광의 양적인 검토만이 이루어져왔다. 또 주택에서는 방의 천장 중심에 실링라이트 1등만 설치하는 1실 1등 조명방식이 일반적이었지만 이 방식으로는 그 공간에서 행해지는 다양한 생활행위에 대한 세밀한 조명환경을 설정할 수 없다.

예를 들어 거실을 생각한 경우, 신문을 읽기 위한 최적의 조명환경과 음악 감상을 위한 최적의 조명환경은 당연히 다른데, 1실 1등 조명방식으로는 똑같은 조명환경밖에 설정할 수 없다. 더욱이 조명은 밝기를 확보하는 것이 최우선이기 때문에 밝기를 필요로 하는 어떤 특정 행위에 따라 조도가 설정된다.

이와 같은 계획은 각각의 목적이나 행위에 적합한 쾌적 조명환경을 선택할 수 없을 뿐만 아니라 에너지 낭비와도 관계가 있다.

조명등수가 적으면 에너지 소비도 적을 것으로 생각되지만 밝기를 필요로 하지 않는 경우에 최대의 밝기를 가진 조명환경일 때는 쓸데없이 밝은 장소와 쓸데없이 밝은 시간을 만드는 요인이 된다.

그림 5.28 다등분산 조명방식

그림 5.29 1실 1등 조명방식

쾌적한 조명환경을 창출하고 에너지절약을 실현하기 위해 다양한 목적과 행위가 이루어지는 실에서는 1실 1등 조명방식을 지양하는 것이 중요하다.

(2) 다등분산 조명방식

1개의 방에 복수의 전등을 설치하는 1실 다등 조명방식이 이전부터 일본에서 제안되었지만 조명기구의 수를 늘린다는 것은 소비전력을 증가시킨다는 이미지와 단순히 조명비용이 올라간다는 이유에서 널리 보급되지 않았다.

따라서 1실 다등 조명방식에 에너지절약 측면을 추가시킨 다등분산 조명방식이라는 것이 고안되었다.

이 방식은 일본 國土交通省에서 이루어진 "自立循環住宅의 設計가이드라인" 연구성과에서 제안되었다. 낮은 와트수를 갖는 복수의 조명기구를 분산 · 배치시키고 생활방식에 따라 점등 패턴을 변화시킴으로써 조명환경의 쾌적성 향상과 에너지절약을 도모하려는 방식으로 1실 다등 조명방식을 적용하면서도 몇 가지에 주의하면 실제적인 에너지절약 수법이 될 수 있다. 단, 여러 개의 조명을 배치하더라도 모든 조명을 최대의 와트수로 점등한다면 결국은 소비전력량 증가로 이어질 수 있다.

결국 다등분산 조명방식이란 설계시 설계자가 조명기구의 총 와트수를 억제하고, 운용시에는 사용자가 생활행위에 맞춰서 조명기구의 점멸을 컨트롤함으

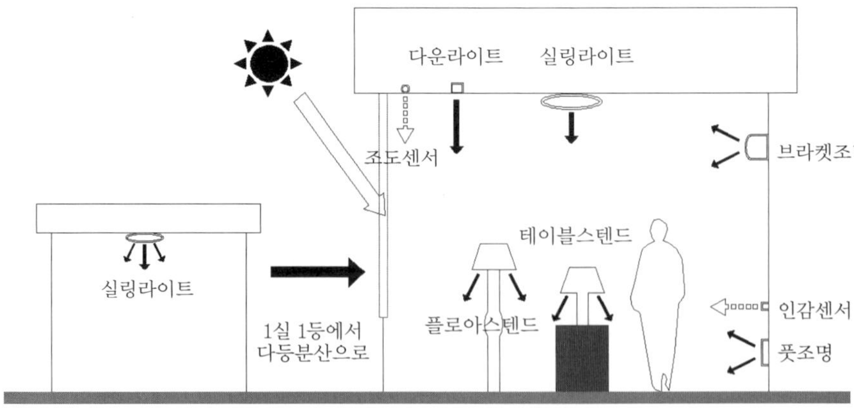

그림 5.30 에너지절약을 위한 조명설계

로써 조명환경의 질적 향상과 에너지절약을 양립시킬 수 있는 조명방식이라고 할 수 있다.

5.4.2 조명에 관한 에너지절약 수법

(1) 기기에 의한 수법

광원 사용에 있어서 백열전구를 전구형 형광램프로 교환하면 약 80%의 에너지절약 효과를 얻을 수 있으며, 고주파 점등에 의한 Hf 형광램프는 전용 인버터와의 조합에 의해 약 20%의 전력이 절약된다.

백열전구는 연속조광이 가능하고 점광원으로서 집광성이 우수하다는 특징이 있지만 어떤 광원을 사용해도 문제가 없는 경우에는 전구형 형광램프의 사용을 권장한다.

또, 거울이 부착된 할로겐램프의 반사형 램프를 이용하면 에너지절약 효과가 있으며, LED은 고효율화에 의한 에너지절약이 크게 기대되는 광원이다.

기구에 있어서는 조명효율을 높이기 위해 광원에서 나온 빛을 반사할 수 있는 기구를 이용하는 것이 기본이고, 오염에 의해 밝기를 저하시키는 것을 제거하는 것도 고려해야 한다. 필요한 장소만을 밝게 하고 쓸데없는 빛을 없애기 위해서는 적절한 배광이 조명설계에 있어 중요하다.

이처럼 작업과 환경에 적합한 배광특성을 갖고, 기구효율과 조명률이 좋은 기구를 사용하면 설비개수를 줄일 수 있기 때문에 결국 전력절약과 관련이 있다.

표 5.3 기기에 의한 에너지절약 수법

	에너지 절약 수법	조명기기
광 원	종합효율이 높은 광원의 사용	전구형 형광램프
		Hf형광램프
	반사형 광원의 사용	반사형 할로겐 램프
		반사램프
	소비전력이 적은 광원의 사용	LED
기 구	기구효율이 높은 기구의 사용	고효율 반사판 다운라이트
	쉽게 오염되지 않는 기구의 사용	광촉매막 부착기구
	적절한 배광의 활용	다운라이트
		스폿트라이트
		팬단트라이트

(2) 운전제어에 의한 수법

조명제어는 on · off나 조광수법에 의한 제어가 기본이다. 그러나 이런 수동 시스템은 소등하는 것을 잊는 경우가 빈번하게 발생하기 때문에 자동적으로 방지하는 제어법을 도입할 필요가 있다. 구체적으로는 설정시간에 점등하는 타이머 제어, 사람의 열과 움직임을 감지하는 인감센서 제어, 주광을 인지하는 조도센서 제어 등이 유효하다.

주광을 사용하는 경우, 창측 조명기구의 점멸 · 조광에 의한 실 전체에서 약 11%의 전력을 삭감시킬 수 있다. 더욱이 사람이 상주하지 않는 회의실, 복도, 창고, 화장실 등과 같은 실에 인감센서를 이용하면 대폭적인 에너지절약을 도모할 수 있다.

표 5.4 운전 · 제어에 의한 수법

	인력부		제어부
수동	사람	조광	조광시스템
			리모콘
		ON-OFF	벽스위치
			리모콘
반자동	사람	행위재생	행위기억식조광기
자동	시간	타이머	일시점등스위치
			타임스위치
			리모콘
	사람(열,움직임)	인감센서	제어장치(기구내장)
			제어장치(별도설치)
	주광	조도센서	제어장치(기구내장)
			제어장치(별도설치)

(3) 설계에 의한 수법

조명설계는 조명의 TPO(Time, Place, Occasion), 즉 시간과 장소와 상황에 따라 적시 · 적광 · 적소의 조명을 설치하고 운용하는 것이 중요하다.

그러나 일반적인 거실의 조명환경은 1실 1등 조명방식으로 취침 전까지 공간의 구석구석을 밝게 조명하고 있다. 가족단란이라는 생활행위에서는 공간 전체에 밝기가 필요하지만 텔레비전을 시청할 때나 음악청취시에는 천장조명에 의한 전반조명을 밝게 할 필요는 없다.

플로어스탠드 등과 같은 국부조명만으로 공간을 다소 어둡게 조명하는 것이 안정감이 있다. 또 사무공간의 경우에도 회의시 공간 전체에 밝기가 필요하지만 집중력이 필요한 개인 업무에 몰입할 때는 작업장소에만 빛을 집중시키는 것이 좋다. 즉 조명설계는 결국 복수의 조명등을 설치하여 필요한 조명만을 사용하고 그 외의 조명을 소등한다고 한다면 하루의 총 소비전력량을 줄일 수 있게 되는 것이다.

(4) 기타 고려사항

① 주광이용 : 주광은 질적 · 양적으로 우수한 광원이다. 주광을 이용할 경우 창을 크게 하는 것이 중요하며, 같은 크기의 창이라도 천창이 측창보다 많은 주광을 입사시킬 수 있어서 인공조명의 전력소비를 줄일 수 있게 된다.

② 밝은 인테리어 내장 : 시작업을 필요로 하는 실에서는 가능하면 내장을 밝게 하면 천장과 벽, 가구에서 반사하는 광을 유효하게 이용할 수 있기 때문에 에너지절약을 꾀할 수 있다.

③ 램프교환과 조명기구의 청소 : 조명상태를 양호하게 유지하기 위해서는 일정기간마다 램프의 광속 감퇴와 조명기구의 오염 · 기능노화 등의 조도 저하 원인이 되는 사항을 검토해서 다음의 사항을 실시한다.

- 램프의 적성(適性) 교환
- 램프 및 조명기구의 주기적인 청소
- 실내면 및 창유리의 주기적인 청소

④ 열적 결합 : 냉방이나 난방을 위하여 실내환경에 요구되는 조건에 만족하도록 조명과 채광 및 공조 시스템을 열적으로 결합시킨다.

5.4.3 조명제어

조명제어란 인공조명을 전자적으로 제어하여 밝기를 조절하는 것이다.

건물에 주광이 입사하는 경우에는 이와 연동하여 인공조명을 제어함으로써 조명환경의 향상과 에너지절감을 실현할 수 있으며, 조광제어나 점멸제어 방식을 모두 사용할 수 있다.

조명설계자는 다양한 종류의 조명제어 방법을 잘 이해하고 주기적으로 최신 기술을 익혀서 정확한 적용과 설계를 수행해야 한다. 조명제어기술을 적용함으로써 경우에 따라서는 전체 조명 에너지의 80%까지를 절약하는 것이 가능하다.

(1) 주광에 따른 인공조명 제어의 유의점

① 주광변동 대응

주광은 시시각각 양이 변화한다. 밝기의 급속한 변화는 재실자에게 불쾌감을 주기 때문에 실내에 일정한 밝기를 확보하는 것을 목적으로 주광의 변동에 따라 인공조명에 의한 밝기를 즉시 변동시키는 것이 바람직하다.

이처럼 인공조명의 제어는 재실자에게 불쾌감을 주지 않고 주광변동에 대처해 나갈 수 있는가가 과제이다.

② 분광분포 조화

주광과 같은 색으로 느껴지는 인공조명이라도 분광특성은 다른 경우가 많다. 오피스와 같은 일반적인 공간에서는 광색이 문제되는 경우는 거의 없지만 미술관의 전시조명등에 주광을 이용하는 경우에는 인공조명과의 분광분포 차이가 문제되기 때문에 세심한 주의가 필요하다.

기본적으로 주광과 인공조명의 분광분포는 가깝게 하는 것이 바람직하다. 그러나 실내에서 이용하는 일반적인 광원으로 분광분포를 맞추는 것은 어렵기 때문에 색온도를 맞추는 것이 현실적이다.

표 5.5 광원별 색온도

광 원	색 온 도(K)	광 원	색 온 도(K)
태 양	5,450	할로겐 전구	3,000
푸른하늘(오전9시)	12,000	백 열 전 구	2,800
구 름 낀 하 늘	6,500	촛 불	2,000
주광색 형광램프	6,500	형광수은 램프	4,600
백 색 형광램프	4,500	고압수은 램프	5,600
메탈헬라이드램프	5,100	고압나트륨램프	2,100

(2) 조명제어장치

① 조광장치

주택에서 이용되는 광원 중에서 조광이 가능한 것은 백열전구와 Hf형광램프이다. 전구형 형광램프나 LED에도 조광 가능한 것이 있으므로 앞으로 그 보급에 따라 사용하기 편해질 것으로 전망된다.

백열전구는 시판 조광기를 설치하는 것으로 간단한 조광이 가능하며, 조광하면 에너지절약뿐만 아니라 수명도 크게 증가한다. Hf형광램프는 조광용의 인버터와 전용의 조광기를 이용하는 것으로 조광이 가능하다.

가. 개별 조절 조광시스템

조명의 개별 조절은 개인에게 적합한 환경을 조성한다는 의미에서 작업성이나 지적 생산성 향상으로 이어질 수 있다. 천장면에 설치된 형광램프는 업무내용에 따라 조도범위를 자유롭게 조절할 수 있다.

나. 광센서에 의한 조광시스템

오피스에서는 에너지절약을 위해 자연광 이용을 권장하지만 주광은 그 양이나 각도가 끊임없이 변화하며 시작업의 경우 이러한 변화가 작업환경을 어수선하고 불쾌하게 만드는 원인이 되기도 한다.

천장면에 광센서를 설치하면 사무실의 밝기를 감지하여 인공조명의 밝기를 연속적으로 제어하여 수평조도를 자동적으로 일정하게 유지할 수 있다. 또한 설정조도를 넘는 경우, 과도한 빛 출력을 자동적으로 제어하여 램프교환 직후의 초기 조도를 보정하고 창측 영역에서 자연광을 이용함으로써 에너지절약을 꾀할 수 있다.

② 감지장치

가. 조도센서

조도센서는 주광에 의한 밝기 변화를 스위치로 사용하는 센서이다. 즉 어느 정도 설정한 밝기가 되면 센서가 자동으로 움직여서 인공조명을 on · off하는 장치이다.

실외 가로등에서는 자동점멸기로써 오래 전부터 사용되어 왔지만 최근에는 주택에서도 사용되고 있다. 현관의 실외등과 같이 야간 내내 점등되어 있는 방범등에서 가장 많이 사용되고 있는데, 주간에 센서가 작동하여 자동 점멸했다가 야간에 어두워지면 자동 점등되는 방식이다. 실외에서 사용되는 조도센서는 태양광 변화에 따른 잦은 조도변화가 없도록 가능하면 북향으로 하여 사용하는 것이 좋다.

또 실내 풋라이트(foot light)는 조도센서를 부착하여 어두워지면 자동 점등되고, LED을 광원으로 하는 경우에는 전력소비가 적기 때문에 야간 내내 점등시켜 고령자나 어린이가 야간에 화장실 사용시 유용한 방식이다.

나. 인감센서

인감센서는 인체로부터 방사되는 열선을 감지하는 센서로써 감지구역 내에서 사람이 움직이면 자동적으로 점등한다. 인감센서를 이용하면 사람이 재실인 경우와 복도, 계단을 이용하는 경우에만 점등되기 때문에 매우 효율적이다.

필요할 때만 점등하기 때문에 램프 수명도 길고, 점등시간을 설정할 수 있으므로 소등하는 것을 잊는 일도 없어서 에너지절약 효과를 얻을 수 있다. 또 범죄용으로도 인감센서가 응용되어 일정시간 이상 계속 감지되면 벨이 울리는 종류도 있다.

다. 스위치

조명은 스위치의 위치에 따라 사용하기 편리하거나 불편한 경우도 있다. 기본적으로는 동선계획을 기초로 적절한 위치에 계획한다. 수동스위치의 배치와 그 위치 선정은 건물의 에너지절약에 큰 영향을 미친다. 스위치를 이용한 에너지 절감은 개인 사용자의 의향에 크게 좌우되므로 사용의 편리함과 유연성이 중요한 요인이 된다. 특히 복도나 계단은 세심한 주의가 필요하다.

(3) 조명제어 시스템의 종류

① 제어방식

– 점멸제어 : 가장 기본적인 방식이다. 점등과 소등을 행하는 방식으로

광출력은 100%나 0%로 되고, 조명부하로는 모든 것이 대상이 된다.

- 단(段)조광제어 : 광출력은 100%에서 0% 사이에서 수단계로 조광할 수 있다.
- 연속조광제어 : 광출력은 100%에서 0%까지 연속적으로 임의적으로 조광할 수 있기 때문에 섬세한 조명제어가 용이하다.

② 관리방식

- 집중관리방식 : 사무실 건물이나 대형 상업시설에서 건물 전체를 일괄적으로 제어하거나 감시하는 경우에 이용되는 관리방식이다. 관리대상은 조명뿐만 아니라 공조, 방재기기 등 건물의 설비기기 전체에 해당되는 경우가 많다. BAS(Building Automation System)라 불리는 시스템이 대표방식이다. 대규모 시설에서 넓게 채용되는 방식이다.
- 분산관리방식 : 건물 중에서 특정구역이나 층만을 제어하면 좋은 경우에는 비교적 소규모 그룹화를 행해서 단독으로 관리한다. 건물의 서브시스템으로 이용되거나 중소 상업시설에 채용되는 방식이다.
- 인터넷 : 인터넷 환경을 이용하여 조명을 제어 · 감시하는 것이다. 브라우저 소프트를 이용한 홈페이지 감각으로 관리되기 때문에 컴퓨터로 자기 주위의 조명제어와 공조제어가 가능하다.

(4) 조명제어 시스템의 구성요소

① 타임스케줄 조명제어 시스템

집무장소에서 업무 전후나 업무 이외의 시간대는 조명을 일정의 관리내용으로 점멸 · 조광해서 조명에너지를 절약하려는 시스템이다. 하루 동안의 타임 스케줄관리뿐만 아니라, 1주 단위나 월 단위에서 년(年) 단위까지 스케줄을 편성하는 것이 가능하다. 조명기구를 점멸 혹은 조광제어할 수 있는 유닛이랑 타임기능을 가진 제어유닛이 기본구성이다.

② 창측의 주광이용 조명제어 시스템

창에서 입사한 주광량에 따라 실내의 조명을 조광제어하고 필요한 밝기를 저하시키지 않고 에너지절약을 도모하고자 하는 것이다.

③ 적정조도 유지제어 시스템

조명기구는 설치 후 시간경과와 함께 광원의 광속저하와 반사판의 오염 등에 의해 조도는 저하한다. 이를 위해 조명설계시 조도 저하분을 보수율이라는 계수를 이용하여 미리 조도 저하분을 예상한다. 이 조도를 설계조도라 하지만 이 조도에 비해 조명기구를 설치한 당초의 조도는 보수율의 역수를 곱한 분만큼 높다. 이를 위해 설치 당초의 조도에서 설계조도를 뺀 분만큼 조광제어에 의해 조도를 저하시켜 불필요한 밝기에 의한 에너지를 절약하여 사용하는 방식이다.

참고문헌

1) 池田紘一, 小原章光男: 光技術と照明設計, 電氣學會, 2004.

2) 松浦邦男, 高橋大つぐ: 建築環境工學 I −日照 · 光 · 음 · − , 朝倉書店, 2003.

3) 中島龍興, 近田玲子, 面出薫 : 照明デザイン入門, 影國社, 1995.

4) 日本建築學會 編 : 晝光照明デザインガイド, 技報堂出版, 2007.

5) 日本照明學會 編ラ, ライティングハンドブッ,, オーム社, 1987.

6) 松下進, 最新照明の基本と仕組み, 秀和システム, 2008.

7) 이경회, 건축환경계획, 문운당, 2007.

8) 지철근 외 6인, 최신 조명환경원론, 문운당, 2008.

9) 임만택, 건축환경학, 보문당, 2007.

10) 김정수 외 3인, 건축조명계획론, 광문각, 2001.

제6장
음 환 경

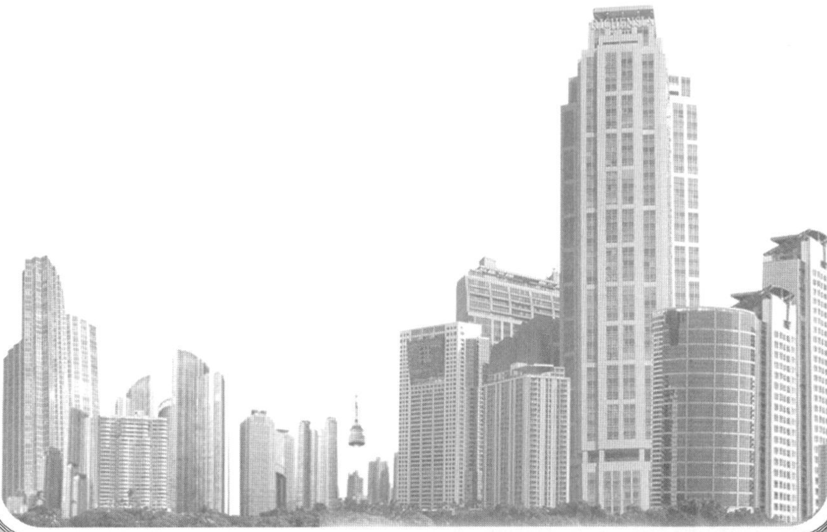

음향의 역사는 "악야자 출어천이 우어인 발어허이 성어자연(樂也者 出於天而 寓於人 發於虛而 成於自然)"라고 정의하고 있는 「악학궤범(樂學軌範)」에서 찾아볼 수 있다.

"음악은 하늘에서 내려와 사람에게 머물며, 텅 빈곳에서 나와 자연 안에서 이루어진다.", 즉 "음악은 인간의 정신이며, 사람만이 음악을 가질 수 있고, 음악은 사람 안에 머무는 것이고, 소리를 내는 악기는 항상 그 속이 비어 있으므로 소리는 비어 있는 곳에서 나온다."라고 유추할 수 있다.

악야자 출어천이 우어인(樂也者 出於天而 寓於人)은 음악의 정신적인 면, 즉 음악이 인간 정신의 산물이라는 면을 강조한 것이고, 발어허이 성어자연(發於虛而 成於自然)은 음악의 음향학적인 면을 강조한 것이다. 이중 발어허이(發於虛而)는 진동의 발생, 성어자연(成於自然)은 진동의 전달, 즉 소리의 전파를 의미한다.

6.1 음의 성질

물체 진동에 의한 물리적 상태의 변화가 탄력성 있는 매질을 통하여 전파되어 나가는 파동현상이 사람의 청각으로 지각되는 것을 음이라 한다. 탄력성 있는 매질이란 매질의 입자가 물리적 상태의 변화가 제거된 후 원위치로 다시 돌아갈 수 있는 성질을 의미한다.

물리적 진동 현상은 고체, 액체, 기체를 통해 전파될 수 있다. 인간이 청각으로 소리를 지각하는 것은 공기를 매개로 이루어지며, 공기에 의해 전달되는 음을 공기전달음(airbone sound)이라 한다. 그리고 건물 구조체와 같이 고체에 의해 전달되는 음을 고체전달음(structurebone sound)이라 한다.

6.1.1 음의 물리적 특성

(1) 주파수, 파장, 음속

1) 주파수(周波數 ; frequency)

음이 1초 동안에 왕복 진동하는 횟수를 주파수라 하며, 단위는 c/s(cycle/sec)

또는 Hz(Hertz)를 사용한다. 인간의 귀로 들을 수 있는 주파수 범위는 20~20,000Hz이며 이 범위를 가청주파수(可聽周波數)라 한다.

단일 주파수로 된 소리를 순음(純音 ; pure tone)이라 하지만 대부분의 소리는 많은 주파수로 된 복합음(複合音 ; complex sound)으로 이루어지고 있다. 이러한 복합음은 형성된 음을 옥타브 밴드(octave band)별로 나누어 음의 측정과 분석시에 이용하고 있다. 일반적으로 주파수 분석시에는 1/1옥타브 밴드나 보다 더 정밀한 분석이 요구시에는 1/3옥타브 밴드를 이용하고 있다. 1/1옥타브 밴드의 중심주파수(centre frequency)는 다음과 같다.

31.5, 63, 125, 250, 500, 1000, 2000, 4000, 8000, 16000 Hz

사람의 목소리는 주파수영역으로 100~2,000Hz 사이에 있으며, 피아노음은 30~5,000Hz 범위에 속하고 있다(그림 6.1 참조). 그림 6.2는 음의 유형에 따른 음압과 주파수 관계를 나타낸 것이다.

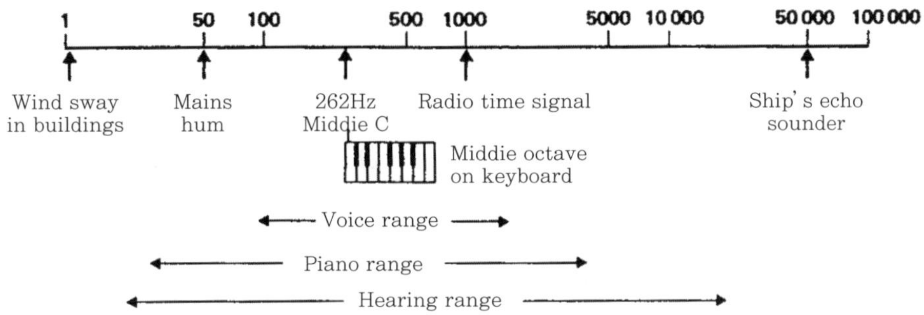

그림 6.1 각종 음의 주파수 범위

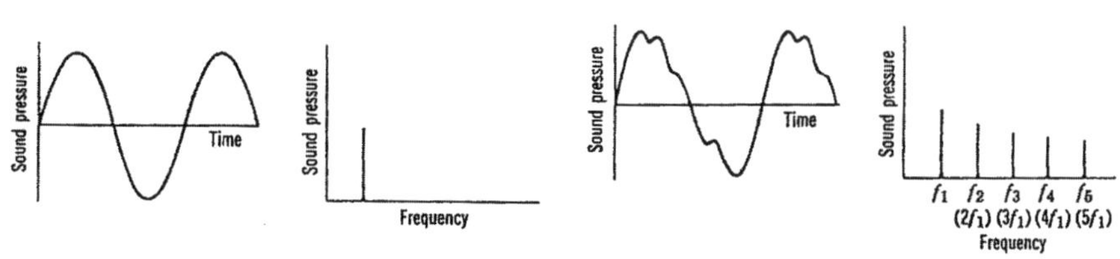

(a) 순음 (b) 순음의 합성

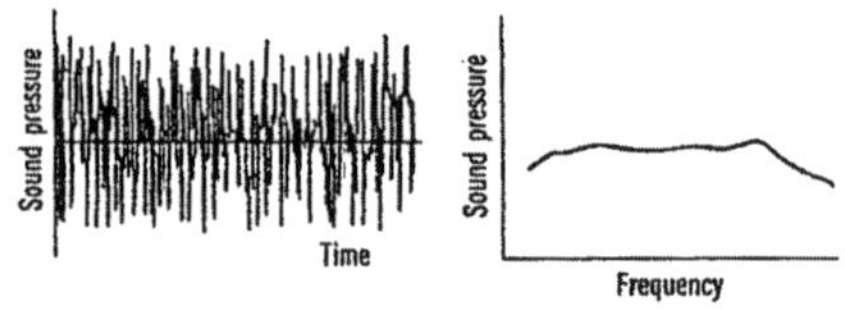

(c) 복합음

그림 6.2 각종 음의 주파수와 음압

2) 파장(波長 ; wavelength)

음파의 밀(密)한 부분과 밀(密)한 부분 사이를 파장이라 하며, 파장을 구하는 식은 다음 식과 같다.

$$\lambda = \frac{c}{f}\,(\mathrm{m}) \quad \cdots\cdots\cdots\cdots\cdots (6.1)$$

파장은 주파수에 반비례하며, 저주파수로 갈수록 파장이 길어진다. 주파수에 따른 파장의 길이를 계산하면 표 6.1과 같다.

표 6.1 주파수와 파장

주파수(Hz)	20	63	125	250	500	1K	2K	4K	8K	16K
① 파장(m)	17	5.4	2.72	1.36	0.68	0.34	0.17	0.085	0.0425	0.021

3) 음속(音速 ; sound velocity)

주파수(f)와 파장(λ), 음속(C)과는 다음과 같은 관계식이 성립된다.

(m/s) · · · · · · · · · · · · · · · · · · (6.2)

여기서, C = 음속(音速 ; sound velocity) (m/s)

λ = 파장(波長 ; wave length) (m)

f = 주파수(周波數 ; frequency) (Hz)

음속은 소리가 전파하는 매질의 종류에 따라 크게 달라지며, 공기중의 온도와 습도에 영향을 받는다. 온도가 증가하면 소리의 속도도 증가하게 된다. 그러나 날씨에 따른 대기압의 변화에는 아무런 관계가 없으며, 주파수와도 관계가 없다. 표 6.2는 매질의 종류와 음속의 관계를 나타낸 것이다.

표 6.2 매질의 종류에 따른 음속

재 료	음속 C(kg/sec)	밀도ρ(kg/㎥)	특성임피던스 ρC(kg/㎡ · sec)
공기(1기압, 20℃)	343.5	1.205	415
물	1,460	1,000	146×10^4
고 무	35~230	1,010~1,250	$3.5\sim28\times10^4$
콜 크	480	240	12×10^4
목재(소나무)	3,300	400~700	$1.3\sim2.3\times10^6$
철	5,000	7,800	39.0×10^4
콘 크 리 트	3,500~5,000	2,000 2,600	$7\sim13\times10^6$
유 리	4,000~5,000	2,500 5,000	$10\sim25\times10^6$
대 리 석	3,800	2,600	9.9×10^6
모 래	1,400~2,600	1,600	$2.3\sim4.2\times10^6$

공기중으로 전달되는 음파의 전파속도는 다음 식으로 나타낸다.

$$C = 331+0.6t(\mathrm{m/s}) \cdots\cdots\cdots\cdots\cdots (6.3)$$

여기서, t 는 공기의 온도(℃)이며 음속은 1℃ 상승에 0.6m/s가 증가된다. 실용적으로는 공기의 온도가 상온시(15℃)일 때의 음속은 340m/s가 된다.

(2) 반사

음파가 실내 표면에 부딪치면 입사된 음에너지의 일부는 흡수되고, 일부는 구조체를 통하여 투과되며, 나머지는 반사하게 된다.

음파의 반사현상은 광학법칙과 같이 입사음과 반사음은 동일 평면상에 있고, 반사각과 입사각은 같다. 볼록(凸)하게 나온 면은 음을 확산시키고 오목(凹)하게 들어간 면은 반사에 의하여 음을 집중시키는 경향이 있다.

음을 효과적으로 반사시키려면 반사판의 적절한 크기가 필요하다. 이 반사판이 작은 경우에는 클 때보다 음의 회절현상으로 인하여 반사된 음에너지가 많이 감소되기 때문에 반사효율이 떨어진다. 반사판의 크기는 중간음 파장의 4~5배 크기 정도가 바람직하다.

만약 500Hz 이상의 음을 반사시키려면 이때의 파장이 대략 0.7m이므로 반사판의 크기로는 3m 정도의 폭이 요구된다.

(3) 확산

일정한 볼록면과 오목면을 가진 표면에 음파가 부딪치면 균일한 음분포를 가진 여러 개의 작고 약한 파형으로 나누어진다. 이러한 현상을 음의 확산이라 한다. 이는 표면재의 크기가 입사음의 파장과 거의 같은 경우에 발생되며 음의 방향을 변화시킨다. 음의 효과적인 확산은 반향을 방지하고 실내음압분포를 고르게 하여 음악이나 음성에 적당한 여운을 주어 음향조건이 좋아진다.

(4) 회절

음과 같은 파동이 진행중에 장애물이 있으면 그 장애물이 새로운 음원으로 되어 배면으로도 파동이 퍼져나가는 현상을 회절이라 한다. 음의 파동현상에 의한 회절은 고주파수음보다는 저주파수음에서 크게 나타난다.

(5) 굴절

밀도가 다른 면에 평면파가 부딪힐 때 일부는 반사되고, 일부는 굴절하여 제2의 매질로 들어가는 것을 말한다.

$$\frac{\sin\theta_1}{\sin\theta_2} = \frac{V_1}{V_2} = n \quad \cdots\cdots\cdots\cdots\cdots (6.4)$$

θ_1 : 입사각

θ_2 : 반사각

V_1, V_2 : 속도

n : 굴절률

(6) 간섭(Interference)

두 종류 이상의 음파가 중복되어 진폭이 변화하여 음이 강하게 또는 약하게 되는 현상이다.

(7) 마스킹효과(Masking Effect)

어떤 음에 의해 현재의 음이 잘 들리지 않는 현상을 마스킹효과라 한다. 이때 어떤 음은 원하지 않는 소리이므로 암소음이라 한다. 즉 마스킹효과는 현재음의 음압레벨이 암소음의 음압레벨보다 낮은 경우 최소가청역이 변하기 때문에 발생한다.

(8) 공명(Resonance)

발음체의 진동수와 같은 음파를 받게 되면 자기도 진동하여 음을 내는 현상으로 공명이 일어나면 실내의 균일한 음분포를 얻기 어렵다.

공명현상에 대한 해결 방법으로

① 실의 세 변의 비는 간단한 배수비는 피할 것.

② 실의 표면은 불규칙하게 할 것.

③ 흡음재를 분산 · 배치할 것.

(9) 잔향(Reverberation)

큰 실내에 일정한 크기의 음을 내어 갑자기 멈추면 그 음이 수초간 남아 있는 현상으로써 잔향을 양적으로 표시하는 데는 잔향시간을 이용한다.

잔향시간이 너무 길면 대화음의 요해도는 저하되고, 빠른 연주음인 경우 각 악기의 분리가 명확치 못해 혼란스럽지만 적당한 잔향시간은 음악을 풍부하게 해준다.

6.1.2 음의 종류

(1) 표준음

무한히 많은 음 중에서 들을 수 있는 대표적인 음은 125, 250, 500, 1,000, 2,000, 4,000Hz 또는 128, 256, 512, 1,024, 2,048, 4,096Hz의 순음(純音)이다. 이 음 중 128, 512, 2,048Hz의 3개를 각각 저음, 중음, 고음역을 대표한다. 특히 512Hz의 음은 실내 혹은 재료 등의 음향적 성질을 표시할 때의 표준음으로 사용되며, 1,000Hz의 음은 청각을 고려하는 표준음으로 사용한다.

(2) 진음과 소음

악음은 음파의 구성이 규칙적이고 주기성이 있어 그 진동수를 정확하게 측정할 수 있는 성질의 음이다. 진음은 세기가 일정하고 높이가 어느 범위 내를 급속히 오르내리는 악음을 말하며, 확성기나 마이크로폰의 성능시험 등의 음원으로 사용한다. 소음은 시끄럽고 듣기 싫은 모든 음을 말한다.

6.1.3 음의 단위

(1) 음압과 음압 레벨

1) 음압(sound pressure : P)

매체 속의 음량(sound quantities)은 강도 또는 음압으로 측정이 가능하다. 음압은 음파에 의해 공기진동으로 생기는 대기 중의 변동으로서 단위면적에 작용하는 힘을 말하며, 단위는 dyne/㎠(bar) 혹은 N/㎡(Pa)을 사용한다.

사람이 들을 수 있는 음압범위는 1,000Hz에서 0.0002～2,000dyne/㎠(bar) 또는 $2\times10^{-5}\sim2\times10^{2}$N/㎡(Pa)이다.

2) 음압 레벨(sound pressure level : SPL)

음압 레벨이란 0.0002dyne/㎠ 또는 2×10^{-5}N/㎡을 기준값으로 어떤 음의 음압이 기준음압의 몇 배인가를 대수로 나타낸 것으로 식 (6.5)와 같이 구할 수 있다.

$$\mathrm{SPL} = 20\log_{10}\frac{P}{P_2}\ (\mathrm{dB}) \quad \cdots\cdots\cdots\cdots\cdots\cdots \quad (6.5)$$

P_0 : 기준음압(0.0002dyne/㎠ 또는 2×10^{-5}N/㎡)

(2) 음의 세기와 음의 세기 레벨

1) 음의 세기(sound intensity : I)

음파의 방향에 직각되는 단위면적을 통하여 1초간에 전파되는 음에너지량을 음의 세기라 하며, 식 (6-6)으로 구할 수 있다.

$$I = \frac{P^2}{\rho_\nu} (W/m^2) \cdots\cdots\cdots\cdots\cdots\cdots (6.6)$$

P : 음압 (N/m^2), ν : 음속 (보통 공기 중에서 340m/s)

ρ_ν : 공기의 고유 음향 저항 또는 임피던스 (400 N · s/m²)

ρ : 공기밀도 (상온에서 보통 1.22 kg/m³)

2) 음의 세기 레벨(sound intensity level : IL)

기준음 세기(I_0 : 10^{-12} W/m² 또는 10^{-16}W/cm²)를 기준값으로 하여 어떤 음의 세기()가 기준음의 몇 배인가를 대수로 나타낸 것으로 식 (6.7)으로 구할 수 있다.

$$IL = 10 \log_{10} \frac{I}{I_0} (dB) \cdots\cdots\cdots\cdots\cdots (6.7)$$

(3) 음의 에너지 밀도 레벨(sound energy density level)

어떤 음 에너지 밀도(E)와 기준음 에너지 밀도(E_0)와의 세기차는 식 (6.8)로 구할 수 있다.

이때 기준음 세기 10^{-16} Watt/cm²일 때 에너지밀도는 2.94×10^{-15} Watt · sec/m³이다.

$$EDL = 10 \log_{10} \frac{E}{E_0} (dB) \cdots\cdots\cdots\cdots\cdots (6\text{-}8)$$

(4) 음원의 파워 레벨(Power level : PWL)

음원이 단위시간에 방사하는 음의 전체 에너지를 음원의 음향출력이라 하고, 식 (6.9)와 같이 구할 수 있다. 기준 음향출력(W_0)의 경우 m 단위를 사용할 때 값은 10^{-12}Watt, feet 단위를 이용할 때는 10^{-13}Watt를 사용한다.

$$PWL = 10\log_{10}\frac{W}{W_0}\ (dB) \quad \cdots\cdots\cdots\cdots\cdots \quad (6.9)$$

6.1.4 음의 합성과 분해

(1) 음의 합성

두 가지의 음파가 겹쳐지면 합성음의 세기는 각각 음파의 세기 합으로 되지만 합성음 세기의 레벨(음압레벨)은 합성음 세기와 기준음 세기의 비의 대치수로 나타나야 한다. 즉 2개의 음압레벨 A와 B의 합성(A B일 때)은 2개의 음압레벨 차로 정해지는 증가분을 N이라 할 때 A+N과 같으며 표 6.3을 이용하여 간단히 구할 수 있고, 계산에 의한 수식은 (6.10)과 같다.

표 6.3 음의 합성 계산표(dB)

2가지 음압 레벨의 차 (A - B)	0	1	2	3	4	5	6	7	8	9	10
큰 쪽에 가산되는 값 (N)	3.0	2.5	2.1	1.8	1.5	1.2	1.0	0.8	0.6	0.5	0.4

$$L_A = 10\log\sum_{i=1}^{n}10^{\frac{Li}{10}} = 10\log(10^{\frac{L1}{10}} + 10^{\frac{L2}{10}} + \cdots + 10^{\frac{Lr}{10}}) \quad \cdots\cdots \quad (6.10)$$

예로 60dB에 60dB을 가산하면 63dB로 되고, 60dB에 70dB을 가산하면 70.4dB이 된다.

(2) 음의 분해

측정하고자 하는 대상음이 있을 때 그 이외의 주위 소음을 암소음(暗騷音)이라 한다. 대상음을 A, 암소음을 B라 할 때 합성음(A+B)과 암소음(B)의 차에서 보정치(표 6.4 참조)를 구하여 이를 다시 합성음에서 빼면 대상음의 음압레벨을 구할 수 있다.

표 6.4 암소음의 영향에 대한 보정(dB)

합성음과 암소음의 차 (A+B)-(B) (dB)	1	2	3	4	5	6	7	8	9	10
보 정 치 (dB)	- 6.9	- 4.4	- 3.0	- 2.3	- 1.7	- 1.25	- 0.95	- 0.75	- 0.6	- 0.45

단, 합성음과 암소음의 차가 10dB 이상인 경우는 대상음이 암소음의 영향을 거의 받지 않는 것으로 보며, 차이가 3dB 미만일 때는 암소음이 더 큰 경우이므로 대상음을 구하는 것은 무의미하게 된다.

6.1.5 음의 전파

음파는 공기압력의 미세한 변화에 의해 이루어진다. 다르게 말하면, 공기의 흔들림이다. 이 흔들림은 매우 미세하다. 악기가 내는 보통 크기의 소리는 정상적인 기압과 비교할 때 100만분의 1 압력변화가 생김으로써 발생된다.

소리는 음원에서의 거리가 점점 멀어질수록 그 강도가 약해진다. 음이 발생하면 음파는 반사면이 없는 음장(자유음장의 경우) 내에서는 음원을 중심으로 하여 구면파(球面波 ; spherical wave)를 형성하며 퍼져나간다. 따라서 음원에서의 거리가 멀어짐에 따라 구면적(球面積)은 반경의 제곱에 비례하여 커지며, 음의 강도는 음원으로부터 거리의 제곱에 반비례하여 감쇠(減衰)한다. 이처럼 음의 감쇠현상은 거리와 밀접한 관계가 있으며, 음원의 형상이나 크기에도 영향을 미친다.

소리는 기체, 액체, 고체 중에 전달되지만 진공 속에서는 전달되지 않는다.

(1) 점음원

음원의 크기가 일정한 거리에 위치하는 경우에는 하나의 점으로 가정되기 때문에 이러한 음원을 점음원이라 한다. 자유음장에서 점음원으로부터 음의 세기는 거리의 제곱에 반비례하여 감소하는 법칙(거리의 역자승법칙 ; inverse square law)이 있다.

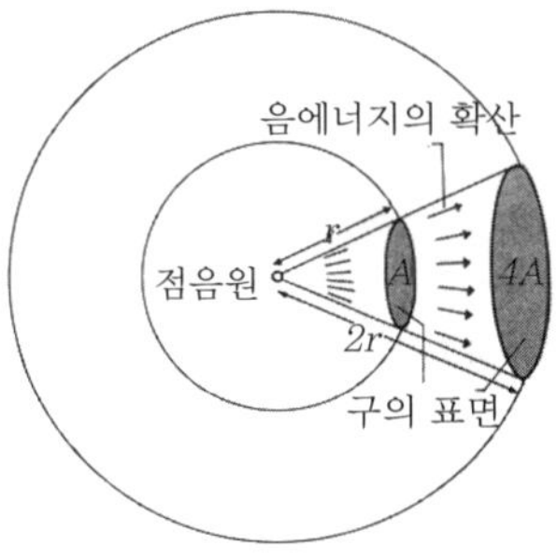

그림 6.3 점음원의 감쇠현상

점음원의 경우는 음원거리(r)에 대한 음의 세기(I) 변화는 다음과 같은 관계식을 가진다.

$$\frac{I_1}{I_2} = \frac{r_2^{\ 2}}{r_1^{\ 2}} \cdots\cdots\cdots\cdots\cdots\cdots\cdots (6.11)$$

I_1 : 음원으로부터 거리 r_1 에서 측정한 음의 세기

I_2 : 음원으로부터 거리 r_2 에서 측정한 음의 세기

파워레벨이 PWL인 점음원으로부터 거리 r 인 지점의 음압레벨을 SPL(dB)이라 하면 음압과 거리와의 관계는 식 (6.12, 13)과 같다.

$$SPL = PWL - 20\log r - 11 \text{(구면파로 전파될 때)} \cdots\cdots\cdots (6.12)$$

$$SPL = PWL - 20\log r - 8 \text{(반구면파로 전파될 때)} \cdots\cdots\cdots (6.13)$$

그리고 음원에서 거리가 r_1(m)에서 r_2(m)로 변화될 때 음압레벨 SPL1과 SPL2의 차는 다음과 같다. 음파가 점음원인 경우 거리의 비가 2배일 때마다 음압레벨은 6dB씩 감소한다.

$$SPL_1 - SPL_2 = 20\log(r_2/r_1) \cdots\cdots\cdots (6.14)$$

(2) 선음원

선음원은 점음원의 집합이라고 생각할 수 있고, 그 음파는 원통형태로 확산된다. 원통의 표면적은 반지름에 비례하여 증가하고 음의 세기는 음원으로부터 거리에 반비례하여 감소한다.

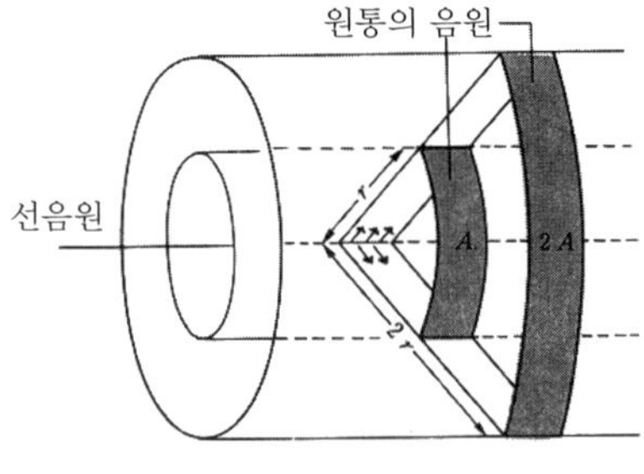

그림 6.4 선음원의 감쇠현상

선음원의 경우 음원거리(r)에 대한 음의 세기(I) 변화는 다음과 같은 관계식을 가진다.

$$\frac{I_1}{I_2} = \frac{r_2}{r_1} \quad \cdots\cdots\cdots \ (6\text{-}15)$$

I_1 : 음원으로부터 거리 r_1 에서 측정한 음의 세기

I_2 : 음원으로부터 거리 r_2 에서 측정한 음의 세기

단위길이당 파워레벨이 PWL일 때 음압레벨 SPL(dB)과 거리와의 관계는 다음과 같다.

SPL = PWL－20 log r－8(구면파로 전파될 때) ··········(6.16)

SPL = PWL－20 log r－5(반구면파로 전파될 때) ······· (6.17)

SPL_1 = SPL_2－10 log(r_2/r_1) ······· (6.18)

음파가 선음원인 경우 거리의 비가 2배일 때마다 음압레벨은 3dB씩 감소한다.

(3) 공기에 의한 소리의 감쇠현상

① 공기에 의한 음의 흡수현상 : 소리의 에너지 가운데 일부분은 공기를 차례로 압축하고 팽창하는데 사용된다. 이와 같은 효과는 낮은 주파수에서 무시해도 좋으며, 고주파(2,000Hz)에서는 소리의 전파거리 1m마다 약 0.01dB 정도의 감소를 가져온다. 이 감쇠효과는 습도가 낮을수록 증가한다.

② 온도구배 : 소리의 속도는 온도가 높은 공기에서 더 빠르다. 대기 중의 공기는 온도에 따라 여러 층으로 구성되어 있으며, 소리의 파동은 이 층을 지날 때 굴절현상이 일어난다. 이러한 굴절현상으로 인하여 소리는 낮보다 밤에 지표면을 따라 더 잘 전파하게 되고, 낮 동안에는 공기가 위쪽을 향해서 밤에는 아래를 향하여 굴절한다.

③ 바람의 영향 : 음파는 음원(音源)과 수음자(受音者) 사이에서 부는 바람의 영향을 받게 된다. 바람의 속도는 지면 위로 높아질수록 증가하며, 이와 같은 속도의 차이 때문에 음파는 굴절현상이 일어난다.

④ 지표면에서의 소리 감쇠현상 : 소리 에너지는 지표면 위를 지나면서 흡수현상이 발생하며, 이 현상은 지표면 위 6m 이내에 해당되며, 주위에 방해물이 없어야 한다. 지표면이 단단한 재료로 포장되었을 경우에는 감쇠효과가 거의 없지만 잔디와 같은 표면에서는 최대한 5dB까지 소음레벨을 줄일 수 있다.

6.1.6 음의 심리적 성질

(1) 청각(聽覺 ; aural perception)구조

인간의 청각은 귀에서 시작되며, 귀는 외이(外耳 ; outer ear), 중이(中耳 ; middle ear), 내이(內耳 ; inner ear)로 구성되어 있다.

귓바퀴에 모아진 소리는 외이도를 지나 고막을 진동시키면 이 진동이 중이에 있는 3개의 청소골(이소골)을 지나는 동안 진동은 증폭되며 달팽이관에 가득 차 있는 임파액을 진동시키며 청각신경을 통하여 대뇌의 감각중추에 도달함으로써 소리를 느끼게 된다.

(2) 음의 지각(知覺)

1) 음의 방향지각(方向知覺)

소리의 방향감각은 특별한 음장이 형성되는 곳이 아닌 곳에서는 소리의 방향을 지각할 수 있다. 오른쪽에서 음이 입사할 경우에는 오른쪽 귀에 음이 시간적으로 빨리 도달하고, 머리형상의 영향 때문에 두 귀에 입사하는 음의 레벨에 차이가 생긴다. 이렇게 두 귀에 입사하는 음의 시간차이(ITD ; intramural time difference)와 레벨차이(ILD ; intramural level difference) 및 소리가 공기중으로 진행할 때 전파특성에 의하여 소리의 방

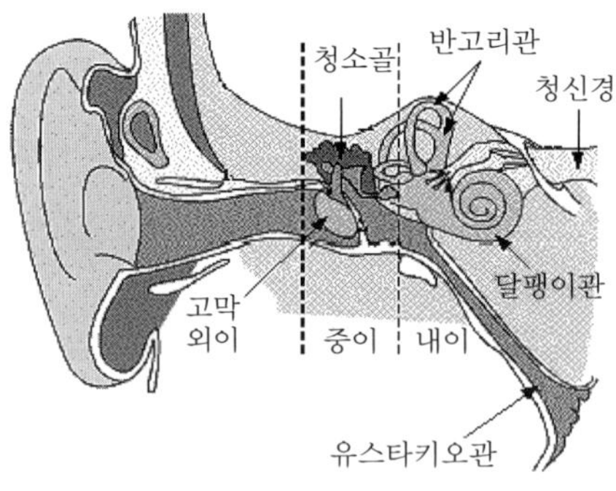

그림 6.5 귀의 구조

향을 지각한다.

인간의 귀는 수평으로 배열되어 있으므로 소리의 좌 · 우방향의 지각능력은 좋지만 정중앙면이나 후면에 음원이 위치하는 경우에는 두 귀에 입사하는 음의 시간 차이와 레벨 차이가 없기 때문에 방향감의 지각능력이 좌 · 우에 비하여 매우 뒤떨어지며, 시각적 판단에 의한 방향지각이 우선하지만 청각만으로도 방향감을 인식할 수 있다.

2) 음의 거리지각(距離知覺)

음원에서의 청취자 거리지각 능력은 음의 크기, 주파수 특성, 직접음과 잔향음과의 비, 두 귀 사이의 시간차 및 음압레벨차 등에 의하여 판단되지만 방향지각에 비하여 그 정확도는 떨어지며, 실험에 의하면 피험자는 음원과의 거리보다는 음압레벨에 의존하여 거리를 지각하는 결과가 나타나기도 한다.

음에 의한 거리지각은 한계가 있으며, 주로 경험적인 판단에 의하여 판단하는 것이 일반적이다.

3) 음의 공간지각(空間知覺)

양이효과(兩耳效果 ; Binaural Effect)는 음의 크기 가산, 음상(音像 ; Sound Image)의 융합, 칵테일파티 효과, 음원의 위치와 거리의 지각, 실내 확산감과 관계가 있으며, 음의 공간지각에도 깊은 관계가 있다. 음의 공간지각을 나타내는 물리량으로는 잔향 및 음장의 확산감(공간감)과 관계된 측방향으로부터 전달되는 초기 반사음은 공간인상(Spatial Impression)에 영향을 주는 성질이 있다.

(3) 가청범위(可聽範圍 ; audible range)

인간이 들을 수 있는 주파수 범위는 20Hz~20KHz이다. 이 범위는 정상상태의 인간 가청범위로 연령에 따라 차이가 있으며, 연령에 따라 최고 가청한계는 낮아진다. 20Hz 미만의 주파수를 초저주파(超低周波 ; infrasonic), 20KHz 이상의 주파수를 초음파(超音波 ; ultrasonic)라고 한다. 인간의 주파수별 가청범위는 음원의 음압이나 그 종류에 따라 달라지며, 일반적으로 1KHz 이상의 고주파수에서 예민하게 반응하며 주파수가 낮아짐에 따라 감지도(感知度)는 서서히 감소한다.

6.2 실내음향(room acoustics)

실내음향은 실의 형상, 크기 및 구조에 따라 음원에서 나온 직접 음과 벽, 천장, 바닥과 같은 건물 부위 면에서 음의 반사, 흡음, 확산, 잔향 등에 의해 복잡한 음장을 만든다. 최근에는 과학적 해석으로 설계이론을 확립하여 실내의 음향상태를 양적으로 나타내게 되었다. 실내음향의 상태는 명료도, 잔향시간(여운시간), 음압분포, 소음레벨에 의해 결정된다.

6.2.1 실내음향 조건

(1) 명료도와 요해도

① 음절 명료도(Percentage articulation)

명료도는 사람이 말할 때 어느 정도 정확하게 청취할 수 있는가를 표시하는 기준을 백분율로 나타낸 것으로 음의 세기에 의한 명료도는 음압레벨이 70～80dB일 때 가장 높고 40dB 이하가 되면 급격히 저하된다.

명료도는 강연자 음성의 평균레벨, 방의 잔향시간, 실내 소음레벨, 방의 형태(계수 : 보통 방은 1, 큰 방 0.9, 작은 방은 1.05이다.)에 의해 결정된다.

$$\text{명료도(PA)} = 96 \times K_e \times K_r \times K_n \quad \cdots\cdots\cdots\cdots\cdots\cdots \quad (6.19)$$

K_e : 음의 세기에 의한 명료도 저하율

K_r : 잔향시간에 의한 명료도 저하율

K_n : 소음에 의한 명료도 저하율

식 (6.19)에서 상수 96은 완전한 실내환경에서도 96%가 최대 명료도임을 의미한다. Knudsen은 실험을 통하여 그림 6.6과 같이 그 관계를 나타냈다.

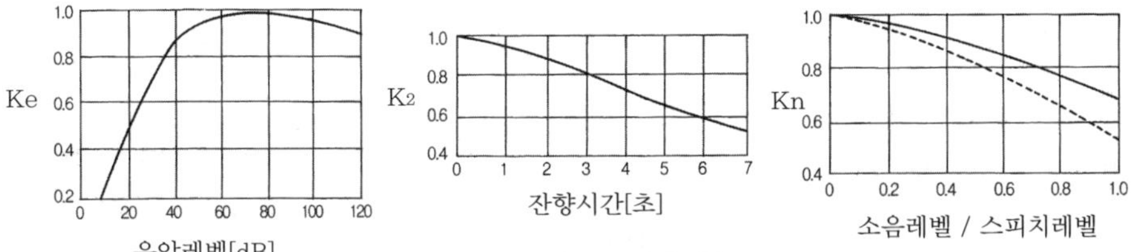

그림 6.6 명료도 결정 계수

② 문장 요해도(Speech intelligibility)

음절 하나하나가 불명료하여 알아들을 수 없어도 전후 관계에 따라 말의 내용이 몇 %나 이해되느냐 하는 정도를 요해도(了解度)라 한다. 요해도는 각 음절의 전부를 확실하게 들을 수는 없어도 말의 내용이 이해되는 경우가 있으므로 명료도보다는 높은 값을 갖게 된다.

확성장치를 사용하지 않을 경우, 인간의 음성이 갖는 음 레벨범위는 음원으로부터 3m 거리에서 들을 때 30dB(속삭이는 소리)에서 70dB 정도가 된다. 거리에 따른 청취 조건은 음원과 객석과의 거리에 따라 다음과 같다.

- 15m 이하 : 편안한 청취 조건
- 15~20m 이하 : 충분한 요해도 조건
- 20~25m 이하 : 만족한 청취 조건
- 30m : 확성장치 없이 청취할 수 있는 한계 조건

6.2.2 잔향이론

실내에서 발생한 음파는 실내마감 표면에 부딪칠 때마다 음에너지의 일부가 흡음되며, 일부는 반사하게 된다. 일단, 반사된 음들은 또다시 계속하여 실내마감 표면에 입사하여 흡음과 반사의 과정을 되풀이하여 서서히 음에너지가 감쇠되어 들리지 않게 된다. 실내에서 음의 발생을 갑자기 중지시켰을 때 음을 중지한 후에도 소리가 실내에 남는 현상을 잔향(reverberation)이라 한다. 잔향시간

은 실내에 일정한 세기의 음을 제공하여 일정상태가 되었을 때, 음원으로부터 음의 발생을 중지시킨 후 최초값보다 음의 강도레벨이 60dB 내려갈 때까지 걸리는 시간을 의미한다. 60dB이라는 것은 음에너지로 1/100만, 음압으로 1/1,000까지 감소하는데 걸리는 시간을 말한다.

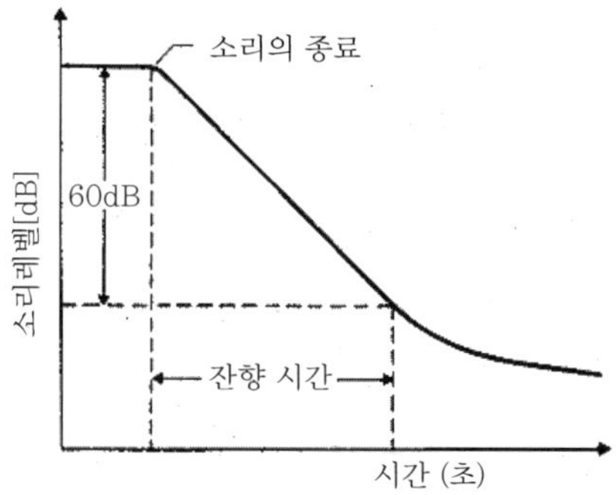

그림 6.7 잔향시간

(1) Sabine의 잔향식

실내음의 잔향시간 계산은 19세기 말에 Sabine에 의하여 유도되었고 건축음향계획에 사용되기 시작하였다. Sabine의 잔향이론은 다음과 같은 가정을 바탕에 두고 구하였다.

① 실내의 음장(音場)분포는 균등하게 확산 · 분포된다.

② 음원과 측정 위치는 관계가 없다.

③ 음의 진행은 모든 방향에서 같은 확률로 전파되어 간다.

④ 실내마감 표면은 계속해서 음을 흡수한다.

⑤ 흡음재료의 기능은 설치 위치와 무관하다.

$$\mathrm{RT} = \frac{K \cdot V}{A} = \frac{K \cdot V}{\bar{a} \cdot S} \quad \cdots\cdots\cdots\cdots\cdots\cdots \ (6.20)$$

RT : 잔향시간(초)

K : 비례상수(0.162)

V : 실의 용적(m^3)

A : 실내 총 흡음력 $= a$(평균 흡음률)$\times S$(실내 표면적)

이 Sabine의 잔향식에서 극단적인 경우, 즉 실내마감면이 완전히 반사한다고 가정하면 실의 총 흡음량은 0이 되고, 따라서 Sabine의 공식에 의한 잔향시간은 무한대가 될 것이다. 그러나 실제 공기가 약간의 흡음(4,000Hz에서 공기의 흡음률은 0.02/m^3)을 하게 되어서 실용적이 매우 큰 경우에는 상당한 영향을 미치게 되므로 공기의 흡음량도 고려되어야 한다.

정반대의 극단적인 경우, 실내마감면이 완전히 흡음될 때, 즉 흡음률 일 때 계산상 실내마감면에서 반사되는 음에너지가 전혀 없으므로 잔향시간이 0이 되어야 하지만 0이 되지 않는 결점이 나타난다.

(2) Eyring의 잔향식

Sabine의 잔향식에서는 방의 흡음력이 상당히 클 때 잔향시간의 계산값이 실제보다 큰 값으로 된다. Sabine의 잔향이론에 따르면 실내마감면의 흡음률이 1인 경우에는 잔향시간이 0에 수렴되지 않으므로 흡음률의 의미가 모순을 가져오게 된다.

이것에 대하여 Eyring은 음원에서 퍼져나간 음파가 벽면에 부딪칠 때 마다로 흡수되어 $(1-a)$만 반사되고, 음파가 반사되어 한 벽면에서 다른 벽면으로 진행되는 동안은 음의 흡수가 일어나지 않아서 잔향시간의 미시적인 또는 단계적인 과정을 걸쳐 이루어지는 것으로 생각하여 잔향식을 유도하였다.

이 식에 의하면 가 1일 때 는 0이 되어서 Sabine의 식이 갖고 있는 모순을 보완하여 Eyring은 다음 잔향식을 유도했다.

$$RT = \frac{K \cdot V}{S \cdot \log_e(1-\bar{a})} = \frac{K \cdot V}{S \cdot [-2.3 \log_{10}(1-\bar{a})]} \quad \cdots\cdots\cdots\cdots (6.21)$$

a : 평균 흡음률

위 식에서 가 충분히 작은 방에서는 가 로 되어 Sabine식과 일치하게 된다. 따라서 Eyring식은 흡음력이 큰 경우에 적합하다.

(3) Kudsen의 잔향식

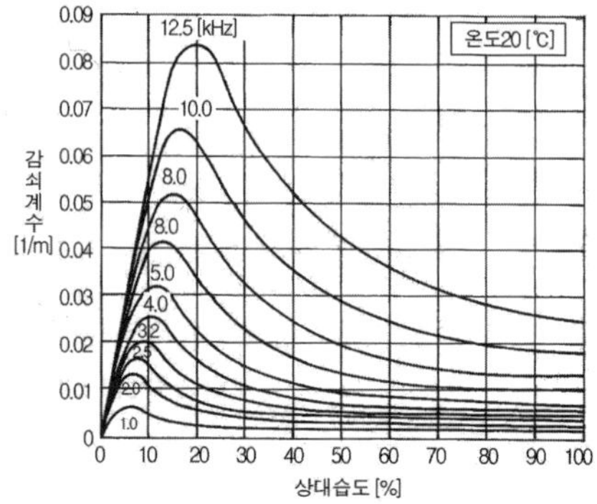

그림 6.8 공기 중 음감쇠계수

실용적이 큰 실에서는 공기의 점성 저항에 의한 음의 감쇠를 무시할 수 없으므로 공기 속에서의 단위길이에 대한 감쇠계수 을 사용해서 Eyring식을 수정 · 보완한 것이 Knudsen식이다.

식(6.22)에서 m은 공기의 온도와 습도에 따라 변화하며, 습도가 아주 낮을 때를 제외하고, 보통 1,000Hz 이하에서는 4가 0에 가까워지므로 무시하고, 2,000Hz 이상에서 공기흡음을 고려할 때 사용한다.

$$RT = \frac{K \cdot V}{-S \cdot \log_e(1-\bar{a}) + 4mV} = \frac{K \cdot V}{S \cdot [-2.3\log_{10}(1-\bar{a}) + 4mV]} \quad \cdots (6.22)$$

m : 공기의 음에너지 감쇠계수

6.2.3 최적 잔향시간(Optimum reverberation time)

실의 용도에 따른 적절한 잔향시간은 그 실에서의 음을 생동감 있게 한다. 따

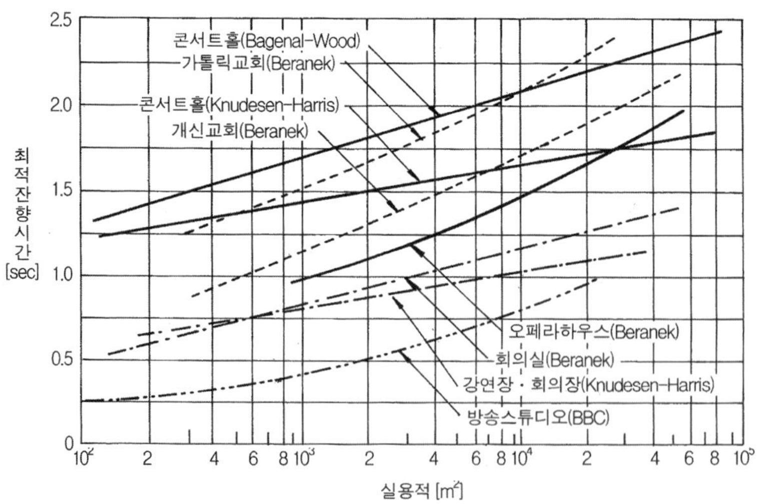

그림 6.9 용도에 따른 최적잔향시간(500HZ)과 실용적과의 관계

라서 최적 잔향시간은 실의 사용 목적에 따라 필수적이며, 음악을 연주하는 실은 강연하는 경우보다는 긴 잔향시간이 요구된다. 강연시에는 대체로 짧은 잔향시간이 요구되지만 잔향시간이 너무 짧게 나타나면 소리가 활기찬 느낌이 없으므로 강연시에도 적절한 잔향시간은 필요하다. 그림 6.9는 실의 용도와 용적에 따른 최적잔향시간의 제안치이다.

음악을 연주하는 홀은 잔향이 풍부해야 하며 강연등을 위한 실은 소리를 명료하게 알아듣기 위해서는 잔향이 그다지 길지 않는 편이 좋다. 표 6.5는 Knudsen이 제안한 음악형태별 최적잔향시간이다.

표 6.5 음악형태별 최적잔향시간

음악형태	적정잔향시간(sec)
오르간 음악(Organ music)	2.5
낭만파 음악(Romantic music)	1.8~2.2
고전음악(Classic music)	1.6~1.8
바로크 음악(Baroque music)	1.5
오페라(Opera)	1.3~1.8
실내악(Chamber music)	1.4~1.7
드라마(Drama theatre)	0.7~1.0

6.2.4 실내음향 계획

바람직한 실내 음향상태를 얻기 위해서는 과학적이며, 정확한 자료에 의한 물리적이고 기하학적인 실내 음향설계에 기초를 두고 있어야 하며 청중이나 연주자들에게 만족스러운 음질을 제공해야 한다. 이러한 음향환경을 얻기 위해서는 설계의 기본단계에서 외부와의 소음을 고려한 적절한 배치계획 및 실내에서 각 실간의 방음을 고려한 평면 및 단면계획 등을 다각적으로 검토하여야 한다.

(1) 실내 음향설계시 검토사항

① 외부로부터의 소음이 전달되지 않도록 차음(遮音)설계에 유의한다.

② 오디토리엄 설계시에는 실에 적절한 잔향(殘響)이 발생하도록 설계한다.

③ 균일한 실내 음압이 발생토록 한다.

④ 적절한 명료도(明瞭度)가 생길 수 있도록 설계한다.

⑤ 실간(室間) 소음으로 인한 음교(音橋 ; sound bridge)현상이 발생하지 않도록 유의한다.

⑥ 덕트 및 기타 설비배관으로 인한 소음전달현상이 생기지 않도록 한다.

⑦ 에코(echo) 등의 실내 음향장애현상이 발생하지 않도록 유의한다.

(2) 실내음의 이상현상

① 반향(反響 ; echo)

직접음(直接音 ; direct sound)을 들은 뒤 반사음(反射音 ; reflect sound)이 들리는 현상으로 실에 에코가 발생하면 명료성이 떨어지고 음악도 연주가 어려워진다. 반사음이 직접음보다 50ms(1ms=1/1,000초) 이상 청취자에게 늦게 도달되면 에코로 느낄 수 있다.

소리가 공기중에 1초에 340m 전달된다고 가정하면 50ms는 거리로는 17m가 된다. 반사음의 레벨이 높을수록, 반사음의 지연시간이 길수록, 저음역보다 고음역 성분이 많을수록 에코로서 지각되기 쉽다.

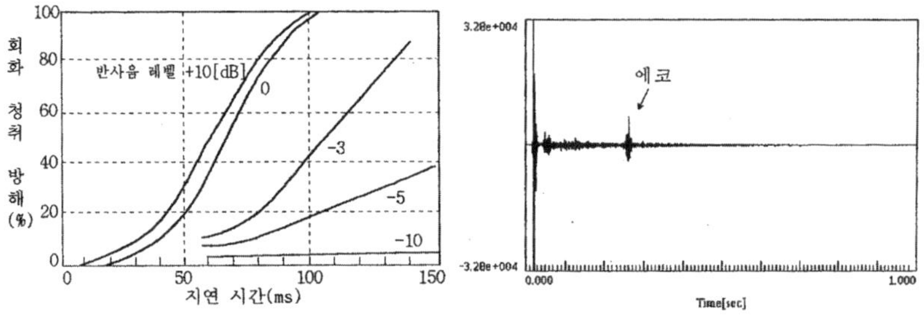

그림 6.10 반사음의 지연시간과 에코지각

② 음의 집중현상(sound focus)

음의 파장(波長)에 비하여 훨씬 큰 오목면에 소리가 반사되면 어느 위치에서는 소리가 집중되어 그곳의 음압이 상승하는 현상으로 실내 음압분포를 나쁘게 한다. 음의 집중현상은 실내 형태 및 마

그림 6.11 로열 알버트홀

감재료에 의하여 발생한다. 영국의 로열 알버트 홀은 개관 초기에 원형 평면과 천장의 오목한 형태로 인하여 음의 집중현상을 야기한다.

③ 플러터 에코(flutter echo)

실내천장, 바닥, 양측 벽면 바닥이 서로 평행하고 딱딱한 반사재료로 마감되었을 경우에는 소리가 이 평행면 사이를 여러 번 반사하여 특수한 음색으로 들리는 경우가 있다. 이와 같이 반복되어 발생되는 반향을 플러터 에코라 한다. 이러한 소규모 실내체육관에서 많이 발생하고 있다.

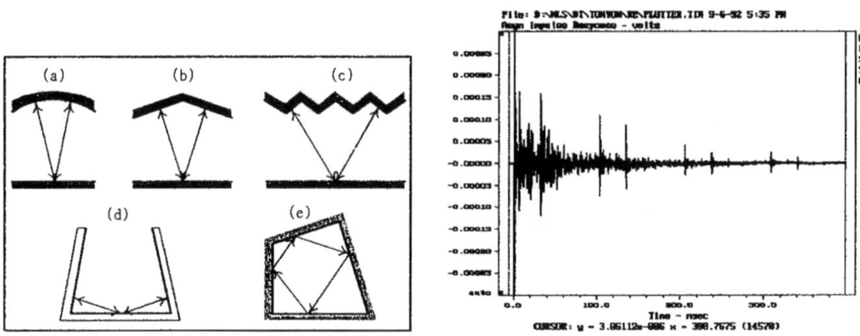

그림 6.12 플러터 에코

④ 음의 사점(死點 ; dead spot)

실내의 음압이 다른 부위보다 상대적으로 매우 낮게 나타나는 현상으로서 주로 발코니 하부에서 이와 같은 현상이 나타난다.

⑤ 속삭이는 회랑(whispering gallery)

실내의 반사면이 긴 오목한 형태를 취하고, 반사성이 강한 재료로 마감되어 있으면 소리가 그 면을 따라 미끄러지듯이 몇 번이고 반사하여 계속적으로 소리가 들리는 현상이다. 이러한 현상으로 유명한 건물은 영국의 세인트 폴(St. Paul)성당이다.

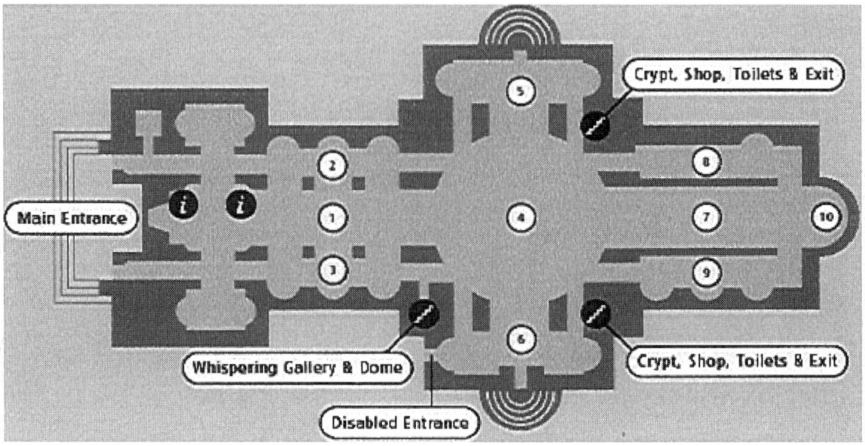

그림 6.13 세인트 폴 성당 평면도

6.2.5 실의 형태계획

(1) 평면계획

홀의 음향설계 원칙의 하나로 음원측은 반사성으로 리브 엔드(live end), 청중측은 흡음성으로 데드 엔드(dead end)라는 원칙이 있다. 음원의 지향성을 고려한다면 실의 중심축으로부터 각각 70° 이내에 객석이 위치하는 것이 바람직하며, 장방형 실에서 실의 길이는 폭의 1.2~2배 정도가 적당하다.

부채꼴형과 같이 측벽이 확산되는 평면형은 음원과의 거리를 근접시키고 평행면을 피할 수 있으므로 여러 가지 음향적 이점이 있다.

타원이나 원형 형태는 음의 집중현상이나 불균일한 분포, 반향(echo) 등의 문제를 일으키게 된다. 이러한 평면이나 단면을 갖는 실내의 어느 부분은 음압이 너무 커지거나 필요한 보강반사음을 방해하므로 가급적 피한다. 부득이한 경우에는 그 표면을 흡음재로 마감하거나 확산표면형으로 처리해야 한다.

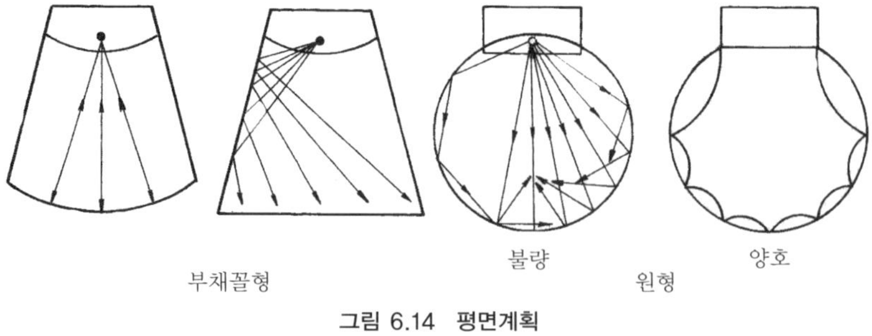

그림 6.14 평면계획

(2) 단면계획

천장이나 벽은 뒤쪽 객석까지 반사음이 균등히 도달할 수 있도록 계획되어야 한다. 천장은 음을 확산시킬 수 있는 볼록한 형태가 유리하며, 벽체는 양쪽 1/20로 경사지게 벽면을 고려하고, 객석의 뒷벽은 가능한 한 오목면의 형태를 피하는 것이 좋으며, 흡음처리 및 표면재를 적절하게 변화시킴으로써 뒷벽에 의한 반향 등이 발생하지 않도록 한다.

바닥은 경사지게 하거나 무대를 높여 각 좌석에서 무대쪽으로 시각적인 장애물이 없도록 하여 앞좌석 사람의 머리가 뒷좌석 사람에게 도달되는 직접음의 음선을 막지 않도록 해야 한다. 오디토리엄의 경우 바닥구배는 최저 8℃, 극장에서는 최저 15° 가 필요하다.

무대는 직접음이 잘 도달될 수 있도록 객석보다 높게 하며, 무대의 주변부는 반사재 및 확산재로 처리하면 반사음을 이용할 수 있도록 계획한다.

발코니석은 그 깊이는 작게 발코니 및 개구높이의 최대 2배 이하가 가능하면 1.5배 이하로 하고, 홀 천장 전체 면적의 1/2 정도는 보이도록 하고, 발코니 선단은 확산성이나 흡음성을 갖게 하며, 발코니 밑 천장은 유효1차 반사음을 얻을 수 있도록 경사처리, 반사성 마감을 한다.

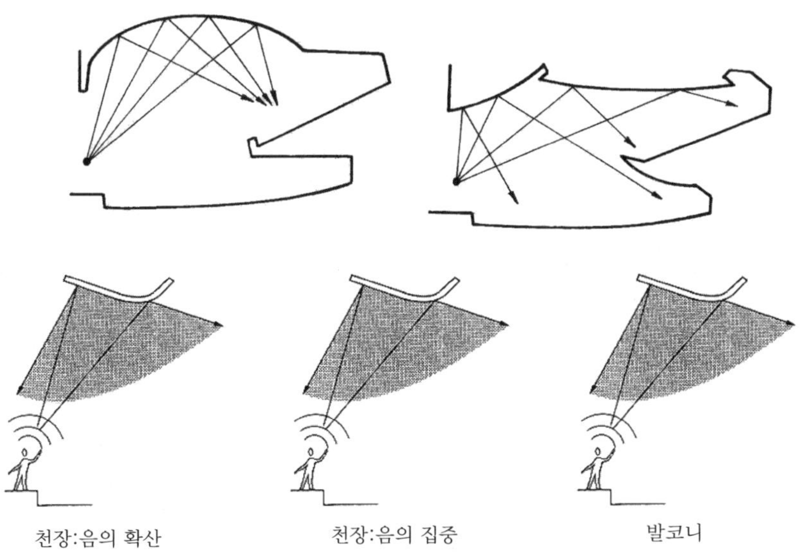

그림 6.15 단면계획

6.3 흡음과 차음

6.3.1 흡음

실의 표면에서 소리에너지가 반사하는 것을 감소시키는 것을 말한다. 즉 어떤 재료의 미세한 구멍을 통과할 때 마찰저항, 진동 등에 의해 음에너지가 열에너지로 변하는 현상이다. 흡음은 소리의 제어에는 거의 효과가 없지만 소리의 질에 매우 중요한 영향을 미친다.

(1) 흡음률

어떤 재료가 어느 정도 흡음 효과를 가지고 있는가는 주파수별 흡음률(α)로 표시된다. 재료의 흡음률(sound absorption coefficient)은 입사에너지와 재료 표면에 흡수된 에너지와의 비율이다. 흡음률값(α)은 주파수에 따라 다르며 0~1.0 사이에서 변화한다. 음향학적으로 중요한 건물의 음향 조절을 위해서는 저음역, 중음역, 고음역 등의 주파수 특성별로 흡음재료가 필요하며, 특기사항이 없는 한 잔향실측정 흡음률값을 이용한다.

(2) 흡음재료

1) 사용 목적

① 실내의 흡음력을 증가시켜 실내에서 발생한 소음 레벨을 감소시킨다.

② 적절한 흡음재 사용으로 잔향시간을 그 실의 용도에 맞게 조정한다.

③ 에코 등 실의 형태에서 파생되는 음향 장애를 방지한다.

2) 흡음재료의 종류와 특성

① 다공성 흡음재(porous absorbers)

암면(岩綿)이나 글라스울(glass wool) 등 통기성이 있는 다공질 재료로 대부분의 흡음재료는 여기에 속하며, 다공질 재료의 흡음 특성을 좌우하는 요소는 재료의 두께,

그림 6.16 다공성 흡음재

통기성, 재료 배후의 공기층 유무 등이 있다.

- 중 · 고음역에서는 큰 흡음률을 나타내지만 저음역에서는 흡음률이 급격히 저하한다.
- 재료의 두께를 증가시키든가 공기층의 두께를 증가시키면 저음역의 흡음률이 증가한다.
- 표면을 피복하여 통기성을 저해하면 중 · 고음역의 흡음률이 저하한다.

② 판진동 흡음재(membrane absorbers)

얇은 판의 배면(背面)에 공기층을 만들어 흡음시키는 것으로 합판이나 석고보드 등이 여기에 속한다. 판상재료의 흡음 특성을 좌우하는 요소로는 판의 면밀도(綿密度), 판 자체의 강성, 배면의 공기층 두께 등이 있다.

- 보통 공명주파수 범위가 80~300Hz의 저음역에 있으므로 저음용의 흡음재로 유용하며, 재료의 중량이 크거나 배후공기층이 클수록 공명주파수 범위가 저음역으로 이동한다.
- 흡음률은 저음역에서 0.2~0.5이고, 고음역에서는 10% 내외를 흡음하므로 반사판 구실을 한다.

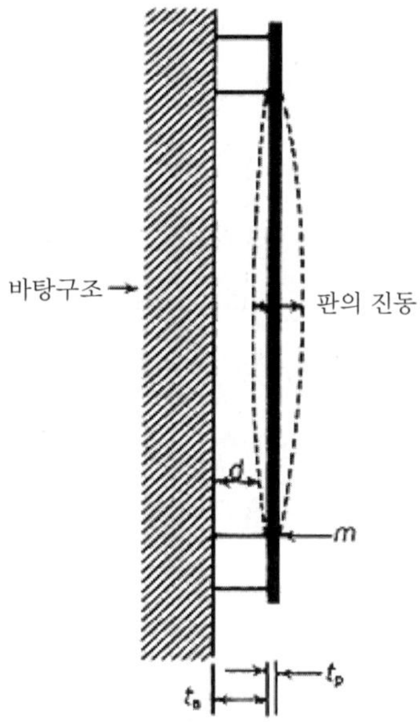

그림 6.17 판진동 흡음 구조

- 흡음판은 막진동하기 쉬운 얇은 것일수록 흡음률이 크며, 기밀하게 접착하는 것 보다는 못으로 고정시키는 것이 진동하기 쉬우므로 흡음률이 커진다.
- 흡음용 소프트텍스와 같은 다공질판은 배후공기층을 갖게 하여 벽에 부착시키면 다공질형 특성과 판진동형 특성의 흡음 특성을 갖게 된다.

③ 중공형 흡음재 또는 공동(helmholtz) 공명기

– 음파가 입사될 때 구멍 부분의 공기는 입사음과 일체가 되어 앞뒤로 진동하며, 동시에 배후의 공기가 스프링과 같이 압축과 팽창을 반복한다. 특히 공명주파수 부근에서는 공기의 진동이 커지고 공기의 마찰 점성저항이 생겨 음에너지가 열에너지로 변하는 양이 증가하므로 흡음률은 최대가 된다.

– 공동 공명기

• 단일 공동 공명기 : 공명 주파수 부근의 특정 주파수 음만을 효과적으로 흡음

• 천공판(穿孔板) 공명기 : 벽체에 공기층을 갖도록 천공판을 설치

• 슬릿(slit) 공명기 : 판 사이를 띄워 붙이거나 리브를 나란히 부착

④ 특수 흡음구조

– 현수 흡음재 : 벽이나 천장에 매단 구조로 흡음력을 보강한 현수 흡음체가 사용된다. 동(銅), 하드보드(hard board) 등의 구멍 뚫린 판으로 패널, 구(球), 원통, 원추형 등의 모양을 만들고, 그 내부에 암면, 유리면 등의 흡음재를 넣어 천장에 매단 구조이다.

– 가변 흡음재 : 간단한 장치를 이용하여 표면재를 바꾸거나 노출 표면적을

표 6.6 각종 재료의 흡음률

재 료 명	125Hz	250Hz	500Hz	1KHz	2KHz	4KHz
콘크리트	.01	.02	.02	.02	.03	.04
대리석, 타일	.01	.01	.01	.01	.02	.02
벽돌	.03	.03	.03	.04	.05	.07
콘크리트 위 카펫	.02	.06	.14	.37	.60	.65
목재바닥	.15	.11	.10	.07	.06	.07
유리	.35	.25	.18	.12	.07	.04
수면(수영풀장)	.008	.008	.013	.015	.020	.025
리놀륨, 아스팔트, 콘크리트 위 코르크	.02	.03	.03	.03	.03	.02
합판, 하드보드(두께 4~6㎜, 공기층 45㎜)	.19	.35	.17	.09	.09	.10
글라스울(두께 25㎜, 공기층 0㎜)	.06~.16	.22~.34	.51~.72	.68~.86	.66~.88	.73~.94
록울(두께 25㎜, 공기층 0㎜)	.04~.16	.20~.34	.58~.80	.78~.91	.75~.84	.75~.90
글라스울(두께 25㎜, 공기층 100㎜)	.15~.34	.48~.80	.81~.98	.71~.89	.65~.84	.73~.96
베니어판(두께 3㎜, 공기층 45㎜)	.46	.16	.10	.08	.10	.08
베니어판(두께 12㎜, 공기층 45㎜)	.20	.14	.07	.04	.10	.08
석고보드(두께 7㎜, 공기층 45㎜)	.26	.14	.09	.06	.05	.05
사람(극장의자의 성인 1인당)	.20	.30	.40	.40	.40	.40

증가시킴으로써 흡음력을 바꿀 수 있다. 다목적용 오디토리엄과 방송 스튜디오, 시청각실 등 특수실의 경우에 이용될 수 있다.

6.3.2 차음

소리가 실에서 인접한 실로 전달되는 것을 방지하는 것을 차음(遮音 ; sound insulation)이라 하며, 일반적으로 흡음성이 좋은 재료는 차음성은 좋지 않다. 견고하고 세공이 없는 재료인 경우에 입사된 음파를 잘 반사시키기 때문에 차음성이 우수하지만 흡음성은 반대로 좋지 않다.

차음성이 좋은 재료로는 철, 납, 콘크리트, 벽돌, 합판, 석고, 유리 등이며, 대체적으로 건식구조보다 습식구조물의 차음성이 우수하다.

(1) 투과손실(sound transmission loss)

투과손실 정의는 재료의 한 쪽 면에 입사되는 음의 에너지와 재료의 후면으로 통과되어 나오는 음에너지 차를 말한다. 재료에 음이 입사되면 입사되는 음에너지 일부는 반사되고 또 일부는 재료에 흡수되며, 나머지는 재료 후면으로 투과된다. 투과손실은 차음성능을 dB단위로 나타내는 수치를 말하며 그 값이 클수록 차음성능이 좋은 재료라고 본다.

입사된 에너지에 대하여 투과된 에너지의 비율, 즉 투과율 는 다음과 같이 정의한다. 투과손실은 음의 입사조건, 주파수, 재질, 차음구조 등의 조건에 영향을 받는다.

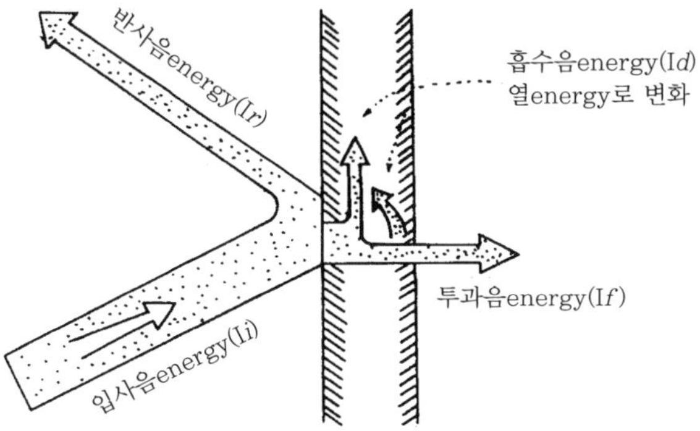

그림 6.18 입사음, 반사음, 투과음에너지

$$\tau = \frac{I_t}{I_i} \quad (0 \leq \tau \leq 1) \quad \cdots\cdots\cdots\cdots \quad (6.23)$$

I_i : 입사음의 세기

I_t : 투과음의 세기

I_r : 반사음의 세기

$$\mathrm{TL} = 10\log\frac{I_i}{I_t} = 10\log\frac{1}{\tau}\ (\mathrm{dB}) \quad \cdots\cdots\cdots\cdots \quad (6.24)$$

(2) 단일벽의 투과손실

단일벽의 투과손실은 벽 면밀도(m : kg/m²)의 투과하는 음의 주파수(f)에 관계된다. 음이 수직입사될 때 단일벽의 음투과손실은 다음과 같은 근사식에 의해 구하며, 이를 차음에 관한 질량법칙(mass law)이라 한다.

$$\mathrm{TL}_0 = 20\log m \cdot f - 43 \quad \cdots\cdots\cdots\cdots \quad (6.25)$$

여기서 벽의 중량이나 주파수가 2배가 되면는 6dB 정도 증가함을 알 수 있다.

차음효과는 공진(共振, resonance)과 일치효과(coincidence effect)와 같은 2가지 현상에 의하여 감소된다. 대부분의 건물 벽체는 비가청 주파수(比可聽周波數)인 5~20Hz의 기본 공진주파수를 갖게 되고, 중 · 고주파수역에서는 일치효과에 의하여 투과손실이 저하된다.

(3) 종합 투과손실

차음벽이 여러 가지 재료로 구성되어 있을 때(예를 들면 벽에 창문 등의 개구부가 있는 경우) 각각의 투과손실은 서로 다른 값을 갖게 되며, 이때 예상되는 음투과는 종합적인 평균 투과손실로 계산된다.

(4) 이중벽의 차음

질량법칙에 의하면 단일벽의 투과손실은 벽두께를 2배로 해도 최대 5~6dB밖에 증가하지 않는다. 그러나 완전히 독립된 벽이 2중으로 되어 있다면 그 투과손실은 각각의 벽에 대한 투과손실의 합이 되어 매우 큰 음의 감쇠가 예상된다. 실제로는 2개의 벽체를 완전히 독립시키는 것은 불가능하다.

이는 구조적인 결합뿐만 아니라 중간 공기층에 의한 음향적 결합에 의하여 소리가 전달될 수 있기 때문이다.

6.4 소음

소음(騷音 ; undesired sound)은 바람직하지 않은 소리로 정의할 수 있으며, 생활 가운데 항상 존재하고 있다. 음악이나 대화소리도 때로는 소음으로 지각될 수 있으며, 이러한 소음이 지속되면 소음성 난청 등의 인체에 해를 가져올 수도 있다.

6.4.1 소음

(1) 소음의 종류와 영향

소음의 종류는 크게 공장소음, 생활소음, 도로교통소음, 철도교통소음으로 나눌 수 있다.

소음이 인체에 미치는 영향은 다음과 같다.

표 6.7 소음이 인체에 미치는 영향

종 류	소음의 영향
청력에 대한 영향	영구난청, 일시난청
생리적인 영향	맥박의 증감, 혈액성분의 변화, 호르몬 분비
정신적인 영향	수면, 사고, 대화 방해

(2) 소음 측정

1) 소음계(sound level meter)

마이크로폰, 증폭기 및 청감보정회로 등을 이용하여 음의 크기를 전기적으로 측정하는 기기이다.

2) 소음계의 종류

표 6.8 소음계의 종류

종 류	특 성
정밀 소음계	측정 주파수 범위, 청감보정회로의 허용 오차 등이 적으며 구조 및 성능이 정밀하다. 정도(精度)를 필요로 하는 측정에 적합
지시 소음계	일반적인 소음을 측정하는 기기로서 청감보정회로는 A, B, C의 3가지 종류의 특성을 갖음
간이 소음계	측정 주파수 범위, 청감보정회로 특성 등이 간단하게 되어 있어 예비 조사 단계 정도에 사용
특수 소음계	특정한 목적의 소음 조사를 위해 이용

(3) 소음 평가방법

1) 등가소음레벨(Equivalent sound level : Leq)

소음의 크기가 일정하지 않고, 시간에 따라 변동이 심한 경우 소음에너지를 시간적으로 평균하여 대수변환한 것을 등가소음레벨이라 한다.

2) 주야 등가소음레벨(day-night equivalent sound level : Ldn)

야간에는 같은 소음레벨이라도 낮보다 더 시끄럽게 느껴지므로 야간의 등가소음레벨에 10dB(A)를 가산 보정하여 주·야간의 소음반응을 고려한 주야 등가소음(晝夜等價騷音)레벨이다.

3) 교통소음지수(traffic noise index : TNI)

TNI는 A 특성으로 24시간 중 임의의 시간에 간헐적으로 측정한 결과치로 평가한다. 1968년 Griffiiths와 Langdon이 교통소음지수(TNI)라고 하는 교통소음의 척도를 제안하였고, 그 후 ISO가 교통소음지수로 채택하였다.

4) 감각소음레벨(PNL)

항공기 소음에 대한 평가소음레벨이다.

5) 실내 소음평가지수(noise rating number : NRN)

소음을 청력장애, 회화장애, 시끄러움 등 3가지 관점에서 평가하여 1961년 ISO가 제안한 것이다.

(4) 실내 소음평가지수

1) NC곡선(noise criteria curves)

Beranek는 실내에서 대화를 할 때는 적절한 전달을 위해 중음역과 고음역의 암소음을 조절해야 된다는 것을 조사하여 NC곡선을 제안하였다. 표 6.9는 NC 값에 의한 소음평가치를 나타낸 것이다.

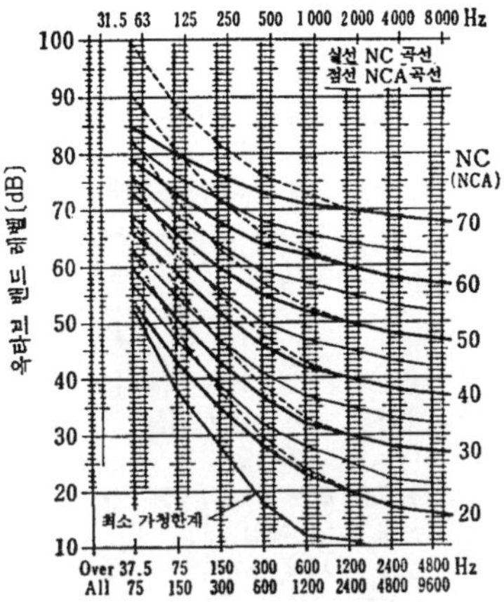

그림 6.19 NC곡선

표 6.9 NC곡선

NC 값	소음의 상태
NC-20~30	매우 조용함, 전화통화에 지장없음. 대중회의 가능 함
NC-30~35	조용함. 대화거리 3~10m 거리의 회화 가능 함
NC-35~40	4m 거리에서 회화가능. 전화통화에 지장없음.
NC-40~50	약간 큰소리로 4m 거리에서 회화가능. 전화통화에 지장이 있음
NC-50~55	회의에는 부적당. 전화통화가 약간 곤란
NC-55이상	매우 시끄러움. 사무실로 부적합. 전화통화 곤란

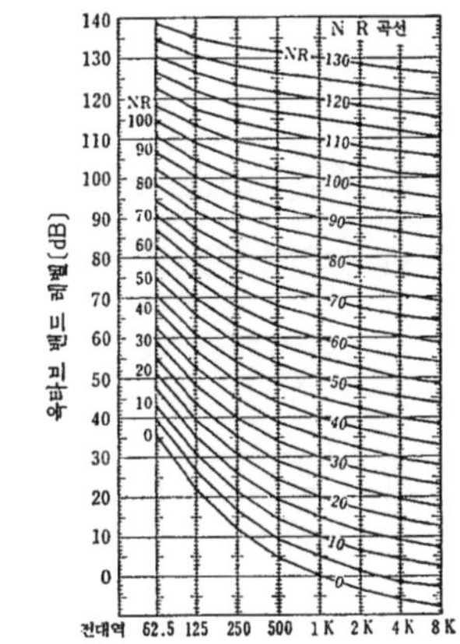

그림 6.20 NR곡선

2) NR곡선(noise-rating curves)

NR곡선은 1,000Hz의 옥타브밴드 레벨이 평가곡선의 NR수와 일치한다. 여기서 NRN(noise-rating number)은 소음을 옥타브 분석하여 그림 6.20의 곡선에 겹쳐서 가장 큰값의 곡선과 접하는 값을 읽어서 구한다. 실내에서의 소음기준으로는 일반적으로 표 6.10의 값을 사용한다.

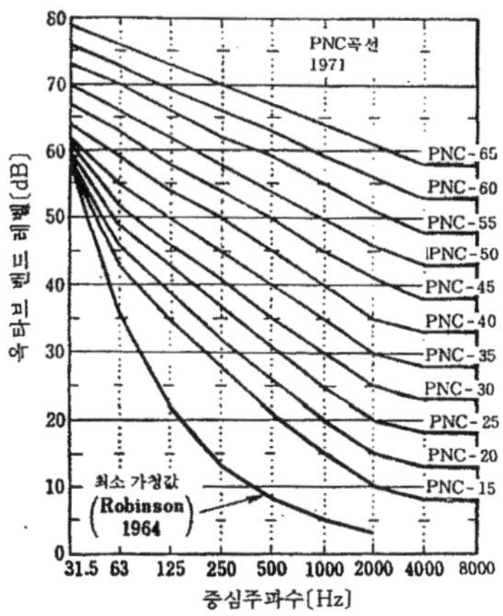

그림 6.21 PNC곡선

표 6.10 NR곡선

NR 값	소음의 상태
20~30	침실, 병실, 거실, 극장, 교회, 영화관, 콘서트홀, 작은 사무실, 도서관, 강의실 등
30~40	큰 사무실, 상점, 백화점, 조용한 레스토랑,
40~50	큰 레스토랑, 비서실, 체육관
50~60	통상 사무실의 평균적 한계
60~70	작업장

3) PNC곡선(preferred noise criteria)

NC곡선을 제안한 Beranek는 NC곡선에 의하여 평가시에는 저음역 및 고음역 모두가 청각상 불쾌감을 준다는 비판이 있으므로 1971년에 수정한 지표이다.

표 6.11 실내소음의 PNG 권장값

실의 종류	PNC 곡선	dB(A)
콘서트 홀, 방송녹음 스튜디오	10~ 20	21~ 30
대극장, 교회, 오디토리움	20이하	30이하
TV녹음 스튜디오	25이하	34이하
소극장, 리허설 대회의장	35이하	42이하
병원, 호텔, 대회의장	25~ 40	34~ 47
교실, 도서관, 소사무실, 소회의실, 거실	30~ 40	38~ 47
대사무실, 응접실, 상점, 카페테리아, 레스토랑	35~ 45	42~ 52
로비, 연구실, 제도실, 일반사무실	40~ 50	47~ 56
부엌, 세탁실, 계산기실	45~ 55	52~ 61
공장, 차고	50~ 60	56~ 66
작업장	60~ 75	66~ 80

(5) 소음 · 진동 환경기준

1) 소음환경기준

소음환경기준의 기준치는 표 6.12와 같다.

표 6.12 소음환경기준 단위:Leq dB(A)

지역구분	적용대상지역	기준	
		낮(06:00-22:00)	밤(22:00-06:00)
일반지역	가 지역	50	40
	나 지역	55	45
	다 지역	65	55
	라 지역	70	65
도로변지역	가 및 나 지역	65	55
	다 지역	70	60
	라 지역	75	70

주) 가 지역 : 녹지, 전용주거, 자연환경보전지역 및 학교, 병원주변 50m 이내 지역
나 지역 : 일반주거, 준주거지역, 준도시지역 중 시설용지외의 지구
다 지역 : 상업, 준공업지역
라 지역 : 일반공업, 전용공업지역, 도시지역 및 준도시지역 중 시설용지 지구

2) 생활소음 및 진동규제기준

소음 · 진동규제법 제23조에 의하여 주민이 생활환경의 쾌적성을 위하여 표 6.13 및 표 6.14와 같이 규제하고 있다.

표 6.13 생활소음으 규제기준

대상지역	구분	한도			
		2000년 1월 1일~ 2009년 12월 31일		2010년 1월 1일 부터	
		주간 (06:00~22:00)	야간 (22:00~06:00)	주간 (06:00~22:00)	야간 (22:00~06:00)
주거지역, 녹지지역, 준도시지역중 취락지구 및 운동·휴양지구, 자연환경보전지역, 학교·병원·공공도서관의 부지경계선으로부터 50m이내 지역	소음 LeqdB(A)	70	65	70	60
	진동 dB(V)	65	60	65	60
상업지역, 공업지역, 농림지역, 준농림지역 및 준도시지역중 취락지구 및 운동·휴양지구외의 지역, 미고시지역	소음 LeqdB(A)	75	70	75	65
	진동 dB(V)	70	65	70	65

주 : 대상지역의 구분은 국토이용관리법에 의하며, 도시지역은 도시계획법에 의한다. 공사장 소음의 규제기준은 주간의 경우 소음발생기간(작업시간)이 1일 2시간 미만일 때에는 +10dB, 2시간 이상 4시간 이하일 때는 +5dB를 보정한다. 확성기 사용기준 : 옥외에 설치한 확성기의 사용은 1회 2분 이내로 하며, 15분 이상 간격을 두어야 한다.

표 6.14 생활진동 규제기준 (단위 : dB(V))

대상지역 \ 시간별	주간 (06:00-22:00)	심야 (22:00-06:00)
주거지역, 녹지지역, 준도시지역중 취락지구 및 운동·휴양지구, 자연환경보전지역, 기타 지역안에 소재한 학교·병원·공공도서관	65이하	60이하
기타지역	70이하	65이하

비고) 1. 진동의 측정방법과 평가단위는 소음·진동공정시험방법에서 정하는 바에 따른다.
2. 대상지역의 구분은 국토이용관리법(도시지역의 경우에는 도시계획법)에 의한다.
3. 규제기준치는 대상지역을 기준으로 적용한다.
4. 공사장의 진동규제기준은 주간의 경우 1일 최대작업시간이 2시간 이하일 때는 +10dB을, 2시간 초과 4시간 이하일 때는 +5dB을 규제기준치에 보정한다.

3) 교통소음 및 진동의 규제

소음·진동규제법 제28조에 의하여 주민의 정온(靜穩)한 생활환경을 유지하

표 6.15 도로교통소음 및 진동규제

대상지역	구분	한도			
		2000년 1월 1일~ 2009년 12월 31일		2010년 1월 1일 부터	
		주간 (06:00~22:00)	야간 (22:00~06:00)	주간 (06:00~22:00)	야간 (22:00~06:00)
주거지역, 녹지지역, 준도시지역중 취락지구 및 운동·휴양지구, 자연환경보전지역, 학교·병원·공공도서관의 부지경계선으로부터 50m이내 지역	소음 LeqdB(A)	70	65	70	60
	진동 dB(V)	65	60	65	60
상업지역, 공업지역, 농림지역, 준농림지역 및 준도시지역중 취락지구 및 운동·휴양지구외의 지역, 미고시지역	소음 LeqdB(A)	75	70	75	65
	진동 dB(V)	70	65	70	65

비고 : 대상지역의 구분은 국토이용관리법에 의하며, 도시지역은 도시계획법에 의한다.

기 위하여 교통기관으로 인하여 발생하는 소음 및 진동을 규제하고 있으며 그 내용은 표 6.15 및 표 16과 같다.

표 6.16 철도교통소음 및 진동규제

<table>
<tr><th rowspan="2">대상지역</th><th rowspan="2">구분</th><th colspan="2">한도</th></tr>
<tr><th>주간</th><th>야간</th></tr>
<tr><td rowspan="2">주거지역, 녹지지역, 준도시지역중 취락지구 및 운동 · 휴양지구, 자연환경보전지역, 학교 · 병원 · 공공도서관의 부지경계선으로부터 50m이내 지역</td><td>소음
LeqdB(A)</td><td>68</td><td>58</td></tr>
<tr><td>진동
dB(A)</td><td>65</td><td>60</td></tr>
<tr><td rowspan="2">상업지역, 공업지역, 농림지역, 준농림지역 및 준도시지역중 취락지구 및 운동 · 휴양지구외의 지역, 미고시지역</td><td>소음
LeqdB(A)</td><td>73</td><td>63</td></tr>
<tr><td>진동
dB(A)</td><td>70</td><td>65</td></tr>
</table>

비고) 1. 대상지역의 구분은 국토이용관리법에 의하며, 도시지역은 도시계획법에 의한다.
2. 정거장은 적용하지 아니하며, 철교는 2010년 1월 1일부터 적용한다.
3. 총리령 제474호 소음 · 진동규제법 시행규칙 중 개정령의 시행일(1994년 11월 21일) 이후 준공되는 철도에 대하여는 2010년 1월 1일부터의 한도를 적용한다.

(6) 소음 방지 대책

소음 방지 대책은 실시 장소에 따라 음원측, 전파 경로, 수음측으로 구분하여 다음과 같이 실시한다.

① 발생 소음원의 감소 및 격리

② 거리에 의한 소음 조절

③ 장벽에 의한 소음 조절

④ 건물 배치에 따른 소음 조절

⑤ 구조체의 차음성 증가

⑥ 흡음처리에 의한 소음 감소

6.4.2 바닥충격음

환경문제 중 소음 · 진동에 대한 문제가 가장 큰 피해 원인으로 나타나고 있으며, 공동주택의 고층화에 따른 구조계획의 합리화, 원가절감 등으로 인해 구조체가 경량화되면서 층간 차음성능이 저하되고 이로 인해 소음관련 민원 및 분쟁 사례가 급증하고 있다.

공동주택에서의 바닥충격음은 물체의 낙하나 보행시 바닥에 가해지는 충격이 건축구조체의 고체물에 전달되면 그 전달된 진동이 건물의 천장, 바닥, 벽 등을 진동시킴에 따라 공기중에 음으로서 방사되어 청각으로 감지될 수 있는 고체전파음(solid-borne sound)을 말한다.

(1) 바닥충격음의 종류

1) 경량충격음

경량충격음은 비교적 가볍고 딱딱한 충격에 의한 바닥충격음으로 보행이나 물건의 낙하, 가구의 이동시 발생하는 소리 등에 의해 아래층으로 전달되는 고음역의 음으로서 충격력이 작고 지속시간이 짧은 것이 특징이다.

공동주택에서 바닥충격음 문제는 가볍고 단단한 물건이 떨어져 발생하는 경우와 무겁고 유연한 물건이 떨어져 발생하는 경우 등 크게 두 가지의 경우로 나눌 수 있다. 이 중 가볍고 단단한 물건은 바닥 마감재의 종류에 따라 그 충격특성이 변화한다.

2) 중량충격음

중량충격음은 비교적 무겁고 부드러운 충격에 의한 바닥충격음으로 아이들이 뛰는 소리와 어른들이 발뒤꿈치로 걷는 소리와 같은 중량물에 의해 발생하는 저음역의 음으로 충격력이 크고 지속시간이 길어 심한 경우 정신적 고통까지 유발할 수 있는 것으로 알려져 있다.

(2) 공동주택 바닥충격음레벨 측정방법

바닥충격음 차단성능의 측정은 KS F 2810-1 및 KS F 2810-2에서 규정하고 있는 방법에 의하여 경량충격음레벨 및 중량충격음레벨을 측정한다.

(3) 바닥충격음 차단성능 등급기준

공동주택 수요자로 하여금 바닥충격음 차단성능을 고려하여 공동주택을 선택할 수 있도록 하기 위해 마련되는 바닥충격음 차단성능 등급기준은 경량충격

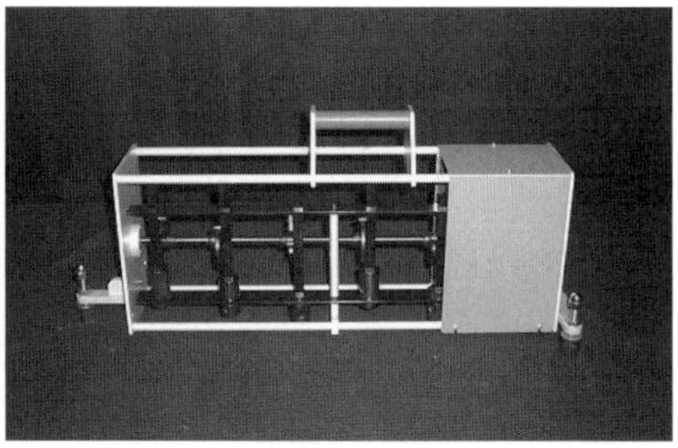

표준중량충격원
(뱅머신 : GX JR 100w AGET)

표준경량충격원
(태핑머신:NOR-211)

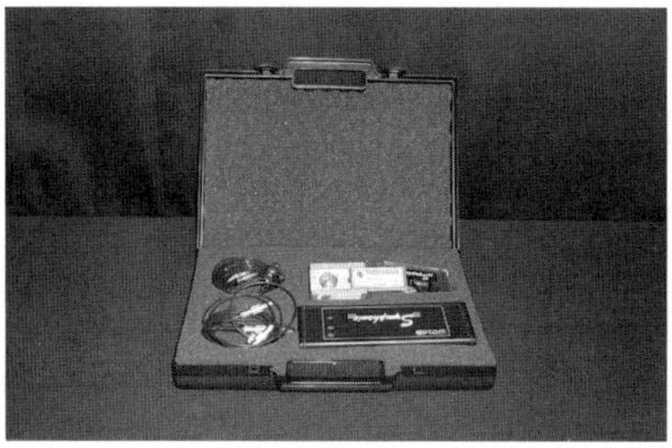

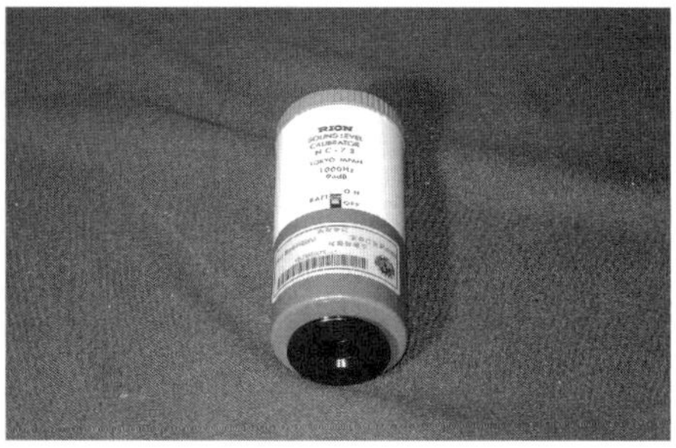

실시간소음진동측정기(Symphonie)

보정계(NC-73)

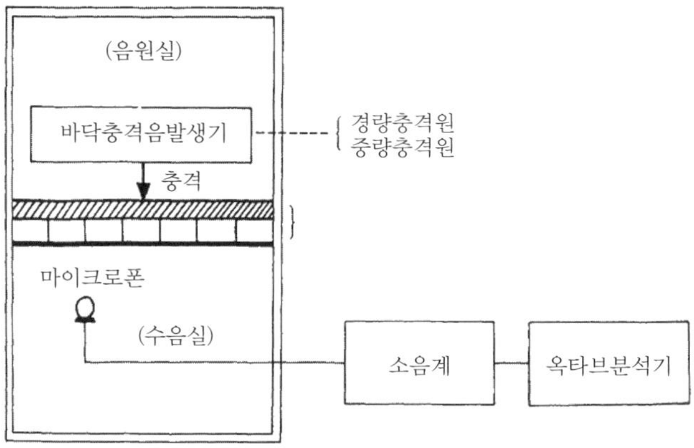

음의 경우 법적인 최저 기준인 58dB, 중량충격음의 경우 50dB을 최하등급에 포함하고, 등급간의 레벨차를 경량충격음은 5dB, 중량충격음은 3dB로 하여 총 4개 등급으로 하고 있다.

참고문헌

1) 건축환경계획, 이경회, 문운당
2) 건축환경계획, 박창섭 외, 보성각
3) 건축환경계획, 정창원 외, 도서출판 서우
4) 건축음향설계, 김재수, 세진사
5) 건축환경음향학, 한국건축음향연구회, 공간출판사
6) 건축음향계획론, 윤장섭, 동명사
7) 건축계획원론, 박윤성, 문운당
8) 成俔, 申末平, 柳子光, 악학궤범, 1493, 이혜구 역, 서울 1979.
9) http://blink.naver.com/1040001

제 7 장

공기의 친환경적 이해

7.1 실내공기환경의 개요 및 기준

7.2 오염원 조절

7.3 환기

7.4 친환경건축 인증에서의 실내공기환경 기준

7.1 실내공기환경의 개요 및 기준

7.1.1 실내공기환경의 개요

건축은 자연환경의 일부분이지만 건물을 사용하고 있는 거주자들이 직접 영향을 받는 곳은 실내환경이다. 외부의 불쾌한 기후조건으로부터 보호받고, 쾌적한 환경을 조성하기 위하여 만들어진 실내환경은 그 근본 의도와는 달리 외부와의 단절로 인한 실내의 공기 성상 변화로 인하여 오염되고 있다. 밀폐된 공간에서 다수의 사람들이 생활함으로써 이산화탄소의 과다배출과 산소의 부족현상을 비롯하여 먼지, 세균의 발생현상이 일어나게 된다. 또한 실내의 건축자재와 가구로부터의 유해한 물질들이 발생되므로 실내공기는 실외공기에 비하여 더 악화된다.

인간이 어느 한정된 크기의 공간에 살면서 여러 가지의 작업을 할 때 환기가 잘 안 되는 곳이면 공기 중에 먼지나 세균 등의 유해물질이 증가되어 취기가 발생하고, 온도나 습도가 높아지고 기류가 움직이지 않아 불쾌한 느낌을 가지게 되는 등의 건강상 좋지 못한 상태가 종종 일어나게 된다. 이와 같은 현상을 공기가 오염이 된 상태라고 할 수 있다.

따라서 건물을 사용하는 거주자의 건강을 위해서는 건물 내 공기의 질을 청정하도록 적절하게 유지시켜야 한다. 최근의 건물들에서는 에너지절약을 위하여 건물의 밀폐도를 높이고 이로 인하여 실내공기오염도가 상승하게 되어 재실자들의 건강이 우려된다. 실내공기가 거주자의 건강에 영향을 미칠 정도로 오염된 경우는 오염원을 제거하고, 환기에 의하여 외부의 청정공기가 실내로 도입되어야 한다.

7.1.2 실내공기의 오염

실내공기의 오염은 외부의 오염된 공기가 실내로 유입된 결과에 의한 것이거나 건축자재, 건물의 관리 또는 실내에서 인간의 활동에 의하여 발생한다. 실내공기 중 오염 물질은 외부 공기중의 오염 물질이 다량 유입되거나 실내에서 발생되는 오염물질의 농도가 클수록 심하게 나타날 수 있다. 실내공기 오염물질에는 분진, 중금속, 이산화탄소, 일산화탄소, 라돈, 포름알데히드, 석면, 미생물, 유기탄소, 악취 등이 있으며 외부공기의 상태, 환기율, 이용할 수 있는 공기의 체적, 실내 거주에 필요한 공기 체적, 실내에서의 미세기후 등의 제 요인이 작용할 수 있다.

실내에서 발생하는 주요한 오염물질에 따라 실내공기가 오염되는 원인은 여러 가지가 있을 수 있으며 일반적으로 다음과 같은 성상의 변화로써 나타난다.

① 온 · 습도 상승

② 산소 감소, 이산화탄소 증가

③ 취기 증가

④ 부유분진 증가

⑤ 세균 증가

⑥ 유해가스 발생

사람의 주거와 생산활동에 의하여 발생하는 오염물질로는 열, 수증기, 유해가스, 분진, 악취, 박테리아, 복사성 물질 등을 생각할 수 있다. 사람들의 호흡으로 인하여 산소의 양이 감소하고 이산화탄소와 수분은 증가한다. 따라서 실내공기환경의 악화에는 사람의 호흡이 그 원인이 될 수 있다.

실내에서는 또한 재실자들의 보행이나 작업, 청소, 난방기구 사용, 실내공기의 건조 및 흡연 등으로 인해서 먼지가 발생할 수 있게 된다. 먼지는 그 크기가 다양한데 일반적으로 0.01㎛에서 150㎛ 정도이며 인체에 유해한 것은 주로 10㎛ 이하의 먼지로써 PM10으로 표현하기도 한다. 특히 2.5㎛ 이하의 입자는 아주 유해하여 PM2.5로 별도로 다루게 된다. 이들 미세먼지들은 기관지를 통과하여 폐에 도달하기 때문에 주의를 요하게 된다. 먼지에 대한 주된 피해는 다음과 같은 것을 들 수 있다.

① 폐 내부에 침입 · 침적하여 여러 가지 병을 유발하게 된다.

② 호흡기를 자극하여 만성기관지염, 천식 등을 일으킨다.

③ 피부염, 결막염을 일으키게 한다.

④ 먼지에 부착되어 여러 가지 세균을 퍼뜨린다.

⑤ 기타 폐암의 원인이 되기도 한다.

실내공기 오염물질들 중에서 인체의 건강과 밀접한 화학물질은 여러 요인에 의해 발생할 수 있으며, 실내공기 가운데 화학물질의 양을 좌우하는 요인에는 다음과 같은 것이 있다.

① 실내공기 중 화학물질의 농도를 좌우하는 첫째 발생원은 건축물, 건축자재 등이다.

② 또 하나의 큰 발생원은 가구나 일용품 등의 가정용품이다.

표 7.1 대표적인 실내공기 오염의 발생원과 오염물질

	발생원	오염물질
인체	인체(재실자)	CO_2, 수증기, 취기, 분진, 미생물(의류, 머리카락) 등
건축재료	콘크리트 구체	수증기, 암모니아, 라돈(방사성 물질), 분진 등
	합판, 파티클보드, 중질섬유판, 플로링, 접착제, 벽지, 방부제	포름알데히드 등
	도료용제, 접착제 등	톨루엔, 키실렌 등의 휘발성 유기화합물
	아스베스트계 건재	호흡기계질환(아스베스트폐)의 원인이 되는 섬유상물질(아스베스트)
	카펫계 건재	분진, 진드기, 포름알데히드, 취기, 휘발성 유기화합물 등
	방부, 방청, 토양처리제(기초공사)	유기린계 약제, 피레스로이드계 약제
주변환경	건물 주위의 토양	라돈(방사성물질), 세균(레지오넬라균), 분진, 진드기 등
기계기구	개방형 연료기구(가스, 석유)	CO, 수증기, 탄화수소, O_2, 질소화합물, 유황산화물, 취기, 탄소의 분진 등
	조리기구	조리재료의 연소에 의한 취기, 기름, 물의 증기나 연무
	냉각탑, 가습기, 급수 급탕, 샤워	레지오넬라균 등
	공조기	분진, 진균, 취기 등
생활용품	사무기기	오존, 휘발성 유기화합물, 분진
	세탁기, 건조기	수증기, 휘발성 유기화합물 등
	담배	분진, CO, NO, O_2, 니코틴 등 2,000 종류 이상의 오염물질
	왁스, 세제류	각종 휘발성 유기화합물
	방향제	알코올류, 케톤류, 알데히드류, 에스테르류, 에테르류
	방충제, 살충제	para-Dichlorobenzene, 나프탈렌
	침구, 애완동물, 봉제인형 등	진드기, 알레르겐, 분진, 수증기, 취기 등
	가구	포름알데히드, 휘발성 유기화합물, 가소제, 취기 등

③ 가정생활에서의 조리, 냉난방에 의한 발생과 환기율의 악화가 화학물질의 축적을 조장한다.

④ 건축물이나 가정용품의 연수 또는 온도, 습도 등의 물리적 요인이 화학물질의 발생량에 크게 영향을 미친다.

⑤ 대기환경 공기 중 화학물질의 농도가 크게 좌우한다.

실내 공기오염의 증상으로 빌딩증후군이 있는데, 그 증상으로는 두통, 안질, 후두염, 알레르기성 질환, 어지럼증 등이 있다. 실내 공기오염에 가장 크게 영향을 끼치는 물질로는 라돈, 포름알데히드, 석면, 유기용제(에스테르, 알데히드, 케톤 등) 등이 있으며, 주로 건축재료에 의해 영향을 받는다.

대표적인 실내공기 오염물질의 발생원과 그 발생원으로부터 나오는 오염물질은 표 7.1과 같다.

7.1.3 공기오염의 지표

실내공기를 청정하게 유지하기 위한 방법으로 실내 공기오염농도의 기준치, 필요환기량 계산방법, 환기계획 방법, 시공 지침 등이 규정되어 있다. 실내공기 오염 지표로는 종합적인 지표로써 이산화탄소 농도를 기준으로 한다. 실내공기 중의 이산화탄소 농도는 1,000ppm을 기준으로 그 이상이 되면 실내공기가 오염되어 있음을 의미한다.

일반 공기 중에는 이산화탄소 농도가 0.5%를 넘는 경우가 거의 없지만 실내 공기 중에 이산화가스 농도가 5% 이상이 되면 인체에 영향이 나타날 수 있다. 창을 닫고 있는 만원 전철 안에서도 이산화탄소 농도는 0.16~0.18% 정도라고 한다. 따라서 이산화탄소에 의한 생리적 장애가 생기는 것은 거의 없으며, 일반적으로 무해하다고 생각할 수 있다. 그러나 이산화탄소 농도는 산소의 감소, 온 · 습도 상승, 분진 증가 등의 실내공기오염 악화가 반드시 수반되므로 이산화탄소 농도에 의한 공기오염 정도를 알 수 있다.

표 7.2 이산화탄소 농도와 그 증상

<table>
<tr><th>CO_2의 농도 [%]</th><th>증 상</th><th>적 요</th></tr>
<tr><td>0.07</td><td>다수 계속 재설하는 경우의 허용농도 (Pettenkofer의 설)</td><td rowspan="5">이산화탄소 그대로 유해한도는 아니고, 공기의 물리적, 화학적 성상이 이산화탄소의 증가에 비례하여 악화된다고 가정했을 때 오염의 지표로서 허용농도를 의미한다.</td></tr>
<tr><td>0.10</td><td>일반적인 경우 허용농도 (Pettenkofer의 설)</td></tr>
<tr><td>0.15</td><td>환기계산에 사용되는 허용농도 (Pettenkofer의 설)</td></tr>
<tr><td>0.2~0.5</td><td>상당히 불량</td></tr>
<tr><td>0.5 이상</td><td>가장 불량</td></tr>
<tr><td>4~5</td><td colspan="2">호흡중추를 자극하여 호흡의 깊이, 횟수를 증가시킨다. 호흡시간이 길어지면 위험, 산소의 결핍을 수반하면 장애가 빨리 발생하여 결정적으로 된다.</td></tr>
<tr><td>8</td><td colspan="2">10분간 호흡하면 강도의 호흡곤란, 안면홍조, 두통을 일으킨다. 산소의 결핍을 수반하면 장애는 한층 현저해진다.</td></tr>
<tr><td>18 이상</td><td colspan="2">치명적</td></tr>
</table>

표 7.3 산소의 농도와 그 증상

O_2의 농도 [%]	증 상
15~14	호흡이 깊어지고, 맥박수가 증가, 노동이 곤란해진다.
11~10	호흡 곤란, 졸음이 온다. 동작은 완만 내지 불가능해진다.
7	안색이 없어진다. 정신혼란, 감각 둔중해진다.
6	근육의 반응이 없어지고, 지각을 잃는다.
4 이하	40초 이내에 지각을 잃고 졸도한다.

실내공기의 유해성이 밝혀지고, 건강하고 쾌적한 실내공간의 조성이 필요하게 되면서 선진국을 비롯한 세계 각국에서는 실내공기질을 법령이나 정책으로 다루어 나가고 있다. 실내공기질(Indoor Air Quality) 정책은 1980년대 이후 새로운 환경정책 분야로 대두되어 미국, 일본, 유럽 등의 선진국에서 관련법령 및 정책이 수립되고 추진되었다.

일본에서는 최근 실내공기 오염에 대한 연구와 조사가 가장 활발하게 이루어졌으며 국가적 차원에서 실내공기에 관한 법령 제정과 운영을 하고 있으며, 미국에서는 다양한 종류의 실내공간에 대한 법적 규제는 하고 있지 않지만 작업환경의 실내공기 오염물질에 대한 가이드라인을 제시하고 있다. 유럽 대부분의 국가에서는 WHO에서 1987년에 제정한 '유럽 공기질 기준 지침서(Air Quality Guideline for Europe)'에 근거하여 각 국별 실정에 맞는 기준을 설정하여 적용하고 있다.

또 대부분의 국가에서는 실내공기질의 체계적인 관리를 위하여 건축자재에 대한 '친환경 건축자재 인증제도' 및 건축물에 대한 '실내환경라벨링(ICL :

Indoor Climate Labelling)' 제도를 시행하고 있다.

핀란드, 독일, 미국 등 대부분의 국가에서 친환경건축자재 인증제도를 민간 또는 정부차원에서 시행하고 있고 건물 내 실내공기질의 체계적인 관리를 위하여 캐나다, 핀란드 등의 국가에서는 실내환경라벨링 제도를 시행하고 있다.

우리나라에서도 친환경 건축자재에 대한 품질 인증제도로 HB마크(Healthy Building Material)가 시행되고 있으며, 이는 국내 건축자재 생산업체 또는 건축자재를 대상으로 화학물질 방출 정도를 평가하여 인준함으로써 건축자재 오염물질 방출에 대한 자율적인 품질관리를 행할 수 있도록 권장하여 제품의 품질 향상에 기여함을 목적으로 한다.

국내 · 외의 실내공기오염물질 기준은 표 7.4에 나타나 있다.

표 7.4 국내 · 외 실내공기오염물질 기준 비교

		한 국	일 본	홍 콩	캐나다	싱가포르	WHO
대상시설		다중이용시설	특정용도건축물	사무실, 공공시설	주거공간	사무실	실내 및 대기
일반오염물질	미세먼지	150㎍/㎥ 이하	150㎍/㎥ 이하	180㎍/㎥	100㎍/㎥ 이하	150㎍/㎥	•
	이산화탄소	1,000ppm 이하	1,000ppm 이하	1,000ppm	3,500ppm 이하	1,000ppm	•
	포름알데히드	120㎍/㎥ 이하	100㎍/㎥ 이하	100㎍/㎥	60㎍/㎥ 이하	120㎍/㎥	100㎍/㎥ 이하
	총부유세균	800CFU/㎥ 이하	•	100CFU/㎥ 이하	•	500CFU/㎥ 이하	•
	일산화탄소	10ppm 이하	10ppm 이하	8.7ppm	25ppm 이하	9ppm	10,000㎍/㎥ 이하
	이산화질소	0.05ppm 이하	•	80ppb	0.25ppb 이하	•	40㎍/㎥ 이하
	라돈	4.0pCi/L 이하	•	200Bq/㎥	800Bq/㎥ 이하	•	100Bq/㎥ 이하
	TVOC	500㎍/㎥	•	600㎍/㎥	•	3ppm	•
	석면	0.01개/cc 이하	•	•	•	•	•
	오존	0.06ppm 이하	•	61ppb	0.12ppm 이하	0.05ppb	120㎍/㎥ 이하
개별TOV	벤젠	•	•	16.1㎍/㎥	•	•	•
	톨루엔	•	260㎍/㎥	1,092㎍/㎥	•	•	260㎍/㎥
	에틸벤젠	•	3,800㎍/㎥	1,447㎍/㎥	•	•	•
	자일렌	•	870㎍/㎥	1,447㎍/㎥	•	•	•
	1,4-디클로로벤젠	•	240㎍/㎥	200㎍/㎥	•	•	•
	스티렌	•	220㎍/㎥	•	•	•	•

7.1.4 실내공기질에 의한 건강장애

실내공기에서의 건강장애에 관하여 SBS(Sick Building Syndrome), SHS(Sick House Syndrome) 등의 용어가 알려져 있다. 이러한 용어에서는 명확한 정의는 없으나 전반적으로 다음과 같은 것이 포함된다.

① 실내공기질의 원인으로 추정되는 두통, 구토증, 현기증, 그 외의 여러 가

지 증상 : SHS, SBS 두 가지 모두 공통이지만 여러 가지 공기오염물질이 관계되어 있어 원인을 특정 짓기는 어렵다.

② 화학물질 과민증 : 어떤 시기, 화학물질, 일정 수준의 자극을 받는 것으로 발병한다. SHS의 예는 많다.

③ 세균에 의한 집단감염증 등 : 감염성 세균이 공조설비 등에 따라 건물 내에 확산되어 집단감염을 일으킨다. SBS의 예가 많다.

SBS 문제는 많은 사람들이 모이는 곳에서 발생하는 감염이라 볼 수 있다. 폐결핵과 인플루엔자에 감염된 사람과 같은 장소에 있음으로써 같은 공조기에서 나오는 순환공기를 계속 흡입하면 건강한 사람도 감염될 수 있지만 이 문제는 병원 등을 제외하고는 거의 발생하지 않는다. 그러나 일반 빌딩에 있어서도 SBS의 문제는 있으며, 심한 경우 작업의 능률이 떨어지며 심각한 병을 일으킬 수도 있게 된다. 일반 빌딩에 있어서 SBS 문제의 현실적인 대책은 다음과 같다.

① 개발 분산공조에 따른 존 분할로 감염공간을 최소한으로 한다.

② 필터 살균형 공조기를 도입한다.

또 내재되어 있는 SBS의 가능성으로 공조덕트 계통의 오염이 있다. 공조덕트 계통의 먼지와 오염물질은 필터로 제거하도록 설계되어 있지만 실제로는 공조덕트 내부와 공조기의 열교환기, 천장리턴 챔버 방식에서는 천장 속의 슬래브, 보, 천장재료, 금속물질에 부착하여 곰팡이가 번식하는 온상이 되는 경우가 많다. 공조공기에서 이상한 냄새가 나서 조사해보면 곰팡이 번식이 확인되기도 한다. 그 대책으로는 다음과 같은 방법이 있다.

① 청소하기 쉬운 공조덕트 계통의 설계

② 필터와 필터 유지의 철저화

③ 공조기의 정기적 청소

④ 전문가에 의한 덕트 클리닉

주택에서 실내공기로부터의 건강장애는 SBS와 구별하여 SHS(Sick House Syndrome)라 하며, 주택에서 실내공기 오염물질의 주요한 발생원으로는 다음과 같은 것 등이 있다.

① 부착식 수납장의 합판, 벽지의 접착제, 도료, 하수구 주변에 사용되는 항균제

② 목조주택에서 사용되는 방충제, 방부제

③ 준공 인도한 이후에 가져온 가구, 커튼, 카펫

④ 생활 중에 발생하는 담배연기 등

또 곰팡이에 대한 대책으로 합판, 바닥재 및 방충 시트, 하수 주변의 곰팡이 제거제, 바닥 난방시 온돌의 바닥재에 따른 화학물질 증발 축적 등 건강을 배려하여 만든 것이 오히려 악영향을 끼치는 경우도 있다.

실내공기 오염물질로는 50가지 이상의 것이 있지만 대표적인 실내공기오염물질은 포름알데히드, 라돈, 석면, 유기용제(VOCs) 등이 있으며 그들의 발생원 및 건강에 미치는 영향은 표 7.5와 같다.

표 7.5 주요 실내공기 오염물질 발생원 및 건강 영향

오염물질	발생원	인체영향
라돈(라돈가스의 부산물)	흙, 바위, 물, 지하수, 화강암, 콘크리트 등	폐암 등
포름알데히드	각종 합판, 보드, 가구, 단열재, 소취제, 담배연기, 화장품, 옷감 등	눈, 코, 목 자극현상, 기침, 설사, 어지러움, 구토, 피부질환, 비암, 정서불안정, 기억력 상실 등
석 면	단열재, 절연재, 석면타일, 석면 브레이크, 방열재 등	피부질환, 호흡기질환, 석면증, 폐암, 중피종, 편평상피 등
유기용제 (에스테르, 알데히드, 케톤 등)	페인트, 접착제, 스프레이, 연소과정, 세탁소, 의복, 방향제, 건축자재, 왁스 등	피로감, 정신착란, 두통, 구역질, 현기증, 중추신경 억제작용 등

포름알데히드, 톨루엔, 크실렌 등의 화학물질이 인체에 미치는 영향은 큰 것으로 볼 수 있으며 이 중에서도 특히 장기간에 걸쳐 큰 영향을 끼치는 포름알데히드가 가장 중심이 되는 오염물질인데, 그 대책으로는 최근 급속히 보급된 포르말린 발생량이 적은 합판 및 논포르말린 접착제 사용이 고려되지만 실제로는 다

음과 같은 문제가 있다.

① 보관, 운반단계 중 기존 합판에서 대체 합판으로 포름알데히드가 전이된다.
② 대체 합판의 규격 측정 조건이 애매하여 업체에 맡겨진다.
③ 논포르말린 제품은 곰팡이 발생, 포름알데히드 이외의 VOC가 발생하는 경우가 있다.

포름알데히드에 관해서는 가이드라인으로 30분 평균치 0.1mg/m^3(중량비 0.08ppm) 이하의 지침치가 제안되어 대책의 기준이 되고는 있지만 다음과 같은 이유로 자체 품질관리 기준이라고 생각하기는 어렵다.

① 온도조건이 표시되어 있지 않다. 온도가 높을수록 발생하기 쉽다.
② 습도조건이 표시되어 있지 않다. 습도가 높을수록 발생하기 쉽다.
③ 환기조건이 나타나 있지 않다. 개구부를 닫은 뒤에 시간 경과 등

라돈은 무색, 무취의 기체로서 액화되어도 색을 띠지 않는 물질로 지구상에서 발견된 약 70여 가지의 자연방사능물질 중 하나이다. 실내 라돈농도는 지역, 지상조건, 외기 중의 라돈 농도, 건축자재, 토양, 음료수 등의 라돈 함유량, 건축구조, 실내기상조건 등에 따라 다르다. 일반적으로 라돈이 인체에 미치는 영향은 폐암을 유발시키는 것으로 나타나 그 중요성이 새롭게 인식되고 있다.

석면은 건축자재로 사용되어 조립식 주택의 재료, 석면 시멘트재, 비닐타일, 아스팔트 타일, 석면 플라스틱, 냉난방용 단열재 외에 내화용 도포재로 이용된다. 석면은 암을 유발하는 발암성 물질로 밝혀진 후로는 세계 각국에서 강력한 행정적 규제를 가하고 있다. 석면 분진에 노출될 경우에는 피부질환, 석면증뿐만 아니라, 치명적인 폐암 및 중피종, 편평상피 등을 유발한다고 알려져 있으며, 특히 폐암은 석면에 직접적으로 노출된 사람들 중에서 상당히 많이 발견되었다.

유기용제(VOCs)란 용매의 성질을 변화시키지 않고, 어떤 물질을 녹일 수 있는 액체상 유기화합물질을 말한다. 유기용제의 일반적인 발생원은 건축재료, 세탁용제, 가구설비, 살충제, 카펫접착제 등이며 또한 합성판도 유기용제의 주요

오염원이다. 유기용제의 수는 수 백 가지로 농도는 거의 낮은 수준이지만 가장 독성이 강한 것은 톨루엔이다. 다음으로 크실렌, 에틸벤젠 순으로 독성이 강하다. 벤젠, 톨루엔, 크실렌, 사이클로헥산 등은 방향족 탄화수소로 순수한 톨루엔의 공기 중 농도가 600ppm인 곳에서 8시간 폭로되면 피로감, 정신착란, 두통, 구역질, 현기증 등의 증상이 나타난다.

저농도의 벤젠에 장기간 노출되어 만성중독을 일으키는 경우 조혈장기를 침범하여 빈혈, 혈액 응고장애, 백혈구를 파괴하여 감염에 대한 저항력이 떨어지고 발암성 물질로 나타난다. 대부분의 유기용제는 마취작용을 갖고 있는데, 이것은 신경계의 지방조직에 대한 친화성 때문이다.

일반적으로 한꺼번에 대량으로 흡입하면 마취작용을 나타내지만 마취되지 않을 정도의 적은 양이 오랜 시간 반복하여 흡입되면 만성중독을 일으킨다. 표 7.6에서는 유기용제가 인체에 미치는 영향을 나타내었다.

표 7.6 유기용제가 인체에 미치는 영향

유기용제	인체에 미치는 영향
벤 젠	혈액에 대한 독성이 아주 강함
톨루엔	간, 신장, 혈액, 신경 등에 대한 독성이 가함
크실렌	간, 신장, 혈액에 대한 독성이 강함
에틸벤젠	신경계에 대한 독성이 아주 강함
스틸렌	신경계, 피부점막 등에 대한 독성이 강함

7.2 오염원 조절

7.2.1 건축자재에서 오염원 방출

건축공사에 사용되는 많은 종류의 내 · 외장용 건축재료로부터 오염물질이 방출된다. 목재와 고무류, 페인트와 접착제, 플라스틱류와 합성수지 등 천연재료 및 복합재료로부터 유기성분의 오염물질이 방출되며, 유리섬유와 같은 단열재 및 콘크리트 등에서 무기질의 오염물질이 발생하고 있다.

그러나 이러한 건축재료에 대한 오염물질의 방출특성을 파악하기는 쉽지 않은 실정이다. 복합재료로 제작된 건축재료의 경우 재료의 요구성능이나 기계적

성질, 취급성능과 작업성 향상을 위하여 경화제, 항산화제, 정착제 등 다양한 첨가물을 사용하고 있으며, 이로부터 수많은 종류의 오염물질이 방출되고 있다. 목재와 같은 천연재료에서도 휘발성 물질이 일부 방출되고 있으며, 건축재료의 오염물질 방출특성은 온도와 습도에 의해 큰 영향을 받는다.

건축재료의 오염물질 방출특성은 다음과 같다.

① 재료의 오염물질 함유량이 많을수록 방출량과 방출강도가 높아진다.
② 함유물질의 수증기압이 높을수록 방출량과 방출강도가 높아진다.
③ 재료의 방출 표면적이 클수록 방출량과 방출강도가 높아진다.
④ 재료의 두께에 따라 방출기간에 영향을 미친다.
⑤ 오염물질의 함유밀도가 높을수록 방출량과 방출강도가 높아진다.
⑥ 표면의 처리상태 정도에 따라 방출강도에 영향을 준다.
⑦ 재료의 흡착성이 크면 오염물질의 흡착 후 재방출 비율이 증가한다.

7.2.2 환경친화적 건축자재

환경친화적 건축자재로는 다음과 같은 조건을 갖추어야 한다.

① 오존층을 파괴하는 프레온가스를 발포제 등으로 사용하지 않을 것(발포단열재 등)
② 채용에 따라 환경파괴 및 자원고갈을 초래하지 않는 건축자재
③ 제조나 유통에 에너지를 적게 소비하는 건축자재
④ 장기간 사용이 가능하고 폐기처리가 용이한 건축자재 또는 리사이클링이 용이한 건축자재
⑤ 사람에게 편안함을 주는 건축자재
⑥ 일상적으로 또는 화재시나 소각시에 유해가스가 발생하지 않는 건축자재
⑦ 접촉이나 흡입에 의해 건강에 장해를 초래하지 않는 건축자재
⑧ 실내환경의 조정이나 건강을 증진하는 효과를 지닌 건축자재(조습재, 원적외선 방사재 등)

현재 법률적으로 사용을 금하고 있는 것으로는 석면이 있으며, 환경 선진국인 독일의 경우에는 광물섬유로 만들어진 단열재(유리면이나 암면)에 대해서도 특정 치수의 섬유 제조시, 부착시, 해체시에 인체에 침투하여 건강에 악영향을 미친다고 본다. 그 대체품으로는 목질섬유판, 셀룰로오스, 코르크, 코코넛섬유, 양모 등을 들 수 있는데, 교체가 이루어지기에는 많은 시간이 소요될 것으로 생각된다.

표 7.7 건축재료의 친환경성 고려 사항

분 류	고 려 사 항
자원효율성	- 원자재의 양– 재사용 재료 - 재생과 지속가능 관리지침의 사용 - 토산품 및 운송거리 단축 - 지역에 합당한 재료 - 감가상각비와 유지비 - 자원의 회수 및 재생
건강과 실내공기질	- 실내장식 재료로부터의 VOCs - 청소용제/유지 · 관리 · 제품으로부터의 VOCs - 섬유재, 단열재, 패널재로부터 떨어지는 섬유소 - 생물의 활동으로부터의 흙, 진균류, 박테리아 - 뿜칠, 연마에 의한 미세물질(먼지)

실내공기질의 향상을 위한 건축재료 사용시, 건강에 유해한 물질을 포함하고 있는 건축재료의 친환경 공법이 요구되고 있다.

페인트가 대표적인 재료이다. 페인트 원료는 중금속을 포함하고 있는 안료, 냄새와 유해물질을 함유하고 있는 용제, 펜타클로로페톨(PCP)나 린덴(Lindane) 등의 살충제, 화학방부제 등 인체와 환경에 엄청나게 유해한 성질을 함유하고 있다. 이에 따라 페인트 제조에 쓰이는 구성물질들을 점차 바꾸어 가는 노력을 하면서 그 결과 PCP와 린덴은 다른 화학물질로 대체되었고, 고농도의 용제 대신에 물이 희석제로 대체되었으며 카드뮴과 납을 기초로 제조되었던 안료가 바뀌어가고 있다.

환경오염에 대응한 페인트 제품의 새로운 경향으로는 다음과 같은 것들이 있다.

① 다양한 탄성 마감도재(완벽 마르치) : 저오염성, 방조성, 방곰팡이성, 방

수성, 투습성, 롤러 시공성, 산성비 대응형

② 환경대응형 재도장 공법(리메이크 시스템)

③ 무독성 방청안료(민알) : 녹방지 도료로서 납이나 크롬 함유 방청안료의 사용 금지로 인한 대체품

④ 환경부하저감대책과 건강에 기여하는 목공도료(금속 에코 가드) : 포르말린을 방출하지 않는 깨끗한 마감재

⑤ 친유물질 대응 저오염형 수지(하이 실리콘 아크릴 수지)

⑥ 천연페인트(아우로) : 유해화학물질을 포함하지 않는 인체와 환경에 무해한 천연원료를 이용하여 만든 페인트

7.2.3 건축자재의 친환경 인증

세계적으로 관심이 고조되는 환경인증제도와 더불어 건축자재의 환경친화성에 대한 요구가 증가되고 있다. 영국, 미국, 캐나다 등의 구미 선진국과 일본 등에서는 건물인증제도의 성공적인 시행과 관련하여 실내마감재료의 오염물질 방출 특성과 이에 따른 천연자재, 무독성 건축재료 개발을 위한 많은 연구가 진행되고 있다. 특히 유럽공동체와 핀란드에서는 건축자재의 오염물질 방출강도의 특성을 활용하여 실내환경, 마감재료에 대한 분류 규정을 제정하여 설계지침으로 활용하고 있다.

우리나라에서는 공기청정협회 주관으로 친환경 건축자재 단체품질 인증제도(Healthy Building material)가 시행되고 있다. 적용 대상은 건축물의 내장재

표 7.8 건축자재의 친환경 인증등급 기준

구 분		일반자재 페인트, 퍼티	접착제	실란트
최우수 ♧♧♧♧♧	TVOC	0.10 미만	0.10 미만	0.25 미만
	5VOC	0.03 미만	0.03 미만	0.075 미만
	HCHO	0.015 미만	0.015 미만	0.015 미만
우수 ♧♧♧♧	TVOC	0.10 이상~0.20 미만	0.10 이상~0.30 미만	0.25 이상~0.75 미만
	5VOC	0.06 미만	0.09 미만	0.22 미만
	HCHO	0.015 이상~0.05 미만	0.015 이상~0.05 미만	0.015 이상~0.05 미만
양호 ♧♧♧	TVOC	0.20 이상~0.40 미만	0.30 이상~0.60 미만	0.75 이상~2.5 미만
	5VOC	0.12 미만	0.18 미만	0.75 미만
	HCHO	0.05 이상~0.12 미만	0.05 이상~0.12 미만	0.05 이상~0.12 미만

* 5VOC : 벤젠, 톨루엔, 에틸벤젠, 자일렌, 스티렌

로 사용되는 일반자재(합판, 바닥재, 벽지, 목재, 패널 등), 페인트, 접착제 등에 적용된다. 건축자재의 인증등급으로는 최우수, 우수 및 양호로 나타내며, 그 기준은 표 7.8에 나타나 있으며 그 실험방법은 표 7.9에 나타나 있다.

표 7.9 친환경 건축자재의 실험방법

구 분		내 용
일반자재 (벽지, 바닥, 목재, 패널)	측정시점	시험시작 7일 째
	측정개수	3개
	결과비교	3개의 평균값
페인트, 접착제	측정시점	시험시작 7일 째
	측정개수	3개
	결과비교	3개의 평균값

7.2.4 건물 내부의 실내공기질 개선

건물 내에서 실내공기오염 문제를 해결하기 위해서는 실내에 식물들을 배치함으로써 오염 정도를 완화시키는 방법이 있다. 식물은 휘발성 유기화합물이나 비휘발성 유해기체를 제거하는 능력을 갖고 있을 뿐만 아니라 건강을 해치는 주요 원인이 되는 미세먼지, 포름알데히드, 이산화탄소 등의 실내오염원들을 효과적으로 제거해 주는 것 또한 바로 실내 공기정화 식물이다.

모든 식물은 광합성을 할 때 잎 뒷면의 기공을 통해서 이산화탄소를 흡수하고 물과 산소를 배출하는 증산작용을 한다. 이때 식물은 이산화탄소만 흡수하는 것이 아니라 공기 중의 오염물질도 함께 흡수하게 되는데 흡수된 오염물질은 뿌리로 내려가 토양에 있는 미생물에 의해 분해된 후 사라진다. 이와 같이 식물이 외부의 오염물질을 흡수하고 다시 산소를 내뿜는 활동이 주변공기를 이동시켜 공기정화 효과를 낳는 것이다.

식물의 공기정화 방법으로는 다음과 같은 것들이 있다.

① 공기 중에 있는 오염물질은 식물 잎 뒷면에 있는 기공을 통해 흡수된다. 일부는 식물체에 의해 대사적으로 분해된다.

② 뿌리로 흡수된 물이 잎의 기공을 통해 밖으로 배출되는 것을 증산작용이라 한다. 이때 방출되는 음이온은 상당수의 오염물질(양이온)과 반응하여 오염물질을 중화 · 제거한다.

③ 증산작용에 의해 발생된 대류의 흐름은 오염물질을 토양으로 이동시킨다.

④ 식물체 뿌리는 토양의 미생물이 잘 번식 · 유지될 수 있도록 다양한 영양분을 제공한다.

⑤ 근권부에 있는 토양 미생물은 오염물질을 미생물이나 식물체가 사용할 수 있는 무기물로 분해한다.

이러한 물리적인 효과와 함께 식물은 심리적으로도 안정된 느낌을 가질 수 있도록 해준다. 따라서 건물의 내부에 식물을 끌어들임으로써 공기오염을 막으면서 심리적으로도 도움을 주게 된다.

최근 친환경건축물에서는 조경을 통한 식물의 효과를 건물에 부여할 뿐만 아니라 식물을 건물 내부로 끌어들이는 적극적인 방법을 건물설계에 적용하고 있다. 그림 7.1~그림 7.6은 친환경건축물에서 건물 내부에 식물을 이용하는 국내 · 외 사례를 보여주고 있다. 실내의 파티션에 미니화단을 조성하거나(그림 7.1), 복도공간을 이용한 화단조성으로(그림 7.2) 실내 분위기를 향상시키면서 공기정화의 효과도 동시에 누릴 수 있다.

건물 디자인시 좀더 적극적인 식물의 이용방법으로 건물 전면에 아트리움을 조성하여 실내의 온도 및 조도를 조절함과 동시에 공기환경 개선을 시도하기도 하며(그림 7.3), 고층 건물의 경우 건물 중간 일부분에 조경을 설치할 공간으로 할당함으로써(그림 7.4, 그림 7.5) 실내공기의 정화에 도움을 주고 있다. 건물의 연결 부위에 중앙 아트리움을 설치하는(그림 7.6) 적극적인 사례도 볼 수 있다.

7.3 환기

7.3.1 환기의 개요

환기란 실내 공기를 신선한 외기와 교체함으로써 실내공기의 더러움을 연하게 하는 것이다. 필요환기량(ventilation requirement)이란 실내공기의 오염 정도를 실내환경 쾌적성 관점에서 바람직한 한도까지 연하게 하는데 필요한 외

그림 7.1 미국 USGBC 사무소의 실내파티션 조경

그림 7.2 미국 Genzyme Center의 18개의 실내정원의 일부

그림 7.3 동경가스 건물 전면의 생태코어(아트리움)

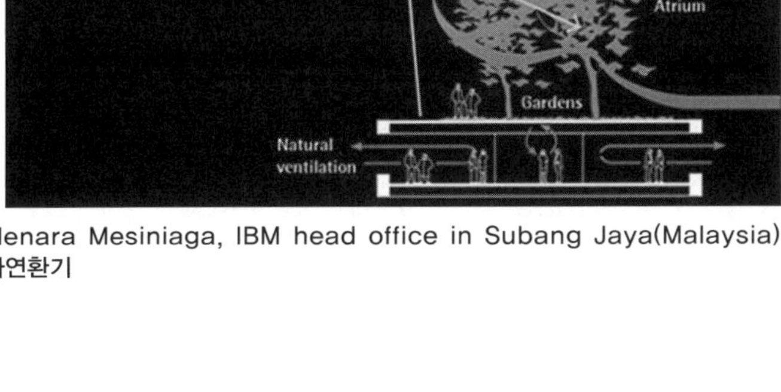

그림 7.4 Menara Mesiniaga, IBM head office in Subang Jaya(Malaysia)의 중정 및 자연환기

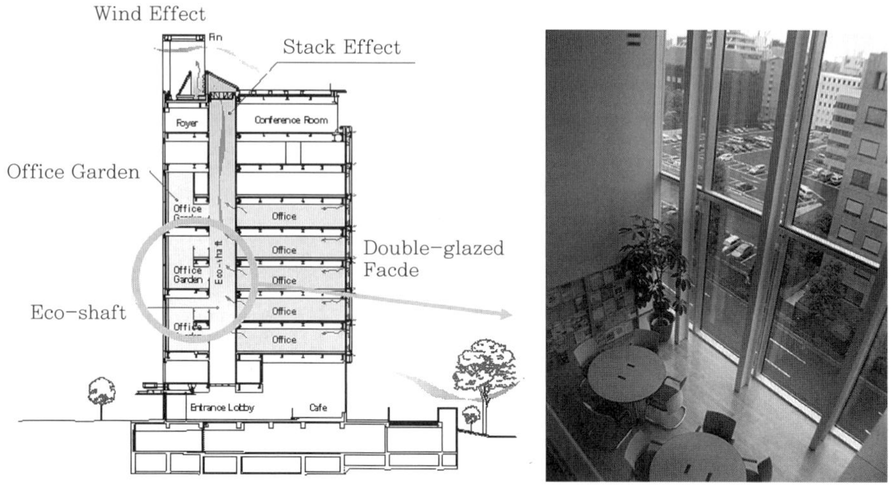

그림 7.5 일본 Kinden Headquarter 건물의 오피스 가든

그림 7.6 서울중앙우체국 중앙아트리움

기 도입량을 의미한다.

환기에는 자연환기와 기계환기가 있다.

자연환기는 외부바람 및 실내외 압력차 등의 자연적인 구동력에 의해 상시 환기가 이루어질 수 있도록 하는 것이며, 일반적으로 창문을 열어 신선공기를 유입하게 하는 방법이다. 별도의 동력을 사용하지 않음으로써 동력비가 들지 않으므로 많은 종류의 건물에 신선외기의 도입을 위해 적용되고 있다. 자연환기의 원리로는 실내 · 외 온도차에 의한 공기 밀도차가 원동력이 되는 중력환기(gravitational ventilation)와 건물의 외벽면에 가해지는 풍압이 원동력이 되는 풍력환기(wind forced ventilation)로 나눌 수 있다.

기계환기란 송풍기(팬) 등과 같은 기계식 또는 전기식 동력에 의하여 작동하는 기계설비장치를 설치하여 강제적으로 환기시키는 설비로서 다음의 세 종류로 분류된다.

① 1종 환기(병용식 환기법) : 급배기 모두 기계력을 이용하는 방법으로 실내 · 외의 압력차를 조정할 수 있고 가장 우수한 환기를 행할 수 있다.

② 2종 환기(압입식 환기법) : 기계력에 의하여 급기하고, 배기는 자연으로 행해지는 방법으로 공장과 같은 건물에 있어서 신선한 청정공기를 공급하는 경우에 많이 이용된다.

③ 3종 환기(흡출식 환기법) : 급기는 자연으로 행하고 기계력에 의하여 배기하는 방법으로 주방, 화장실 등 냄새 또는 유해가스, 증기발생이 있는 곳에 적합하다.

7.3.2 국내 · 외 환기에 대한 기준

우리나라에서는 기존의 "건축물의 설비기준 등에 관한 규칙" 일부를 2006년 1월 다음과 같이 "제11조(공동주택 및 다중이용시설의 환기설비기준 등) ① 영 제87조 제2항의 규정에 따라 신축 또는 리모델링하는 다음 각호의 어느 하나에 해당하는 주택 또는 건축물(이하 "신축 공동주택 등"이라 한다)은 시간당 0.7회 이상의 환기가 이루어질 수 있도록 자연환기설비 또는 기계환기설비를 설치하여야 한다."로 법이 신설되었다.

미국의 주거환경기준은 ASHRAE와 HUD(Department of Housing & Urban Development)에서 다루고 있다. HUD의 최소 성능기준에서는 0.5회/h 정도의 침기량에 개폐 가능한 창을 이용한 환기를 기준으로 하고 있으며, 이 창의 크기는 바닥면적의 1/20 이상으로 규정하고 있다. 일본의 경우 기밀성능 기준을 철근콘크리트조, 조적조류 구조의 주택은 0.5회/h, 공업화공법의 주택은 0.7회/h, 그리고 목조를 비롯한 그 위의 주택에서는 1.5회/h로 제시하고 있다. 유럽에서는 노르웨이, 핀란드 등을 중심으로 WHO에서 1987년에 제정한 "Air Quality Guideline for Europe"에 근거하여 각 나라별 실정에 맞는 기준을 설정하고 있다.

주요 국가별 최소 환기량은 다음 표 7.10과 같다.

표 7.10 주요 국가의 주거용 건물에 대한 최소 환기량 기준

국가 및 기준명	총환기량	거 실	침 실	주 방	욕실겸용화장실
캐나다	0.3회/h 3ℓ/s.인	–	–	간헐배기: 50ℓ/s 연속배기: 30ℓ/s	간헐배기: 25ℓ/s 연속배기: 15ℓ/s
이탈리아	0.35~0.5회/h	15m³/h.인	–	1.0회/h	1.0~2.0회/h
스웨덴	최소급기 0.35ℓ/s.m²	급기 0.35ℓ/s.m²	급기 4.0ℓ/s	배기 10ℓ/s.실	배기 10~30ℓ/s
영국	권장 12~18 ℓ/s.인 최소 8~12 ℓ/s.인	바닥면적의 1/20 이상인 환기구 및 최소 4,000mm² 이상의 환기구 면적 확보	바닥면적의 1/20이상인 환기구 및 최소 4,000mm² 이상의 환기구 면적 확보	기계급기 60ℓ/s, 30ℓ/s, 배기후드 설치 및 최소 4,000mm² 이상의 환기구 설치, 환기 횟수 1회 확보	15ℓ/s (간헐환기)
미국	환기횟수 0.35회/h 이상 (7.5ℓ/s인)의 환기량 확보	–	–	50ℓ/s (간헐) 12ℓ/s (연속) 개폐창	25ℓ/s (간헐) 10ℓ/s (연속) 개폐창
일본	30m³/인 (흡연시 30m³/담배 1개피)	–	–	–	–

필요환기량-다중이용시설에 필요한 환기량

7.3.3 건물 디자인에서의 효율적인 환기 사례

환기의 효율성을 증가시키기 위하여 많은 건축적 노력이 행해지고 있다. 자연환기의 극대화를 위한 노력과 더불어 자연환기와 기계환기의 적절한 조화를 이루는 하이브리드 시스템도 찾아볼 수 있다.

그림 7.7의 영국의 BRE 사무소 건물은 영국의 친환경 건축물의 대표적인 사례로써 에너지절약과 자연환기 및 자연채광 등의 기술을 적용시켰으며, 특히 굴뚝 모양과 이중외피를 이용하여 공기의 흐름이 자연스럽게 발생함으로써 자연환기를 극대화시키고 있는 건물이다. 또한 실내에서의 공기 흐름이 원활해지도록 하기 위해 슬래브를 곡선형으로 하면서 공기의 이동공간을 둠으로써 자연환기가 잘 이루어질 수 있게 되어 있다.

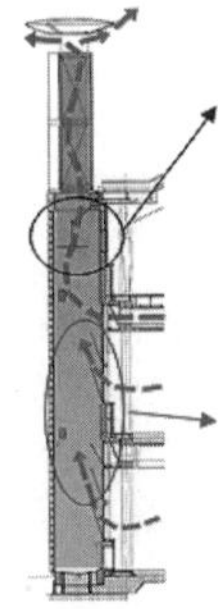

그림 7.7 영국 BRE 사무소의 이중외피 환기시스템

일본 동경의 Kinden Headquarter 건물(그림 7.8)에서는 건물의 코어부분과 접해서 이코 샤프트라고 하는 뚫린 공간을 두어 저층부분에서 고층부분으로 공기의 흐름이 자연스럽게 이루어질 수 있도록 배려하였다. 이 샤프트는 옥상의 윈드스쿠프와 연결되어 공기의 흐름이 원활하게 이루어질 수 있도록 하여 자연환기의 극대화를 이루어나가고 있다.

일본의 메이지대학 도서관 건물(그림 7.9)에서는 고층건물의 자연환기 극대화를 이용해서 18층에 Wind Floor(바람층) 공간을 두어 공기의 배출이 원활할 수 있도록 하였다. 이 바람층은 중앙 에스컬레이터 부분과 연결되어 수직적인 기류가 형성될 수 있게 하였으며, 위층으로는 옥상으로 바람이 빠져나갈 수 있도록 하여 각 층에 신선공기가 자연스럽게 유입될 수 있도록 하였다.

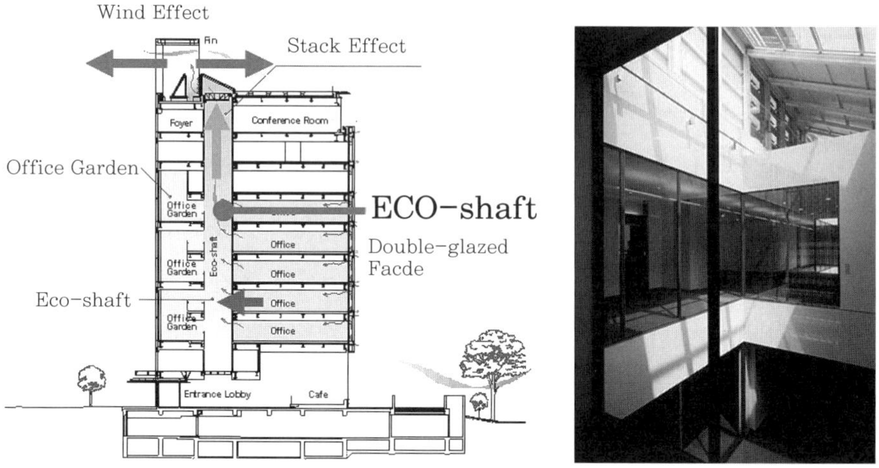

그림 7.8 일본 Kinden Headquarter 건물의 이코샤프트를 이용한 자연환기

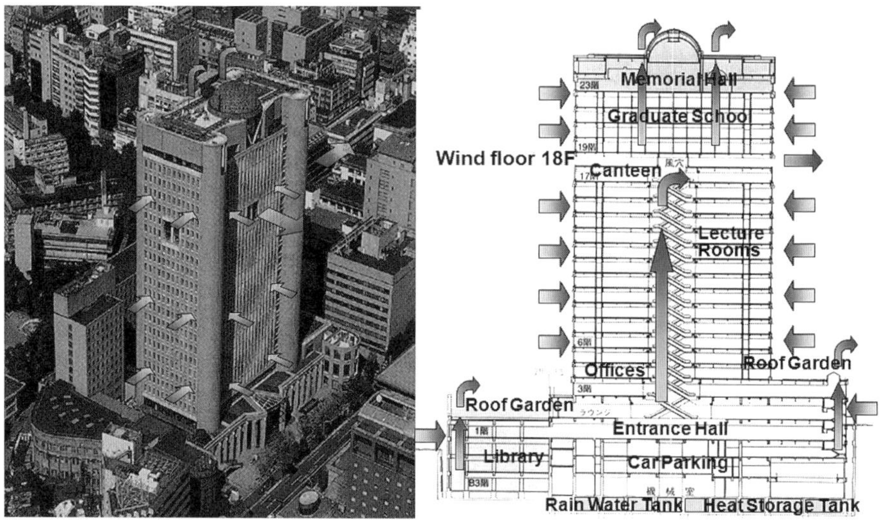

그림 7.9 일본 메이지대학 도서관 건물의 하이브리드 환기 시스템

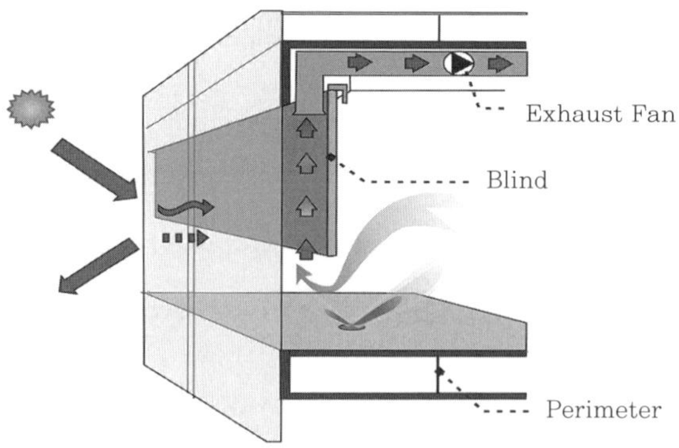

그림 7.10 서울중앙우체국의 Semi Air flow 창문시스템

기계환기장치와 자연환기장치의 적절한 조화를 이룬 서울중앙우체국 창문시스템(그림 7.10)은 하이브리드 환기의 대표적인 사례로 볼 수 있으며, 적은 에너지소비로 환기의 극대화를 이룰 수 있게 설계 및 시공되었다.

7.4 친환경건축 인증에서의 실내공기환경 기준

친환경건축물의 효과적인 설계 및 시공을 위해서 세계 각국에서 다양한 종류의 친환경건축물인증제도가 시행되고 있다. 이들 친환경건축물 인증제도에서는 지구환경, 지역환경 및 실내환경의 성능들을 평가하는 시스템을 갖추고 있다. 우리나라에서도 2002년부터 친환경건축물 인증제도가 시행되었으며 공동주택, 사무소 건물을 비롯하여 여러 종류 건축물의 환경성능을 평가하는 시스템이 완비되어 있다.

여기에서 실내환경과 관련된 평가항목의 평가점수는 각 나라마다 다르지만 대체로 10~20% 정도를 차지하고 있다. 우리나라의 사무소건물을 대상으로 살펴보면 총점 136점 중에서 실내환경 분야의 점수가 31점으로 23% 정도를 차지하고 있지만 실내공기환경과 관련된 부분인 공기환경 범주와 쾌적한 실내환경 조성 범주만을 본다면 총 26점으로 19% 정도를 차지하고 있으며 공기환경 범주만을 본다면 총 18점으로 전체의 약 13% 정도를 차지하고 있다.

18점의 공기환경 중에서 건축자재와 관련된 항목이 7점으로 가장 많이 차지하고 있고, 환기와 관련한 급배기구 설치와 자연환기 설계 등에서 6점을 나타내고 있다. 기타 흡연과 관련된 항목과 공기정화작업과 관련하여 5점이 배정되어 있다. 미국 LEED의 경우에는 총점 69점 중에서 이산화탄소 모니터링(1점), 환기효과(1점), IAQ 시공관리 계획수립(2점), VOCs 저방출 자재(4점) 등의 8점(약 12%)이 배당되어 있으며, 최소 IAQ 성능만족과 담배연기 제어 부분은 필수항목으로 설정되어 있다.

표 7.11 미국 LEED의 실내환경 평가항목 및 배점(사무실)

부문	범주		평가항목		세부 평가기준	구분	배점
9. 실내환경(평가: 24점 가산: 7점)	9.1	공기환경	9.1.1	휘발성 유기화합물질 저방출자재의 사용	휘발성 유기화합물 저방출 자재에 대해 평가	평가항목	6
			9.1.2	거주자가 흡연에 노출되는 것을 방지	건물내 금연 또는 업무공간에서 금연 정책 수립 여부	평가항목	3
			9.1.3	외기 급배기구의 설계	신선한 외기를 도입하기 위한 공조 급배기구 설계 도서 확인	평가항목	3
			9.1.4	공기정화작업 실시	공기정화작업 실시를 통한 실내오염원 제거 여부	평가항목	2
			9.1.5	자연환기 설계 도입 및 쾌적한 실내 공기환경 조성	거주자가 직접 외기를 도입할 수 있도록 조절 가능한 환기창/환기구 설치 여부 평가	평가항목	3
			9.1.6	건축자재로부터 배출되는 기타 유해물질 억제	건축물 내에서 석면이 포함된 자재를 사용하는지 평가	평가항목	1
	9.2	온열환경	9.2.1	실내 자동 온도 조절 장치 채택 여부	각 실별 또는 존별 자동 온도조절장치 적용 비율	평가항목	2
	9.3	음환경	9.3.1	외부소음에 대한 실내허용소음	대상 대지경계선에서의 소음도 평가(측정 또는 예측) 결과, KS F 2808에 의한 창의 차음성능 측정결과, 실내흡음력 등을 이용하여 산출한 주거 이외 부분의 최하층, 외부에 면한 공간에서의 실내소음등급(일본건축학회의 건물 내부소음에 대한 소음등급곡선) 또는 실내소음도(dB(A))를 기준으로 평가한다.	가산항목	2
	9.4	쾌적한 실내환경 조성	9.4.1	건물내 거주자에게 휴식 및 재충전을 위한 공간 마련	거주자에게 휴식 및 재충전을 위한 식재 공간/휴게 공간이 조성되어 있는지 평가	평가항목	4
			9.4.2	거주자를 위한 쾌적한 실내환경 조성	거주자에게 실내환경조절방식의 제공 여부를 통해 평가	가산항목	4
	9.5	노약자에 대한 배려	9.5.1	노약자, 장애인 배려의 타당성	노약자 및 장애인을 배려한 설계 수준에 따라 평가	가산항목	1

제8장

물의 친환경적 이해

8.1 물의 개요

3.2 우수활용

8.3 배수재이용

8.4 워터프런트의 친수환경

8.1 물의 개요

8.1.1 수자원 현황

수자원은 인간 생명 유지는 말할 것도 없고 경제적 · 사회적 발전의 잠재적 힘이 되는 소중한 자원이다. 지구가 탄생한 때부터 물은 총량에서 큰 변화가 없이 지속적으로 순환하고 있다. 그러나 그 중의 약 97%가 바다에 집중되어 있고, 2% 정도는 남극과 북극의 빙하형태로 존재하여 우리가 일상생활에 사용할 수 없는 물이다. 나머지 1% 중에서도 0.7% 정도는 지하수로 존재하는 등 우리가 용이하게 사용할 수 있는 하천이나 호수 같은 지표수 수자원은 모두 합해도 전체 수자원의 0.01% 이하로 매우 작은 분량이다.

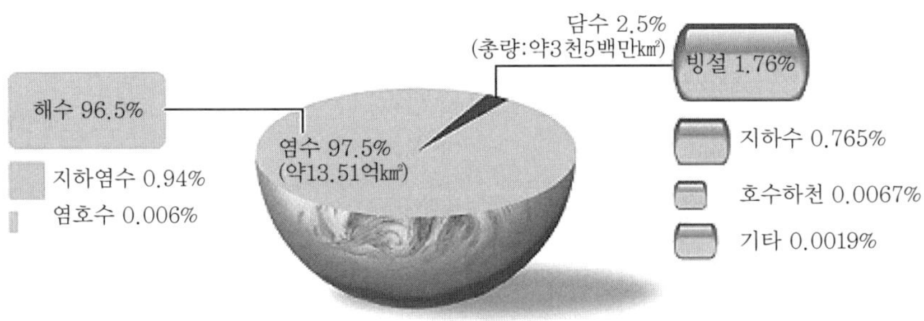

그림 8.1 지구상의 수자원 현황

OECD는 「2020년 세계 – 글로벌시대의 개막」이라는 보고서에서 2000년대 들어 국민의 생활수준 향상과 도시화 및 산업화의 진전으로 현재 25개 국가가 물 부족 사태를 겪고 있으며, 2025년에는 52개국 30억 명이 물 부족을 겪을 것으로 전망하고 있다. 또한, 유네스코와 세계기상기구는 2025년에 물 부족 사태를 겪는 국가가 34개국으로 늘어날 것으로 전망했다.

특히, 우리나라의 경우도 예외는 아니어서 UN의 국제인구행동연구소(Population Action International : PAI)[1]의 발표에 따르면 한국의 활용 가능

1) PAI의 분류에 따르면, 물 기근국가는 1,000㎥/인, 물 부족국가는 1,000~1,700㎥/인, 물 풍요국가는 1,700㎥/인 이상으로 나누고 있다.

한 수자원 양은 661억 톤으로, 이를 1인당 활용 가능량으로 환산할 경우 1950년은 3,247m³, 1995년은 1,472m³, 2025년에는 1,258m³으로 줄어들 것으로 예측하고, 이에 근거하여 한국 역시 물 부족 국가로 분류하고 있다. 우리나라의 2006년 기준 수자원 총량은 그림 8.2[2]와 같다.

우리나라의 연간 수자원 총량은 1,240억m³이며, 이 가운데 증발 등에 의한 자연손실량이 42%에 해당하는 517억m³이며, 나머지는 하천 유출량으로 집계되고 있다. 하천유출량 58% 가운데 바다로 유출되어 사용할 수 없는 수자원이 31%에 달하고, 실질적으로 활용할 수 있는 수자원은 27% 정도이다. 즉 수자원 총량인 1,240억m³ 중에서 활용할 수 있는 수자원은 337억m³ 정도이다.

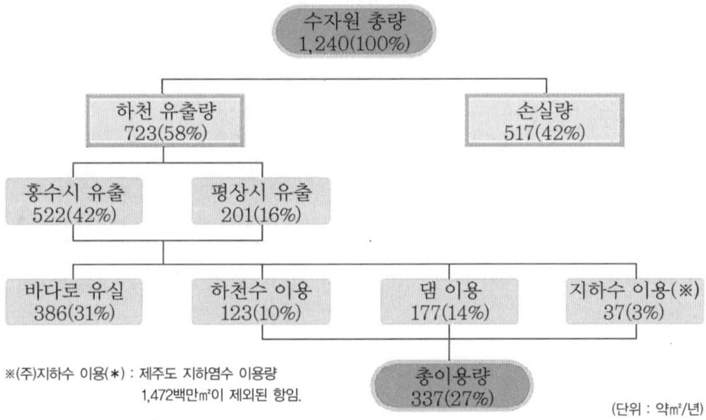

그림 8.2 우리나라의 수자원 이용 현황

8.1.2 물의 기능

물이 가지고 있는 기능으로 다음과 같은 것을 들 수 있다.

(1) 생명유지

생물이 살아가기 위해서 물이 없어서는 안 된다. 따라서 필요한 질과 양의 물을 얻을 수 있는 장소에서만 생태계가 만들어지며 인간도 생명을 유지할 수 있는 것이다.

2) http://www.kwater.or.kr/

(2) 위생유지

인체와 생활 · 도시환경을 청결하게 유지하기 위해서 물이 사용된다. 이것은 주로 물의 용해성과 유동성을 이용한 것이다. 위생유지를 위해 쓰이는 물이 일단, 전염되면 수계전염병이 만연하는 등의 비상사태를 일으키는 경우도 있다.

(3) 운송

물의 부력과 유동성에 의해 물질은 이동이 쉬워진다. 사물을 운반하기 위해 이용되는 물의 존재 형태로는 바다, 호수, 하천, 운하, 수로, 관수로 등이 있다. 건물의 배수 시스템은 생활의 장에서 불용물을 제거하기 위해 물의 운송력을 이용하고 있는데, 이를 도시 규모로 확대한 것이 하수도이다.

(4) 기후 · 온도조절

물은 기체 · 액체 · 고체의 세 가지 상태를 취하며, 이 상황변화에 의한 잠열과 열용량의 크기에 따라 기후를 좌우한다. 목욕이나 샤워, 정원에 뿌리는 물 등도 온도조절 효과를 노린 것이다. 공간설비나 산업용으로도 냉각수로 없어서는 안 되는 것이다.

(5) 심리적 효과

종교와 물, 길모퉁이의 분수, 물가에서의 언약이나 뱃놀이 등으로 물의 심리적 효과를 볼 수 있다. 목욕 및 샤워는 위생유지뿐만 아니라 기분을 상쾌하게 하는 효과도 기대할 수 있다.

8.1.3 물의 이용

(1) 생활용수

사람의 생활에서 이용되는 것으로 수도에 의해 공급되는 경우가 많다. 이 가운데 가정에서 음료용 · 입욕 · 세탁 등으로 사용하는 가정용수와 빌딩용수 · 공중목욕탕용수 · 소화용수, 공원이나 도로 등의 유지관리용수 등, 도시활동 용수가 포함된다. 건물이나 부지 내의 물이용은 급배수위생설비 시스템에 의해 보완된다.

(2) 공업용수 및 농업용수

농업용수는 오래 전부터 수리권과 관계 있으며 상당히 큰 비율을 차지하고 있다. 공업용에서는 냉각용이 압도적으로 많다.

(3) 에너지원으로서의 물이용

옛날에는 수력발전이 큰 비율을 차지했으나 화력과 원자력으로 대체되고 있다. 그러나 물은 깨끗한 에너지로서 중요하므로 파력 · 조력 · 온도차 등을 이용한 발전도 연구되고 있다.

(4) 수송 · 운송에 있어서 물이용

교통 · 수송수단으로 배를 이용하는 일이 한 때 없어졌으나 최근 새롭게 재검토되고 있다. 운송이란 물의 흐름을 이용하여 토사 및 오물, 그밖의 것을 흘려보내는 것을 말하며 생활용, 공업용 등에 폭넓게 응용되고 있다.

8.2 우수활용

8.2.1 국내 빗물 관련 법규

국내 빗물 관련 법규는 수도법과 동법시행령 및 시행규칙에서 찾아볼 수 있다. 2001년 3월 수도법을 개정하여 법제화하고, 시행령은 동년 9월에, 시행규칙은 동년 10월에 관련규정이 마련되어 물절약 종합대책상의 각종 정책을 시행하고 있다. 표 8.1은 현행법상의 빗물이용 관련 내용을 정리한 것이다.

표 8.1 현행법상 빗물이용시설 관련 내용

구 분	세부사항	관련법규
정의	빗물을 모아 생활용수, 조경용수, 공업용수 등으로 이용할 수 있도록 처리하는 시설	수도법 제 3조
설치 및 운영대상	지붕 면적이 넓은 시설물 중 대통령이 정하는 시설물(운동장 또는 체육관으로서 지붕면적이 2,400㎡ 이상이고, 관람석 수가 1,400석 이상인 경우 시설물)의 신축 또는 증축 · 개축 또는 재축시 설치 운영 빗물이용시설 시설기준 및 관리, 그 밖의 필요사항은 환경부령으로 정함	수도법 제11조 3, 시행령 제15조 3

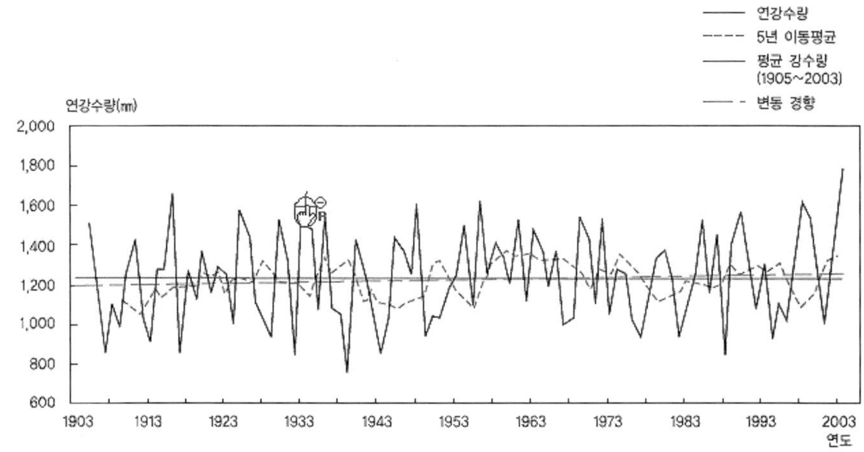

그림 8.3 우리나라 강수 패턴

8.2.2 강수 특징

일반적으로 '강수'란 하늘에서 떨어져서 물이 될 수 있는 모든 현상을 가리키는 것으로 대기에서 일어나는 강수현상은 비, 눈, 진눈깨비, 우빙(雨氷) 등 여러 종류가 있으며, 이는 각각 다른 현상으로 나타나는 것은 대기 중의 온도가 원인이다.

이 가운데 가장 많은 비율을 차지하는 것은 우수이며, 우수를 활용하기 위해서 우리나라의 강수 패턴을 조사할 필요가 있으며, 1905년부터 2003년까지 우리나라 강수량 패턴은 그림 8.3[3]과 같다.

우리나라는 계절별, 연도별, 지역별 강수량의 편차가 심하고, 국토의 65%가 산악지형이므로 하천경사가 급한 지리적 특성으로 우수가 일시에 유출되는 특징을 지니고 있다. 과거 100년간 연간 강수량 추이를 보면, 최저치와 최고치가 2.4배의 차이를 보이고 있으며, 도시지역을 포함한 우리나라의 연평균 강수량은 1,245㎜이며, 연간 강수량은 대체로 증가 추세에 있다.

각국의 연평균 강수량 및 1인당 연 강수총량은 그림 8.4[4]와 같고, 세계 평균 연 강수량은 880㎜이고, 1인당 연 강수총량은 19,635㎥/인 · year이다.

미국은 연평균 강수량이 736㎜로 세계 평균 강수량에는 못 미치지만 1인당

3) 물과 미래 2008세계 물의 날 주제 - 물과 위생(2008), 수자원공사
4) 물과 미래 2008세계 물의 날 주제 - 물과 위생(2008), 수자원공사

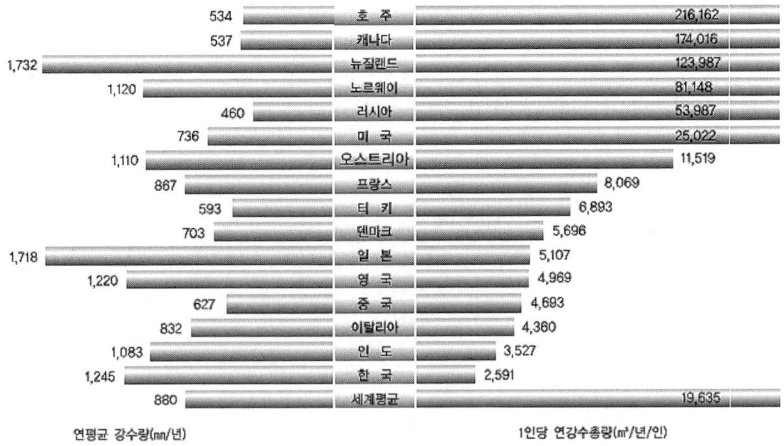

그림 8.4 각국의 연평균 강수량과 1인당 연 강수 총량

연 강수 총량은 25,022m³/인 · year로 세계 평균을 넘어서고 있다. 그러나 산악 지형이 많은 우리나라와 일본의 경우에는 연평균 강수량이 각각 1,245㎜와 1,718㎜로 세계 평균 강수량은 초과했으나 1인당 연 강수 총량은 각각 2,591m³/인 · year과 5,017m³/인 · year로 세계 평균을 밑도는 것으로 나타났다. 대상 국가의 지형적인 영향이 좌우하는 것으로 산악지형이 많은 우리나라와 일본의 경우에는 자연하천의 경사가 급하여 강수를 저류시킬 시간적인 여유가 없다고 할 수 있다.

8.2.3 우수의 수질

우수를 활용하기 위해서는 각각의 사용 용도에 적합한 수질을 유지하여야 한다. 우리나라의 경우 우수이용수의 용도는 배수재이용수와 동일하게 화장실 세척용, 냉각탑 보급수와 조경용수 및 소화용수 등에 이용된다.

우수의 수질은 지역이나 계절 및 대기오염 현황에 따라 상이하지만 pH가 약간 산성을 나타내는 것이 일반적이다. 일본의 경우 각 지역 빗물의 평균 pH는 4.7 정도로 나타내고 있으며, 이는 우리나라와 비슷한 것으로 예상된다. 각 용도별 수질 기준은 표 8.2[5)6)]와 같다.

---

5) 설비공학편람 - 4권 위생, 소방 및 환경, 제 1편 1.7-9

6) 大西正宜(2005), 環境と共生する建築—25のキーワード, p.196, 學芸出版社

표 8.2 우리나라 중수도기준 및 일본의 잡용수 수질기준

용 도	화장실세척용	살수용수	조경용수	친수용수*
외 관	불쾌감이 없을 것 (불쾌감이 없을 것)	불쾌감이 없을 것 (불쾌감이 없을 것)	불쾌감이 없을 것 (–)	–
색 도	–	–	(40 이하)	10 이하
탁 도	5 이하 (–)	5 이하 (–)	10 이하 (10 이하)	5 이하
취 기	불쾌감이 없을 것	불쾌감이 없을 것	불쾌감이 없을 것	불쾌감이 없을 것
pH	5.8~8.5 (5.8~8.6)	5.8~8.5 (5.8~8.6)	5.8~8.5 (5.8~8.6)	5.8~8.5 (5.8~8.6)
BOD(mg/ℓ)	10 이하 (20 이하)	10 이하 (–)	10 이하 (10 이하)	3 이하
COD(mg/ℓ)	– (30이하)	– (–)	– (–)	–
대장균군수 (개/mℓ)	10 이하 (10 이하)	불검출 (불검출)	불검출 (10 이하)	0.5 이하
잔류염소 (mg/ℓ)	검출될 것 (유지되어야 함)	0.2 이상 (0.4 이상)	–	–

( )는 일본 기준, * 친수용수는 일본 기준

8.2.4 우수 처리방법[7)]

(1) 초기 우수 처리방법

초기 우수는 대기오염물질을 포함하고 있으므로 산성도나 오염도가 쉽게 높아지며, 집수면도 먼지나 새 등의 배설물로 오염되어 있다.

따라서 깨끗한 우수를 확보하기 위해서는 초기 우수를 배제하여야 한다. 일반적으로 강우가 내리기 시작하여 3㎜까지의 우수를 배제하도록 권장한다.

대규모 시설의 경우, 우량계나 pH계 등과 전자밸브를 조합하여 초기 우수를 그림 8.5와 같이 배제시키고 있다. 예를 들면, 일본의 양국국기관(兩國國技館)에서는 강수량이 1㎜/h 이상이 된 후에 타이머가 작동하여 15분 후에 취수를 개시하도록 하였다.

소규모 시설의 경우 초기에 약한 우수가 내릴 때 관내벽을 타고 흐르도록 하여 그림 8.6(a)와 같이 배출시키고, 강한 우수가 변화된 경우에는 저류조에 유입되도록 한다. 그림 8.6(b)와 같은 경우에는 초기 우수는 배제(排除)탱크에 유입하고, 일정량이 저류되면 그림에서 보듯이 볼탭(Ball-tap)과 같은 구슬로 닫히

7) 大西正宣(2005), 環境と共生する建築—25のキーワード, pp. 196-199, 學芸出版社

게 됨으로써 이후의 강수는 저류조로 유입된다.

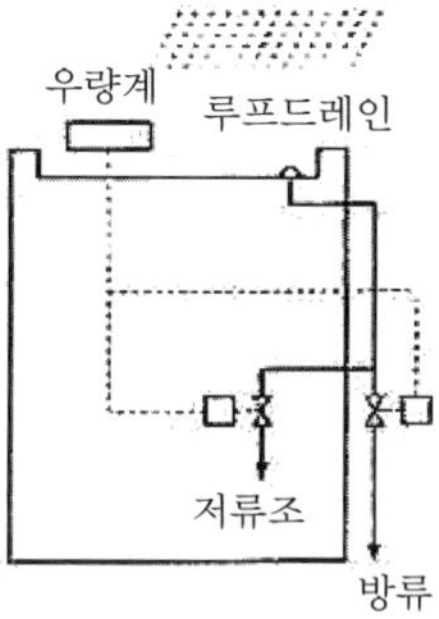

그림 8.5 대규모 시설 우수처리

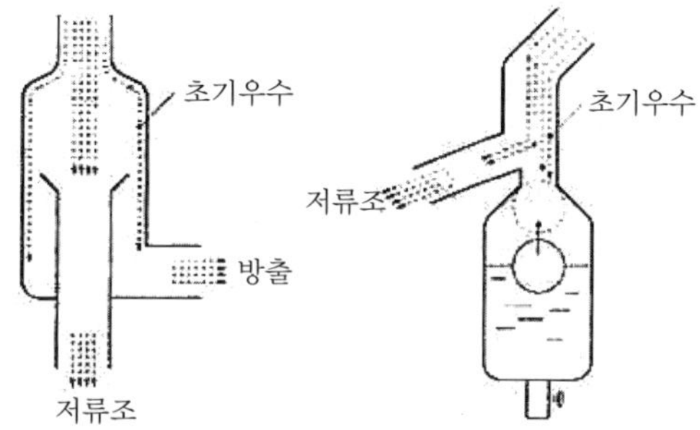

그림 8.6 소규모 시설 우수처리

(2) 우수의 일반적 처리 방법

우수의 주요 집수면은 건축물의 지붕, 벽면, 주차장이나 도로 등이 있지만 오염 정도가 가장 적은 곳은 보행이 이루어지지 않는 지붕이라 할 수 있다.

집수면에 내리는 우수 가운데 침투나 증발을 하지 않은 부분이 유출되어 집수하여 이용하게 된다. 이와 같이 강수량에 대한 유출량의 비율을 유출계수라 한다. 지붕면은 0.85~0.95, 도로는 0.8~0.9 정도가 된다. 우수처리의 기본적인 시스템은 그림 8.7과 같다.

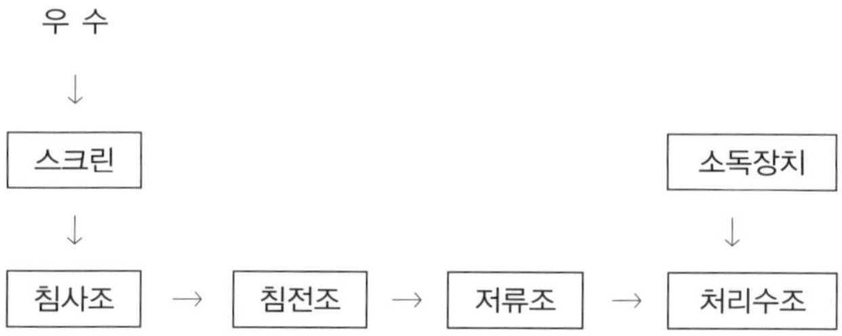

그림 8.7 우수처리의 기본적 체계

① 스크린

루프드레인을 통과한 낙엽이나 오염물질을 제거하여 침전조 등에서 청소의 불편함을 해소하기 위하여 일반적으로 설치하게 된다. 간단한 시스템에서는 메시 크기가 약 2~5㎜인 스테인리스망을 설치하게 되지만, 대규모 시설에서는 메시 크기가 0.3~2.5㎜로 자동적으로 스크린의 이물질 제거가 가능한 스크린 등의 메시 크기가 작은 스크린을 설치한다.

② 침사조

우수 가운데 입경이 0.42~2㎜인 이물질을 중력 · 침사시켜 제거하는 곳이다. 이 곳은 우수를 1분간 저류시켜 침사시키므로 용량은 그림 8.8에 나타난 "계획시간 최대 우수집수량"의 60분의 1 정도로 하고, 수심은 1m 정도로 한다. 또한 이물질을 제거하기 위하여 저부에는 유입측을 향한 1/100~1/200 정도의 내림구배를 취하고, 그 말단에는 깊이 300㎜ 정도의 이물질이 모일 수 있도록 설계한다.[8]

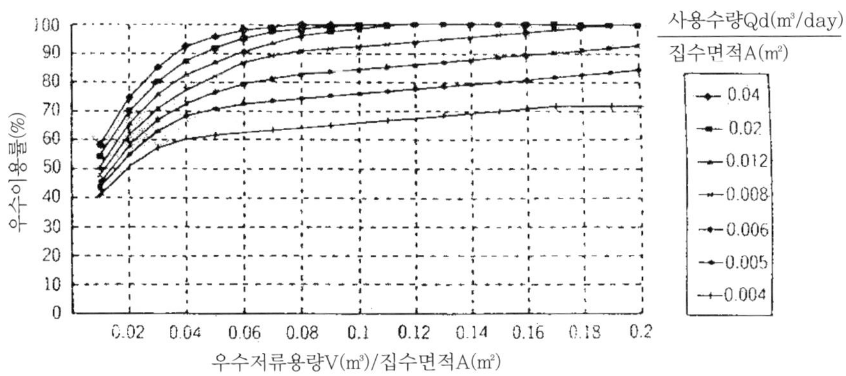

그림 8.8 우수저류용량 계획선도

③ 침전조

우수 가운데 입경이 0.074~0.42㎜의 이물질이나 유기물을 중력 침강에 의하여 제거하는 곳이다. 침전시간은 2~3시간 정도가 되도록 하고, 용량은 계획시간 최대 우수집수량(그림 8.8 참고)의 2~3배 정도로 한다. 탱크의 수면적은 수면적 1m²당 1일당 유입 강수량이 25~50m³ 정도가 되도록 하고, 강수의 흐름을 균일하게 하기 위하여 폭과 너비의 비를 1 : 3~1 : 5 정도로 하고, 수심은 1~4m가 되도록 한다.

---

8) 建設大臣官房廳營繕部監修, 排水再利用 雨水利用システム計畫基準 同解說 平成9年版, (社)公共建築協會, (財)全國建設硏修センター, 1998.

④ 스트레이너

침전조를 대신하여 설치하는 것이므로 유기부유물이나 이물질 및 모래를 제거한다. 회전스트레이너나 마이크로 스트레이너[9] 등이 있다.

⑤ 저류조

대규모에서는 지중보에서 분할된 기초와 바닥 슬래브 사이의 공간을 이용하는 경우가 많다.

치수대책이나 소화용수를 겸용한 경우에는 이에 해당하는 부분을 할증하여 용량을 결정해야 한다.

⑥ 여과장치

화장실 세척용 이외에 우수를 이용하고자 하는 경우에 설치하는 것으로 처리수의 수질을 향상시킨다. 여재(濾材)에는 모래, 섬유, 무연탄 등이 이용되며 일반적으로는 압력식(가압하여 여과하는 방식)에 의해 여과한다. 간단한 여과장치로는 잡석이나 필터를 이용하는 경우도 있다.

⑦ 소독장치

인체 접촉을 생각하는 경우에는 설치하는 것이 바람직하다. 소독제에는 염소계 나트륨 등을 이용한다. 염소 주입은 저류조, 처리수조 또는 배관을 하여 실시한다. 주입된 소독제가 우수와 잘 혼합되도록 해야 한다.

우수처리시스템은 호우시 문제가 발생하지 않도록 할 필요가 있다. 우선 루프드레인 주위를 연구하여 우수 유입량을 억제시킨다든지 옥상녹화를 실시하여 유출시간을 지연시키는 방법 등이 있다. 또한 집수관의 압력이 높아지지 않도록 입관(立管) 부분에 압력을 도피시킬 수 있는 배관을 실시한다. 저류조의 만수위에 대해서는 수위계에 따른 자동밸브와 수동밸브를 동시에 설치하여 이중(二重) 안전책을 모색해야 하며, 저류조에서 자연배수가 되지 않으면 반드시 배수펌프를 설치하여야 한다.

---

9) 수처리에 사용되는 여과기의 일종으로 23, 35, 65㎜의 구멍을 갖는 직조된 스테인리스 스틸망이 조속한 회전드럼 주위에 고정되어 있는 장치. 처리된 물은 드럼 내측으로부터 외측으로 통한다. 낙차는 망에서 15cm 이내로 제한한다. 드럼 내부에 모인 부유물은 세척수 또는 여과수의 고압살수로 세척한다. 모래여과와 함께 폐수의 "3차 처리"에 사용한다.

8.2.5 각국의 우수활용[10)]

세계 각국에서는 우수를 수자원으로 인식하고, 이에 대한 활용적인 측면에 대한 많은 연구가 이루어지고 있고, 건축물에 실질적으로 적용하여 많은 성과를 도출하고 있다.

그림 8.9[11)]는 세계 각국에서 이루어지고 있는 우수활용의 예를 나타내고 있다. 가까운 일본의 경우에는 1996년부터 우수활용을 실시하여 1996년 기준으로 500백만 톤의 우수를 활용하고 있고, 우리나라도 4개의 월드컵 경기장에서 연간 5만 톤의 우수를 활용하고 있다. 독일의 경우에는 2010년까지 유출되는 우수의 24%를 활용하고자 하는 목표를 세우고 있다.

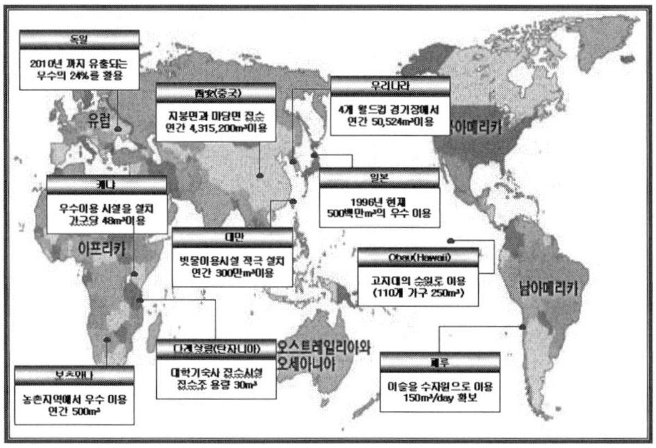

그림 8.9 각국의 우수활용

(1) 독 일

기업주도형으로 100여 개의 업체가 우수이용기술을 개발하고 있으며 빗물이용은 학교, 세차장 또는 산업용으로 그 범위가 확대되고 있다.

베를린의 소니센터(Berlin, Sony center)의 집수면을 통해 저장된 빗물은 Postdamer Platz 오피스 타워에서 화장실 세척용이나 건물 외부의 조경용수로 사용되며, 오피스 타워에 화재발생시 소방용수로 사용된다. 빗물 저장조가 가득 차게 되면 넘친 물은 14~34m³/h의 속도로 합류식 하수도로 유입되게 되고, 비

10) 독고 석, 외국의 빗물이용 사례

11)) http://www.rainwater.re.kr/use.htm

가 오지 않을 경우에는 빗물 대신 수돗물이 채워지도록 되어 있다.

그림 8.10 베를린 소니센터

이외에도 뮌헨의 레오폴츠 거리, 하노버의 엑스포 호수(전시장 지표면에서 유출된 빗물을 처리해서 저류하고 화장실 및 조경용수로 사용, 박람회 기간 동안 5,000톤의 수돗물 절약), 코블렌츠의 기술대학(100톤 규모 저류조 설치, 화장실 용수, 조경용수, 소방용수로 사용) 등의 도입 사례가 있다.

(2) 미 국

그림 8.11 주택의 빗물이용

미국은 현대에 들어 중앙집중식 상수도체계가 보급되면서 빗물이용이 거의 사라졌지만 태평양이나 카리브 해의 섬지역 및 오하이오주, 애리조나주 등과 같은 건조지역을 중심으로는 빗물이용이 사용되고 있다. Lyed(1992)에 의한 전국적인 조사에 따르면, 현재 약 200,000개 정도의 빗물 이용 시스템이 소규모 지역에서 이루어지고 있다. 그림 8.11은 미국 일반 가정의 빗물이용 탱크 설비를 보여주고 있다.

미국의 경우 환경에 대한 관심 고조와 기존 수자원의 고갈로 인하여 정부차원에서 빗물저장에 대한 관심을 증가시켰고, 많은 도시에서 빗물이용에 대한 기술을 적극적으로 개발하고 있으며, California Water Conservation Tax Law가 1980년에 통과되어 빗물, 중수 또는 두 가지의 혼합된 형태 사용에 대하여 50%(최대 3,000US$)에 이르는 정부보조금을 지원하도록 되어 있다.

그림 8.12 일본의 로지손

그림 8.13 로지손 개념도(by Murase)

그림 8.14 도쿄돔 빗물이용 예

(3) 일 본

일본은 1985년 도쿄돔이 건설된 이래로 빗물 이용이 효과적이라고 판단하여 전국적으로 확산되었으며, 주로 도심지역의 빗물 이용에 많은 관심을 가지고 있다. 도심에서의 빗물 이용은 용수공급 이외에도 홍수 제어 역할, 수자원 보전, 하천오염 감소, 지하수 함양 및 배수관망 시스템의 건설경비 절감 등의 효과를 위한 것이다. 또한 화재진압과 비상시 물공급에 대비하기 위한 것이다.

일본 스미다시(Sumida City)에는 빗물을 이용하기 위하여 5개의 로지손이 있다. 가정집의 지붕면을 따라 내려 온 빗물은 집 근처의 로지손 지하 탱크에 저장되어 물이 필요할 때 펌프를 이용하여 사용하며, 그림 8.12 및 8.13과 같다.

도쿄돔은 수많은 관중의 수용과 다양한 용도의 많은 물 수요를 가지는 특성을 지니고 있다. 일본에서는 수자원과 도시 홍수예방 측면에서 이러한 시설물을 물 수요 만족과 홍수예방을 조절하기 위한 방안으로 대부분의 돔에서 얻어지는 우수는 잡용수로 활용하고 있다. 그림 8.14는 도쿄돔에서 빗물을 이용하여 잔디에 물을 공급하고 있는 장면이다.

8.3 배수재이용

일반적으로 사용되는 물도 정화하는 방법에 따라 재차 사용할 수 있다. 배수재이용은 수자원을 안전하게 확보하기 위한 수단으로 중요한 요소를 차지하고 있다. 우리나라에 있어서는 배수재이용수를 중수도라 칭하며, 개정된 수도법 제3조 제14호에서는 "사용한 수돗물을 생활용수, 공업용수 등으로 재활용할 수 있도록 다시 처리하는 시설을 말한다."고 중수도의 정의를 규정하고 있다.

8.3.1 배수재이용수방식의 분류

배수재이용방식은 순환방식에 따라 개방순환방식과 폐쇄순환방식으로 나눌 수 있다. 개별 순환방식은 처리수를 자연수계에 환원시키지 않고, 폐쇄계 시스템 중에서 인위적으로 처리수를 수자원으로 직접 이용하는 방식으로 건물 내에서 배수재이용, 우수용 단독 또는 병용 형태로 이용하는 방식이다. 폐쇄방식에는 크게 개별 순환방식과 지구순환방식 및 광역순환방식으로 나눈다.

(1) 개별 순환방식

개별 건축물에서 배출되는 배수를 건물 자체 내에서 처리하며, 처리수를 당

표 8.3 개별 순환방식의 장점과 단점

장 점	▶ 당해 건물 내에서 순환 이용하기 때문에 원수의 잡수배관, 재이용수의 송수배관의 단축이 가능하다. ▶ 원수량과 재이용수량을 비교적 정확하게 파악할 수 있어 재이용설비의 경제적인 설계가 가능하다. ▶ 원수의 종류를 선택하는 것이 가능하기 때문에 비교적 깨끗한 원수를 이용할 수 있다. ▶ 한정된 범위이므로 유지관리가 용이
단 점	▶ 규모가 작으므로 건설비, 보수관리비 등의 상승으로 중수제조 단가가 높아진다.

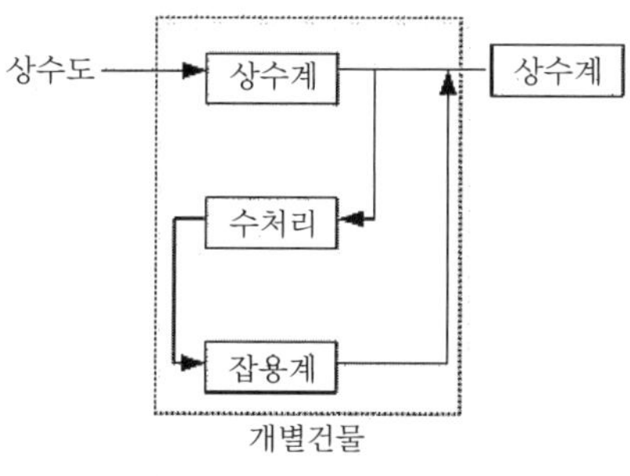

그림 8.15 공공하수도 보급지역

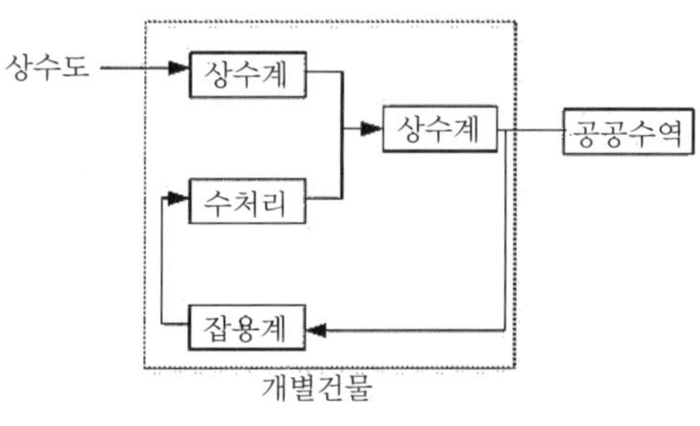

그림 8.16 공공하수도 미보급지역

해 건물에서 사용하는 방식을 말하고, 장점과 단점은 표 8.3과 같다. 공공하수도의 보급 유무에 따라 그림 8.15와 그림 8.16과 같다.

(2) 지구순환방식

비교적 고밀도지구의 다수 건축물에서 배수되는 물을 공동으로 처리하여 재이용수를 공급하는 방식이며, 장점과 단점은 표 8.4와 같으며, 그림 8.17과 같다.

표 8.4 지구순환방식의 장점과 단점

구분	내용
장 점	▶ 대상구역에 다양한 용도의 건축물이 있다면, 원수(原水)의 종류가 많고, 사용수량의 확보가 용이하다. ▶ 지역냉난방설비 이용지역과 중복될 경우는 공동구를 공동으로 이용 가능하기 때문에 도입배관 공사비를 저가로 할 수 있다.
단 점	▶ 원수(原水)량 및 재이용수의 사용량이 상이하여 수량의 균형을 이루기 어렵다. ▶ 수량파악을 위한 계량기가 필요 ▶ 건물별 비용계산에 어려운 점이 있다.

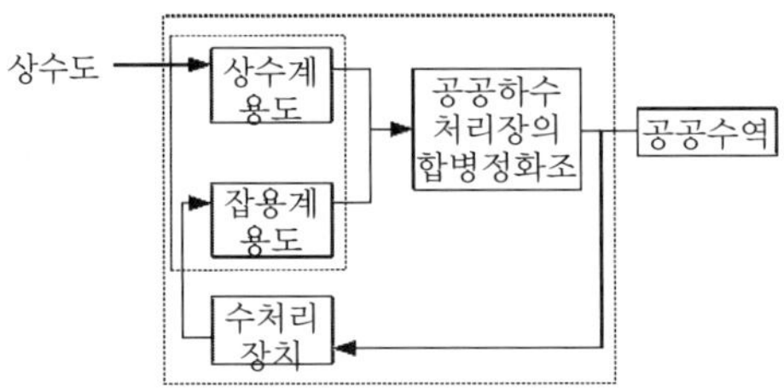

그림 8.17 지구순환방식

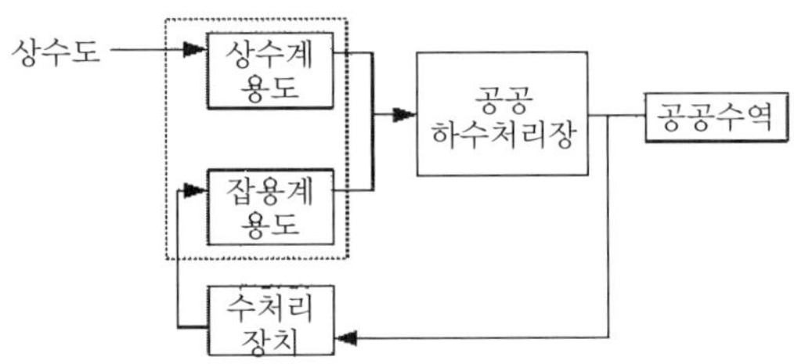

그림 8.18 광역순환방식

(3) 광역순환방식

공공하수처리장의 처리수를 재이용수로 하는 비교적 광역적이고, 대규모인 지구에 송수하는 방식이다.

이와 같은 방식은 도시 또는 동단위 이상의 광범위한 지구의 사무소나 주택 등에 처리수를 대규모로 공급하는 것이 가능하다. 이에 대한 장점과 단점은 표 8.5와 같고, 계통도는 그림 8.18과 같다.

표 8.5 지구순환방식의 장점과 단점

구분	내용
장 점	▶ 재이용수의 공급이 공공사업으로 수행되므로 수요가는 인입배관을 접속하기만 하면 되므로 처리시설에 대한 공간이 불필요하다. ▶ 대규모이므로 처리비용이 저렴해진다.
단 점	▶ 배수재이용 처리장치에서 각 수요처까지 송수배관 공사비가 높으므로 국소적인 지역개발에 한정 될 수 있다.

(4) 직접재이용과 간접재이용

배수를 재생처리하는 시설과 이용하는 시설이 일체화가 된 "직접재이용"과 재생처리수를 일단 방류한 다음에 취수하는 "간접재이용"이 있다. 이에 대한 분류는 그림 8.19와 같다.

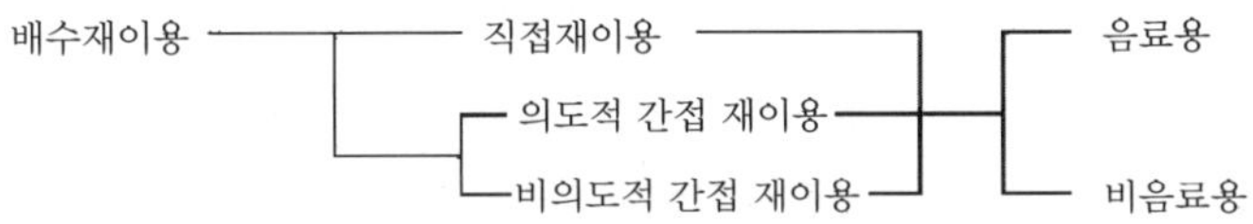

그림 8.19 배수재이용 형태

직접재이용의 궁극적인 형태는 우주정거장에 있어서 물이용에 있지만, 일반적으로 개별 건축물이나 지구에 있어서 재이용 등이다. 영국 런던(London) 음료수의 약 20%를 취수하는 리강(Lee river)에는 상류에 위치한 스티브네지시의 하수처리수가 유입되지만 이 하수처리에는 초산성질소(硝酸性窒素) 제거가 의무화되어 있다. 이를 "의도적 간접재이용"의 예라고 할 수 있다.

오사카(大阪)시에 음료수를 공급하는 요도강(淀川)에서는 정수장의 취수구 상류나 근접지에 하수처리장의 방수구가 있지만, 특별한 처리가 되어 있다고 말할 수는 없다. 이와 같은 경우를 "비의도적 간접재이용"의 형태라고 할 수 있다.

8.3.2 배수재이용수의 원수와 용도 및 수질

배수재이용 설비의 원수는 개별 순환방식의 경우에는 건축물에서 배출되는 배수나 우수가 되고, 지구 · 광역순환방식의 경우에는 하수처리수 및 우수 등이 된다. 건축물에서 배출되는 원수는 건물의 용도에 따라 여러 가지가 있으나 일반적으로 다음과 같은 배수가 있다. 저오탁배수와 고오탁배수로 분류하면 표 8.6과 같다.

표 8.6 건축물에서 배수분류

저오탁배수	(1) 세면 및 수세배수 (2) 급탕실 배수 (3) 냉각탑 넘침수 (4) 욕실배수 (5) 우수
고오탁배수	(6) 주방배수 (7) 수세 화장실 배수 (8) 세차 배수 (9) 기타

배수의 분류는 크게 표 8.6과 같이 할 수 있으나 배수의 경우에는 단독으로 배수되는 경우가 흔하지 않지만 일본의 주방배수에 대한 수질조사의 결과를 살펴보면 표 8.7[12]과 같다.

표 8.7 일본 주방배수의 수질조사 결과

조사시기		1974년(하계)			1975년(동계)		
수질조사항목		최 소	최 대	평 균	최 소	최 대	평 균
수질	온도[℃]	28	32	30	10	15	12
	COD[mg/ℓ]	180	2,100	832	300	1,800	844
	BOD[mg/ℓ]	15	1,300	480	108	980	418
	SS[mg/ℓ]	49	770	218	68	501	296
	전고형분[mg/ℓ]	260	1700	574	223	1,540	640
	NH_4-N[mg/ℓ]	–	–	–	–	–	–
	전경도[mg/ℓ]	35	74	52	33	75	43
	ABS[mg/ℓ]	6.5	214	54.4	5.3	95	21.7
	전도율[mg/ℓ]	212	625	355	190	990	393
	핵산추출물질[mg/ℓ]	0	343	44	0	107	32
	염소이온[mg/ℓ]	21	135	62	20	240	75
	pH	4.7	5.9	5.4	4.6	8.6	6.0
	투시도	1.4	7.0	4.1	1	7.5	2.8
	색도	4	40		20	90	51

재이용수의 원수로 활용되는 화장실 세척수와 수세 및 세면 배수와 급탕과 주방배수의 원수량에 대하여 일본에서 발표한 자료에 따른 건물 규모별로 살펴보면 표 8.8과 같다.

표 8.8 원수 종별에 따른 배수량(일본)

건물규모		6,000㎡	15,000㎡	30,000㎡
원수종별 (ℓ/d)	화장실세척수	11.4±2.1	28.5±5.5	56.9±1.1
	수세/세면	1.9±0.1	4.8±0.4	9.7±0.7
	목 욕	3.4±1.5	7.5±3.8	15.9±7.5
	주 방	8.0±3.2	19.9±8.0	39.8±15.9

재이용수의 용도로는 화장실의 세척수로 이용되는 경우가 대부분이지만 조경용수, 냉각탑 보급수, 세차용수, 청소용수, 환경용수(연못, 분수), 소화용수 및 융설용수로 활용되고 있다.

12) 설비공학편람(2001), 제4편 위생 · 소방 및 환기, pp. 1.7-5

8.3.3 배수재이용 시스템

배수재이용 시스템의 기본적인 흐름은 그림 8.20과 같고, 생물처리를 기본으로 하는 배수재이용은 그림 8.21과 같다.

그림 8.20에서 A는 원수가 세면이나 목욕 등 부하가 적은 경우에 적합하다. 그러나 주방배수가 더해지면 생물처리를 2단으로 설치하며, 오수가 더해지는 경우에는 활성탄흡착이나 오존처리가 필요하다.

B는 생물처리 후, 정밀여과막이나 한외여과막에서 고액(固液)분리하는 방식으로 부하가 적은 잡배수에서 오수를 포함하는데까지 폭넓게 이용할 수 있다. 원수단가는 A보다 높지만 설비설치 면적은 크게 축소된다.

C는 생물처리를 하지 않고, 한외여과막으로만 고액(固液)분리하는 것으로, 막을 통과한 저분자의 물질을 활성탄에 흡착시키는 방법이다.

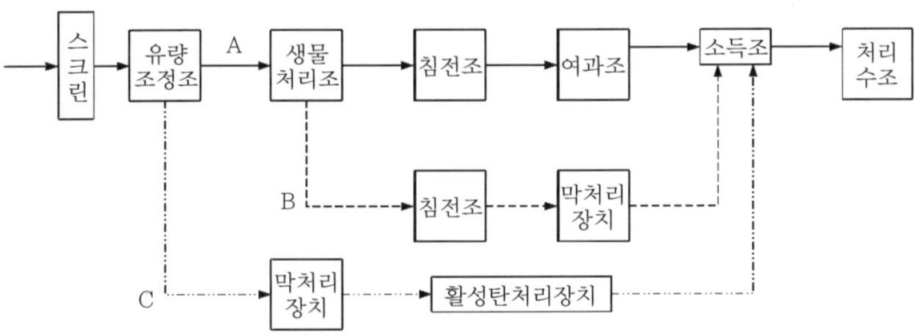

그림 8.20 배수재이용 시스템의 기본 흐름도

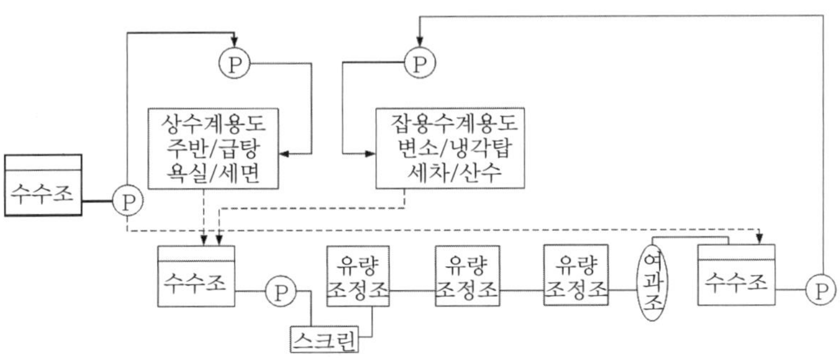

그림 8.21 생물처리를 기본으로 하는 배수재이용

8.4 워터프런트의 친수환경

8.4.1 워터프런트의 정의

워터프런트(waterfront)라는 말은 일본에서 1980년대 중반부터 일반적으로 사용되었으며, 당시에 연안역, 수제공간, 수변, 리버프런트(riverfront), coastal area, bay area 등의 유사어가 함께 사용되다가 이중 연안역, 워터프런트, 수변 등이 대표적인 용어로 정리되었다. 따라서 일본에서는 워터프런트를 수제선에 접하는 육상역 주변 및 그것에 매우 가까운 수역을 함께 포함한 공간으로 정의하고 있다.

즉 시민이 도시환경(거주 · 노동 · 위락 · 교통 등 도시활동의 제반 환경)으로서 이용할 수 있는 수제선에 접하는 육상역 주변 및 수역을 함께 포함한 지역으로 정의하는 것이 바람직하다(이한석 외, 2000).

우리나라는 도시계획차원에서 도시 수변공간(urban waterfront)으로 설정하고, 레크리에이션, 공원, 경관형성, 환경오염 저감, 정서 함양, 생산 및 주운 등의 다양한 기능을 갖고 있는 매우 공공성이 높은 도시지역의 주요 공간지역으로 고려하면서 공간적으로는 수제선을 사이에 두고 양측 일정범위의 수역과 육상역이 합쳐진 대상공간으로 정의한 바 있다(국토연구원, 2002).

따라서 워터프런트(waterfront)는 수변공간이라는 지리적 의미와 함께 '물'과 관련된 기능을 가지고 도시생활에 활력을 주며 인공시설과 더불어 자연적 정취를 느낄 수 있는 친수공간이라는 기능적 의미를 동시에 포함하고 있다. 워터프런트는 일면 도시의 녹지기능과 유사한 기능을 수행하면서도 다른 한편으로는 녹지와는 전혀 다른 독자적 기능공간을 포함하고 있는 독특한 자원이다.

워터프런트는 '1차적인 수변기능인 항만활동뿐만 아니라 여타 도시활동 모두를 수용할 수 있는 유연성과 규모를 가진 장소로 공업 · 유통 · 어업 등 생산적 행위와 상업 · 업무 · 주거 · 레크리에이션 등 전형적인 도시활동이 함께 이루어질 수 있고, 또한 모든 도시민이 이용 가능한 공공공간'으로 정의될 수 있다.

8.4.2 환경적 특성

수변공간은 자연과 건축, 그리고 인간의 활발한 교류가 이루어지는 곳이다. 도심에 정주하는 시민들은 수변공간을 타 지역과 다른 환경적 변화로 느낀다. 여기서 수변공간이 주는 환경적 특성을 보면 물 · 지형 · 바람 · 일사 · 수목 등이 있다.

물은 수변공간을 규정하는 기본적 요소로서 상황에 따라 유동적인 요소이다. 그러나 일정한 레벨로 인하여 인간에게 넓은 시야를 제공하여 오픈스페이스로서 높은 가능성을 주며, 디자인적으로 높은 이용가치를 가지고 다양한 모습으로 형성된다. 또한 지형은 물과 함께 수변공간을 구성하는 요소로서 지형의 존재 형태에 따라 다양한 기능이 제공된다. 그리고 다양한 레벨을 가지므로 스카이라인과 수제선을 결정하는 역할을 한다.

그리고 바람과 일사는 내륙에 비해 강한 환경적 특성으로 도시민들이 수변공간이라는 오픈된 공간에서 감각적 요소로서 느낄 수 있는 것으로 자신의 정체성을 되짚어보게 한다.

마지막으로 수목은 인위적인 유기적 요소로써 해풍 또는 일사의 차단을 위한 목적으로 활용이 가능하며 오픈스페이스에 있어 공간의 분절과 유도를 창출한다.

8.4.3 생태적 특성

생물적 요인과 물리적 요인으로 구성되고 있으며, 이 두 가지 요인 사이에서 물질순환, 에너지의 흐름 과정을 통해 요소들 간의 상호 관련하여 계(係)를 유지하고 있다.

수변공간의 자연환경을 유지하기 위해서는 생태계를 구성하는 생물적 · 물리적 요인이 적절한 상태에 있도록 보전하는 것이 중요하다. 수변에 생식하는 생물의 풍부함은 자연의 풍부함을 표현하는 것이며 이러한 환경은 사람들에게 물과의 친숙함을 주는 장이다.

수변공간에서는 자연환경을 보전 혹은 회복함과 동시에 신규개발이나 공간

수요에 대한 유휴지 및 미활용지를 효율적으로 이용하고, 기존의 이용공간을 효율적으로 재정비하여 활용하는 것이 바람직하다.

물과 친숙하고 생물이 수변에서 생식할 수 있도록 수면이나 녹지를 유지 · 확대함과 동시에 물의 순환이나 물의 흐름 등을 보전하는 것이 필요하다. 수변공간의 개발은 생물이 살아나기 좋은 환경을 창출해야 한다. 또한 정비와 관리에 대해 사람의 손이 가해지는 정도를 최소한으로 억제하고 자연에 맡기는 자세가 기본이 되고 자연과의 만남과 자연교육이나 레크리에이션의 장으로서 개방하는 것도 수변환경을 풍요롭게 만든다.

그림 8.22 건축물과 수변공간의 조화(좌 : 네덜란드/우 : 일본 도쿄의 전통정원)

참고문헌

1) http://www.kwater.or.kr/
2) 물과 미래 2008세계 물의 날 주제 - 물과 위생, 수자원공사, 2008.
3) 설비공학편람 - 4권 위생, 소방 및 환경, 제 1편 1.7-9.
4) 大西正宣, 環境と共生する建築—25のキーワード, 學芸出版社, 2005.
5) 建設大臣官房廳營繕部監修, 排水再利用 雨水利用システム計畫基準 同解說 平成9年版, (社)公共建築協會, (財)全國建設研修センター, 1998.
6) 독고 석, 외국의 빗물이용 사례
7) http://www.rainwater.re.kr/use.htm
8) 설비공학편람(2001), 제 4편 위생 · 소방 및 환기, pp. 1.7-5.

제 9 장
생물의 친환경적 이해

18세기 후반부터 시작된 산업화와 근대화는 인류에게 물질적인 풍요로움을 선사했고, 기계론적 세계관을 형성하는 데 큰 역할을 하였다. 그러나 인류는 자연의 지배자로서 물질적인 풍요로움을 유지하기 위해 무분별하게 자연을 개발했고, 그 결과 환경오염, 생태계 파괴, 자원고갈 등 많은 문제점을 발생시켰다. 이와 같은 문제점으로 인한 지구환경의 심각성들이 20세기 후반에 들어서면서 표면화되기 시작했고, 범지구적 차원에서 대응방안을 논의해야 한다는 공감대가 형성되었다.

이러한 공감대 가운데 대표적인 것으로 리우(RIO)선언을 들 수 있다. 리우선언에서 제청된 개념을 보면 "사회 전체를 산업이나 기술적 문제로만 취급하지 않고 하나의 통합된 시스템으로 보아 지속 가능하도록 변화시키자"는 지구개발에 대한 새로운 개념을 제시하였다. 이는 종전의 환경보호론과 달리 인간을 자연의 한 부분으로 보고 인간과 주변 자연이 상호 공존하듯이 미래 세대의 요구를 저해하지 않는 범위에서 적극적이고 능동적으로 지구를 개발하자는 것이다. 이러한 개념과 일치하는 것이 1866년 독일의 생물학자 에른스트 헤케(Ernst Haecke)에 의해 처음으로 언급된 생태학이라 할 수 있다. 인간을 포함한 모든 생물군과 그 주변의 환경을 하나의 통합된 시스템으로 인식하고 그 시스템 내에서 각각의 생물군과 주변 환경의 유기적 관계와의 상호작용을 파악하는 생태학적 개념을 지구개발 문제에 도입하였다. 이로 인하여 인간의 대표적 개발행위인 건축행위에 대해서 내부의 자기반성이 제기되고 이러한 반성을 토대로 친환경적 개발의 가능성을 생각하게 되었다.

생태학적 개념을 토대로 친환경적 개발계획에 있어서 "생물[1]"이라는 요소는 친환경적 설계요소들 중의 하나이고, 건축행위를 친환경적으로 풀 수 있는 하나의 모티브가 될 수 있다. 이러한 생물이라는 요소를 중심으로 친환경적 계획과정에서 필요한 토대 개념과 실제로 적용되고 있는 경향 및 수법들을 본 장을 통해서 정리 및 소개한다.

---

1) 생물이라 함은 생명이 있는 것을 말하며, 보통 짐승과 식물 등의 존재를 두루 일컫는다.

9.1 개발과 생물

9.1.1 도시생태계

우리나라는 국민의 90% 이상이 도시라는 곳에 삶의 터전을 잡고 있는 도시화율이 높은 나라이다. 이 비율만 보면 대부분의 사람들이 현대 문명의 혜택을 누리고 있다고 볼 수 있으나 실제 그렇게 생각하는 사람들은 그리 많지 않을 것이다. 그것은 현대 도시가 안고 있는 문제점에 기인된 것이라 할 수 있다. 현대도시가 안고 있는 문제점은 시각에 따라 여러 가지로 언급할 수 있으나 그 근원은 환경오염일 것이다. 이러한 환경오염은 성정 위주의 기계론적 세계관에 바탕을 둔 도시화와 산업화에 있다고 본다. 즉 도시개발을 자연의 원리에 순응하는 질적 향상보다는 재생이 없는 도시의 성장과 발전에 중점을 둠으로써 도시 구성요소들 간의 상호관계, 에너지 및 자원의 순환체계, 도시의 쾌적성이 상실된 도시가 되고 말았다. 그러나 이러한 도시를 당연한 것으로 받아들이고 심지어 도시 내에서는 자연이 존재할 필요가 없으며 지속적인 기술과 과학의 발달은 자연자원 고갈과 환경오염으로부터 인류를 지켜 줄 것으로 생각하는 부류가 있지만, 인간을 자연의 한 요소로 생각하지 않는 생각은 결국 유토피아적 사고에 젖게 하여 현대도시와 같은 기형적 도시를 잉태하는 원인이 되었다. 그렇다면 우리의 도시는 어떠한 모습을 갖고 있어야 하는가? 여기에 대한 답은 여러 가지로 할 수 있을 것이다. 그러나 현대 도시가 안고 있는 문제점들의 근원인 환경오염을 근본적으로 해결하기 위한 관점에서 본다면 도시를 하나의 생태계[2]로 파악하여 도시를 구성하고 있는 요소들의 흐름을 조절함으로써 도시에 자립성, 순환성, 다양성 등을 갖도록 하는 생태적 사고를 토대로 한 생태도시가 그 답이 될 수 있을 것이다.

이를 위해서 새로운 생태계인 도시 생태계가 만들어져야 한다. 도시 생태계를 만들기 위해서 도시 생태계를 이루는 근본인 물과 생물체의 순환체계를 구성

---

2) 생태계라 함은 어떤 지역의 모든 생물은 그 주변들을 둘러 싼 물리적 환경과 상호관계를 지니고 있다. 이와 같은 에너지의 흐름을 통해 그 시스템 속에서 뚜렷한 영양구조와 생물의 다양성, 물질의 순환, 생물과 비생물 부분간의 물질순환 등을 만들어내고 있는 생태를 말한다.

해야 한다. 특히, 도시 생물의 생태계 복원은 가장 우선시해야 할 과제이다. 그러나 생태도시를 이루는 도시 생태계는 생물학적인 생태계와는 달리 에너지와 물질을 대량으로 유입해와야 유지가 되고 이용과정에서도 완벽한 순환성과 자립성을 갖고 있지 못하다. 따라서 앞으로 태어날 생태도시는 인간과 자연이 단순히 공존하기보다는 도시가 갖고 있는 이점과 자연의 이점들을 동시에 누릴 수 있게 새로운 체계 아래에서 인간들이 삶을 영위하는 정주공간일 것이다.

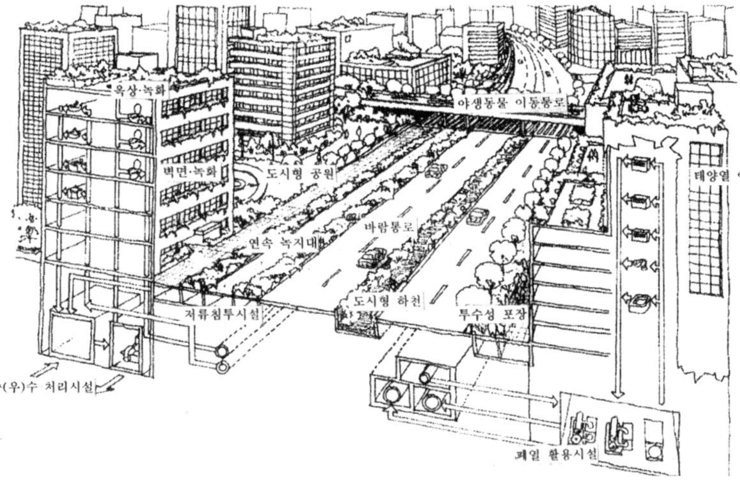

그림 9.1 도시 생태계를 기반으로 한 생태도시 이미지

9.1.2 생태주거단지

개발과정에서 생물이라는 요소를 어떻게 계획하고 활용하는지를 구체적으로 이해할 수 있는 가장 좋은 예는 생태주거단지 개발계획이라고 할 수 있다. 생태도시의 축소판이라 할 수 있는 생태주거단지 개발계획 과정에서 고려해야 할 사항들을 토지이용계획, 교통 및 동선계획, 에너지이용계획, 자연자원이용계획 등 4개 분야로 요약 · 설명할 수 있다. 각 분야별 주요 고려사항을 보면, 토지이용계획에서는 지속성을 유지할 수 있는 적정 밀도와 밀도 배분, 중심지 설정 방안과 교통거리 최소화 방안이 고려되어야 하고, 교통 및 동선계획에서는 현재의 자동차 이용을 중심으로 한 라이프스타일을 친환경적 교통수단을 구축할 수 있는 방안을 고려해야 하고, 에너지 이용계획에서는 코제너레이션 시스템을 도입하여

에너지 생산과 분배의 효율화를 기하는 방안과 미이용에너지 및 자연에너지를 이용하여 에너지를 대체할 수 있는 방안을 고려해야 하고, 자연자원 이용계획에서는 수자원, 녹지자원, 생물자원 및 토양자원으로 나누어 생태자원의 지속성을 확보할 수 있는 방안이 고려되어야 한다.

이러한 생태 주거단지개발계획 내용에서 생물이라는 요소가 어떻게 계획되고 활용되는지를 요약하면 다음과 같다. 단지계획 수립과정에서 개발로 인한 주변 미기후에의 영향을 최소화하고 미기후를 적절히 이용함으로써 단지 내의 생태계 변화를 극소화시킨다. 이를 통해 단지 주변의 생태적 배후지를 보존함으로써 공기정화, 폐기물 정화 등은 물론 생물의 서식공간을 확보할 수 있다. 생물의 서식공간은 단순한 공간이 아니라 단지 내 생물의 다양성을 보존하고 유지할 수 있는 것이어야 한다.

이러한 생물의 다양성을 유지하기 위해서는 단지 중심부에 핵(core) 소생물권 역할을 하는 중앙 녹지대(인공산, 어류연못 등)를 조성하여 중앙 녹지대를 중심으로 거점 녹지와 점 녹지를 체계적으로 연결함으로써 단지 내 녹지 네트워크를 구성한다. 녹지 네트워크를 구성하는 구성요소로 주로 사용되는 것은 생태통로, 실개천, 녹도, 보행자 전용도로, 동물이동통로 등의 수법이 있다. 이와 같이 주거단지 개발과정에서 생물을 활용함으로써 현대 도시가 안고 있는 문제점들을 해결할 수 있는 하나의 방안을 제시하고 있다고 본다.

단지계획안 (수원시)

단지계획안 (파주시)

그림 9.2 생태주거단지 사례 (국내)

칼하세 (독일)

쿠리치바(브라질)

그림 9.3 생태주거단지 사례(국외)

9.1.3 비오톱(Biotop)

비오톱(Biotop)의 개념을 이해하기 위해 어원과 법규적 정의, 전문가들의 견해를 살펴보면 다음과 같이 정리할 수 있다. 우선 어원을 살펴보면 그리스어로 생명을 의미하는 '비오스(bios)' 와 땅 또는 영역이라는 의미의 '토포스(topos)' 가 결합된 용어로 인간과 동식물 등 다양한 생물종의 공동 서식장소를 의미하고 있다. 자연환경보전법(2조 6항)에서는 소생태계로 정의하고 있는데, '소생태계' 라 함은 생물다양성을 높이고 야생동 · 식물의 서식지간의 이동가능성 등 생태계의 연속성을 높이거나 특정한 생물종의 서식조건을 개선하기 위하여 조성하는 생물서식공간이라고 정의하고 있다.

Schaeffer(1992)의 견해에 의하면 비오톱이란 '어떤 일정한 생명 집단 및 사회 속에서 입체적으로 다른 것과 구별할 수 있는 생명 공간' 을 말하며, 이 공간은 차이는 있지만 동일한 성격을 가지고 이에 따라 주변 공간들과 확실하게 구분할 수 있다고 언급하고 있다. Leser(1991)의 견해에 의하면 비오톱이란 '동식물로 이루어진 어떤 생물 사회 속에서 3차원적이고 지역적으로 특징지을 수 있는 생명 공간'으로 설명하고 있다. 이는 무생물계와 생물계로 이루어진 생명공간을 뜻하기 때문에 비교적 동일한 생명 조건을 제공하기도 한다. 그러므로 모든 자연 경관은 여러 비오톱이 모자이크 모양으로 모인 것이라 정의할 수 있다.

이런 것들은 토양성분 등 생육조건이 좋고 거의 동일한 입지라면 대면적에 걸쳐 같은 형태의 비오톱이 형성될 것이고, 만일 작은 부분들이 서로 다양한 조건을 가진다면 아주 다양한 형태의 비오톱이라 할 수 있다.

이와 같은 어원과 법적 정의, 전문가들의 견해를 종합해 볼 때, 비오톱이란 특별한 보전 가치가 있는 생명공간을 말하는 것이 아니라 생물 공동체의 서식처를 말하며, 수면 또는 식생지뿐만 아니라 건물이 서 있는 주거지도 하나의 비오톱이 될 수 있다. 즉 비오톱은 주변공간과 지형상 뚜렷하게 구분되는 생물 공동체의 서식공간을 말하고 있다.

이러한 비오톱은 단지 내에서 생물의 다양성을 확보할 수 있는 핵(core) 소생물권으로 활용할 수 있다. 단지 내에 조성 가능한 비오톱의 종류를 보면 잠자리 연못, 어류연못, 인공산, 습지, 하천, 토양 등 다양한 유형들이 있으나 단지내 구역별로 지표종을 설정하고 이들이 서식 가능한 비오톱을 조성하는 것이 바람직하다. 즉 단지 내 지역별로 가장 선호하는 생물 지속성 지표를 설정하여 이들 생물이 생존할 수 있도록 비오톱 및 주변 환경을 개선하는 것이 좋다. 이러한 생물 지속성 지표종을 이용한 생태주거단지 개발은 쉽게 주민들의 자발적인 참여와 노력을 유도할 수 있다.

이러한 비오톱을 단지 내에 조성함으로써 얻을 수 있는 효과를 정리하면 다음과 같다. 우선, 주거단지 내의 육생 및 수생비오톱 조성은 훼손된 서식처 복원

그림 9.4 단지내 조성된 비오톱

과 동시에 생물의 다양성을 증진시킬 수 있으며 궁극적으로 인근의 공원, 하천 등에 연결됨으로써 지역 전체의 생태계 향상과 더불어 도시외곽의 대규모 산림과 생태적 축을 형성하는 기능을 수행할 수 있다. 그리고 비오톱의 수목은 대기오염물질(SOx, NOx 등)과 흡수 · 흡착하여 공기정화 효과에 따른 대기오염농도를 감소시키고, 수분증발에 의한 잠열 제거 효과로 인해 여름철에는 주변 지역의 기온이 지나치게 상승하는 것을 방지하고 겨울철에는 반대로 주변기온의 하강을 방지하는 미기후 조절효과를 줄 수 있다는 것이다.

비오톱 조성과 관련하여 밀접한 연관이 있는 친환경건축물인증을 받은 공동주택 사례로는 2007년 5월 기준으로 전국적으로 본 인증은 9개 건축물, 예비인증은 168개 건축물이 받은 가운데, 부산, 울산, 경남의 경우 본인증은 2개 건축물(22.2%), 예비인증은 14개 건축물(8.3%)이 받은 상태이다.[3] 이 가운데 비오톱이 조성되었거나 앞으로 조성될 사례 단지 및 특징을 살펴보면 표 9.1과 같다.

표 9.1 부산, 울산, 경남지역 친환경건축물 비오톱 조성 사례

본인증			
제1-2호 제1-3호	울산 약사 2차 삼성래미안 아파트 2, 3, 4 단지	- 수생/육생비오톱 - 양호한 생물서식 가능 공간	 수생비오톱  육생비오톱
예비인증			
제1-10호	양산 물금 2차 e-편한세상	- 수생/육생비오톱 - 양호한 생물서식 가능 공간	 조감도  수생비오톱
제1-22호	부산 명지 극동 스타클래스 아파트	- 단지내 연속된녹지축 - 자연지반에 육생비오톱	 조감도  녹지축  육생비오톱
제1-23호	김해 율하 일신-林아파트	- 단지내 연속된 녹지축 - 생물서식 가능한/수행/육생비오톱	 조감도 녹지축 육생비오톱

3) 주택도시연구원 친환경건축물인증센터(huri.jugong.co.kr/ecohouse) 2007년 5월 기준의 자료를 인용함.

제1-35호	부산 명지 퀸덤(A1)	- 수생/육생비오톱	 조감도  육생비오톱
제1-36호	부산 명지 퀸덤(A3)	- 수생/육생비오톱	 조감도  육생비오톱  수생비오톱
제1-37호	부산 명지 퀸덤(A4)	- 수생/육생비오톱	 조감도  수생비오톱
제1-55호	김해 율하 신일해피트리	- 단지내 연속된 녹지축 조성 및 외부 녹지와의 연계성고려 - 육생/수생비오톱	 조감도  수생비오톱
제1-57호	부산 정관지구 11블럭 롯데캐슬	- 생물서식 가능한 수생/육생비오톱	 조감도  수생비오톱
제1-58호	김해 율하 e-편한세상	- 육생/수생비오톱	 조감도
제1-60호	김해 율하 우방유쉘	- 육생/수생비오톱	 조감도 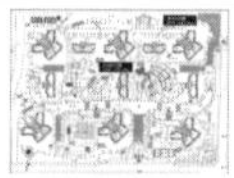 비오톱
제1-62호	부산 정관 효성 백년가약	- 육생비오톱	 조감도  녹지축 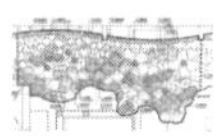 육생비오톱
제1-63호	부산 정관 A7블럭 현진에버빌	- 육생비오톱	 조감도 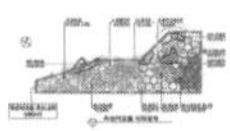 육생비오톱 식재상세 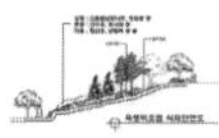 육생비오톱 식재단면도
제1-64호	김해 율하 3차 푸르지오	- 육생비오톱	 조감도
제1-65호	부산 정관 A9 블록 현진에버빌	- 육생비오톱	 조감도 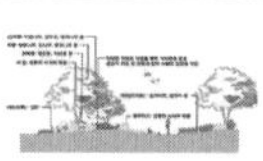 육생비오톱

9.2 생물을 활용한 친환경계획

9.2.1 건축재료

건축행위 과정에서 친환경적 요소를 도입하기 위해 시공방법, 건물의 배치, 건물형태, 설비시스템 등에 다양한 방법을 사용할 수 있다. 그러나 아무리 친환경적 개념과 방법을 사용하더라도 근본적인 건축 재료가 친환경적이지 못하다면 적용된 친환경적 계획은 무용지물이 될 가능성이 높다고 할 수 있다.

이러한 견지에서 친환경건축 재료에 대한 관심이 날로 증대되고 있고 그와 관련된 제품 또한 상용화되고 있다. 이와 같은 친환경적 건축재료들 중에서 생물을 기반으로 개발되고 상용화되고 있는 제품과 그 개념을 중심으로 정리하고자 한다.

(1) EM(Effective Micro-organisms)의 활용

EM(Effective Micro-organisms)은 유용 미생물군의 약자로 자연계에 존재하는 많은 미생물 중에서 사람에게 유익한 효모, 유산균, 광합성 세균 등의 미생물 수십 종을 조합하고 배양한 것이다.

이들 균들간의 복잡한 공존공영관계가 만들어내는 발효생성물의 항산화력이 EM의 효과라고 할 수 있다. 이러한 EM은 1982년 일본 류큐대학 농학부의 히가 테루오 교수에 의해 처음으로 개발되어 농업 분야에 주로 사용하였으나 그 효능과 능력이 해명됨에 따라 전 세계의 여러 나라에서 사용되고 있다. 우리나라에서는 생활 분야는 물론 건축 및 인테리어 분야, 식품 분야와 의류 분야로까지 그 용도의 폭이 점차 확대되고 있다.

특히, 건축 분야에서 새집증후군 문제가 제기됨에 따라 건축 재료에 대한 하나의 대책방법으로 도입되기 시작하였다. 그 효과가 주거공간의 쾌적성 향상뿐만 아니라 내구성 향상, 환경부하의 저감 등 여러 가지로 기대되고 장기적으로는 유지·보수까지 활용할 수 있어서 기초공사, 콘크리트공사, 조경공사 등 다양하게 활용되고 있다.

EM을 활용한 잔디조성(골프장)

EM을 활용한 마감재료

상용화된 EM 제품

그림 9.5 EM(Effective Micro-organisms)의 활용

(2) 나무의 활용

나무는 인류와 가장 오래되고 친근한 건축재료라 할 수 있다. 그러나 나무를 그냥 사용하기보다는 나무를 벌채하여 목재로 사용하여 왔다. 이러한 목재를 사용한 건축물은 일반적으로 스트레스와 육체적 피로를 줄여주고 신체의 각 부위에 미치는 영향이 적어 몸과 마음이 편안한 휴식을 취할 수 있도록 해준다라고 이야기되고 있다. 특히, 목조 건축물은 단열이 우수하고, 단열재 설치가 쉽고, 재생산이 가능하여 지하에 매장되어 있는 다른 천연재료에 비해 환경에 미치는 부담을 최소화할 수 있는 재료라 할 수 있다.

그러나 목재의 사용 자체가 환경파괴라는 인식이 있어서 최근에는 기존에 벌채하여 사용하는 목재가 아닌 나무 자체를 건축재료로 활용하는 방안이 제시되고 있지만 그 사용과정에서 시공방법, 적용 건축물 및 부위 등과 같은 문제점들을 해결해야 할 것이다.

외장재

주거단지

내장재

그림 9.6 목재를 활용한 건축물

그림 9.7 나무를 활용한 건축물

(3) 벽지의 변화

벽지 제품을 보면 기존의 개념을 넘어서 다양한 자연소재의 벽지 제품들이 개발되고 상용화되고 있다. 종이 위에 소나무, 잣나무, 쑥, 녹차, 향나무 등과 같은 식물들을 가공하여 벽지를 생산하고 있다. 대표적인 것으로 참나무 껍질을 이용한 코르크벽지, 칡넝쿨을 다져서 건조한 것을 이용한 갈포벽지 등을 들 수 있다. 특히, 전통한지에 숯 성분을 첨가한 벽지는 숯이 가지고 있는 특성인 원적외

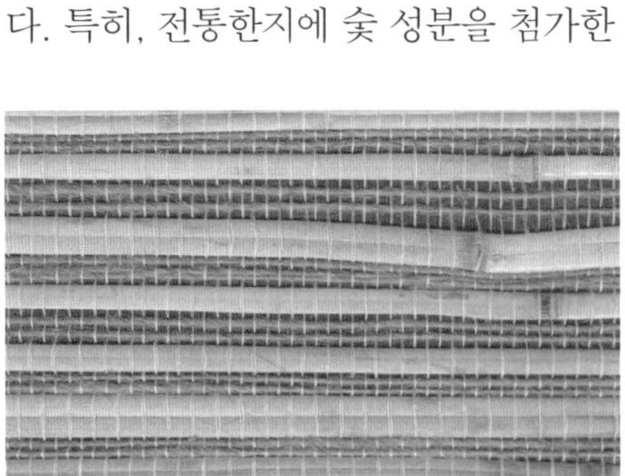

천연직물 도배지

참숯 초비지 제품

그림 9.8 식물을 활용한 벽지 제품

선과 음이온 방출 효과, 탈취 효과 등은 시공 후에 효과가 나타나 어린이 및 노약자에게 좋은 것으로 이야기되고 있다.

(4) 종이의 변화

나무와 같이 식물을 기반으로 생산되는 종이는 벽지와 같은 단순한 건축재료로 사용되어 왔으나 최근 이러한 종이가 콘크리트 및 시멘트와 같은 건축재료를 대신하고 있다. 그림 10.9의 페이퍼테이너뮤지엄은 오로지 종이와 컨테이너 박스로만 지어진 건축물로, 353개의 거대한 종이 기둥과 166개의 컨테이너 박스가 사용되었다.

이 거대한 뮤지엄은 전 세계 어디든 원하는 곳으로 옮겨 다닐 수 있다. 공사비용은 일반 뮤지엄의 1/5 수준이고 콘크리트를 사용하지 않음으로써 물을 전혀 사용하지 않았고 90% 이상의 재료를 다시 사용할 수 있어서 환경폐기물이 거의 나오지 않는다.

외부 전경

내 부

그림 9.9 페이퍼테이너뮤지엄

그림 9.10 종이 주택(호주 시드니대학 건축과)

9.2.2 정화시설

건축물에서 발생하는 오수와 잡배수를 정화하는 과정뿐만 아니라 토양오염을 정화하는 과정에서도 오랜 전부터 미생물들을 이용한 생물학적 처리방법을 사용해 오고 있고 지속적으로 개발되고 발전하고 있다. 이러한 방법은 하나의 친환경적 방법으로 인식할 수 있으나 최근 생태계 개념을 기반으로 한 개발개념이 적용되면서 식물을 이용한 정화방법이 주목을 받고 있다.

식물을 이용한 수질정화법은 대도시의 하수처리장과 같이 에너지 및 기술집약적 정화공법 적용이 곤란한 농촌지역, 상수원 보호구역, 도시구역 내에서도 관거 미보급지역, 개별 처리가 필요한 지역, 경관 창출을 목적으로 하는 지역에서는 식물이 가지는 정화기능을 활용한 정화시스템을 구축할 필요성 있다. 식물을 이용한 수질정화법은 시설비 및 유지관리비가 저렴하고 운전관리가 용이한 에너지절약형 처리기술이다. 또한 식물에서 발생하는 질소의 흡착 및 흡수에 의한 정화뿐만 아니라 수중의 식물체 표면에 부착된 생물군이 유기물의 분해 및 제거에 중요한 역할을 담당한다. 이러한 정화기법은 적용 형태에 따라 습지형, 수로형, 부표형으로 구분되며, 흐름방식에 따라서는 지표면 흐름방식, 침투 흐름방식으로 구분할 수 있다.

수생식물의 수질정화능력에 대한 과학적 연구는 아직까지 미흡한 실정이다. 미국이나 독일 등지에서는 이미 1960년대부터 수생식물을 이용한 물의 정화능

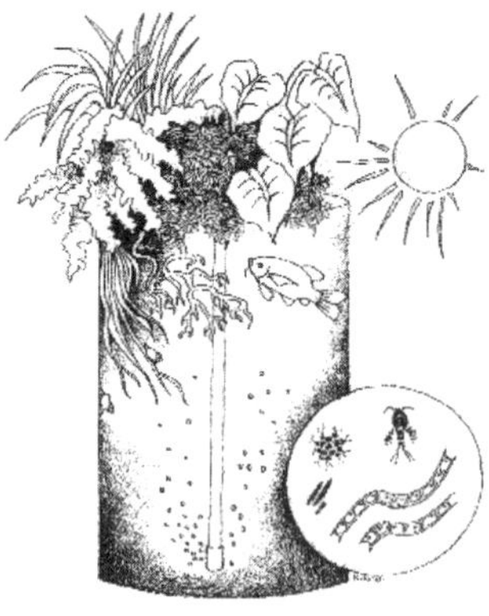

개념도

적용 사례

그림 9.11 Solar Aquatics System(미국, Ecological Engineering Group)

력에 대한 연구가 시작되어 자연정수처리 시스템 개발 등의 실용화 작업을 하고 있지만 우리나라는 아직까지 구체적인 실험조차 미흡한 실정이다. 그러나 수생식물은 수중생활에 적응하기 위하여 물 속에 있는 여러 가지 이온성 물질이나 독성물질을 흡수하여 여러 가지 에너지원으로 이용하거나 체내에 축적하기 때문에 수중환경을 정화하는 능력이 있다고 볼 수 있다.

9.2.3 에너지계획

에너지 문제는 건축뿐만 아니라 산업 전반에 관련된 국가적 과제로 많은 시간과 노력을 투자하여 고민해왔다. 그 결과 건축 분야에서는 태양열, 지열과 같은 대체에너지에 대한 적용 방안과 건축설계과정에서 에너지를 절약할 수 있는 설계기법 등을 개발하고 있다. 이러한 대체에너지 중 생물을 이용한 에너지는 바이오에너지라 할 수 있다.

바이오에너지는 바이오매스(농작물과 부산물, 나무, 식물, 축분, 폐기물 등과 같은 생물체량)를 이용하여 만들어지는 지속가능한 에너지를 일컫는다. 바이오에너지는 액체, 고체, 기체 형태로 이용되고 있는데, 화석연료를 일정 부분 대체할 수 있는 바이오에탄올과 바이오디젤 등 바이오연료(bio fuel)가 크게 부각되고 있다. 바이오에너지가 세계 각국의 관심을 끌게 된 것은 2000년대에 들어 고유가가 지속되고 지구온난화, 대기오염 등 환경문제가 범지구적으로 이슈화되면서이다. 특히 브라질, 미국, EU 등을 중심으로 바이오에너지 개발과 보급이 활발히 전개되고 있다. 이들 국가가 바이오에너지 개발에 적극적으로 참여한 주된 이유는 석유 수출국의 정세 불안에 따른 고유가 문제에 대처하고, 한편으로는 화석연료의 고갈에 대응한 대체에너지 개발 분야를 선점하기 위한 것이다. 또한 각 정부에서는 바이오에너지를 농촌과 국가 사회의 발전에 필요한 순환, 재생 가능한 자원으로 인식하고 일정한 목표를 수립한 후 목표달성을 위한 정책들을 펼치고 있다.

바이오에너지 생산을 위한 국가별 노력은 해당 국가의 부존자원과 밀접하게 연관되어 있다. 예를 들어 바이오에탄올의 원료로 미국은 옥수수를, 브라질은 사탕수수를 이용하는 비중이 매우 높고, 독일은 EU 국가 중에서 유채씨를 이용하여 바이오디젤을 가장 많이 생산하고 있다. 목재자원이 풍부하여 관련 산업이 발달한 스웨덴과 핀란드는 다른 EU 회원국들과 달리 목재 및 펄프 제지 공정에서 발생하는 바이오매스를 에너지 생산에 많이 이용하고 있다.

우리나라의 바이오에너지 개발 수준은 아직 초기단계에 있다고 할 수 있다. 바이오에탄올은 도입을 위한 검토단계에 있고, 바이오디젤은 2002년 5월부터 4년간의 시범사업을 거쳐 2006년 7월부터 상용화된 상태이다.

그림 9.12 톱밥을 이용한 바이오에너지 우드펠렛(Wood Pellet)

그림 9.13 바이오에너지를 이용한 난로제품

9.2.4 생물공학적 녹화계획

생물을 이용한 친환경적 계획에서 우리에게 가장 익숙한 것은 식물을 이용한 단지 및 건축물에 대한 녹화계획이다.

그동안 적용된 녹화의 유형을 보면 유럽 등지에서 많은 예를 찾아 볼 수 있는 완만한 지붕에 흙을 덮고 잔디 등으로 녹화하는 지붕녹화, 평지붕에서 사람이 올라가는 것을 전제로 중간 정도 크기의 나무로 녹화하는 옥상녹화, 옥상녹화 개념과 거의 유사하지만 간이녹화의 성격이 강한 발코니 녹화, 중요성이 증가하고 있는 벽면녹화 등이 있다. 이러한 녹화계획은 경관개선, 기온조정, 공기정화, 에너지절약 등과 같은 목적을 위해 개발행위 과정에서 오랜 기간 개발되고 연구되어 왔다.

이러한 녹화계획은 최근 대두되고 있는 친환경이라는 전제하에 개발 행위에서 생태보호 및 복원의 중요성이 강조되면서 생물공학적 녹화라는 것이 다시 빛을 보기 시작하고 있다. 생물공학적 녹화는 주로 살아 있는 식물을 이용하여 토양을 눈, 바람, 비 등으로 인한 침식으로부터 보호하고, 마치 식물이 건축재료와 같은 기술적 효과를 올릴 수 있다는 의미를 지니고 있다.

생물공학적 녹화가 기존의 녹화방식과 구별되는 점은 경관성 보다는 식물의 공학적 기능성을 이용하여 침식을 방지하고 적절한 식물을 통하여 파괴된 자연환경을 복원시킨다는 점이다. 생물공학적 녹화용으로 이용되는 식물은 열악한 환경조건에도 잘 견딜 수 있는 식물로서 영양 번식이 가능한 식물, 침수 및 물리적 상해에 강한 식물이 적합하다.

친환경적 방법을 적용한 단지 내부에서 이러한 생물공학적 녹화는 하나의 방법으로 사용되어 그린 네트워크로 표현되고 있다. 단지 내부의 녹지는 생태회랑, 실개천, 녹도, 생물이동통로 등으로 체계적으로 연결하여 형성된 그린 네트워크는 단지 외부 생태계와의 연결을 위해 기존 자원을 이용하거나 에코브리지 혹은 지하생물이동통로를 적용하고, 단지 내부의 생태적 안정을 위해서는 단지 외부와 인접한 하천이나 구릉지와 내부 그린 네트워크를 연결한다.

공원 및 옥외공간 녹화는 관리비를 고려하여 생물서식처 기능을 도모할 수 있도록 최대한 다층 구조적으로 계획하고 대기정화, 미기후조절 등도 가능하도록 해야 할 것이다. 옥상녹화 및 벽면녹화는 경관 향상과 에너지절약, 비오톱 등의 확대를 위해서 가능한 면적을 확대시키도록 계획하고 있다.

그림 9.14 옥상녹화

그림 9.15 벽면녹화

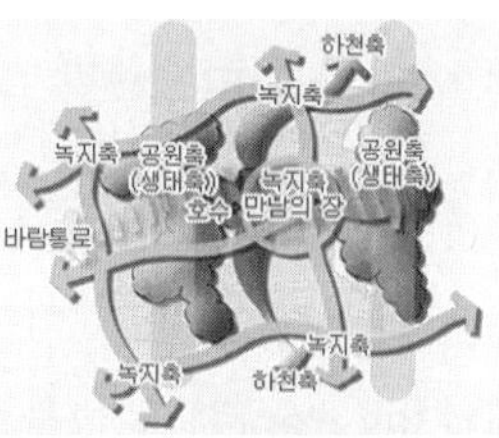

그림 9.16 단지내 그린네트워크
(아산 신도시)

9.2.5 차양시설

차양은 하절기 온도상승 억제, 동절기 단열 효과, 직사광선 차단으로 눈부심 및 반사광 방지, 자외선으로 인한 실내가구 및 기기의 탈색방지, 실내의 쾌적한 환경조성, 인테리어 효과 증대 등의 이유로 건축물에서는 오랜 세월동안 사용되어 왔다. 차양은 형태에 따라 수평형 차양, 수직형 차양, 격자형 차양, 설치 위치에 따른 내부 차양과 외부 차양으로 분류할 수 있다.

수평형 차양은 수직음영각, 수직형 차양은 수평음영각, 격자형 차양은 수평차양과 수직차양을 조합한 것으로 수직 및 수평음영각에 의해 동시에 결정된다. 내부 차양은 블라인드와 같이 개별적으로 창호 내부에 부착하는 것이 대부분을 이루고 있고, 외부 차양은 건축설계과정부터 건축물의 외피구조와 일체화되도록 설계하거나 외부에 개별적으로 부착하는 것이 대부분이라 할 수 있다.

이러한 차양이 단순한 차양장치에서 벗어나 다양한 기능을 수행할 수 있는 다기능 차양시스템으로 변화하고 있다. 일사 및 일조 조절기능을 합리적으로 할 수 있는 기능은 물론 다기능을 수용할 수 있는 고도의 기술과 접목한 차양시스템 개발에 필요한 다양한 이론적 연구가 진행되고 있다. 최근 미국 및 유럽에서는 다기능을 가진 차양 시스템들이 개발되고 실제로 건축물에 도입되고 있다. 대표적인 차양 시스템으로는 Light deflection of prisms, Prismatic Louvers, Holographic light-deflection, Light deflection with glass mirror louvers, Light deflection with transparent insulating system 등을 들 수 있다. 이와 같은 외부 차양시스템은 대체로 일사 및 일조 조절과 태양광 발전 기능에 초점이 맞추어져 있고, 커튼월 구조를 수용하기 보다는 독립적 구조로 되어 있거나 커튼월 이외의 외피구조를 대상으로 하고 있다.

이와 같이 다양한 기능들이 결합되고 있는 차양 시스템 개발의 흐름 가운데, 식물을 이용한 차양시스템 개발을 살펴보고자 한다. 그림 9.17에 격자패널(Trellis Panel)과 식물로 구성된 차양시스템은 건물의 벽면, 창문 등에 사용되어 차양 효과를 극대화시킬 뿐만 아니라 식물로 감싸여 있는 건축물에 대한 친환경적 이미지를 전달하는 데 효과적이라 할 수 있다.

그림 9.17 식물을 이용한 차양시스템(미국 : Green Screen. Inc)

또한 식물을 이용한 방안은 건축물뿐만 아니라 옹벽, 담장, 보행자 몰, 정원 조경 등에 다양하게 이용하여 식물이 갖는 이점들을 효과적으로 전달할 수 있는 친환경적 계획이라 볼 수 있다.

9.2.6 생태 수영장 계획

연못을 조성할 때부터 물이 썩지 않도록 자갈, zeolite, 수생식물 등을 이용하여 수질정화 기능을 인위적으로 만든 연못을 생태연못이라 한다. 이러한 생태연못에 부가적으로 수영장까지 설치하면 연못 기능과 수영장(pool) 기능을 동시에 만족시킬 수 있는 생태 수영장을 조성할 수 있다. 생태연못은 자연관찰이라는 한 형태만을 유지했지만 생태 수영장은 자연관찰에 체험공간을 접목시킨 새로운 생태의 연못 조성기법이라고 말할 수도 있다.

생태 수영장을 구성하는 부문 중 가장 중요한 부문은 연못기능을 갖는 구역이라 할 수 있다. 이러한 연못 구역의 구성을 보면, 경관을 즐길 수 있는 연못부문, 수질을 정화하는 정화부문, 산소를 공급하는 계류부문 등 크게 세 부문으로 구성되어 있음을 알 수 있다. 연못부문과 정화부문의 비율은 연못 크기에 따라 달라지며, 연못의 규모가 작을수록 비율은 커지고 연못의 규모가 커질수록 비율은 작아진다. 일반적으로 20~50%의 비율로 한다. 계류가 어려운 지역은 연못 흡입관의 반대방향에 소형 분수형으로 하면 된다.

생태 수영장의 수질을 유지하는 과정을 보면, 연못 바닥에 매설되어 있는 배수 파이프를 통하여 연못 바닥의 침전물을 정화 부문에 설치되어 있는 침전물 탱크로 유입시키고, 침전물 탱크에 유입된 침전물은 탱크 바닥에 가라앉고 연못으로부터 유입된 물은 상승하여 정화 부문의 여과층으로 전달된다. 정화구역의 여과층은 zeolite와 자갈을 번갈아가면서 설치하여 여러 층으로 형성시키고 입자의 크기는 상층부로 올라갈수록 작아지는 구조로 한다. 여과층 최상단에는 수생식물의 뿌리를 통한 정화과정을 거친 원수는 펌핑에 의하여 분수형태로 직접 연못으로 유입되거나 계류 상단으로 송수된다.

그림 9.18 생태 수영장(독일)

9.2.7 건축계획

건축계획 과정에서 생물을 활용한 내용을 보면 건축계획의 토대가 되는 건축 개념 설정과 형태계획 과정에서 건축 철학적 견지에서 접근하고 있음을 알 수 있다. 르 코르뷔지에는 1930년대 이후 지속적으로 무한성장 박물관 개념을 제시하였다. 마치 생물의 성장을 연상시키는 무한성장의 개념을 바탕으로 그는 여러 계획안을 제안하였고, 몇몇은 건축물로 실현시켰다. 아마도 르 코르뷔지에의 이러한 개념은 생물과 건축의 관계에서 가장 잘 알려진 예이며, 동시에 매우 드문 예이기도 하다. 근대건축에서 생물과 건축의 관계를 고려하여 계획된 경우는 매우 드물기 때문이다.

근대 건축이 형성될 시기에 표현주의자들과 기능주의자들의 논쟁이 있었다. 표현주의자들은 건축이 외부의 세계를 표현하는 것이라 주장했고, 기능주의자들은 내부공간을 표현해야 한다고 하였다. 이 논쟁은 기능주의자들의 승리로 결론지어졌다. 따라서 유기체의 이미지를 포함하여 세계의 모습을 건축에 담고자 했던 표현주의 경향은 힘을 잃게 되었다. 건축은 합리적 기능에 따라 그 모습이 결정되는 것이 중요한 문제가 되었으며, 생물의 특성을 건축에 도입하는 것은 고려의 대상이 아니었다. 이러한 관계로 생물과 건축은 서로 대립되는 것으로 생각되어 왔다.

그러나 건축과 생물의 관계는 소원한 것이 아니다. 근대 이전의 건축에서는 생물의 모습이 많이 사용되었다. 자연스럽고 균형 있는 아름다움을 드러낸다는 생각에 생물의 모습은 장식이 주된 주제가 되었다. 뿐만 아니라 근대 건축에서도 생물과 건축의 숨겨진 관계가 발견된다.

특히 '형태는 기능을 따른다.' 는 근대 기능주의의 모토는 생물의 형태연구에서 비롯된 것이다. 생물에 있어서 형태와 기능 관계를 연구한 결과를 건축에 도입했던 것이다. '생물학적 유추' 라는 개념은 언급한 기능과 형태 사이의 문제뿐만 아니라 생물에 있어서 기능의 상호 연관성 문제에 있어서도 건축에 큰 영향을 미쳤다. 즉 건축에 있어서 전체와 부분의 관계가 어떠해야 하는가의 문제에 대해 생물의 관계를 도입한 것이다. 이러한 경향은 루이스 설리반을 거쳐 프랑크 로이드 라이트의 '유기적 건축' 으로 이어졌다. 물론 라이트의 '유기적' 이라는 용어는 매우 복합적인 것으로 유기체적 건축을 뜻하는 것은 아니었다. 그러나 이 개념이 생물학의 영향에서 시작되었다는 것만은 분명하다.

최근 건축에서 이러한 전통을 부활시키고자 하는 움직임이 일어나고 있다. 특히 새로운 형태를 찾는 도구로서 '발생(emergence)' 이라는 개념이 주목받고 있다. 이것은 르 코르뷔지에의 아이디어와 매우 유사한데, 자연에서 발견되는 생물체의 성장을 보다 유연한 건축형태로 활용하는 것이다. 이러한 아이디어는 컴퓨터 기술의 발전에 힘입어 시각적으로 유사한 형상을 직접적으로 활용하는 것뿐만 아니라 수학적 표현(그림 10.21, 10.22)으로 재구성함으로써 보다 다양한 방식으로 사용되고 있다(그림 10.23, 10.24). 또한 '발생' 개념은, 특히 무의미한 형태로 치부되었던 컴퓨터 기술 기반의 형태 생성에 새로운 가능성을 열어준다는 점에서도 그 의의를 찾을 수 있다.

그림 9.19 르 코르뷔지에의 무한성장 박물관(개념도)

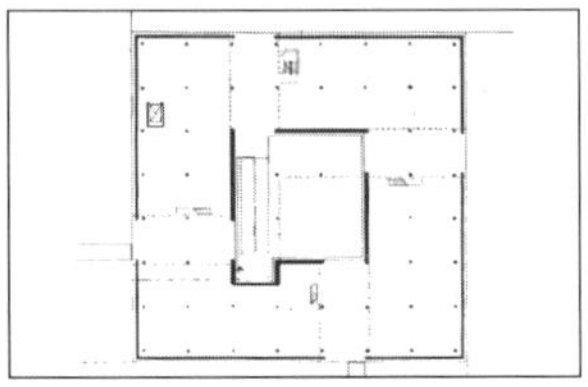

그림 9.20 아메다바드 미술관

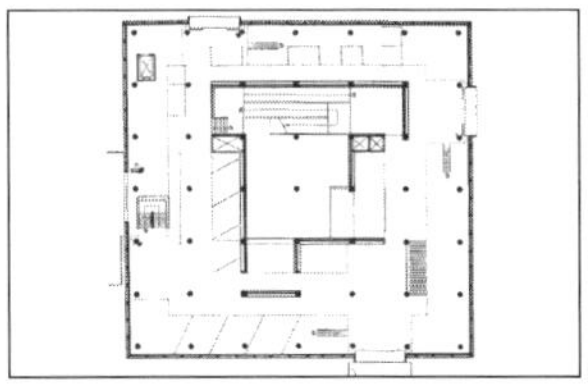

그림 9.21 동경 국립 서양미술관

그림 9.22 암모나이트(spiral helix)

그림 9.23 브로콜리 꽃 (fibonacci series)

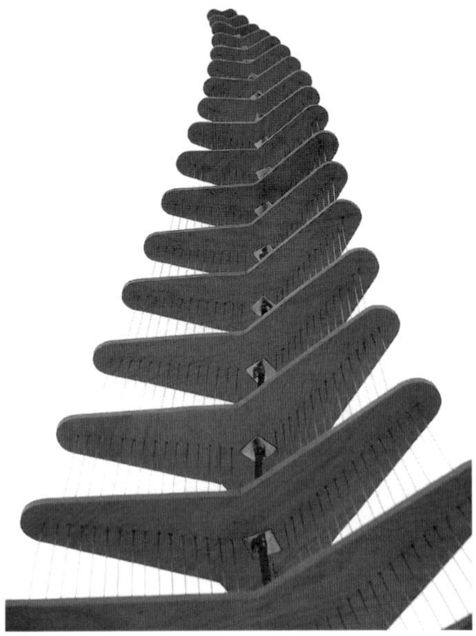

그림 9.24 Frei Otto, the Feather

9.3 건물녹화의 친환경계획

9.3.1 건물녹화의 개념과 효과

최근 도시의 인구집중과 그에 따른 고층, 고밀화현상은 더 이상 도심지 내에서 동·식물이 서식할 수 없는 환경을 조성하여 왔고, 고층건물, 도로, 주차장 등의 요구 증대로 녹지와 외부공간은 점점 축소되어 왔다. 이로 인하여 현대도시는 도심지로 갈수록 기온이 상승하고, 외곽으로 갈수록 낮아지는 열섬현상이라는 이상기온현상이 발생하고 있다. 이러한 현상은 과거에 비해 대기온도를 상승시키고 여름철 전력소비가 급증하는 현상으로 나타나고 있다.

열섬현상의 원인은 아스팔트와 콘크리트 등 각종 인공시설물이 빛을 흡수하는 용량이 높고 흡수한 빛을 적외선방사의 형태로 외부로 발산하여 대기의 온도를 높이기 때문이다. 반면 녹지공간은 태양열을 흡수하여 대기의 기온을 하강시킴은 물론, 그늘을 만들고 수분을 증발시켜 태양에너지로부터 지표면이 가열되는 것을 막아주는 기능을 한다.

이와 같이 도시의 고밀도화로 인한 도시생태계 파괴, 열섬현상 등과 같은 문제점을 해결하기 위한 방편으로 도심지 녹화의 필요성이 높아지고, 이러한 녹화의 구체적인 실천방안으로 도심지 면적의 큰 부분을 점유하고 있는 건축물에 대한 녹화가 주목을 받고 있다.

이와 같은 건물녹화를 적용함으로써 얻을 수 있는 효과를 정리하면 경제 및 사회적 효과와 환경적 효과로 분류할 수 있다.

그림 9.25 초고층 건물의 녹화(예 : 독일)

(1) 경제 및 사회적 효과

① 임대료 증가 및 조경 면적 대체 효과 : 건물녹화로 인하여 쾌적한 환경 조성과 인접지역의 활성화 등으로 건물의 가치가 증대하고, 신축 건물이 확보해야 할 의무 조경면적을 대

체할 수 있는 효과를 얻을 수 있다.

② 유지관리 비용 절감 및 건물 보호 효과 : 도심 열섬효과 완화, 도심부의 냉난방에너지 소모 감소 및 습도 조절, 빗물 저장 기능(1m^2 당 20~30ℓ)으로 인한 홍수 및 장마철 비 피해예방 효과 등으로 유지관리 비용을 절감할 수 있고, 산성비 및 자외선 등에 의한 방수층과 벽면 열화 현상을 경감시킬 수 있다.

③ 도시경관 향상과 휴식공간 제공 : 근대 도시에서 사라졌던 자연과 공존하는 도시경관을 형성하고, 쾌적한 녹지를 통해 건물 이용자들에게 도시의 복잡한 환경으로부터 격리된 휴식공간을 제공할 수 있다.

④ 시민의 환경교육을 위한 공간 제공 : 최근 지구촌이 관심을 집중하고 있는 녹색성장에 대한 개념과 지구촌이 추구하는 방향 등을 시민에게 이해시키고 동참할 수 있도록 시민들을 교육시키기 위한 교육장으로 활용할 수 있다.

(2) 환경적 효과

① 에너지 절약효과 : 옥상녹화는 최상층의 차열, 단열에 효과가 크고, 여름철 온도상승 억제와 겨울철 보온효과가 있다. 옥상녹화를 한 옥상 아래층 실온은 2.0~2.4℃ 정도 낮게 나타나며, 여름철 맑은 날의 열에너지 차폐효과는 0.56kW · h/m^2 정도로 나타났다. 벽면녹화에서 열에너지 차폐효과는 0.4kW · h/m^2 정도이고, 남측 발코니 등에 줄기 있는 낙엽성 식물을 두어 하기의 남측 개구부로 들어오는 직사일광을 차폐하는 방법도 있다. 특히, 건물녹화는 일반 콘크리트면의 반사와 단열성능에 비해 식물과 토양에 의한 잠열증발에 따른 효과가 매우 커서 식물에 입사한 전 에너지의 50~60% 정도가 방열되는 것으로 나타나고 있다.

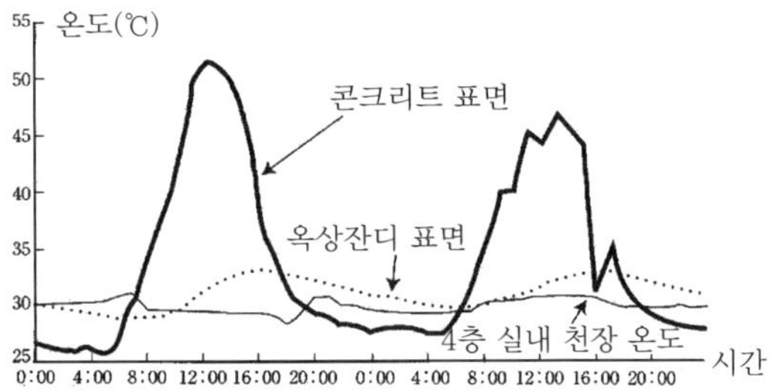

그림 9.26 옥상녹화의 온도분포

② 환경오염방지와 기후조절 효과 : 건물녹화를 통해 도시의 열섬(heat island)현상 감소, 과잉건조방지, 온습도조절, 미기후완화 등을 실현할 수 있다. 옥상녹화에서는 슬래브 전 열량을 약 25%로 억제하여 표면온도를 12~15℃ 정도 내릴 수 있고, 벽면녹화는 일사에너지의 약 90%를 차폐함으로써 벽면온도를 10~14℃ 정도 낮출 수 있다. 습도조절효과에 대해서는 4.4mm/day 정도 증산작용으로 인해 상대습도가 약 20% 증가한다. 또한 건물녹화 식물을 통해 산소가 공급되어 대기오염을 완화시킬 수 있을 뿐만 아니라 대기 중에 있는 이산화탄소, 아황산가스 등의 대기오염물질을 흡수하여 오염방지 효과를 얻을 수 있다.

③ 도시 생태계 복원 효과 : 옥상이나 벽면 등의 녹화를 통해 생물의 생식환경 공간을 증가시키고, 사람의 접근이 비교적 적은 환경을 조성함으로써 생물의 서식이 가능한 공간을 형성하여 도시 생태계를 복원하는데 기여할 수 있다. 옥상녹화의 경우는 곤충이나 물고기가 좋아하는 생태연못 등을 계획하여 하나의 조그만 생태계 조건을 갖출 필요가 있다. 그러나 옥상면적 등의 제약으로 충분한 비오톱이 곤란한 경우가 많으므로 뜰이나 가까운 녹지와 연계한 수평 및 수직적 녹화 네트워크를 생각할 필요가 있다.

수평적 녹화 네트워크 수직적 녹화 네트워크

그림 9.27 수평 및 수직 녹화 네트워크

④ 원예치료 및 소음감소 효과 : 최근 식물에서 나오는 피턴사이드(phytoncides) 성분을 이용하여 정신장애인의 정신치료, 노인들의 재활운동뿐만 아니라 원예활동을 통한 여가활동 제공 등 개인생활에도 원예요

법들이 응용되고 있다. 이러한 원예요법의 효과를 건물녹화를 통해 건물 이용자들에게 제공해 줄 수 있어서 주거생활의 질 향상에 기여할 수 있다. 그리고 건물녹화로 인한 토양층 확보로 외부 소음을 감소시키는 효과를 얻을 수 있다. 실제로 20cm의 토양층은 46dB의 소음을 감소시킬 수 있는 것으로 분석되었다.

9.3.2 건물녹화 방법

현대도시의 환경오염은 날로 심화되어 도시 생태계는 물론 도시열섬현상, 도시홍수, 지하수 고갈 및 도시사막화 등의 도시 기후환경을 변화시키고 있다. 이러한 도시의 생태적 문제점 해결과 에너지절약을 동시에 만족시킬 수 있는 대안으로 주목받고 있는 건물녹화의 방법을 요약하면 다음과 같다.

(1) 지붕녹화

건물의 경사가 완만한 지붕에 흙을 덮고 잔디 등으로 녹화하는 것으로 사람이 지붕으로 올라가 관리하기 어렵기 때문에 유지관리가 불필요한 것이 바람직하고 키가 작은 식물과 잔디 등을 심는다. 지붕에 있는 흙으로 인해 겨울에는 어느 정도 추위를 감소할 수 있고, 여름에는 더위를 피할 수 있다. 동양에서는 그 예가 적지만 유럽 등지에서는 많은 예를 찾아볼 수 있다.

그림 9.28 지붕녹화

(2) 옥상녹화

옥상녹화는 콘크리트로 인해 삭막해진 옥상을 하나의 휴식공간으로 정원처럼 옥상면적을 이용하는 것이다. 건물을 사용하는 사람에게 자연의 냄새를 느끼게 할 수 있으며, 건물의 이미지도 높아질 수 있다.

옥상녹화의 역사적 기원은 산 바빌로니아의 수도 바빌론시의 성곽에 축조된 공중정원이 그 효시라고 할 수 있다. 그러나 실질적으로 건물에 응용된 것은 산업혁명 이후라 할 수 있다. 산업혁명 이후 도시의 발달과 팽창은 과밀한 토지이용을 야기하면서 인공지반이 발생하고 건축물이 고층화되는 추세에 따라 이에 부합되는 보다 효용적이며 기능을 가진 공간을 부여하려는 도시적, 건축적 맥락에서 옥상녹화가 발생되었다.

현재 옥상녹화가 널리 보급된 나라는 독일이다. 19세기부터 화재예방을 위해 지붕에 흙을 덮기 시작했고 풀씨가 날아와 자연스럽게 옥상녹화가 이뤄졌다. 70년대 오일 쇼크를 겪으면서 단열재 기능을 가진 옥상녹화로 에너지를 절약할 수 있어 세제혜택을 주면서까지 보급을 장려하여 현재의 독일은 체육관, 학교, 병원 등 공공시설뿐만 아니라 사무실, 공장, 주택 등에도 옥상을 가꾸는 사례가 늘고 있다. 동양에서는 일본이 이미 오래 전부터 인공지반 녹화에 관심을 기울이고 수많은 선진 사례 등을 제시하고 있다.

옥상녹화는 녹화의 목적, 필요한 기능, 건물의 하중, 경제성 등을 고려하여

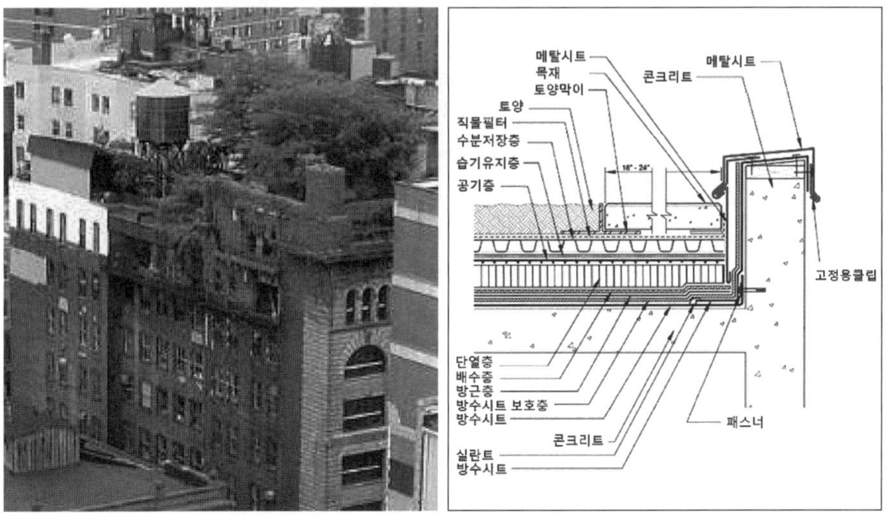

외관(사례) 단면도(사례)

그림 9.29 옥상녹화

구체적 방법을 결정해야 한다. 이러한 옥상녹화의 방법을 일반적으로 경량형, 중량형, 혼합형 옥상녹화 방법으로 분류할 수 있다.

① 경량형 옥상녹화 : 건조에 강한 세담류, 잔디, 각종 잡초 등의 초본류를 식재하는 높이 방향의 확대가 적은 방법이라 할 수 있다. 적재하중이 약 40~100 kgf/m² 정도로 건물에 부담이 되는 하중이 적고 경관상 크게 중요하지 않은 구간에 사용하며, 토심은 10cm 정도이고 식생에 따라서는 전문적인 점검과 관리가 요구되지 않는 장점이 있다.

그림 9.30 경량형 옥상녹화

② 중량형 옥상녹화 : 초본류에 관목이나 교목을 균형 있게 배치한 방법으로 기능면에서 뛰어나 적재하중도 토양 두께에 따라서 150~350kgf/m² 정도로 할 수 있다. 그러나 관수나 식물의 관리가 많이 필요하고 유지관리의 경비가 약간 높은 편이다.

그림 9.31 중량형 옥상녹화

③ 혼합형(비오톱) 옥상녹화 : 중량형 옥상녹화에 실개천, 연못 등이 추가되어 다양한 생물의 생식 공간을 갖춘 방식으로 생물을 유치 · 보전할 수 있는 생태계를 배려한 방법이다. 기능면에서는 가장 뛰어나 최상급의 방법이라고 할 수 있으나 적재하중이 커지고 건설비 및 유지관리가 높

그림 9.32 혼합형(비오톱) 옥상녹화

아지는 것이 단점이라 할 수 있다.

(3) 벽면녹화

건물의 벽면, 담장, 방음벽, 콘크리트 옹벽 등의 수직면과 사면 등 인공적으로 만들어진 입면을 식물 소재로 피복하여 푸르게 하는 것을 벽면녹화라 할 수 있다. 이러한 벽면녹화는 그 면적이 넓기 때문에 장래의 녹화수법에서 중요한 대상이 될 것으로 생각된다. 특히, 서측 벽면의 녹화는 차열에 있어서 유효하기 때문에 에너지절약 측면에서 그 효과가 높을 것으로 생각된다.

벽면녹화의 방식은 등반부착형, 하수형, 면적형으로 나눌 수 있다. 등반부착형은 건물 혹은 구조물의 지붕에 덩굴식물을 식재하여 덩굴의 신장에 따라 입면에 직접 부착시켜 등반녹화를 하는 방법이다. 이러한 방법은 콘크리트 블록, 거친 벽돌 등 다공질의 상태 혹은 크고 작은 요철이 많은 경우에 활용할 수 있는 방법이다.

하수형은 입면의 상부나 옥상에 식재용기를 설치하고 신장하는 덩굴을 늘어뜨려 녹화하는 방법으로 베란다에 식재용기를 설치하고 녹화할 수도 있다. 늘어지는 덩굴을 그대로 두어도 되지만 덩굴이 바람에 흔들리지 않도록 입면에 보조재를 설치해야 한다.

면적형은 입면의 요소에 식재공간을 설치하고 덩굴식물을 식재하여 사방으로 부착시키는 방법으로 입면 면적이 넓고 식재공간 설치가 가능한 경우에 적합한 방법이다.

그림 9.33 벽면녹화(예 : 프랑스)

그림 9.34 방음벽 녹화(예 : 독일)

(4) 발코니 녹화

면적이 협소하다는 것을 제외하고는 기술적으로 옥상녹화와 동일하다. 그러나 공동주택의 경우 좁다는 점과 함께 법률상 공용부분이 되고, 나아가 피난경로가 되는 경우가 많기 때문에 옥상과 같이 본격적인 녹화가 이루어지는 경우는 드물다.

발코니에는 계획적으로 녹화하는 예는 적지만 화분이나 컨테이너 등 이동 가능한 것에 나무를 심어 두거나 플랜트 박스 또는 난간 등에 화분을 걸어 두는 경우가 많다. 베란다 바닥을 녹화하게 되면 햇빛이 반사되는 것을 막는 효과도 있으나 인공적인 급배수설비와 옥상의 경우는 방수 등에 대한 대책이 필요하다.

그림 9.35 발코니 녹화

9.3.3 입체적 건물녹화계획

현대 도시의 인구집중과 그에 수반되는 주거 부족으로 인하여 발생되고 있는 환경오염, 도시 생태계 파괴 등과 같은 현대도시의 문제점을 해결할 수 있는 현실적이고 종합적인 방안으로 건물녹화가 제시되고 관심이 집중되고 있다. 그러나 지금까지 건물녹화는 옥상녹화, 벽면녹화, 발코니녹화 등과 같이 각각 독립된 녹화기술로 이해되어 왔고, 기술개발과 연구 역시 개별적으로 이루어져 오고 있다. 그러나 효과적인 도시 재생을 이루기 위해서는 이러한 점적인 녹화계획들을 연결하여 녹지 네트워크를 형성하는 입체적 건물녹화 계획 수립이 요구되고 있다. 즉 점적인 녹지공간을 녹지 네트워크로 연결하기 위해서 이들을 통합적으로 보는 녹화개념이 필요한데, 이를 입체적 건물녹화라 할 수 있다.

건물에 적용되는 경사지붕과 아치, 지붕과 벽면 등의 입면을 연결하는 부분에 디자인된 것이 이에 해당하고, 고속도로, 고가철도의 교각과 방음벽, 지하도의 배기통, 주차장의 외곽을 둘러싼 펜스 등에 적용될 수 있으며 도심 외부의 방음벽과 경관을 해치는 비탈경사면이나 댐 등도 이 범주에 해당된다.

이와 같은 입체적 건물녹화가 되기 위해 가장 중요한 요인은 건물의 설계과정부터 그 개념이 반영되어야 한다는 것이다. 즉 건물 배치 과정에서 향과 일조량을 분석하여 건물 코어의 방향, 거주공간과 사무공간의 위치, 녹화공간 위치, 전망과 경관 등을 결정해야 하고, 건물의 형태 또한 건물 형태에 스카이라인을 형성하여 입체적 형태를 계획하여 계단식 녹화, 옥상녹화, 벽면녹화 등을 할 수 있는 공간을 확보해야 한다.

그리고 건물의 공간구조는 봄, 가을, 겨울에는 햇빛을 받아들이며, 여름에는 햇빛을 차단하여 녹화된 공간이 지속적으로 유지될 수 있도록 이중외피 파사드계획이 필요하고, 건물을 철거하지 않고 증축 및 리모델링

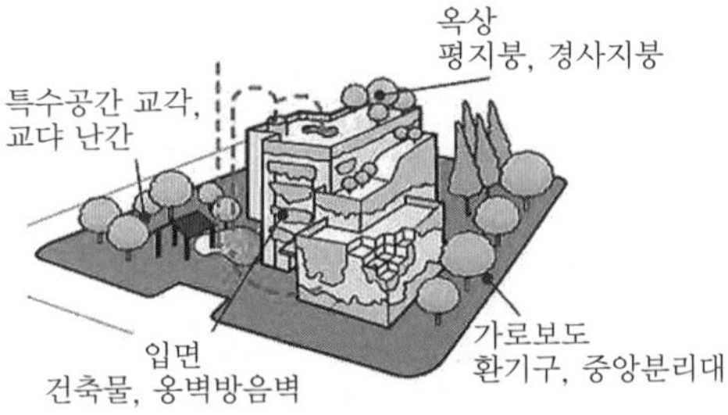

그림 9.36 입체적 건물녹화의 개념

전경

정면

측면

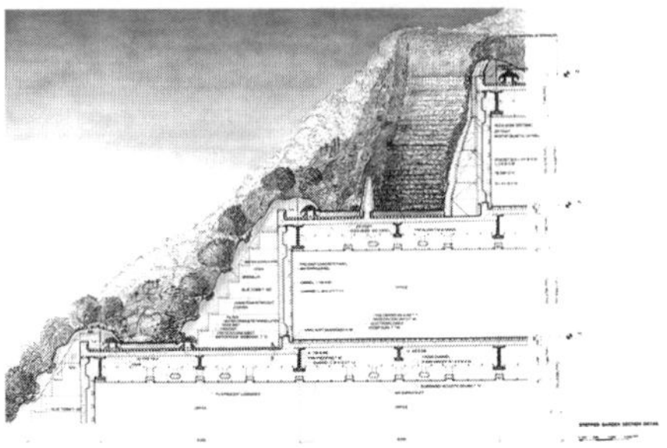

측면

그림 9.37 입체적 건물녹화(예 : 일본)

으로 건물에 변화를 주어 자원 재활용과 녹화공간을 확보하는 계획이 이루어져야 한다. 이러한 건축적 요인 이외에도 건물에 대한 자연에너지이용 방안과 녹화를 위한 조건에 적합한 식생을 선택하는 방안도 중요한 요인이라 할 수 있다.

참고문헌

1) 우세진 외 1인 역, 태양, 바람, 그리고 빛, 화영사, 1996.
2) 김유숙 외 11인 편역, 알기쉬운 건축환경, 기문당, 2005.
3) 조성기, 도시주거학, 동명사, 1996.
4) Nick Baker, Koen Steemers, Energy and Environment in Architecture, Spon Press, 2000.

제 10 장

급배수 위생시스템의 친환경적 이해

10.1 급배수 위생설비의 기본원칙

10.2 급배수 위생설비의 계획 · 설계

10.1 급배수 위생설비의 기본원칙

10.1.1 개요

건물 또는 부지 내에 설치되는 모든 급배수계통의 역할은 위생적으로 안전한 환경과 쾌적하고 편리한 환경을 실현하기 위해 매우 중요하다. 따라서 건물 또는 부지 내에 설치되는 모든 급배수계통의 설계 · 시공 · 유지관리는 이용자의 편의를 도모하고 안전 · 위생적이며 충분한 기능을 발휘할 수 있게 함과 더불어 건물과의 조화를 이루어야 한다.

또한 건물이나 부지 내에 설치되는 모든 급배수계통은 관련 법규에 따라 설계 · 시공 · 유지관리해야 한다. 즉 급배수계통의 설계 · 시공 · 유지관리는 항상 안전 · 위생 · 쾌적 · 편리한 환경을 만들기 위한 배려가 필요하다. 이러한 환경을 실현하기 위해서는 관련 법규가 정해져 있으므로 이에 따라 설계 · 시공 · 유지관리를 할 필요가 있다. 다만, 관련 규정은 최소한도로 지켜야 할 내용을 제시한 것이므로 보다 바람직하고 수준 높은 환경을 만드는 것에 유의하여야 한다.

10.1.2 급수 · 급탕 설비

(1) 기본원칙

사람이 거주하거나 사용을 목적으로 하는 건물 또는 그 부지 내에서 상수를 사용할 경우에는 상수의 급수계통을 설치하여야 한다. 상수는 음료용 등으로 제공하는 물로서 "수도법"에 기초한 시설로부터 공급되는 물 또는 사설 급수설비 등에 의해 공급되는 "음료수의 수질기준"에 적합한 물을 말한다. 따라서 사람이 거주하거나 사용을 목적으로 하는 건물 또는 그 부지 내에는 상수를 공급할 수 있는 공급계통을 설치하고, 청결하고 위생적이며 안전한 물을 사용할 수 있도록 하여야 한다.

(2) 오염방지

음료용으로 공급하는 물은 위생상 안전하게 공급되어야 하므로 상수의 급수 · 급탕계통과 그 외의 계통이 배관 · 장치 등에 의해서 직접 접속(크로스커넥션)되어서는 안 된다. 예를 들면, 음료용으로 공급하는 저수탱크나 고가탱크 등에 음료수 이외의 배관이 접속되거나 음료수 배관과 수질을 달리하는 배관이 접속되면 음료수가 오염되므로 이와 같은 배관접속이 되어서는 안 된다. 특히 최근에는 배수를 처리하여 잡용수로 재이용하는 중수도시설과 같이 수질이 다른 각종 배관계통이 시설되는 경우가 많기 때문에 주의하여야 한다.

상수의 오염은 크로스커넥션 외에 물받이 용기로부터 배출된 물이나 사용된 물 또는 그 외의 액체가 급수 · 급탕관 내에 발생한 부압에 의해 흡인된 물이 관내로 역류하기 때문이다. 상수의 급수 · 급탕계통은 이와 같은 역류가 발생하지 않도록 하여야 한다. 이를 위해서는 수도꼭지 등의 토수구와 모든 물받이 용기(탱크류 · 위생기구 · 수영장 등)의 물넘침선과의 사이에 충분한 토수구 공간을 설치하여야 한다. 그러나 이와 같은 토수구 공간이 설치되지 않아 역사이펀작용이 생길 우려가 있는 기구(대변기 세척밸브, 호스를 연결한 수도꼭지) · 장치에는 관내가 부압되면 자동적으로 공기를 보급하는 진공브레이커(대기압식 · 압력식) 또는 역류방지장치를 설치하여야 한다.

(3) 적정한 유량과 수압공급

급수계통에는 용도에 따라 여러 가지 위생기구 · 장치 등이 설치되어 있고, 이들의 이용목적에 적합한 토수량을 확보하기 위해 최저 필요압력이 정해져 있다. 따라서 급수계통에서는 배관계통상의 직관 · 벤드 · 분기부나 밸브 등에 의해 생기는 압력손실과 위생기구 · 장치 등에서의 필요압력을 더한 급수압으로 송수하여야 한다.

급탕계통에서의 사용온도는 용도에 따라 다르므로 일반적으로 사용온도보다 높은 온도의 온수를 공급하고, 사용자가 적당히 혼합하여 사용하도록 한다. 급탕온도를 너무 높게 하면 화상 등의 위험성이나 기기 · 배관의 부식이 촉진되고, 반대로 낮게 하면 온수가 다량으로 소비되기 때문에 적당한 온도로 설정할 필요가 있다. 일반적으로 세면, 목욕, 주방, 세탁용의 중앙식 급탕의 경우 60℃가 적당하지만 에너지절약 측면에서 온도를 낮추어 사용하는 경우도 있으며, 주방의 식기 세척기 등과 같이 국부적으로 높은 온도를 필요로 할 때는 그 사용기구에서 재가열하는 것으로 한다.

급탕량은 용도에 따라 다르지만 위의 내용과 같이 급탕온도에 따라서도 변화하는 것을 고려할 필요가 있다. 또 압력도 급수계통과 같이 적정한 값으로 설정할 필요가 있지만 혼합꼭지 · 샤워 등과 같이 물과 온수가 기구에서 혼합되어 그것을 직접 이용하는 경우에는 급수 및 급탕계통의 압력 균형 유지에 주의하여야 한다.

(4) 수격방지

급수 · 급탕 계통에서 관내 압력이 높고 관내 흐름의 속도가 상당히 빠른 경우에 관로 말단의 수도꼭지 또는 밸브 등을 급히 폐쇄하면 높은 압력 상승이 발생한다. 이 압력파는 밸브류와 급수원인 탱크류 사이를 왕복하다가(도중의 관내에서도 반사가 있다) 점차 감소한다. 이처럼 밸브 폐쇄 부분에서 급격한 압력 상승 현상이 일어나고 그 압력파가 관내를 왕복하는 현상을 수격작용이라 한다.

압력 상승(수격압)이 크면 배관계에 충격음이나 진동을 발생시키며, 배관 · 기기 · 밸브류 등을 손상시킬 위험이 있다. 또 밸브 등을 급히 개방할 때 관 내의 압력강하도 수격현상이라 하며, 배관형태에 따라서는 관내에 커다란 부압도 발생한다. 그 부압 발생 개소에서는 수주분리가 생기고, 계속해서 발생하는 수주의 재결합시 이상 충격음이 발생한다.

양수 펌프계통에서도 체크밸브 폐쇄시 또는 배관형태에 따라서는 펌프 정지시 관 내에 부압이 발생하며, 각각 큰 압력 상승이 일어난다. 수격작용의 발생원인은 관내 유속, 밸브류의 폐쇄 · 개방시간 외에도 압력파의 전달속도(배관재료, 유수 중의 기포의 존재 등에 따라서 영향을 받는다), 배관형태, 길이 등이 관계되는 복잡한 현상이다.

방지대책으로는 적정한 유속조정이나 밸브류의 느린 폐쇄작용 등이 생각되지만 발생원 가까이에서 압력변동을 흡수할 수 있는 적정한 용량의 수격 흡수장치 등을 부착해야 하며, 배관류의 지지 고정에도 충분한 배려가 필요하다. 또한 밸브류의 폐쇄 · 개방의 조작이 없어도 관내 유속이 빠르면 유동소음 등이 발생하고, 귀에 거슬리는 불쾌한 환경을 만들 수 있기 때문에 계획 · 설계시부터 충분한 배려가 있어야 한다.

(5) 안전장치와 부식방지

물의 가압 · 가열 · 저장용의 모든 기기와 장치류는 내압 · 하중 및 과열에 의한 폭발의 위험과 부식을 방지할 수 있도록 설계 · 시공 · 유지관리해야 한다. 물은 가열하면 비체적이 증가한다. 즉 1kg의 물을 5℃부터 70℃까지 가열하면 체적은 2.27% 증가하기 때문에 밀폐용기에서 물을 가열할 경우, 물은 비압축성이기 때문에 용기에 상당한 압력이 걸리고, 상황에 따라서는 압력 상승에 의한 파괴의 위험이 생긴다.

이와 같은 용기 내의 압력 상승에 대하여 그 상승을 방지하기 위한 안전장치로서 압력도피관 · 안전밸브등을 설치함과 동시에 설정온도 이상의 과열을 방지하는 등의 대책이 필요하며, 이외의 요인에 따른 가압 · 하중에 대해서도 마찬가지이다. 특히 한랭지에 설치하는 기기 · 배관 · 장치 등은 동결방지에 충분한 주의가 필요하며, 수질환경 조건에 따라서는 국부부식 등이 발생하여 기기 · 장치의 손상 우려가 있으므로 사전에 부식방지대책을 강구해 두어야 한다.

10.1.3 배수 · 통기 설비

(1) 기본원칙

배수 · 통기계통은 배수가 생활환경에 피해를 주지 않도록 확실하고 위생적으로 배출할 수 있도록 하여야 한다. 각 용도로 사용 완료한 물을 체류시켜 방치하면 부패에 의해 취기 · 병원균 등의 발생 원인이 되어 생활환경의 쾌적성을 저해하므로 안전 · 확실하고 위생적으로 배출할 필요가 있다. 이를 위해 배수 · 통기계통에서는 배수량에 대한 적절한 배수관경 · 구배 등을 선정함과 동시에 배수수평관 · 수직관 내의 흐름을 원활하게 하며 배수관 내에서 발생하는 압력 변동을 완화하고, 트랩의 봉수를 보호하기 위해 배수관의 요소에 적절한 통기관을 설치할 필요가 있다. 또한 배수배관계통은 누수에 의한 사고가 발생하지 않도록 시공하여야 한다.

(2) 소음진동 방지

배수계통은 높은 유수음 또는 이상 진동이 발생하지 않도록 하여야 한다. 배수계통에서 배수의 흐름은 물 이외에 공기나 고형물이 혼합된 흐름이며, 이 흐름은 수평관 · 수직관 등 각각의 장소에서 파상류와 관내벽에 형성되는 환상류 등 특징적 현상을 나타내고, 이들에 의해 배관류의 진동 · 유동소음이 발생한다.

또한 화장실의 세척밸브 · 세척탱크의 조작에 따른 배수의 소음 등도 문제가 되는 경우가 많다. 따라서 위생기구류의 선택 · 배관류의 지지고정 · 이음쇠 모양 · 관경 · 구배 · 구부림의 위치 등에 있어서 충분히 유의하여야 한다. 또 파이프 샤프트와 거실 등의 배치에 관해서도 앞의 진동 · 소음 등을 고려하여 계획 · 설계하여야 한다.

(3) 트랩의 설치

배수계통에 직결된 기구류에는 각 기구별로 적절한 구조와 봉수강도를 지닌 수봉트랩을 설치하여야 한다. 실내측에 설치되어 있는 기구류와 배수계통을 직접 연결할 경우 배수계통으로부터 불쾌한 취기 등이 실내측에 침입하지 않도록 각 기구별로 봉수트랩을 설치한다.

트랩의 구조는 기구측으로부터 흘러 나간 불순물이 체류하지 않고 유출됨과 동시에 자정 성능 · 저소음 성능을 보유하며, 관내 압력변동이나 유출에 의해 봉수를 파손시켜서는 안 된다. 트랩의 성능을 평가하는 봉수강도는 트랩의 봉수깊이 등 여러 가지 요인에 의해 변화하지만 특히 트랩의 유입측과 유출측의 봉수용적비〔트랩의 용적비(유출측 용적/유입측 용적)〕의 영향이 크며, 용적비가 큰 쪽이 봉수강도가 높아진다. 트랩의 형태는 여러 가지가 있기 때문에 용도에 따라 적합한 것을 선택하여야 한다.

(4) 포집기 설치

그리스 · 가연성 폐수 · 토사 · 기타의 배수계통 · 처리설비 또는 하수도에 대해 유해한 물질을 함유하는 배수계통과 재이용할 수 있는 물질을 함유하는 배수계통은 그것들을 적절하게 포집할 수 있는 포집기를 설치하여야 한다. 그리스 · 오일 · 토사 · 플라스터 · 모발 등이 다량으로 혼재하는 배수 및 위험 · 유해물질이 포함되어 있는 배수가 그대로 배수계통에 흘러가면 배수관류의 막힘이 생기는 것과 동시에 처리시설 또는 하수도 등에 대해서도 장해가 되므로 이러한 물질을 함유하는 배수계통에서는 유해한 물질을 효과적으로 분리 · 수집할 수 있는 용도의 적절한 포집기를 설치하여야 한다. 또 귀금속류 등이 혼입되는 배수에서도 이러한 물질을 회수할 수 있게 포집기를 설치하여야 한다.

(5) 청소구 설치

배수계통에는 배수의 정체나 관이 막히는 현상이 발생하지 않도록 하여야 하며 배관 내를 용이하게 관의 막힘을 해결하거나 청소할 수 있도록 적절한 위치에 청소구를 설치하여야 한다. 배수방식은 일반적으로 중력식(자연배수식)을 채택하고 있기 때문에 배수관의 내경 및 구배는 각각의 용도에 맞춰 적절하게 정하고, 배수가 정체됨에 따른 오물 등의 퇴적이나 관이 막히는 현상이 발생하지 않게 하여야 한다.

또한 이물질의 혼입 또는 오랜 기간 사용하면 관내경이 협소하게 되는 경우도 있으므로 관내의 청소를 용이하게 할 수 있도록 배관의 적당한 위치에 청소구를 설치하여야 한다.

(6) 역류방지

배수계통에는 배수의 역류가 발생하지 않도록 하여야 하며, 특정의 기구 · 장치 · 시설로부터의 배수는 간접배수로 하여야 한다. 예를 들면, 고층건물 등의 경우 1층은 배관 형태에 따라 상층의 배수에 의한 영향을 받기 쉬우므로 1층의 배수는 다른 계통으로 계획하는 것이 바람직하다. 음식용 재료에 관련된 기구류 · 탱크류 · 냉동기 · 보일러 등의 설비에서 배수는, 배수관에 직결시키지 않고 물받이 용기로 배수를 받고나서 배수관으로 흘려보내야 한다. 이는 배수의 역류 및 배수관 내의 하수가스에 의해 기기가 오염되어 비위생적인 상태로 되는 것을 방지하기 위한 것이다.

또한 배수가 건물 내로 역류할 우려가 있는 경우에는 배수가 역류하여 비위생적인 상태가 되므로 그 배수계통에 적절한 역류방지 조치를 강구하여야 한다.

(7) 특수배수의 배관

특수배수의 배수계통은 독립하여 설치하고, 배수의 수질에 적합한 처리장치에서 처리한 후 배수하여야 한다. 특수배수는 공장 · 병원 · 연구소 등의 배수 중에서 중금속 · 기름 · 산 · 알칼리 · 방사성 물질 등이 다량으로 포함된 경우를 말하며, 호텔 등의 주방배수에서 다량의 유지분(노멀헥산)을 포함하는 경우도 이에 속한다.

생물 분해가 가능한 일반 유기물이 주성분인 생활계 배수는 생물처리를 주체로 한 오수정화조 또는 하수처리시설로 보내지만 특수배수를 이들의 처리시설에 보내게 되면 중대한 장해를 일으키게 된다. 따라서 이들의 특수배수는 반드시 각기 독립된 배수계통을 통하여 그 배수 수질에 적합한 처리장치에서 처리한 후 배수하여야 한다. 더욱이 공공용수역 등에 방류하는 배수수질에 관해서는 환경보전면에서 충분히 유의하여야 한다.

(8) 통기관 설치

탱크류 및 중력식의 배수계통에는 내부에서 발생한 가스를 대기 중에 방출할 수 있도록 통기관 등과 같은 적절한 통기조치를 하여야 한다.

통기관의 끝은 외부까지 연장하여 대기에 개구하여야 하며, 그 개구부 끝이 막히거나 건물 내부로 오염된 공기가 유입되지 않도록 조치하여야 한다. 그 개구부는 배수관 내에 공기가 출입할 수 있도록 설치하여 동결로 인한 막힘이 없는 구조로 하고, 통기관의 단면적 이상의 충분한 크기의 유효 개구면적이어야 한다. 동시에 배수관 내의 오염가스가 건물 내로 침입하지 않도록 건물의 외부창 · 환기구 등을 피하여 위치를 선정하여야 한다.

10.1.4 우수배수 설비

(1) 기본원칙

우수는 공공하수도가 설치되어 있는 지역에서는 공공하수도에 배수하며, 공공하수도가 설치되어 있지 않은 지역에서는 우수에 의한 장애가 발생하지 않도록 배수하여야 한다. 우수의 침수 및 장기체류에 의한 주변 환경의 악화를 피하기 위해 신속히 배출할 수 있도록 하수도(공공하수도 · 유역하수도 · 도시하수도)가 정비되어 있는 구역에서는 그 하수도에 배수하고, 하수도가 미정비된 구역에서는 적절한 배수계통을 설치하여야 한다.

공공하수도는 우수와 오수 · 잡배수 등을 함께 배수하는 합류식과 양자를 다른 계통으로 한 분류식의 관이 설치되지만 최근에는 공공용수역의 오염문제로 인한 분류식으로 정비되는 경우가 많아지고 있다. 또한 이와 같이 우수를 신속하게 배출해야 한다는 사고방식과는 반대로 최근 도시에서는 우수의 유효이용 및 용수관리 관점에서 건물 내 또는 구역 내에 적극적으로 우수를 저장하여 생활용이나 환경용 등으로 다방면에 이용하는 계획도 있고, 이러한 경우에는 주변의 환경조건을 충분히 고려한 후 계획할 필요가 있다.

(2) 우수배관의 설치

우수는 어떠한 경우라도 분뇨정화조(단독처리)에 접속된 오수관이나 오수정화시설(합병처리)에 접속된 오수관 또는 잡배수관에 배수되지 않도록 하여야 한다. 단독처리 및 오수 · 잡배수 합병처리의 정화조는 각각의 유입 부하량을 기초로 용량 산정과 규모를 결정하기 때문에 우수가 유입되면 오수 · 잡배수의 농도 및 체류시간 등에 큰 영향을 주고, 처리능력의 균형도 무너뜨리게 된다. 따라서 우수가 이들의 처리시설에 들어가지 않도록 하여야 한다.

공공하수도에 우수 전용관이 있을 경우 건물 내 및 부지 내의 우수는 여기에 단독으로 접속하여야 한다. 공공하수도가 분류식이고 오수계통과 우수계통으로 나누어져 있는 경우에는 건물 내 및 부지 내의 우수는 오수 또는 잡배수 등의 계통에 접속하는 것이 아니고 단독계통으로 우수관에 접속하여야 한다.

우수배수관을 합류식 배수수평주관 또는 부지배수관에 접속하는 경우 배수관에서 하수 · 가스 등이 우수배수관으로 유입되어 주변의 환경이 비위생적으로 되는 것을 방지하기 위해 그 접속 개소에 트랩을 설치하여야 한다.

10.1.5 배수의 연결과 처리

(1) 기본원칙

공공하수도가 완비되어 있는 지역에서 부지 내에 배출되는 오수 · 잡배수는 배수관 또는 그 외의 배수시설에 의해 반드시 공공하수도로 배출하여 종말처리장에서 처리되도록 하여야 한다. 처리구역이란 배수지역에서 배출된 하수를 종말처리장에 의해 처리할 수 있는 지역을 말한다.

공공하수도는 하수도법에 의한 종말처리장이 있거나 유역하수도에 접속하는 것으로서 어느 경우라도 종말처리장을 갖추고 있는 것을 말한다. 또한 도시 하수로(종말처리장을 보유하지 않고 주로 우수배출을 목적으로 하는 하수로)는 배수구역에 있어도 처리구역은 아니다. 현재의 공공하수도는 분류식을 원칙으로 하며, 배수구역과 처리구역은 기본적으로 동일하다.

(2) 공공하수도 미설치 지역의 처리

공공하수도가 없는 지역에서 부지 내로부터 배출되는 오수는 적절한 처리시설을 설치해야 한다. 또한 잡배수의 처리가 의무화되어 있는 경우도 동일하다. 공공하수도가 완비되어 있지 않는 지역에서의 배수는 처리되지 않고 공공수역으로 방류되기 때문에 부지 내로부터 배출되는 오수는 정화조 등에 의해 적절한 처리시설을 거쳐 하수도로 배출하지 않으면 안 된다.

잡배수에 대해서 방류를 인정하는 경우도 있지만 처리하지 않고 도시하수로 등으로 배출하는 것은 공공수역을 크게 오염시키기 때문에 오수를 포함하여 합병처리하거나 적절히 처리해서 배출하는 것이 바람직하다. 지역에 따라서는 잡배수처리가 의무화되어 있으므로 유의할 필요가 있다. 또 종말처리장을 보유하지 않는 하수도(도시하수로 등)의 배수구역에서는 부지 내에서 배출되는 오수 · 잡배수의 경우 위와 같은 시설계획이 필요하다.

(3) 특수배수의 처리

공공하수도 · 유역하수도 · 공공수역 또는 지하수에 해를 미칠 우려가 있는 유기물 · 무기물을 포함한 배수는 방류 또는 지하에 침투되기 전에 적절한 처리시설을 두어 처리해야 한다. 현재 공공수역에 정해져 있는 환경기준을 달성 · 유지시키기 위해 "수질환경보전법"에 의해 배수 · 배출허용기준이 규정되어 있기 때문에 관련법에 의해 신고된 "특정사업소"에서 배출되는 유해물질이나 그 외의 물질을 포함한 배수는 그 기준에 적합한 것이어야 한다.

또 배수기준에는 내용적으로 전체 공공수역을 일률적으로 정한 기준과 또 그것만으로는 수질오염방지가 기대될 수 없는 수역을 대상으로 보다 엄격한 허용한도를 정한 기준 등이 있다. 또한 "하수도법"에서도 하수도시설 및 배설물 등의 처분에 있어 유해한 것을 제거하기 위해 하수도 배출기준을 정하고 있으므로 하수도의 배수는 이에 적합하여야 한다.

10.1.6 위생기구 설비

(1) 위생기구 설치

모든 위생기구는 적당한 수량으로 사용 목적에 적합한 합리적인 간격과 높이로 설치하여야 한다. 대 · 소변기의 경우 일반 사무소 등과 같이 이용자가 시간대에 따라 다르지 않고 임의로 이용할 수 있는 건물에서는 기다리는 상태가 발생하지 않도록 하고, 극장과 같이 휴식시간에 이용자가 집중하는 건물에서는 어느 정도 기다리는 상태가 허용되지만 그 휴식시간 내에 모두 이용할 수 있어야 한다.

또 위생기구의 설치 간격이나 높이는 이용대상자 및 목적에 따라 합리적인 위치에 설치하여야 한다. 특히 아동이나 신체장애인 등이 이용하는 위생기구에 대해서는 사용이 편하고 안전하게 이용할 수 있도록 한다.

(2) 위생기구의 재질

위생기구는 매끄러우며 불침투성의 표면을 가져야 하고 항상 청결을 유지할 수 있는 것이어야 한다. 위생기구는 사용자와의 접촉, 오수 · 잡배수와 접촉하는 기회가 많아 비위생적으로 되기 쉬우므로 매끄러우며 흡수성이 적고, 항상 청결하게 할 수 있고, 내식 · 내마모성이 있는 재질로 제조해야 한다. 현재 물 또는 온수를 받는 기구로 사용되는 것에는 도기 · 법랑철기 · 플라스틱제품 등이 있고, 급배수 기구류에는 크롬도금 등 표면처리를 한 것이 이용되고 있다.

10.1.7 기기 · 재료

급배수계통의 모든 배관은 내구성 재료를 사용하여야 하며, 목표로 하는 내용년수에 적합한 것이어야 한다. 또한 내용년수를 초과할 경우, 배관의 교체에 관해서도 고려하여야 한다. 급배수계통의 모든 배관은 항상 수분이 존재하는 환경에 있기 때문에 수분에 의한 부식현상이 일어나기 쉽다. 따라서 용도에 따라 목표로 하는 내용년수에 적합한 내구성 배관재를 사용하고, 배관 · 기기에는 방식대책을 강구할 필요가 있다.

또 스케일의 부착이나 부식 등으로 내용년수를 초과한 배관을 교체해야 하는 경우도 발생하기 때문에 교체가 용이하도록 배관계획을 수립하고 콘크리트 내의 매설 등은 피하도록 한다. 또 내용년수는 주로 마모 · 손상 · 부식 등의 물리적 요인으로 결정되지만 이 외에 사회 · 경제활동의 발전 및 기기효율의 저하 등에서 본 사회적(기능적) 내용년수가 있고, 최근에는 유지관리비 · 건설비를 기본으로 라이프 사이클 코스트(life cycle cost)분석에서 정한 경제적 내용년수도 고려되고 있으며, 세법에서 정해진 법정 내용년수도 있다.

한 번 사용된 기구 또는 재료를 급배수계통에 재사용할 경우, 그 기구 또는 재료는 기준에 적합하여야 한다. 한 번 사용한 위생기구 또는 배관재료 등은 시간이 흐름에 따라 열화하고 또 비위생적이므로 그것을 급배수계통에 재사용할 경우에는 관련 조항에서 제시된 내용을 만족시켜야 한다.

환경위생 및 보안상 장해의 우려가 있는 기기 · 장치 · 재료는 적절한 보호조치 또는 예비조치가 없는 한 급배수계통에 사용해서는 안 된다. 급배수계통에 사용하는 기기 · 장치 · 재료는 사용 · 유지관리 여하에 따라 환경위생 및 보안상의 장해를 일으킬 우려가 있다. 그러한 경우에는 적절한 보호조치 또는 예비조치를 취한 후에 사용해야 한다.

10.1.8 시공

(1) 기본원칙

급배수계통의 공사는 그 건물의 구조와 강도에 영향을 주지 않도록 하여야 하며, 바닥 · 벽 · 천장, 기타의 구조 재료에 손상을 주지 않도록 시공하여야 한다. 급배수계통의 모든 배관공사에서 건물의 기둥 등 구조물의 강도와 관계된 부분에 배관류가 관통하는 경우는 적절한 위치에 슬리브를 넣고 그 부분을 보강하여 구조 및 강도에 영향을 주지 않도록 한다.

또 바닥 · 벽 · 천장, 그 외의 구조부재를 관통하는 모든 배관은 적정한 위치에 슬리브를 설치하여 구조체의 재료에 손상을 주지 않게 하는 동시에 배관의 변위 · 부식 등에 따른 손상방지 조치를 취하여 시공하여야 한다.

(2) 내진대책

급배수계통에 이용되는 기기 · 탱크 및 배관류는 지진시에 이동 · 전도 등에 의해 손상되지 않도록 기기 · 탱크류의 연결부분이나 배관류의 지지 및 접속부 등에 적절한 내진대책을 강구하여야 한다.

(3) 수압시험

급배수계통은 공사의 불완전에 따른 결함이 없도록 적절한 시험 · 검사를 하여야 한다.

급배수계통은 이미 서술하였듯이 안전 · 위생 · 쾌적 · 편리한 환경 유지를 목적으로 설치되는 것이므로 사용 개시 후에 탱크 · 배관류에서 누수 등 공사의 불완전에 의한 사고가 발생하지 않도록 해야 한다. 따라서 사용 전에 수압 · 만수 · 연기시험 등을 실시하여 결함의 유무를 점검하여야 한다.

(4) 신공법과 신재료

급배수계통에 대해서 최근의 기술혁신에 따라 여러 가지 재료 및 시공법 등의 채용이 증가하고 있으며, 급배수계통의 규격에 정해져 있지 않은 새로운 재료나 새로운 시공법 등이 채용될 수도 있다. 그 경우 시공기준의 취지에 적합하게 하여야 하며, 그 적부의 판단에는 여러 가지 시험연구를 거쳐야 한다.

10.1.9 유지관리

건물의 소유자 · 관리자 또는 점유자는 건물의 급배수계통을 항상 환경위생 및 보안상 지장이 없도록 유지관리하여야 한다. 급배수계통에 설비하는 기구 · 탱크 · 모든 배관류 및 그 외의 부속물은 시간이 경과함에 따라 열화하기 때문에 건물의 소유자 · 관리자 또는 점유자는 그 급배수계통에 대해 환경위생 및 보안상 장해가 발생하지 않도록 일상적 및 정기적인 보수 · 점검을 하고 항상 유지관리에 노력해야 한다. 유지관리에는 법규에 따라 정기점검이 의무화되어 있다.

"수도법" 및 "동시행규칙"에서는 물탱크를 보유한 건물을 대상으로 수질관리를 목적으로 한 기준이 정해져 거기에 따라 탱크 등을 청소하여 위생적인 면부터 유지관리에 힘써야 한다. 그러나 이 같은 법규에서 의무화되지 않은 소규모의 건물에 대해서도 유지관리가 필요하다.

10.2 급배수 위생설비의 계획 · 설계

10.2.1 개요

급배수 위생설비는 인간이 주거 · 근무 등의 여러 가지 생활을 하기 위한 시설과 건물을 위생적으로 유지하기 위하여 편리성이 풍부하고 안전성을 보장하여야 한다.

일반적으로 급배수 위생설비는 건물 내 또는 그 부지 내에서의 급수, 급탕, 배수 · 통기와 위생기구에 관련된 제반 시설의 설비를 총괄한다.라고 정의하고 있으며 관련된 제반 설비는 소화 · 가스 · 주방기구 · 세탁기기 · 의료용 배관 · 수영장 · 목욕시설 · 쓰레기처리 · 진공청소 등의 설비가 포함된다.

급배수 위생설비는 기본원칙을 지켜야 하는데, 다음의 사항을 충분히 고려하여 계획되어야 한다.

① 위생성 · 안전성

② 기능의 확실성

③ 내구성

④ 에너지와 자원절약

⑤ 환경과 도시설비와의 조화

⑥ 진동 · 소음의 방지

급배수 위생설비계획은 기본구상 · 기본계획 · 기본설계 · 실시설계의 순서로 진행되며 표 10.1에 계획의 각 단계에서 주요한 작업내용을 나타냈다.

10.2.2 기본구상

기본구상은 프로젝트의 내용 · 사업계획과 예산 · 규모 · 사업주의 의향을 기초로 설비계획을 입안하여 설비의 개요를 결정하는 것으로 계획의 가능성을 좌우하는 계획지 주변의 상하수도 · 가스 · 전력 등 사회기반시설의 상황과 법률 · 조례 등을 상세하게 조사하여 입안한다.

(1) 현장조사

현장조사는 계획부지의 상황을 파악하고 주변의 상수도 · 하수도 · 도시가스 · 배수방류처 · 강우량 · 적설량 · 지하수위 · 호우시의 도로관수 유무 등에 대하여 조사하며, 계획의 제반 조건을 설정하기 위하여 관계자로부터 의견과 협의를 진행한다.

표 10.1 급배수 · 위생설비 계획의 순서

내용 단계	조 사	계 획	설 계	예 산	작성도서
기본구상	1) 사전조사 부지상황 : 지형 · 지세 · 부지의 형상 · 기후(강우량) 등 법의 규제 : 관계법률 · 조례 2) 현장조사 부지상황 : 지형 · 주변의상황 · 도로상태 수원 : 상수도의 유무와 공급능력 · 기타 수원 · 수질 배수 : 하수도의 유무와 방류구의 수용능력 기타 배수처의 상태 · 배출규제 등 가스 : 도시가스의 유무와 공급능력 · 기타의 열원 법의 규제 : 규제의 내용과 이해관계자의 확인	1) 프로젝트의 내용 · 규모의 파악 2) 개략사용수량의 산출과 관련된 집수정 등, 건축계획상 영향을 주는 설비시스템의 개요 3) 개략배수량의 산출, 배수의 내용 · 수질 4) 급수 · 배수 · 소화설비상의 문제점의 표출과 해결책의 계획, 가능성의 검토 5) 계획건물의 장래계획에 대한 대책 6) 경제성과 수준	1) 설비기기의 개략 공간의 검토 · 조정 · 확보 2) 다른 설비와의 설계내용의 조정 3) 급수 · 배수 · 소화 설비상의 문제점 해결방법에 대하여 건축계획에의 영향의 조정	1) 개략예산의 산출 2) 특수설비의 비용 3) 문제점 해결을 위한 비용(부담금 · 보증금 · 가입금 등)	1) 급배수위생설비 개요서 2) 계획추진상 의문제점과 해결방법
기본계획	1) 부지상황과 계획안과의 조정 2) 법의 규제에 대한 문제점의 해결을 위한 상세조사 · 협의 3) 상수도 · 하수도 · 도시가스 등의 이용에 대한 상세조사 4) 소화설비에 대하여 관할소방서와 협의 5) 물의 채취 · 배수의 방류에 관한 상세조사	1) 현장조사의 결과를 기초로 기본구상을 재검토한다. 2) 각종 시스템의 검토 3) 급수공급방식의 결정(상수도 · 우물 · 기타) 4) 배수처의 결정(하수도 · 배수처리시설 · 방류처) 5) 열원의 결정(도시가스 · LPG · 기타) 6) 각종 사용자료의 검토	1) 설비시스템에 대한 설비공간 2) 다른 설비와의 조정 3) 설비공간과건축계획과의 조화	1) 개략예산의 산출 · 수정 2) 설비공사비 이외의 비용의 산출(부담금 · 보증금 · 가입금)	기본설계서 설비시스템의 비교와 결정, 계획공정표 · 잔여문제점 · 개략공사 예산서의 작성
기본설계	1) 기본계획을 기초로 계획과 지역적제반조건과의 조화에 대하여 상세하게 조사 · 협의 실시 2) 관할관공서 · 이해관계자와의 협의, 문제점의 해결 방법에 대하여 확인하고 승낙을 얻는다.	1) 설비시스템의 결정 2) 각 설비의 개략설계 · 기기의 배치, 배관경로, 공간검토 3) 주요기기 · 재료의 사양 결정	1) 결정된 설비시스템에대하여 설비공간의 확보와 검토 2) 다른 설비와의 조정과 급탕용열량 · 동력의 산출 3) 건축계획과의 검토(기기중량 · 용량 · 기기반입계획, 배관공간)	기본설계도를 기초로 공사예산을 산출하고 계획 전체 예산과의 조정 실시	기본설계서 기존설계도 공사예산서 방재설계서 특정시설 등의 제출서류
실시설계	계획과 지역적 제반 조건과의 조정협의가 완전히 종결되었는지 검토하고, 필요에 따라 조사하고 재확인한다.	1) 각 설비의 상세계획 2) 장비설치 공간의 검토 3) 시방서의 작성 4) 공사구분의 결정	1) 설계계산의 작성 2) 각 설비의 상세설계 3) 다른 설비와의 조정 4) 건축설계와의 조정	공사예산서의 작성	설계계산서 설계도 시방서 공사예산서 확인신청용 도서

표 10.2 현장조사표의 예

현 장 조 사 표	조사년월일 년 월 일	조사자	건물소재지	공사명칭
급수상수도등	상수도공급업자 :		협의담당자 :	TEL
	본관의 관경 :	본관의 매설깊이 :	본관의 수압 :	본관의 관재료 :
	허용최대 인입관경 :	인입공사전 납부금 · 부담금 등의 유무 · 금액 · 납입시기 :		
	수도국대여 수도메타 범위 :		도시메타의 종류 : 직독식 원격식	
	배관재료의 지정(직결부분) :	(탱크이하) :		
	지정배관공사업자 :		수위제어방식 :	
	집수정 · 고가수조의 용량과 설치 등에 관한 기준 :			
	기타의 기준 :			
	급수설비기준 유무 :			
	사전협의 유무 :			
	수도요금 산정방식 :			
	기타 수원 : 우물 · 하천 · 호수 용수량 수위변동			
	수질 :	채수에 관한 협의대상자 :		
	현장 부근의 현황(개략도) · 집수정까지의 인입관로(수도메타의 위치, 집수정주변) 등의 도면?			
배수	하수도사업자 :		협의담당자 :	TEL:
	오수 직접 방류 가능 여부	우수합류 또는 분류 여부	본관의 관경 :	본관의 매설깊이 :
	본관의 관재료 :	허용 최대 접속관경:	허용 최대 배수량 :	
	본관의 위치 · 부지에서의 거리 :		도로포장상황 :	
	설치된 공공 맨홀의 유무 :	맨홀의 크기 :	관깊이 :	접속관경 :
	접속공사 개략금액 :	공사전 납부금 · 부담금 등의 유무 · 금액 · 납입시기 :		
	지정업자 :		하수도사업자의 공사범위 :	
	배수설비 기준의 유무 :			
	사전협의의 유무 :			
	배수처리시설 필요의 경우	방류수 수질 기준 BOD :	COD :	SS :
	처리 후의 방류처 :		방류처의 관리자 :	
	방류에 대하여 협의 · 대상자 등 :			
	배수방류에 필요한 제출 서류 :			
	하수도 · 배수방류에 대한 규제 :			
	제출서류 등의 제출시기 :			
	주의사항			
	우수량 산정방식 :		하수도 사용요금 :	
	현장 부근의 현황(개략도) · 하수도 본관의 위치 · 설치된 맨홀 · 배수방류처 등의 도면 :			
	최고기온 최저기온 최대풍속 통상의 풍향 강우량 적설량			
가스	가스공급업자 :		협의담당자 :	TEL:
	본관의 관경 :	본관의 매설깊이 :	본관의 압력 :	본관의 관재료 :
	가스의 종류 :	발열량 :	허용최대인입관경 :	본관의 위치 :
	도로포장상황 :		인입공사 부담금 · 납입기한 :	
	가스요금 :			
공해관계	배기가스	내용 :	제출처 :	
	특정시설	제출처 :		
	소음	내용 :	제출처 :	
	배수	내용 :	제출처 :	
소화설비	관할소방서	담당 :		
		TEL :		
	소화설비의 내용			
배수 재이용 · 우수이용의 필요성			유 · 무	
			기 준 :	
상수도 · 하수도 · 가스본관 등의 현재상황(도시) · 부지의 상황				
조사	종합판정	급 수 :		
		배 수 :		
		가 스 :		
		특기사항 :		

현장조사시에는 사용수량 · 배수량 · 에너지소비량 등의 개략치와 필요한 소화설비의 내용을 조사하고, 조사항목을 정리하여 조사하는데 누락이 없도록 표 10.2와 같은 조사표를 준비하여 실시한다.

(2) 프로젝트의 성격 파악

설비계획은 시설 · 건물의 목적, 용도, 사용방법, 지역과의 관련, 사업주의 성격과 사업에 대한 의견에 대해 파악하여 건축 또는 기타 설비설계자의 계획 · 설계방침 등에 대하여 충분히 협의하고 사회 기반시설상의 제약과 사업수지계획에 수반된 제약(건설비 · 경상비 · 시설의 관리체제 등) 등에 대하여 검토한 후 진행한다.

각종 시설의 용도별로 계통과 사용용도, 그리고 계획상 특히 유의할 사항을 표 10.3에 나타내었다.

복합용도시설의 경우, 각 용도부분의 내용 · 사용시간 · 사업주 직영과 임대부분의 구분 등에 대하여 명확히 하고 방재설비에 대해서는 관할 소방서와 협의하면서 계획을 진행한다.

(3) 필요한 설비의 도출과 제반 조건 정리

프로젝트 내용과 성격을 기초로 시설에 필요한 설비를 도출하고 이상의 항목에 대해서 검토하여 설비계획의 제반 조건을 정리하여 다시 검토한다.

① 각 설비에 요구되는 성능 · 안전성 · 확실성 · 에너지절약성 · 내구성

② 경제성을 고려한 설비수준

③ 유지관리체계와의 조화

④ 사회기반시설상의 제약

⑤ 법과 조례에 의한 제약

⑥ 지역적 · 지형적 조건에 의한 제약

⑦ 다른 건축설비 · 생산설비 · 분수와 연못 등의 수경설비에서 요구되는 급배수 설비기능

표 10.3 각종 시설에서의 급수 · 급탕계통과 사용용도

No.	시설에 의한 분류	용 도	계 통 과 사 용 용 도		계획상 특히 유의할 사항
			급수 · 급탕의 계통	사 용 용 도	
1	사무시설	사무실 · 은행 · 관청	화장실 · 탕비실 · 사원식당 · 임대장소(식당 · 판매매장)	세면 · 용변 · 청소 주방 · 공조용 소화용 · 살수용	급수 · 급탕 · 가스의 계량 방법 급탕개소와 시스템
2	정보시설	전산센터 방송국 · 우체국 · 신문사	상 동	상 동	상 동 수손 사고 방지 대책 안전대책
3	거주시설	집합주택 · 기숙사 양로원 · 단독주택	관리부분 · 공용부분 각 세대	세면 · 용변 · 목욕 살수 · 세차	급탕 · 가스의 계량방법 쓰레기처리, 급탕시스템 건물내부배관방법 (스라브 상부 또는 하부)
4	숙박 · 연회시설	호텔 · 여관 · 요양소 유스호스텔 · 연회장	호텔객실부분 연회장부분 · 식당부분 · 목욕탕 · 수영장 관리부분 · 임대업소	목욕 · 용변 · 샤워 수영장 · 공조용 · 소화용 · 살수용 · 수경용	급수 · 급탕계통 열회수 · 에너지절약 물의 유효이용 · 소음대책 (기기 · 배수음)
5	상업시설	백화점 · 쇼핑센터 지하상가 · 점포 · 슈퍼마켓 · 요정 · 바 · 레스토랑	화장실 · 임대업소 (음식 · 판매)	세면 · 용변 · 청소 공조용 · 소화용 · 살수용 · 수경용	급수 · 가스사용량측정방법 소화설비 · 에너지절약
6	교육시설	초 · 중 · 고교, 대학, 전문학교	실험실 · 급식시설 관리부분 · 수영장 체육관 · 화장실	세면 · 용변 · 샤워 청소 · 공조용 · 소화용 · 살수용	급수계통 실험실용 배관 시스템
7	의료 · 복지시설	병원 · 진료소 요양소 시설	치료 · 실험실 · 급식 · 오락부분 · 관리부분 · 숙박부분	세면 · 목욕 · 용변 청소 · 공조용 · 소화용 · 살수용	의료용배관 급탕시스템 에너지 절약
8	오락 · 집회시설	콘서트홀 · 집회소 · 교회 · 볼링장, 게임룸	화장실 · 탕비실 임대용(음식 · 판매)	세면 · 용변 · 청소 샤워 · 공조용 · 소화용 · 살수용	급수 · 가스설계 방법 급탕시스템
9	스포츠 시설	경기장 육상경기장, 골프장, 스케이트링크, 수영장	수익부분 · 관리부분 임대용(음식 · 판매)	세면 · 용변 · 수영장 (아이스링크) · 목욕 공조용 · 소화용 · 살수용	급수계통 · 열회수 급탕시스템
10	유통 · 교통시설	시장 · 터미널 창고(버스 · 트럭 · 공항 · 역사)	화장실 임대용(음식 · 판매) 관리부분	세면 · 용변 · 목욕 청소 · 공조용 · 소화용 · 살수용	급수계통 · 계량 소화설비
11	전시 · 저장시설	전시장 · 저장시설 · 미술관 · 박물관 · 수족관	상 동	세면 · 용변 · 청소 공조용 · 소화용 · 살수용 · 수경용	소화설비 관리체제와 시스템 수손사고 방지 대책
12	연구 · 실험시설	연구소 · 실험시설	실험실 · 화장실 · 탕비실 · 급식부분 · 관리부분	상 동	특수배수처리 특수배관
13	생산시설	공장 · 각종생산시설	생산부분 · 화장실 · 세면 · 욕실 · 관리부분 · 급식부분 · 후생부분	세면 · 용변 · 목욕 생산용 · 공조용 · 소화용 · 살수용	급수 · 에너지 사용방법 특수배수처리 · 열회수

10.2.3 기본계획

현장조사(급배수 위생설비)는 설비 전체의 개요를 나타내는 것으로 기본구상은 내용을 구체적으로 입안하는 작업이다. 필요에 따라 각종 시스템의 비교 검토를 실시하여 급수계획, 급탕계획, 배수 · 통기계획, 소화설비계획, 열원계획, 특수설비계획, 에너지와 자원절약계획, 설비용 공간계획 등을 실시하고 개략공사비를 산출한다.

(1) 물이용 계획과 급수시스템

시설의 수이용 계획과 급수시스템을 선정하기 위해서는 다음 사항에 대하여 검토한다.

① 음료수의 오염방지

급수설비에서 가장 주의해야 할 사항은 음료수의 오염이다. 특히 현재 보급되고 있는 펌프 직송방식은 예상외의 부하유량 발생, 경년열화에 의한 펌프의 능력저하, 펌프 고장시 등의 경우 상층부에서 수압이 낮은 층으로 역류가 발생할 가능성이 높으므로 토수구 공간의 확보와 버큠브레이커 설치를 완전히 해야 할 필요가 있다. 또한 후술의 다원화 급수를 도입하는 경우에는 크로스커넥션 방지대책을 충분히 고려하여야 한다.

② 수사용의 정확한 예측과 수사용량 계측 시스템 도입

기존에 조사된 건물 종류의 수사용, 용도별 사용 수량의 자료를 기초로 유사 건물에서의 실적치와 프로젝트의 특성을 고려하여 수사용량을 예측한다. 수사용량 계측 시스템을 설치하고 준공 후의 수사용 실태를 파악하는 것에 의해 물의 낭비를 막고 표면에 노출된 누수의 발견과 배관 · 기기의 열화진단이 가능하게 된다. 또한 준공 후 증 · 개축과 신축, 동종 동용도의 계획시 적절한 수사용의 예상이 가능하게 된다.

③ 다원화 급수

급수설비는 음용전용수 · 일반급수 · 잡용수 등으로 다원화하여 계통별로 분류하여 음용수인 고급의 물을 잡용수와 냉각탑 보급수 등의 설비용수에 사용하는 불합리한 점을 없애기 위하여 필요하다. 특히, 상수도 이외의 수원을 사용하는 경우에는 수처리 비용을 고려하여 다원화 급수를 검토하여야 한다.

냉각탑 보급수와 같이 계절변동이 큰 급수계통의 사용 수량이 비교적 많은 경우에는 생활급수계통과는 별도의 계통으로 하는 것을 검토한다. 또한 사용용도에 대한 다원화 외에 수압과 사용수량에 따른 적절한 조합에 의한 계통별 분리도 필요하다.

④ 가변 저수 시스템

사용용량은 시설의 사용방법 · 계절 · 요일 · 시간에 따라 수사용 패턴과 사용량이 크게 변화한다. 예를 들면, 사무시설에서는 주간과 주말, 주간과 야간, 휴일, 또한 리조트시설에서는 계절과 요일에 따라 수사용량이 크게 변화한다.

이와 같이 수사용량의 변동이 큰 시설에서는 저수조와 고가수조의 고수위를 예측하여 수사용량에 따라 자동으로 수면의 위치를 조정하여 저수량을 조정하고, 수조 내에서 물의 체류시간을 적절히 조정하여 수질 악화를 방지하는 것이 가능하다. 또한 고가수조의 저수량 변화에 따라 양수펌프의 수량제어운전을 실시하여 에너지절약을 할 수 있다.

⑤ 피크유량 제어(터미널 제어)

전력공급시설에서는 사용량이 설정된 양 이상이 되면 전류를 차단하는 제어가 실시되어 합리적인 배전설비가 구성되어 있다. 급수 · 급탕설비에서도 사용기구 그룹과 사용기구의 피크유량의 제어가 가능하면 시스템의 합리화를 할 수 있다. 예를 들면, 펌프직송방식에서 펌프의 능력, 양수펌프와 고가수조의 용량, 배관관경 등에 대하여 합리적인 설계가 가능하고, 절수효과도 크게 된다. 또한 집합주택의 중앙식 급탕설비에서 급탕부하의 안정화를 기하고, 세대용 급탕관에 정류량 밸브를 설치하여 피크유량 제어를 실시한 예도 있다.

(2) 급수계획

시설 · 건물의 운영에 필요한 물을 어느 곳에서 어떠한 방법으로 취수하여 필요 개소에 공급하는가 등의 제반 조건을 기초로 계획한다.

① 상수도 배관에서의 공급

상수도의 공급능력과 수도사업관리자가 정한 기술기준을 기초로 수도인입관의 구경과 저수조 · 고가수조 등의 용량과 설치방법을 결정한다. 지역에 따라 건물의 종류별 사용인원과 면적에 의한 계산기준을 정하고 있는 경우도 있으며, 수도이용에 대해서도 사전협의가 필요한 경우가 있다.

② 우물 · 하천 · 호수 등으로부터의 취수

지하수의 채수에 대하여 규제의 유무, 하천 · 호수로부터의 채수의 규제와 제출서류, 이해관계자와의 조정 등에 대하여 조사한다. 우물에 대해서는 그 지역의 과거 자료(용수량 · 수질 · 우물의 깊이 등)를 조사하여 채수가능량, 수처리의 방법 등에 대하여 검토한다.

③ 중수도(잡용수) 설비

중수도 설비는 변기세척용수에 사용되는 것이 많지만 그 외에 살수 · 세차 · 환경수경용수 · 청소용수 · 냉각용수에 사용되는 경우도 있다. 중수도의 수원에는 잡배수 · 주방배수 · 우수 · 냉각탑 블로우수가 사용되며 오수를 포함한 건물배수까지 사용한 예도 있다.

배수의 재사용을 계획하는 경우에는 바이러스 확산 등의 위생면에 유의하고, 특히 병원 등의 보균자가 많은 시설에서는 막처리와 오존살균 등 고도의 처리방식을 채용한다.

계획 시에는 중수도 사용량과 원수량(原水量)의 밸런스를 충분히 검토하고 과대설계가 되지 않도록 주의한다. 과대설계는 가동률의 저하를 초래하고 중수도 생산비용을 높이게 되므로 약간 부족한 정도의 규모로 하여 상수를 보급하는 편이 바람직하다.

또한 배수처리시설에서 발생하는 오니와 막처리의 농축배수 등의 폐기물 반출 · 처리방법에 대하여 검토한다. 물의 수급이 어려운 지역에서는 일정 규모 이상의 건물에 중수도설비 설치를 권장하고 있지만 건물 단독으로 설치하는 개별방법에는 상당한 대규모의 시설이 아니면 현재의 가장 높은 상하수도요금과 비교해도 라이프사이클 코스트에 의한 경제성이 없는 경우가 대부분이다.

④ 우수(雨水) 이용 설비

우수를 통로와 베란다 등 인위적으로 오염되기 쉬운 장소에서 집수하면 처리 시스템이 복잡해지고 수제조 비용이 높아지므로 일반적으로 마당과 지붕에서 집수하여 부유물질을 침전 · 여과시키는 정도의 간단한 처리를 하여 사용하는 예도 있다.

강우 초기의 우수를 일정시간 방류하고 집수면에 있는 먼지 등을 배제한 후 우수저수조에 저장하는 경우도 있으나 공장지역과 같이 대기가 오염되어 있는 지역과 모래, 분진이 많은 지역을 제외하고 변기 세척수만으로 사용하는 경우 특별히 초기 강우를 방수 배제할 필요는 없다.

⑤ 급수방식

상수도 배수관의 수압문제 때문에 일부지역을 제외하고 3층 이상의 건물에는 수도직결 급수방식을 채용하지 않고 있다. 일반적으로 안정된 수압을 얻고 사용수량의 변동에도 대처하기 쉬운 고가수조방식이 많이 사용되지만 펌프의 운전제어기술의 발전에 따라 펌프직송방식(탱크레스방식)도 많이 사용되고 있다.

단순한 시스템으로 고장이 적고 백업 탱크의(완충탱크) 기능을 갖은 고가수조방식을 급수방식의 기본시스템으로 하고 설치장소의 제한과 필요 수압의 확보, 수사용 패턴의 특성에 따라 펌프직송방식을 사용하거나 양자를 병용하기도 한다. 펌프직송방식의 경우에는 펌프 송수량을 순시최대 급수량과 같도록 할 필요가 있으며, 순시 최대 급수량의 정밀도가 높은 예측이 필요하다.

규모가 작은 급수방식의 경우는 설치된 수사용 기구의 종류와 수량에 따라 수사용량을 예측한다.

(3) 급탕계획

① 급탕량 예측

급탕설비에서는 급수설비에서의 저수조와 고가수조와 같이 백업기능의 탱크에 의한 완충설비가 있으므로, 계획 · 설계의 양부(良否)가 바로 이에 대한 기능에 영향을 주므로 건물에서의 급탕의 사용형태를 잘 검토하여 현실적인 급탕량 예측을 할 필요가 있다.

② 급탕방식

건물 내의 급탕 필요 개소 수량, 집중상태, 위치 등에 따라 중앙식과 국소식에서 선택한다. 일반적으로 숙박시설 · 의료시설 · 스포츠시설 등에는 중앙식 급탕방식이 채용된다.

세면 · 샤워 · 목욕 등의 열이용 형태와 음용과는 급탕온도가 크게 다르므로 음용 급탕에는 필요개소에서 가열저탕하는 국소식이 이용되며, 사무시설 등에는 안전성을 고려하여 전기저수형을 사용하며 년간 또는 일주일의 타이머에 의해 자동으로 작동시키는 경우가 많다.

③ 열회수 급탕

열회수 급탕은 급탕부하 사용 현황의 예측이 시스템 경제성을 좌우하는 중요한 요소이다. 열회수 급탕에는 코제너레이션 시스템의 열회수와 급탕배수 · 하천수 · 하수처리장 방류수 등의 열회수가 있지만 후자를 열원으로 하는 경우 30~35℃ 이하의 저온수이므로 히트펌프에 의한 열회수가 적정하다. 온배수(溫排水)의 열회수를 하는 경우에는 열원이 오염되어 급탕이 오염될 가능성이 크므로 피하여야 한다. 급탕배수열원 히트펌프 급탕은 클럽하우스 · 공중목욕탕 · 호텔 등에 실시 예가 있다.

④ 급탕온도

급탕온도를 높일수록 방열량도 크게 되며 또한 기기와 관재료의 열화가 조기에 진행되므로 급탕온도는 필요 이상으로 고온이 되지 않도록 한다. 다만, 55℃ 이하로 하면 레지오넬라균이 번식하여 재향군인병 발생의 가능성이 있어 특히 병원 등 저항력이 약한 사람이 사용하는 시설에서는 유의할 필요가 있다.

(4) 배수계획

배수계획은 다음의 항목에 대하여 검토한다.

① 배수방류 규제

건물의 규모 또는 배수량에 따라 배수저류조를 설치하여 계획적인 방류를 의무로 하는 지역도 있다.

② 우수방류 규제

부지 내의 지하 침투수 처리와 우수저류조에 의해 계획방류를 의무로 하는 지역도 있다.

③ 배수의 계통 분류

배수의 배출계통은 하수도가 합류식 또는 분류식, 분뇨정화조가 단독처리 또는 합병처리, 제해시설과 특수배수 처리시설의 필요, 배수재이용을 하는 경우 이때 원수는 어떤 배수를 사용하는가에 따라 결정하는 것 외에 배수가 막히는 경우 주방 등으로 오수가 역류하지 않도록 검토하여 결정한다.

④ 배관 방법

각 층에 같은 배관의 패턴이 설치되는 집합주택과 숙박시설에는 단관식 배관과 특수 이음부속에 의한 배수 수직관 방식을 검토한다.

(5) 자원 · 에너지절약 계획

대도시권에는 입구의 집중화에 의한 물의 공급이 부족하게 된다. 그러나 수자원의 새로운 개발에는 많은 자원과 에너지가 필요하게 되므로 물의 유효이용과 에너지소비의 절감에 대하여 계획단계에서 충분히 고려하여야 하며, 자원과 에너지절약을 위해 다음의 사항에 대하여 검토한다.

① 변기세척수 낭비방지대책 : 절수형 변기의 사용, 소변기 세척방식의 검토, 우수이용, 중수도이용

② 수전류 선택 : 자폐(自閉)수전, 정량수전, 유량제어

③ 급수조닝 : 과대수압에 의한 과유량 방지

④ 다원화 급수 : 용도별, 필요수압별 급수계통

⑤ 피크유량 제어 : 정유량 밸브 등의 설치

⑥ 순환(循環) 이용 : 수영장, 대욕탕, 냉동기 냉각수, 환경수경용수 등의 순환이용

⑦ 계측 시스템의 도입 : 정기적으로 사용량의 계측과 데이터 분석에 의한 누

수 감지와 급탕수 낭비방지

⑧ 히트펌프 급탕 : 배열과 미이용 에너지 이용

(6) 공법계획

건설업은 타산업과 비교하여 생산성이 매우 낮은 산업이다. 인원부족, 특히 숙련 작업자의 부족은 시공현장에 큰 영향을 주며 생산성 향상을 목적으로 합리적인 시공관리를 염두에 둔 계획 · 설계가 요구된다.

합리적인 시공관리를 위해서는 공사의 집중화 · 장치화(프리패브), 시공의 기계화 · 자동화가 필요하며 건축공사에서는 지상의 최상층을 건축하고 이곳을 서서히 높여가면서 건물을 만드는 공법(루프 푸시업 등) 등이 채용되기 시작하고 있으며, 설비공사에는 다음과 같은 인력절감 방법이 실시되고 있다.

① 배관 프리패브 : 수직관 유닛 · 플로어 유닛

② 블록 유닛화 : 욕실 화장실 유닛, 기계실 블록 유닛 등

③ CAD/CAM에 의한 자동화 : 도면작성, 배관의 길이측정, 절단의 자동화

④ 인력절감에 의한 시공 : 경량이며 플렉시블한 관재의 사용, 헤더공법 채택

이러한 인력절감 공법을 채용하기 위해서는 계획 · 설계 단계에서 파이프 샤프트 위치, 공간 크기, 배관의 위치와 공간, 배관의 관경설계, 배관재료의 선정, 기기의 배관과 규격에 대하여 충분히 검토하여야 한다.

특히 리모델링공사의 경우에는 시공이 사용하고 있는 건물 내부에 한정된 시간과 기간 내에 실시하므로 설계상 제약은 신축공사에 비교하여 많으며 공법 계획은 매우 중요하다.

(7) 경제성 검토

기본구상에서 기본계획까지의 각 단계에 프로젝트 총 예산을 수립하여 사업수지계획을 입안하기 위한 건설비와 운전비 · 유지관리비 산출을 실시하여 각 단계에서 급배수 위생설비의 경제성 검토는 대부분 다음의 방법으로 한다.

① 기본구상

설비계획 개요를 기초로 과거의 유사한 프로젝트 공사비 등을 참고로 설계의 규모와 단위면적당 공사비에 의해 개산(槪算)비용을 산출하여 제반 조건에 의해 특수한 설비비용과 사회기반시설에 대한 부담금을 가산하여 개산(槪算)코스트를 산출한다.

② 기본계획

기본계획에서의 경제성 검토는 건설비 산출 외에 제반 조건에 따라 고려하여 각종 설비 시스템에 대하여 경제성 비교를 실시하고 설비시스템 결정 자료로 사용한다.

경제성 비교는 라이프 사이클 코스트(LCC : Life Cycle Cost)에 의해 실시한다. 라이프 사이클 코스트는 건물의 기획설계에서 건물 운용 · 건물 해체에 이르기까지 라이프사이클에 필요한 전체 비용이며, 이는 기획설계비 · 건설비 · 운용관리비 · 해체처분비의 합계를 말하며, 일반적으로 라이프사이클 코스트에 접하는 운용관리비는 초기 투입비의 2배 이상이 되는 경우가 많다. 따라서 에너지 절약 · 관리인원의 최소화 · 유지관리에 대한 배려, 운전비와 유지관리비를 보다 저렴하게 하는 것이 라이프사이클 코스트 평가에 큰 영향을 주고 있다.

라이프사이클 코스트 평가에 의해 설비시스템이 결정된 후 시스템에 따른 비용 수정과 주요기기의 가격을 기초로 기본구상에서 산출한 개산(槪算)비용을 수정한다.

산출된 프로젝트 비용이 사업수지계획에 따른 예산을 초과하는 경우에는 건축 · 설비 각각에 대하여 개산비용을 수정한다. 필요에 따라 설비시스템과 공법계획의 변경 등, 설비계획을 수정할 필요도 발생하므로 기본계획에서의 예산계획을 신중하게 행하여야 한다.

중 · 소규모의 경우는 개략 결정된 건설비용은 일반적인 공사비 · 구성비를 기초로 공사비를 비율로 제반 조건에 의한 특수설비 비용을 가산하여 급배수설비 공사비를 산출하고, 이 예산액에 적합한 설비계획을 하는 경우도 있다.

10.2.4 기본설계

기본설계의 목적은 다른 설비계획과의 검토에 의해 설비공간과 건축공간의 조정을 실시하고 급배수 위생설비에 필요한 공간을 확보하고, 계획의 개요를 도면화하는 것이다.

(1) 기본계획 수정

계획의 제반 조건에 지역적 제반 조건, 법과 조례 등에 의한 모든 제반 조건에 대하여 기본계획이 적합한가에 대하여 검토하고 계획을 수정한다. 특히, 상하수도의 도시설비 조정과 법과 조례에 의한 제반 조건과의 조정에 대하여 전체 기본설계 단계에 완료해야 한다. 또한 후술한 기본설계의 작업에서 건축계획과 다른 설비계획 사이에 유출된 문제점에 대하여 이에 대한 기본계획을 수정하고 필요에 따른 수정을 할 필요가 있다.

(2) 기계실과 배관용 공간 결정

건축 도면에 표시된 기계실과 배관공간에 대하여 기기가 필요 조건을 만족하도록 설치되었는가?, 기계실과 파이프 샤프트 공간의 위치관계 문제는 없는가?, 천장 또는 수직배관 공간은 확보되어 있는가? 등 기기의 배치와 주 배관경로의 평면도상 내용을 검토하여 위치 · 공간을 결정한다.

배관공간에 대하여 검토 · 수리 · 리모델링 등 건물의 라이프사이클에서 필요한 제반 작업에 대하여 충분히 검토하고, 위치 · 공간 · 점검구 등을 결정한다. 수직관 배관공간은 상세도를 작성하여 보와의 관계, 점검구의 위치 등을 검토하여 크기를 결정하고 건축도면과의 조화를 비교 · 검토한다.

(3) 설비시스템 결정

기본계획에서 계획의 제반 조건을 기초로 한 설비시스템과 배관시스템이 다음의 내용에 대하여 지장이 없는가를 검토하여 설비시스템을 결정한다.

① 기계실의 위치 · 공간 배관공간

② 기계반입 · 반출경로

③ 공조 · 전기시스템과의 관계

④ 소음 · 진동의 전달방지

⑤ 수손사고의 가능성

이는 지금까지의 협의 · 조정에 의해 해결된 항목이나 건축디자인 제약에서 계획상 필요한 위치에 기기와 배관공간이 확보되지 않는 경우도 있으므로 설비시스템과 배관시스템의 수정이 필요한 경우에는 상기에 대하여 점검을 충분히 실시하여 설비시스템을 결정한다.

(4) 기기 · 배관 재료의 사용과 내구성 검토

설비기기 · 재료는 건축 구조체보다 내구성이 적어 시간경과에 따른 열화가 빠르다. 경년열화에는 기기효율 저하, 고장 증가, 배관 부식과 막힘 등의 물리적인 것과 기술혁신과 사회적 수요 또는 사용자 가치관의 고도화에 따른 사회적 열화가 있다.

기기 · 재료의 내구성 중 문제가 되는 것은 배관과 밸브류이다. 기기는 비교적 용이하게 교환되지만 배관과 밸브류는 천장내, 파이프 샤프트, 콘크리트 슬래브와 벽체 내부 등 부분적으로는 건축 몸체 내에 설치되어 점검도 어려우며, 교환이 용이하지 않은 경우가 많다. 이러한 조건을 고려하여 배관의 사양과 내구성에 대하여 충분히 검토하고 리모델링 · 보수가 용이한 배관시스템과 공간을 고려하는 것이 바람직하다.

호텔 · 여관 등 서비스 산업에서는 사회적 열화에 대응하여 용도 변경과 내부 인테리어의 리모델링이 비교적 짧은 사이클로 계획되는 경우도 있다. 배관 교체를 위하여 넓은 배관작업용 공간을 확보하는 것보다 영업면적을 크게 하는 편이 이익인 경우도 있다. 배관재료의 부식은 일반적으로 다음 부위에서 많이 발생하고 있으므로 주의해야 한다.

① 급수관 · 급탕관 : 특히 수지라이닝 강관부속 접속부

② 급탕용 강관 : 탈기(脫氣)불량 · 과대유속 · 관내 잔류 이물에 의함. 특히 환탕관에 많이 발생함.

③ 매설배관과 환기가 불량하거나 침수의 우려가 있는 피트 내 배관

④ 청동제 · 스테인리스강제 밸브류와 강관의 접속부

⑤ 스테인리스강 강관의 현장 접속부

(5) 유지관리성 검토

건축설비의 유지관리는 일상의 운전관리 외에 운전상태 분석과 에너지낭비 관리 등 기술적 관리를 포함하여 총칭되고 있다.

유지관리 수준은 설비의 성격 · 용도 · 규모에 따라 결정되지만 설비를 경제적 · 효율적으로 운용하기 위해서는 설비의 상태를 감시하고, 이 결과를 데이터베이스화하여 진단 · 가능하도록 정보관리시스템이 필요하다.

급배수 위생설비의 유지관리성에 대해서는 다음의 검토를 실시한다.

① 위생적이고 안전한 수질 유지 : 저수조의 정기적 청소, 수질검사, 배관의 부식, 열화진단의 방법

② 기기 · 배관기능 · 능력 유지 : 감시, 점검, 정비, 수리, 상태분석, 에너지관리(유량데이터 분석)의 방법

③ 누수 유무의 점검 · 수리 : 감시, 점검, 수리 방법

④ 배수관의 점검 · 청소 : 감시, 점검, 정비, 청소의 방법

⑤ 배수조의 청소 : 정기적인 청소관리

급배수 위생설비는 설치된 기기가 비교적 적고, 소규모의 건물에는 관리일지와 데이터의 기장 등 정도의 기술관리는 가능하지만 유량 자료 분석에는 목적에 적합한 계측시스템과 계측이 필요하다.

현재 국내에서는 사용수량과 사용 급탕량의 데이터가 충분하지 않고, 코제너레이션 시스템 · 태양열 급탕 · 배수열원 히트펌프 급수시스템 등의 계획에 의한 급탕부하 파악을 어렵게 하고 있다. 계측시스템 도입과 활용에 의한 급수 · 급탕

사용량의 예측에 의한 실제 측정이 가능하고, 배관 · 기기의 열화진단과 에너지 절약을 달성할 수 있다.

대규모 건물에는 운전 · 감시 · 제어 · 기록을 통합하여 관리하는 빌딩 자동제어 시스템(BAS)을 도입하는 경우가 많다. 급배수 위생설비에는 기기의 운전 · 감시 · 경보 · 계측 · 기록 등을 조합하여 계측하는 급수 · 급탕 · 가스 등의 사용량을 집중적으로 자동감시하고 앞에서의 계측시스템을 기초로 특정시간의 순시유량을 계측하여 기록하고 자료화하는 시스템도 개발되어 있다.

또한 최근에는 소화설비를 상시 감시하여 경보발생과 기록을 하고, 기능점검을 자동으로 하는 소화설비 자동점검 시스템과 기기의 진동감시시스템을 포함하는 경우도 있다.

(6) 기본설계서 작성

기본설계서는 설비계획 내용을 나타내는 것으로서 설비시스템 검토 등 설비계획을 결정하기까지의 경위를 포함하여 기본구상에서 기록된 내용에 대하여 중복을 피하도록 기술한다.

① 프로젝트의 명칭 · 계획 소재지
② 시설 · 건물의 종류 · 내용 · 규모
③ 사회기반시설의 현황
④ 설비계획의 제반 조건
⑤ 설비계획 기본방침
⑥ 개략설계계산서(사용수량 · 급탕량 · 배수량 등)
⑦ 설비시스템 검토(에너지절약 · 관리인원절약 · 공법계획 등 라이프사이클 코스트에 의한 검토)
⑧ 설비계획(각 설비시스템의 내용 · 주요 기기 활용량 개략 계통도)
⑧ 개략공사비 · 운전유지관리비

기본설계도는 설비개략계통도 외에 파이프샤프트의 설치 및 배관경로를 나타내는 기계실내 기기배치도 등을 작성한다.

10.2.5 실시설계

건축 실시설계도를 기초로 지금까지 작성한 개략설계 계산서를 수정하여 설계계획서를 완성하고, 프로젝트를 수행하기 위한 실시설계도, 특기시방서, 설계계산서, 공사예산서를 작성한다. 실시설계도는 대부분 다음과 같이 구성된다.

① 특기시방서

② 현장 안내도, 설치도, 범례

③ 기기표, 기구표

④ 배관계통도

⑤ 각종 배관평면도

⑥ 상세도(배관평면도, 단면도, 아이소메트릭계통도), 각종 상세도

⑦ 특수설비도

⑧ 표준도

10.2.6 설비계획의 기본사항

일반적인 설비 시스템의 계획은 계획 건물의 종별, 규모, 사업계획의 내용, 예산 등의 계획조건과 기본구상, 기본계획단계에서 밝혀진 현장조사 사항 및 제반 관련 법규 등 여러 조건에 의해 각종 시스템이 비교 · 검토되어 결정된다. 각종 설비시스템의 계획에서는 다음과 같은 사항이 특별히 고려되어야 할 것이다.

① 건물의 사용 상황이나 관리체제에 적합하며 건축의 디자인과 조화를 이룬 시스템

② 예상되는 최대 부하에 대처할 수 있는 시스템

③ 주변 환경에 미치는 영향에 대해 충분히 고려

④ 자원절약 및 에너지절약에 대한 고려

⑤ 오염방지대책에 만전을 기하고, 보수관리면을 고려한 시스템

⑥ 사고나 고장이 적고 예상되는 사고나 고장, 그리고 재해에 대한 대책이 충분하고 2차 재해발생을 방지할 수 있는 시스템

⑦ 시공이나 보수운전관리상의 합리화 및 에너지절약에 대하여 충분히 고려

⑧ 건물과 설비의 이용년수 차이로 인하여 발생하는 장래의 설비기자재 보수 및 교환에 대한 고려

제 11 장

공기조화시스템의 친환경적 이해

11.1 공기조화설비의 이해

12.2 에너지절약적 공조시스템

12.3 자동제어를 통한 에너지절약 방안

11.1 공기조화설비의 이해

11.1.1 공기조화설비의 정의

공기조화란 실내공간에서 인간 또는 물품을 대상으로 공기의 온도, 습도, 기류, 환기, 청정도를 사용목적에 따라 최적의 상태로 조정하는 것을 말한다. 냉난방설비는 실내공기의 냉각, 가열에 의한 온도제어만을 주목적으로 하기 때문에 쾌적성 추구에는 못 미친다. 이에 비해 공기조화설비는 공기의 가열 및 냉각 온도제어와 공기의 가습 및 감습의 습도제어, 기류속도, 기류분포, 청정도 제어 등을 그 대상으로 하기 때문에 냉난방설비와는 차이가 있다.

즉 목적장소의 공기를 그 사용목적에 맞게 다음과 같은 요소를 적합한 상태로 조정, 유지시키는 설비로 정의할 수 있다.

① 온도의 조정 : 공기의 냉각, 가열

② 습도의 조정 : 공기의 감습, 가습

③ 기류의 조정 : 기류속도, 기류분포 조절

④ 공기의 정화 : 먼지 · 취기 · 세균 · 유해가스 제거, 탄산가스 농도 조정

⑤ 소음, 진동 방지

11.1.2 공기조화의 분류

공기조화설비는 목적의 대상에 따라 쾌적용 공기조화, 작업용 공기조화와 산업용 공기조화로 구분한다.

(1) 쾌적용 공기조화(Comfort Air conditioning)

인간의 생활을 대상으로 주로 보건, 활동성, 쾌적성이 목적이며 주택, 사무소 등의 일반 건축물에 해당된다. 일명 보건용 공기조화라고도 한다.

(2) 작업용 공기조화

일반적인 실내작업이나 실내운동을 하는 인간의 안전과 건강관리를 대상으로 하는 것으로 주로 작업환경 개선과 작업능률 향상 및 안전성 확보를 목적으로 한다.

(3) 산업공정용 공기조화

산업의 제조공정 및 원료, 제품의 저장, 포장, 수송 등의 생산관리를 대상으로 제품의 품질 향상, 생산량 증가, 원가절감을 목적으로 한다.

11.1.3 공기조화시스템 구성

공기조화시스템은 그림 11.1과 같이 열원설비, 공기조화기설비, 열수송설비, 자동제어설비로 구성된다.

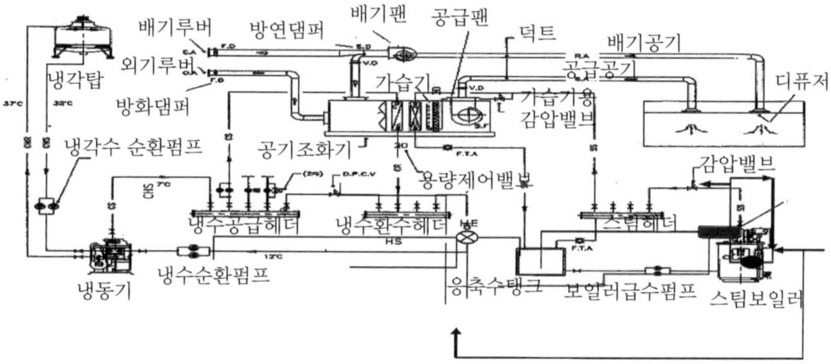

그림 11.1 공기조화시스템의 구성도

(1) 열원설비

온열원장비는 보일러가 사용되며, 보일러에서 만들어진 온수와 증기를 공기조화기(AHU ; Air Handling Unit) 내의 가열코일로 공급하여 온풍을 만든다. 냉열원장비는 냉동기가 사용되며, 냉동기에서 냉각된 냉수를 냉각코일에 공급하여 냉풍을 만든다. 부속설비에는 냉각탑, 냉각수 펌프, 보일러 급수펌프, 부속배관 등이 있다.

(2) 공기조화기설비

공기조화기(공조기) 설비는 실내로 공급되는 공기를 적합하게 만드는 설비로서 공조기 내에 가열코일, 냉각코일, 가습기, 공기여과기(에어 필터) 등이 있다.

(3) 열반송설비

공조기와 공조대상 실내공간 사이에 공기를 순환시키거나 외기를 도입하기 위한 송풍기와 덕트계통, 열원설비와 공조기 사이에서 냉온수를 순환시키는 냉온수용 펌프와 배관계통 등이 있다.

(4) 자동제어설비

실내공기의 상태를 자동으로 유지하고, 운전하기 위한 제어설비로 공기조화설비 전체의 운전, 감시 등의 중앙관제설비도 포함한다.

11.1.4 부하계산법의 종류

건물의 에너지 해석과 밀접한 관련이 있는 것이 건물의 열부하계산이며, 이 둘은 차이가 있다. 부하계산법은 표 11.1과 같이 최대 열부하계산법과 동적 열부하계산법으로 구분되며, 이들의 주목적은 각각 장비용량과 에너지 사용량의 산출에 있다.

표 11.1 열부하계산법의 종류

전열상태	정 상	비정상	
		주기정상	비정상
계산방법	최대열부하계산법		동적열부하계산법
적 용	난방용 최대부하	냉방용 최대부하	연간 전시각 부하
목 적	장비용량 산출	장비용량 산출	연간 에너지소비량 산출
계산수단	수계산	수계산 또는 PC	PC
계산방법	$Q=K \cdot A \cdot \Delta t$	SAT, SLF, CLTD, ETD, SSG, CLF, AMF, SCL	DOE-2, eQUEST, TRNSYS, Energy Plus

11.1.5 부하의 종류

건축물에서의 부하는 표 11.2와 같이 총 5가지로 구분되며, 이들은 실내에서 발생되는 실내부하를 바탕으로 최종 냉난방용 열원기기를 선정하기 위한 열원부하가 있다.

표 11.2 열부하의 종류

종 류	개 요	비 고
실내부하	실내의 구조체, 유리, 인체, 조명, 기기, 침입외기로부터 발생되는 부하	현열 및 잠열의 합
외기부하	공조기 등의 송풍기에 의해 외기도입시 발생되는 부하	환기부하
축열부하	간헐공조에 의해 구조체에서 발생되는 부하	예열 및 예냉 부하
장치부하	공조기의 냉온수코일 용량부하 (실내부하+외기부하+덕트손실 부하)	실내부하의 약 8~20%
열원부하	냉동기, 보일러 용량 산출용 부하 (장치부하+축열부하+배관손실부하+가습부하)	장치부하 대비 냉동기 약 10%, 보일러 약 20%

11.1.6 공조방식의 종류

공조방식은 크게 표 11.3과 같이 열반송 매체의 종류에 따라 전공기(全空氣)방식, 전수(全水)방식, 공기 · 수 병용 방식, 냉매방식으로 분류된다.

표 11.3 공기조화방식의 분류

분 류		명 칭	적용 건축물
중앙식	전공기 방식	단일덕트 정풍량방식	극장, 공장, 소규모 건물, 대규모 건물의 내주부
		단일덕트 변풍량방식	대규모 사무소 건물
		이중덕트방식	대규모 건축물
	전수방식	팬코일 유닛(FCU)방식	중 · 소규모 사무소, 병원, 호텔
	공기 · 수병용 방식	덕트 병용 팬코일 유닛방식	중규모 이상 건축물
		유인유닛방식	대규모 사무소, 여객선
		단일덕트 재열방식	공장의 항온항습실, 연구소
		복사냉난방방식	난방 위주의 한랭지 건물
	냉매방식	EHP/GHP방식	소규모 사무소, 학교 등
개별식		패키지, 룸쿨러 방식	소규모 건축물, 주택, 여관

11.1.7 공조방식별 특징

(1) 단일덕트 정풍량방식

단일덕트 정풍량(CAV ; Constant air volume)방식은 공조기가 담당하는 존의 각 실에 1개의 덕트를 통하여 냉풍 또는 온풍을 취출하는 방식으로 가장 기본적인 공조방식이다.

표 11.4 단일덕트 정풍량방식의 특징

장 점	단 점
• 덕트가 1계통이므로 시설비가 적게 들고, 덕트 스페이스도 적게 차지한다. • 냉풍과 온풍을 혼합하는 혼합상자가 필요 없으므로 소음과 진동도 적다. • 냉 · 온풍의 혼합손실이 없으므로 에너지절약적이다. • 덕트 스페이스를 적게 차지한다. • 전공기방식의 특성이 있다.	• 각 실이나 존의 부하변동에 즉시 대응할 수 없다. • 부하특성이 다른 여러 개의 실이나 존이 있는 건물에 적용이 곤란하다. • 실내부하가 감소될 경우 송풍량을 줄이면 실내 공기의 오염이 심하다.

(2) 단일덕트 변풍량방식

단일덕트 정풍량방식은 풍량이 일정하고 송풍온도의 부하변동에 제어하는데 반해 단일덕트 변풍량(VAV ; Variable air volume)방식은 취출온도를 일정하게 하고 부하변동에 따라 변풍량 유닛에 의하여 송풍량을 변화시켜 실온을 제어하는 방식이다. 변풍량 유닛의 종류에는 교축형(Throttle type), 바이패스형(By-pass type), 유인형(Induction type)이 있다.

표 11.5 단일덕트 변풍량방식의 특징

장 점	단 점
• 실내 부하가 적어지면 송풍량을 줄일 수 있으므로 에너지절감 효과가 크다. • 각 실이나 존의 온도를 개별 제어하기가 쉽다. • 대규모 건물인 경우 공조기나 열원기기의 동시가동률을 고려하면 효율적이다. • 일사량 변화가 심한 페리미터 존에 적합하다. • 전 공기 방식이 특성이 있다.	• 변풍량 유닛으로 인한 설비비가 많이 든다. • 실내부하가 적어지면 송풍량이 적어지므로 실내공기의 오염도가 높다. • 재열기가 없으면 최소 풍량이 취출될 때 실내온도가 낮아져 추위를 느낀다.

(3) 전수방식

열원기계실에서 보일러로부터 온수 또는 증기 및 냉동기로부터 냉수를 펌프에 의해 냉온수를 배관을 통해 각 실에 있는 팬 코일 유닛으로 공급하는 방식으로 전공기식과는 반대되는 특징을 갖고 있다. 이 방식의 적용은 주택, 여관처럼 침입외기가 많고 재실인원이 적은 실에 적당하다.

표 11.6 전수방식의 특징

장 점	단 점
• 개별 제어, 개별 운전이 가능하다. • 반송동력이 적다. • 덕트 스페이스, 공조기계실이 불필요하다.	• 온도, 청정도, 기류분포 등의 제어가 곤란하다. • 실내에 수배관이 필요하다. • 외기냉방이 불가능하다.

(4) 공기-수방식

전공기방식과 전수방식의 단점을 보완하여 공기와 물을 병용하는 방식이다. 이 방식의 적용은 사무소, 병원, 호텔 등에서 외부 존(페리미터 존 ; Perimeter zone)은 수(水)방식으로 내부 존(Interior zone)은 공기방식으로 하는 경우가 많다.

표 11.7 공기-수방식의 특징

장 점	단 점
• 유닛의 제어에 따라 개별 제어가 가능하다. • 반송동력이 적다. • 덕트 스페이스, 공조실 스페이스가 적어도 된다.	• 실내송풍기가 적어 유닛의 필터에 고성능의 것을 사용할 수 없으므로 청정도가 떨어진다. • 실내에 수배관이 필요하므로 누수 사고의 우려가 있다. • 유닛의 보수점검에 시간이 걸린다. • 외기냉방, 배열회수는 하기 어렵다.

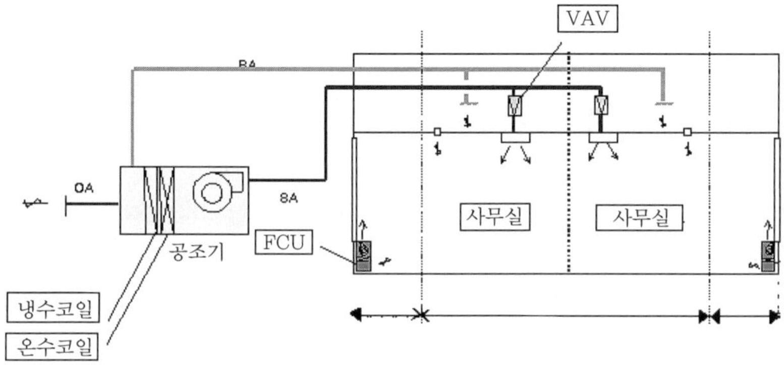

그림 11.2 VAV+FCU 방식

(5) 냉매방식

중앙공급식과는 달리 실내에 설치된 유닛 자체로 개별 공급하는 방식으로 패키지형이 대표적이다. 이는 대공조기 내에 냉동기, 냉각코일, 에어필터, 송풍기, 자동제어기기를 조립해서 직접 실내공간에 설치하는 위치에 따라 창문형, 바닥설치형, 천장걸이형이 있다.

표 11.8 냉매방식의 특징

장 점	단 점
• 개별 운전, 개별 제어가 가능하다. • 반송동력이 적다. • 덕트 스페이스, 기계실 면적이 적어도 된다. • 운전, 취급이 간단하다. • 고장 등으로 인한 다른 기기에 대한 영향이 적고, 융통성은 크다.	• 온도, 청정도, 기류분포 등의 제어가 곤란하다. • 외기냉방이 불가능하다. • 소음 진동이 크다. • 내구성이 비교적 짧다.

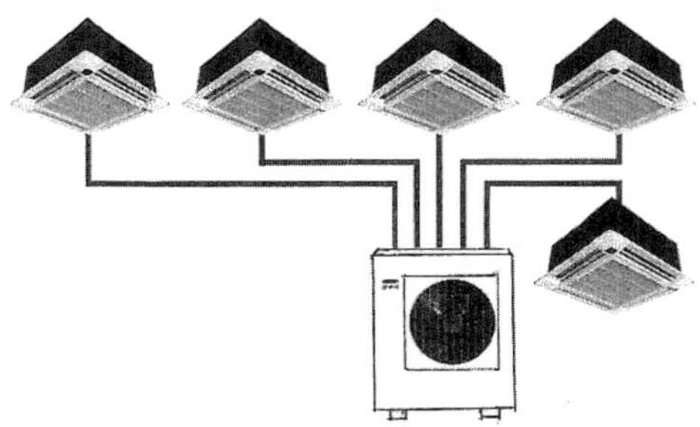

그림 11.3 멀티형 EHP

일반적으로 전력량이 3㎾ 미만인 것을 룸쿨러라 하고 전력량이 3㎾ 이상이고 바닥에 설치하는 형식을 패키지 에어컨디셔너이라 한다. 패키지 방식은 용량의 범위도 넓어 여러 용도로 사용하며, 최근 냉매회로를 전환하여 난방과 냉방을 겸용하는 히트펌프식이 증가되고 있다.

11.2 에너지절약적 공조시스템

공기조화시스템이 친환경적으로 구성되기 위해서는 시스템 선정 및 운전에 따른 에너지 소비를 최소화할 수 있도록 구성되어야 하며, 이를 위한 방안을 정리하면 다음과 같다.

11.2.1 에너지절약 체크 리스트

공조시스템에서 에너지절약은 구성 장치별(열원설비, 공기조화기설비, 열반송설비, 자동제어설비) 특성에 적합한 에너지절약 수법을 적용하여 시스템 전체가 조화를 이루어 각기의 에너지절약 수법들이 최상의 효과를 발휘하도록 구성하여야 한다.

이를 위해서는 각 설비별 에너지절약 방법과 검토사항에 대한 이해가 선행되어야 하므로 이에 대한 내용을 소개하면 표 11.9~11.12와 같다.

11.2.2 배열회수방식

이 방식은 건물 내의 잉여열이나 버려지는 배열을 회수하여 건물 안에서 열이 부족한 곳에 반송하여 유효한 난방용 열원으로 이용하는 방식이다. 건물 내에서 회수열로는 조명열, 인체열, OA기기열, 기계실 · 전기실 · 승강기기계실에서의 배기열 등이 있다. 이들 열을 회수하는 방식으로는 그림 11.4와 같이 직접 이용하는 전열교환기방식과 열펌프에 의한 승온이용방식 등이 있다. 이외에 응축수 탱크에서 발생하는 재증발 증기를 급탕 예열용으로 사용하는 등 건축설비시스템의 구성형태에 따라 다양하게 이용할 수 있다.

표 11.9 열원방식의 에너지절약 방안

에너지절약 방법		검토사항
기기류	• 고효율 기기 채용 • 열매온도 조건의 완화 • 대수분할운전 • 환수온도제어	• 효율, COP의 설정 • 냉수온도 높이거나 증기압, 온수온도 낮춤 • 부하변동에 적합한 대수분할
축열시스템	• 축열효율 향상 • 이용온도차 축소 • 동력회수 펌프 채용 • 축열운전시간 설정 • 축열조벽의 단열	• 축열조내 흐름 패턴, 연통관 위치, 2차측 수온차 크게 설정 • 저부하 운전시 효율 검토 • 심야전력 이용 • 축열재 검토 및 연간 열손실 검토
열회수시스템	• 조닝의 채용 • 열회수 이용	• 히트펌프방식 채용 • 회수열의 사용처 적정성 검토
전열교환방식	• 전열교환기 형식 결정 • 이용가능 배기 선정	• 전열교환기 방식 • 오염물질, 취기의 이동방지 검토

표 11.10 공기방식의 에너지절약

에너지절약 방법		검토사항
조닝	• 적절한 조닝	• 열부하 경향, 운전시간대, 사용조건 등에 의한 조닝
공조방식	• 반송열원의 혼합방지 • 재열방식 미채용 • VAV, 수-공기 방식 채용	• 3관식, 2중덕트방식 채용금지 • 실내온도조건 검토 • 외기냉방 실시 • 전열교환기에 의한 열회수
자동제어	• 과냉, 과열의 방지 • 불필요 시스템 운전정지 • night purge 채용	• 개별제어 및 인터록 회로 채용 • 외기냉방과 전열교환기 회로와의 자동절환장치 적용
외기냉방방식	• 건구온도 또는 엔탈피제어	• 공조방식과 기상조건에 따라 검토

표 11.11 열반송설비의 에너지절약

에너지절약 방법		검토사항
반송열매	• 반송효율이 높은 열매사용	• 수-공기방식, FCU방식 채용
유량조정	• 반송동력 축소	• 큰 입출구 온도차 적용
유량제어 방식	• 변유량방식 채용 • 대수분할운전	• 대수제어, 회전수제어 • 열량 및 압력제어 방식 검토
기기특성	• 고효율기기 채용 • 부분부하운전	• 팬 정압 낮은 공조기 • 전부하시 입력효율 좋은 팬 • 펌프는 양정 낮은 방식
관로계통	• 저유속, 저마찰손실 설계 • 열손실 방지 • 밀폐배관시스템 채용	• 단열두께 검토 • 공기나 열매의 누설방지

표 11.12 자동제어설비의 에너지절약

에너지절약 방법		검토사항
실내온습도 조절기	• 적정 온습도 설정 • 온도제어범위의 확대	• 설치장소의 설정 • RH 30~70% 범위에서 미제어
제어밸브 및 댐퍼	• 과대 압력손실이 발생하지 않는 모델 선정 • 폐쇄시 누설방지	• 압력-제어특성 검토
최적제어 시스템	• peak cut 및 shift 채용 • 인터록 회로 구성 • 열량계측 제어	• 기기용량 삭감 • 운전정지, 존 구성의 인터록 채용 • 열원기기의 운전제어
계측관리	• 환경 및 유량 계측 • 에너지 계량 • 상태감시	• 실내온습도 계측, 수량, 증기량 • 열량, 전력량 • 온도, 전력

표 11.13 열회수 방식의 특징

구 분	혼합공기 이용	열교환기 이용	승온이용 방식
회수열원의 온도	중	고	저~고
회수 후의 이용온도	중	저	고
회수열의 발송거리	짧 다	중 간	길 다
유해한 열원에서의 열회수	불 가	가 능	가 능
회수열의 축열 가능성	불 가	불 가	가 능
회수열의 액체	공 기	공기 · 물	물

분 류	① 직접이용방식		② 간접이용방식
	(1) 혼합기로서 이용	(2) 열교환기를 넣어 이용	(히트펌프이용)

개념도

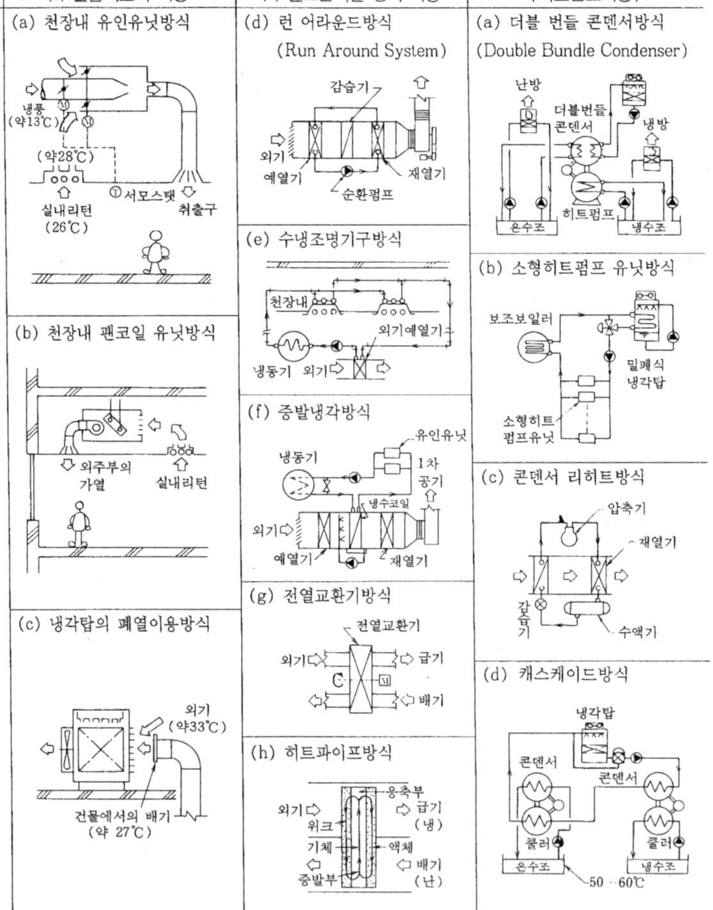

분 류	① 직접이용방식 (1) 혼합기로서 이용	① 직접이용방식 (2) 열교환기를 넣어 이용	② 간접이용방식 (히트펌프이용)
① 회수열원의온도	중	고	저~고
② 회수후의이용온도	중	저	고
③ 회수열의반송거리	단	중	장
④ 유해한 열원에서의열회수	불가((c)만 가능)	가능	가능
⑤ 회수열의계획적 이용 (축열의 가능성)	불가	불가	불가((c)만 불가)
⑥ 회수열의 유체	공기	공기, 물	물

그림 11.4 열회수방식 및 특성

11.2.3 외기냉수냉방 시스템

이 시스템은 중간기나 동절기에 일정온도 이하의 낮은 온도를 가지고 있는 외기온도를 쿨링타워로 냉방에 이용하는 시스템으로 기후조건을 최대한 이용한 에너지절약적 시스템이다. 오늘날에는 중간기나 동절기에도 건물의 고기밀화와 단열 강화에 의한 실내열손실 감소 및 조명의 증가, 사무기기로부터의 발열 등에 의한 냉방부하가 증가하고 있어서 항온항습이 필요한 전산센터 및 습도에 민감한 사무기기를 사용하는 사무소 등에서 많이 적용되고 있다.

이 시스템은 냉동기를 가동하지 않고 쿨링타워만으로 냉방을 하기에 Free Cooling이라고도 하며, 쿨링타워의 냉각수를 직접 이용하는 방식과 열교환기를 이용한 간접방식이 있다.

(1) 종류

외기냉수냉방시스템의 종류에는 표 11.15와 같이 냉각탑 및 드라이쿨러(Dry cooler) 이용 형태에 따라 5가지로 분류된다.

표 11.15 외기냉수냉방시스템의 종류 및 특징

구 분		방 식	특 징
쿨링타워 형식	개방형	직접식	• 여과기 이용 • 오염방지시설(수처리) 필요
		간접식	• 열교환기 사용 • 오염 방지시설 불필요
	밀폐형	밀폐코일이용식	• 수처리시설 불필요 • 동계운전시 냉각탑 코일 동파 우려
		냉매이동식	• 동절기 압축기 가동 없이 냉방 가능 • 큰 부하를 담당하는 건물에 부적합
드라이쿨러		글리콜 순환식	• 동절기 건조상태 운행으로 동방 방지 • 외기온도가 빙점 이하에만 이용 가능 • 타 시스템에 비해 초기투자비 높음

외기의 온도를 이용한 냉방방식에는 외기냉방과 외기냉수냉방으로 나눌 수 있는데 외기냉방은 실내 상대습도 유지조건이 엄격한 곳이나 100%의 외기 도입이 힘든 곳에서는 적용에 많은 어려움이 있다. 또한 오늘날과 같이 황사현상이 빈번한 상황에서 외기냉방 채택에 따른 필터 유지비용이 증가될 수 있기 때

문에 향후 쿨링타워를 이용한 외기냉수냉방시스템의 적용이 증가될 것이다.

표 11.16 외기냉방 및 외기냉수냉방 시스템 비교

구 분	외기냉방시스템	외기냉수냉방시스템
외기 이용열	전 열	현 열
실내온도 제어도	댐퍼제어로 부정확	밸브제어로 정확
전산기, OA기기 습도영향도	동계 가습량 커지고 중간기 감습 곤란	없 음
외기냉방 가동 외기온 (실온 26℃ 기준)	16℃	10℃
외기덕트 사이즈	100% 외기량 기준 크기	최소 필요외기량 기준 크기
시설비	적 음	많 음
유지관리비	적 음	많 음

11.2.4 저온급기 시스템

저온급기 시스템은 빙축열에서 얻은 저온의 냉수(0~4℃)를 사용하여 일반 공조시 10~15℃의 송풍온도보다 저온(4~5℃)의 공기를 공급함으로써 송풍량을 45~50%까지 감소시킬 수 있다. 이로 인해 덕트의 크기를 줄일 수 있으며, 반송동력을 절감시킬 수 있는 장점이 있지만 콜드 드래프트(cold draft) 현상이 유발될 수 있다.

표 11.17 저온급기 시스템의 특징

장 점	단 점
• 송풍기의 소형화 및 송풍동력 감소 • 덕트 크기 및 건물의 층고 축소 • 배관경 축소 및 수반송동력 절감 • 부분부하 대응이 용이	• 콜드 드래프트 현상 유발 • 최소 풍량시 환기량 부족현상 발생 • 취출구에서 결로 발생 • 덕트에서 공기누출 시 결로 발생

저온급기 시스템은 저온의 냉수를 이용하기 때문에 이를 적용할 때에는 표 11.18의 사항에 유의하여야 한다.

표 11.18 저온급기 시스템 적용시 주의사항

구 분	주의사항
취출온도 설정	취출온도가 낮을 때 제습량이 증가하여 실내 상대습도가 저하되므로 쾌적감에 영향을 미치지 않도록 실내습도 허용 하한치에 따라 취출온도를 결정할 것
공조기	저온송풍 시스템에서는 송풍온도에 대한 팬 발열의 영향이 있으므로 송풍방식은 코일에 대해 압입방식을 검토
덕 트	덕트에 공기누출시 결로가 발생하므로 보온을 철저히 하고, 공기누설이 없도록 기밀 시공할 것
취출구	저온 취출로 취출구에서 결로가 발생하므로 결로방지용 취출구를 사용할 것

11.2.5 하계 전력 평준화 방안

(1) 빙축열시스템

저렴한 심야전력을 사용하여 심야시간 (22 : 00~08 : 00)에 냉동기를 가동하여 얼음을 얼려 축열조에 저장했다가 이를 주간에 녹여 잠열을 이용한 시스템이다.

이는 여름의 냉방부하에 편중된 전력수요를 평준화하는 것으로 전력플랜트 신설의 억제 및 공조설비의 소형화를 도모하는 데 목적이 있다.

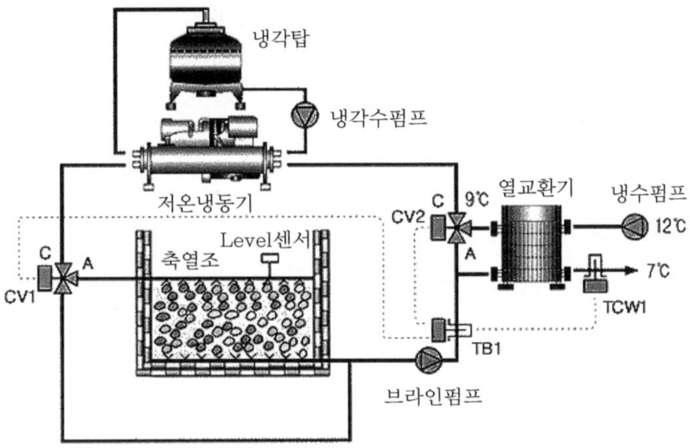

그림 11.5 빙축열 시스템의 흐름도

빙축열 시스템의 특징을 정리하면 다음과 같다.

① 운전비용 절감 : 저렴한 심야전력을 이용으로 운전비용이 저렴하다.

② 냉방효과가 우수 : 얼음을 이용하기 때문에 냉방효과가 우수하며, 제습 및 저온급기 시스템도 가능하다.

③ 공조효율 증대 : 제빙시 냉동기는 최대효율의 운전이 지속되며, 환절기시 축열조만으로 효율적 냉방이 가능하다.

④ 부하대응이 용이 : 예냉시 부하처리가 매우 신속하게 처리되면, 부하형태에 따른 최적의 운전이 가능하다.

⑤ 부하증가시 유리 : 냉방부하 증가시 냉동기 교체 및 증설 없이 축열 및 방열시간의 조정으로 대응가능하다.

표 11.19 빙축열 시스템 운전방식

종 류	개 요
제빙운전	야간 제빙운전시 운전방식이며, 콘덴싱 유닛, 제빙기, 냉각탑과 냉각수펌프, 슬러리 펌프, 제빙수 펌프 등이 기동되어 제빙된 슬러리는 축열조에 저장되며 열교환기 및 부하측에는 순환수가 흐르지 않는 운전형태
해빙단독운전	심야전력으로 축냉시킨 슬러리를 해빙하여 냉방을 행하여 부하측의 순환수펌프, 컨트롤밸브, 열교환기, 냉수펌프 등이 기동하며, 제빙장치측은 기동하지 않는다. 냉방부하량이 적어 야간의 축열량만으로 냉방이 가능한 경우의 운전형태
해빙 · 냉동 병렬운전	축열조의 축열량과 콘덴싱 유닛의 제빙량을 모두 냉방부하처리에 이용하는 운전 형태로 모든 기기가 작동한다. 냉방부하가 큰 한 여름철 주간에 이용되는 운전방식

표 11.20 빙축열시스템 축열방식

종 류	개 요
부분 축열방식	1일 냉방부하 중 40%~50%를 야간에 축열하여 주간 냉방부하에 대응하는 방식. 전축열과 비교하여 초기투자비와 설치공간이 절약되지만 운전비 증가. 현재의 지원체계 및 전력요금 체제에서는 가장 경제적인 방식으로 대부분 부분 축열로 공급되고 있음.
전축열방식	1일 냉방부하의 100%를 야간에 축열하는 방식. 전기료는 매우 저렴하지만 초기 설비 투자비가 많이 소요됨.

(2) 수축열 시스템

수축열 시스템은 심야전력을 이용하여 전력수요가 높지 않은 심야에 히트펌프(냉동기)를 가동하여 냉 또는 온열을 발생시켜 수축열조에 냉수(온수)로 저장하고, 주간에 그 열을 이용하여 건물에 냉난방 및 급탕을 공급하는 시스템으로서 빙축열시스템이 잠열을 이용한 방식이라며, 수축열은 현열을 이용한 방식이다.

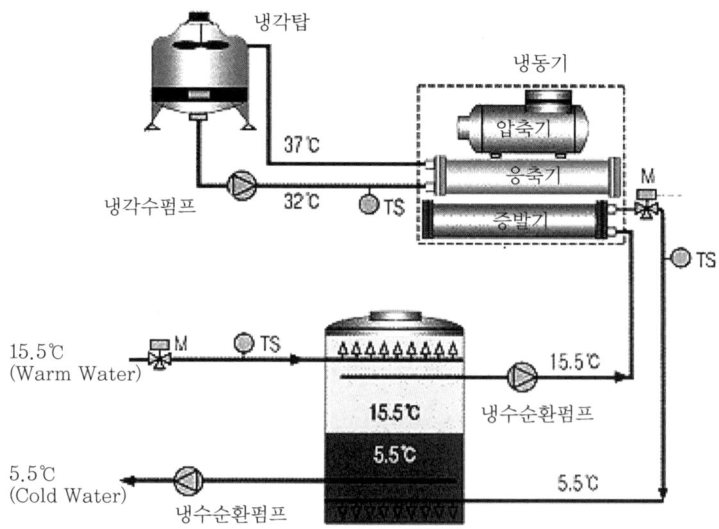

그림 11.6 수축열 시스템의 흐름도

이 시스템의 특징을 정리하면 다음과 같다.

① 수축열조에 저장된 물을 소방용수로 사용이 가능하다.

② 별도의 저온용액(Brine)을 사용하지 않으므로 환경친화적이다.

③ 냉방시 일반 표준냉동기를 사용할 수 있으며, 높은 증발온도를 유지하므로 냉동기 효율이 높다.

④ 최대용량의 50% 정도를 야간에 축열하고, 주간에는 히트펌프와 축열탱크의 냉온수를 동시에 사용할 수 있어서 히트펌프 용량을 감소시킬 수 있다.

⑤ 공조구역이 증가될 경우에는 기존 히트펌프 등은 그대로 사용하고 수축열탱크와 제어반 등만을 추가·설치하여 야간에 축열할 수 있으므로 공조능력을 쉽게 증가시킬 수 있다.

⑥ 빙축열 방식에 비해 축열조 설치에 많은 공간이 필요하지만 히트펌프 용량이 빙축열보다 감소되므로 초기 수전공사비가 절감될 수 있다.

⑦ 축열조 단열 및 방수 시공비 등의 증가와 보수관리 비용이 높으며, 축열조에서의 열손실이 발생될 수 있다. 또한 빙축열에 비해 반송동력이 높으며, 수처리가 필요한 경우도 있다.

표 11.21 수축열과 빙축열 시스템의 비교

항 목	수축열(냉수축냉)	빙축열
축열조 용적	크 다	냉수축냉의 1/3~1/4
축열조 출구 냉수온도	5~7℃	2~4℃
축열조 효율	약간 낮다	높 다
운전관리비	낮 다	약간 높다
압축기	기종 선정이 용이	직팽식에서 터보냉동기 부적합

수축열 시스템은 배관회로계에 따라 크게 개방형과 밀폐형으로 나눌 수 있는데 각 방식별 특징을 정리하면 다음과 같다.

① 개방식

축열조 내의 수면이 대기에 접해 있는 방식으로 2차측 배관 내에 직접 축열조의 물을 공급하기 위해 펌프동력이 크게 요구되므로 대규모의 경우에 많이 사용된다. 이 방식의 경우 펌프 정지시에 환수관 내의 물을 빼는 방식과 빼지 않고 만수상태로 유지하는 방법이 있지만 일반적으로 압력유지밸브를 설치하여 펌프 정지시에는 전폐하는 압력제어 만수환수방식을 채용한다. 개방식은 밀폐식에 비해 펌프동력, 공조기측의 수질관리에 있어 불리한 면이 있기 때문에 그 대응책으로 그림 11.7과 같이 열교환기를 설치하여 축열조 주위는 개방계, 공조기측의 배관은 밀폐배관으로 하는 경우도 있다.

② 밀폐식

펌프동력을 적게 할 수 있고 수질관리면에 유리한 특징이 있다. 축열조에는 강판제 탱크를 사용하는 예가 많다. 축열조의 설치 위치에 따라 탱크의 필요 유압이 변하기 때문에 설치 위치에 대해서는 충분한 검토가 필요하다. 강판제 탱크는 단열공사를 하기 쉬운 장점이 있으므로 소규모의 경우에 적합하다.

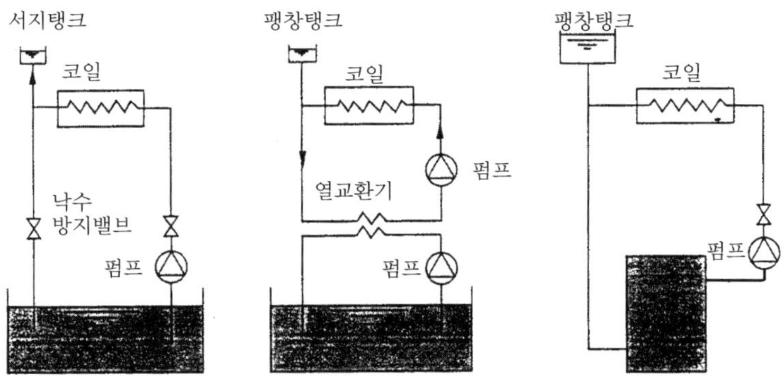

그림 11.7 개방식과 밀폐식 개념도

(3) 지역냉난방

대규모의 열생산 시설(열병합발전소, 쓰레기소각로 등)에서 생산된 열을 일정 지역의 전체에 일괄 공급하는 집단에너지시설이다. 지역난방은 열생산시설에서 생산된 고온수를 수용가에 공급하며, 수용가측에서는 열교환을 통해 난방 및 급탕하는 방식이다. 이에 반해 지역냉방은 지역난방의 열병합발전소에서 공급되는 고온수를 수용가의 건물에 설치된 흡수식 냉동기에 공급하여 생성된 냉수로 냉방하는 방식이다.

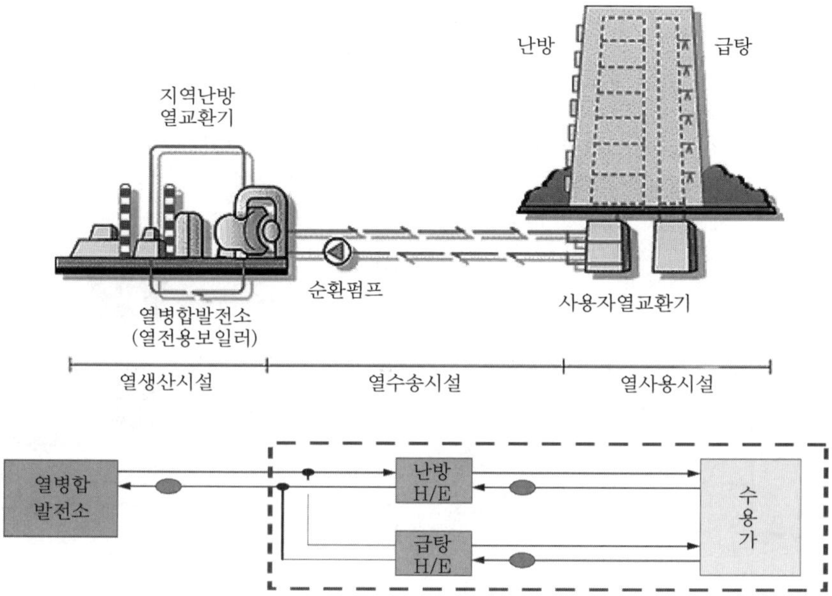

그림 11.8 고온수 지역난방 계통도

지역난방 시스템의 대부분은 고온수를 이용하기 때문에 이의 설계시에는 다음과 같은 사항에 주의하여야 한다.

① 세대별 입상 전용 PS 및 점검구 설치(온수배관에는 Expansion Joint가 설치되므로 일반 아파트 보다 큰 Shaft 면적이 필요함)

② 소음발생에 주의할 것.

- 관내 적정 유속 확보(50A 이하 0.6m/s~1.2m/s, 65A 이상/ 마찰저항 7.5~40mmAq/m에 상당하는 유속)
- 관 내의 정체공기가 발생되지 않도록 구배를 두며, 정체 예상부에는 공기빼기밸브를 설치.
- 가능한 리버스 리턴 방식에 의해 환수되도록 할 것.

(4) 구역형 열병합발전설비(CES ; Community Energy System)

가스(디젤)엔진 또는 가스터빈 등의 열병합발전설비 가동시 전력생산 과정에서 발생하는 약 500℃의 배기가스를 폐열회수장치를 통해 증기 또는 온수형태로 회수하여 다른 수 개의 인근 빌딩에 냉난방 열과 전력을 공급하는 방식으로 일종의 소규모 지역냉난방 시스템이라 할 수 있다. Co-Generation System (CGS)이라고도 하며, 지역냉난방 시스템과 같이 "집단에너지사업법"에 적용을 받는다.

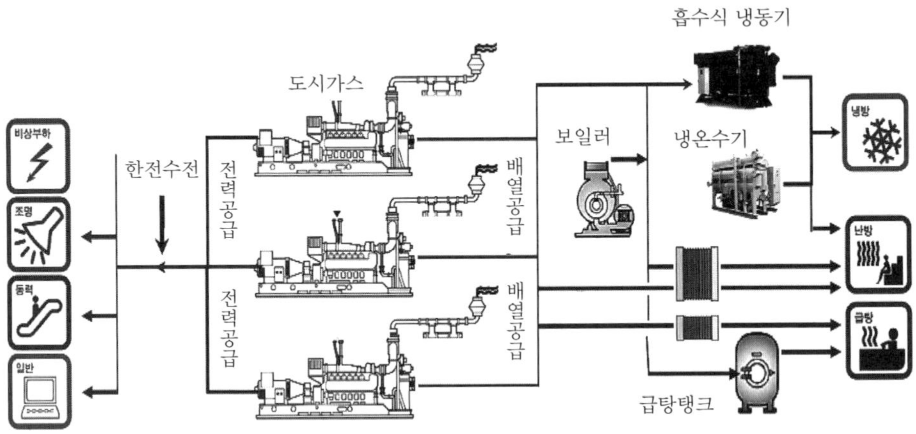

그림 11.9 CES 개념도

11.3 자동제어를 통한 에너지절약 방안

LCC 측면에서 건물운영비용이 83.6%를 차지하므로 이에 대한 에너지절약 방안이 필요하며, 이는 적극적인 자동제어의 적용을 통해 해결할 수 있다. 일반적으로 대규모 건축물에 빌딩관리시스템(BMS)을 적용하면 연간 전 에너지의 20% 이상을 절감할 수 있는 것으로 알려져 있다.

자동제어에 의한 에너지절약 방안에는 설비시스템 운영에 의한 방법과 소프트웨어에 의한 방안으로 나눌 수 있다.

(1) 설비시스템의 운영에 의한 절약 방법

① CO_2 농도에 의한 외기도입

일정한 외기량을 지속적으로 유입하면 에너지 손실이 발생하므로 CO_2 농도의 일정조건(법적 기준 1,000ppm) 이하에서는 외기도입을 차단하여 부하를 감소시키는 방법이다. 이 방식은 재실인원의 변동이 큰 백화점이나 극장 등에 적합하다.

② 기기의 대수제어

이 방식은 펌프, 열원기기 등의 장비대수를 분할하여 부하의 빈도에 따라 기기의 대수를 제어함으로서 에너지를 절감시킨다.

펌프의 경우 대수 제어시 최종적으로 운전되는 펌프에 인버터 제어를 하여 정밀도를 향상시키고, 펌프를 순차적으로 운전하여 운전횟수와 시간을 평준화함으로써 효과적인 절약을 도모할 수 있다.

냉동기는 열량, 온도차, 환수온도, 유량에 의해 대수제어를 할 수 있다. 부하의 양에 따른 기기의 작동방식에는 각 냉동기가 동일하게 담당하게 하는 방법과 먼저 첫 번째 냉동기가 부하를 담당하고 초과분에 대해서는 다른 냉동기가 담당하게 하는 방법이 있다.

③ 공조용 송풍기 제어

펌프의 인버터 제어와 유사한 개념으로 가변속(VVVF) 제어를 통해 송풍기의 소비전력의 축소를 통해 에너지를 절약시키는 방법으로 널리 이용되고 있다.

(2) 소프트웨어에 의한 에너지절약 방안

① 최적 기동정지 제어(Optimum start/stop control)

사전에 공조시간을 결정하여 공조기를 가동시켜 공조기의 기동은 최대한 늦추고 정지는 최대한 빨리 하여 공조기의 기동시간을 줄임으로써 불필요한 공조 예열 · 예냉 시간을 단축시키는 방식이다.

즉 공조기의 기동시간 및 공조 예열시간 축소에 의해 에너지를 절약하는 방법이다. 건물 사용이 끝나면 실내온도를 예측하여 공조기를 정지시킬 수 있다.

② 전력수요 제어(Power demand control)

사용전력량이 최대 수요전력량을 초과하지 않도록 예측제어하며, 각 시점에서의 사용전력을 조절하는 프로그램이다. 전력의 peck cut뿐만 아니라 제어 목표값을 낮게 설정하여 전력절감이 가능하다.

③ 전력운전 제어(Duty cycle control)

실내 온 · 습도 검출기로 온 · 습도를 계속 감시함으로써 사전에 설정한 실내 온도를 유지하면서 공조기가 정지하여도 무방한 시간을 컴퓨터가 계산하여 운전자의 조작 없이 자동으로 공조기를 기동, 정지시켜 에너지를 절약할 수 있다.

이 프로그램은 사이클 패턴, 시기 배분 등은 단순하게 구성 가능하므로 건물의 사용 특성에 맞추어 가장 효율적인 운전에 적용 가능하며, 하나의 프로그램으로 다수의 공조기를 제어할 수 있다.

④ 야간외기 취입 제어(Night purge)

이 프로그램은 냉방시에만 작동하며, 냉방이 시작되기 전에 외기를 이용하여 예냉함으로써 열원부하를 줄여 에너지를 절약하도록 한다. 운전조건은 실내 · 외의 온도 차이가 일정 이상이고, 외기습도가 지정된 값보다 저렴할 때만 가능하다.

⑤ 부하 재설정 제어(Load reset control)

이 프로그램은 실내온도를 쾌적한 상태로 유지하기 위한 것으로서 열원부하 설정점이 변동되면 그 상태가 어떻게 유지되는가를 프로그램에서 판단하여 과다한 경우에는 재설정시켜 냉난방부하를 감소시킨다.

⑥ 역률제어(Power factor control)

역률을 감시하여 적정 역률을 유지시킴으로써 전력요금을 절감시키는 방식이다. 전기부하 중에 변압기, 전동기 등과 같은 코일 위주의 기기가 많아지면 전기선 계통의 역률이 낮아져 효율이 떨어진다.

한전에서는 매달 전기 사용량을 계량할 때 역률을 계산하여 전기요금에 반영하므로 역률 개선은 전력요금 삭감과 직결된다.

⑦ 야간기동(Night setback(cycling))

밤중에 온도 조정기에 입력된 온도에 따라 공조장치를 가동시켜 야간의 축열부하 제거를 통해 장치용량을 축소시킬 수 있다. 야간기동의 설정온도는 건물 중량과 장비용량 등을 검토한 후 설정할 필요가 있다.

참고문헌

1) 건축설비의 에너지 절약기술, 아진, 2006.
2) 박상동, 그린빌딩 건축계획, 기문당, 2008.
3) 건축설비설계매뉴얼 공기조화설비설계, 기문당, 1999.
4) 설비공학편람 제2권 공기조화, 대한설비공학회, 2001.
5) 건축설비 에너지절약 핸드북, 한국설비기술협회, 2004.
6) 박종일, 건축설비 리모델링과 진단, 건기원, 2008.
7) 임영빈, 건축설비, 보성각, 2000.
8) 김세운, 외기냉수냉방 시스템의 에너지 절약효과에 관한 연구, 대한건축학회논문집 계획계 22권 2호, 2006.

제12장

친환경건축의 성능평가

12.1 성능평가 개요

21세기의 도래와 함께 인구의 폭발적 증가와 과학기술의 발달로 대량생산 · 대량소비의 산업사회가 정착되면서 인류는 오존층 파괴, 기상 이변, 생물종 감소 등 "환경위기"라는 거대한 도전에 직면하고 있다.

이 가운데 건축물은 전 세계 에너지 및 자원 소비량의 40%, 이산화탄소 배출량의 30~40%, 폐기물 배출의 20~50%, 물소비량의 17%, 목재 소비량의 25%를 차지하고 있으며, 전 세계 기후변화 문제를 포함한 환경 위기와도 밀접하게 연관되어 있다. 1992년 6월 브라질 리우의 유엔환경개발 회의에서 채택된 유엔기후변화협약과 1997년 12월 일본 교토의 유엔 기후변화협약 제3차 당사국 총회에서 교토의정서 채택 등을 통해 세계 각국에서는 건물에서의 친환경성 증진방안에 대한 논의를 진행하여 건축물의 관련 기술개발과 더불어 건축물의 친환경 성능을 평가하고 인증을 부여하는 제도 등을 시행함으로써 친환경건축물의 구현과 보급 확산을 위해 매진하고 있다.

그림 12.1 화석연료 사용으로 인한 대기의 오염 (Sophia and Stefan Behling, Sol Power, Prestel, 1996 인용)

그림 12.2 지구자원의 고갈 (Sophia and Stefan Behling, Sol Power, Prestel, 1996 인용)

친환경건축에 대한 정의는 다양하게 이루어질 수 있으나 일반적으로 "지속가능한 개발 실현을 목표로 에너지와 자원절약 등을 통하여 환경부하를 최소화(Low Impact)하며, 인간과 자연이 서로 친화하며 밀착(High Contact)할 수 있게 하고, 쾌적하고 건강한 거주환경(Comfort & Health)을 실현한 건축물" 또는 "에너지절약, 자원절약 및 재활용, 자연환경의 보전, 쾌적한 주거환경 확보를 목적으로 설계, 시공, 운영 및 유지관리, 폐기까지 건축물의 전생애주기(life cycle) 중에 발생하는 환경에 대한 피해가 최소화되도록 계획된 건축물"로 정의할 수 있다.

표 12.1 지구의 다양한 환경문제

구 분	내 용
1. 지구온난화와 기후변화	• 석탄 · 석유등 화석연료의 사용 급증에 따라 대기 중 이산화탄소(CO_2) 농도 급상승 (1800년대 초 280ppm~1990년대 363ppm) • 온실효과로 지난 100년간 지구온도는 0.3~0.6℃, 해수면은 18cm 상승, 2100년까지 지구온도가 0.8~3.5℃, 해수면이 15~95cm 상승 예상
2. 오존층 파괴	• 냉장고 · 에어컨의 냉매, 반도체 세척제 등으로 쓰이는 프레온가스(CFC)가 성층권의 오존층을 파괴(지난 10년간 남극대륙 상공 오존층의 절반 이상, 즉 남한 면적의 320배 파괴) • 오존층 파괴로 지상에 도달하는 자외선 양이 증가되어 피부암 · 안질환이 급증하고, 인체 면역기능 저하 초래
3. 생물다양성의 감소	• 현존 식물의 8%, 조류 11%, 포유류 14%, 어류 5%가 멸종 위기에 처함(UNEP) • 생물종 감소로 생태계 안정성과 자정능력이 감소되고, 생물자원이 인류에 제공하는 잠재적 혜택 감소
4. 에너지 · 수자원 등 자원고갈	• 지난 100년간 에너지 사용량이 10배 이상 증가(석탄, 석유 등 화석연료 사용량은 14배 증가) • 수자원의 과도한 개발 · 사용으로 전 세계적인 물 부족 현상 초래

이상의 친환경건축 건립을 위해 세계 각국에서는 다양한 제도를 개발하여 시행하고 있는데, 대표적인 것이 인증제도로서 영국의 BREEAM, 미국의 LEED, 일본의 CASBEE 등이 있다.

우리나라에는 2002년부터 시행된 친환경건축물인증제도와 함께 주택성능등급제도, 건물에너지효율등급제도 등이 마련되어 시행되고 있다.

친환경건축물인증제도는 대부분이 건축물의 자재생산, 설계, 건설, 유지관리, 폐기 등 전과정을 대상으로 에너지 및 자원절약, 오염물질의 배출 감소, 쾌적성, 주변환경과의 조화 등 환경에 미치는 요소에 대한 평가를 통해 건축물의 환경성능을 인증하는 제도로 이 인증제는 친환경적 건축물 확산이라는 직접적인 효과를 거둘 뿐만 아니라 국민에게는 환경가치에 대한 인식을 제고시키고 업계와 학계에 대해서는 환경기술 발달 및 연구 활동을 진흥시키는 등의 효과도 나타내고 있다.

12.2 국외의 친환경건축 성능평가 제도

12.2.1 영국의 BREEAM[1)]

영국의 경우 1990년대 초반부터 건물과 지구환경관계에서 실내의 환경성능을 향상시키면서 실외의 대기오염물질 발생을 최소화하도록 하는 최적의 설계방안을 모색하고자 'BREEAM(Building Research Establishment Environmental Assessment Method)' 평가기준을 만들어 사무소, 상점, 주택, 산업시설 등에 대해 환경평가를 수행하고 있으며, BRE와 협조하여 건물 요소기술의 개발과 아울러 각종 설계자 리스트, 자재 리스트, 기술 핸드북, 가이드북 등을 제작 · 보급하고 있다.

표 12.2 BREEAM 평가 프로그램의 유형

구 분		평가 유형	내 용
표준형 (BREEAM Standard)	주거용	Ecohomes	2007년 4월부터 The Code for Sustainable Homes로 대체되었으나, Ecohomes 2006은 잉글랜드의 개축주택과 스코틀랜드, 웨일스지역의 모든 주택에 대해 현재도 적용되고 있음
		BREEAM EcohomesXB	주거관련 기관이나 주거 관리자를 위해 이들이 관리하고 있는 기존건물에 대한 관리 도구로 제공, 이용됨
		BREEAM Multi-residential	신축, 증 · 개축의 기숙사, key worker(지역 사회에 봉사하는 교사, 경찰관, 간호사 등 공공 부문 근로자) 숙소, 노인보호주택, 호스텔 등을 대상으로 함
		The Code for Sustainable Homes	Department for Communities 또는 지방 자치단체를 위해 개발된 신축주택의 환경평가도구로 6개 분야의 필수 성능기준을 포함함. 2008년 5월 1일부터 잉글랜드 신축주택은 의무적으로 적용됨
	비주거용	BREEAM Office	신축, 증 · 개축, 운영중의 사무용 건물을 대상으로 함
		BREEAM Retail	신축, 증 · 개축, 운영중의 소매용 시설을 대상으로 함
		BREEAM Industrial	신축, 증 · 개축, 운영중의 경공업, 저장/보관용 건물을 대상으로 함
		BREEAM Education	신축, 증 · 개축의 교육용 건물을 대상으로 함
		BREEAM Healthcare	신축, 증 · 개축의 의료시설을 포함한 건강복지시설을 대상으로 함
		BREEAM Courts	영국과 웨일스지방의 신축, 증 · 개축 법원용 건물을 대상으로 함
		BREEAM Priosons	신축, 증개축의 교정/감호용 건물을 대상으로 함
		BREEAM International	단일 개발계획을 평가할 수 있으며(BREEAM Bespoke : International), 현재 Emirates/Gulf 지역 및 유럽의 소매, 업무, 산업용 BREEAM이 마련되어 있음
비표준형 (BREEAM Bespoke)	–	–	표준형에서 다루지 않는 건물 유형이나 표준형의 건물들이 복합된 경우에 적용되며, 해당 건물 평가를 위한 평가기준을 BRE가 새롭게 수립하여 평가가 이루지게 됨(예로써 호텔, 실험실, 휴양복합시설 등)

1) www.breeam.org 참조

BREEAM은 표 12.2와 같이 표준형과 비표준형, 표준형은 또 다시 주거용과 비주거용으로 구분되며, 최종 건물 유형에 따라 세분되어 평가가 이루어진다. 주택과 관련해서는 2008년 5월부터 기존의 Ecohomes 2006을 대체하는 The Code for Sustainable Homes가 사용되고 있으며, 해당 평가 분야에서 필수점수(mandatory minimum levels of performance)가 새롭게 적용되었다.

The Code for Sustainable Homes의 평가는 건물설계단계의 예비평가(design stage review)와 건물 준공 후 운영단계의 본평가(post construction review)로 구분되며, 9개 영역, 즉 Energy and CO_2 emissions(에너지와 CO_2 방출), Water(수자원), Materials(자재), Surface water run-off(우수 저장), Waste(폐기물), Pollution(오염), Health & Wellbeing(건강 및 복지), Management(관리운영), Ecology(생태) 영역을 중심으로 세부항목 및 이에 해당하는 취득 가능 점수, 가중치가 표 12.4와 같이 설정되어 최종적으로 취득점수가 계산된다.

이 최종 취득점수는 표 12.3과 같이 ★를 이용한 6단계로 구분하며, 여기서 Level 1은 최소 법규를 만족시키는 수준시에, Level 3은 현재의 우수한 설계 및 기술력 적용시에, Level 6은 탄소배출이 0인 고도의 지속가능한 주택계획시 부여되도록 등급화하고 있다.

그림 12.3과 12.4는 The Code for Sustainable Homes 최종 평가확인서의 예로서 해당 주택의 각 영역별 점수 내역을 도식적으로 확인할 수 있도록 제시되어 있는 것이 특징이다.

표 12.3 The Code for Sustainable Homes의 총 평가점수에 따른 등급구분

최종 취득점수	등 급
36 Points ≧	Level 1 (★)
48 Points ≧	Level 2 (★★)
57 Points ≧	Level 3 (★★★)
68 Points ≧	Level 4 (★★★★)
84 Points ≧	Level 5 (★★★★★)
90 Points ≧	Level 6 (★★★★★★)

표 12.4 The Code for Sustainable Homes의 영역별 세부항목, 취득 가능 점수 및 가중치 값 (○는 의무조항)

영역 및 세부항목 분류	취득가능 점수	영역합계 점수	가중치
Energy and CO_2 Emissions		29	36.40
Dwelling Emission Rate (○)	15		
Building Fabric	2		
Internal Lighting	2		
Drying Space	1		
Energy Labelled White Goods	2		
External Lighting	2		
Low or Zero Carbon (LZC) Energy Technologies	2		
Cycle Storage	2		
Home Office	1		
Water		6	9.00
Indoor Potable Water Use (○)	5		
External Water Use	1		
Materials		24	7.20
Environmental Impact of Materials (○)	15		
Responsible Sourcing of Materials–Basic Building Elements	6		
Responsible Sourcing of Materials–Finishing Elements	3		
Surface Water Run–off		4	2.20
Management of surface water run–off from developments (○)	2		
Flood Risk	2		
Waste		7	6.40
Storage of non–recyclable waste and recyclable household waste (○)	4		
Construction Site Waste Management (○)	2		
Composting	1		
Pollution		4	2.80
Global Warming Potential (GWP) of insulants	1		
NOx Emissions	3		
Health & Wellbeing		12	14.0
Daylighting	3		
Sound Insulation	4		
Private Space	1		
Lifetime Homes (○)	4		
Management		9	10.00
Home User Guide	3		
Considerate Constructors Scheme	2		
Construction Site Impacts	2		
Security	2		
Ecology		9	12
Ecological Value of Site	1		
Ecological Enhancement	1		
Protection of Ecological Features	1		
Change in Ecological Value of Site	4		
Building Footprint	2		
총 계	104		100.00

그림 12.3 The Code for Sustainable Homes의 최종 평가확인서 예

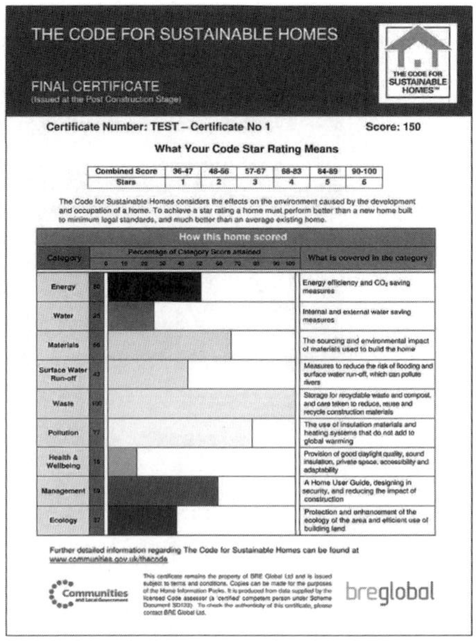

그림 12.4 The Code for Sustainable Homes의 영역별 평가 점수 제시 예

12.2.2 미국의 LEED[2)]

미국의 LEED시스템(Leadership in Energy and Environmental Design)은 그림 12.5, 표 12.5와 같이 크게 신축건물과 기존건물에 대한 평가시스템으로 구분된다. 신축건물을 위한 LEED 평가시스템은 주거용 건물, 상업용 건물의 인테리어, 건물 코어와 외피, 고성능이 요구되는 상업 및 공공용 건물, 학교, 건강복지관련 시설, 소매용 건물 등에 대해 각각 계획 및 시공에 대한 성능을 평가하며, 기존건물에 대해서는 유지관리부문을 평가하는 시스템으로 구성되어 있다.

LEED 인증을 받으려면 먼저 미국 그린빌딩협회에 등록해야 하며, 인증에 필요한 설계 및 시공상의 개선점을 보여주고, 건물의 효율과 운영을 보여주는 서류 및 LEED인증에 요구되는 자료를 제출해야 한다. 예로써, LEED for New Construction의 경우에는 6가지 분야를 대상으로 항목들을 평가하게 되는데, 즉 지속가능한 부지계획(Sustainable Sites), 수자원 효율(Water Efficiency),

2) www.usgbc.org 참조

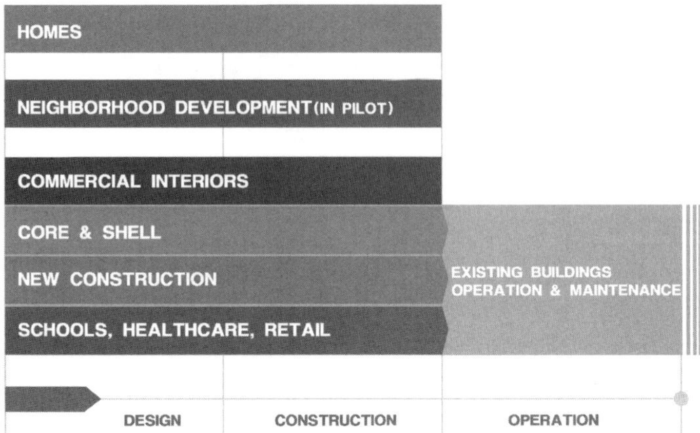

그림 12.5 LEED 평가프로그램의 건물유형 및 적용 단계

에너지 및 대기(Energy and Atmosphere), 재료 및 자원(Materials and Resources), 실내환경의 질(Indoor Environmental Quality), 디자인 혁신(Innovation in Design) 분야의 항목에 대한 점수를 평가하게 되며, 이렇게 분야별로 매겨진 건물의 LEED 점수 합계가 New Construction의 경우 26~32점이면 인증(Certified), 33~38점이면 실버(Silver), 39~51점이면 골드(Gold), 52~69점이면 플래티넘(Platinum) 등급을 받게 된다. 점수가 높을수록 건물이 친환경적으로 설계되었다는 것을 의미한다. 표 12.6, 표 12.7은 LEED for Homes의 등급 및 성능평가 프로그램의 내용이다.

12.2.3 일본의 CASBEE[3)4)]

일본에서도 지속 가능한 건축을 추진하는 수단으로 자국의 평가도구를 개발하기 위해 2001년부터 (재)건축환경 · 에너지절약기구 내에 설치된 위원회에서 검토를 시작하여 2002년에는 최초의 평가도구인 「CASBEE-사무소판」(Comprehensive Assessment System for Building Environmental Efficiency)을 완성하여 사용하였고, 이후 지속적인 개발 및 개선이 이루어지고

3) www.ibec.or.jp/CASBEE
4) 신인중, 일본의 친환경건축물 평가시스템의 소개, 설비/공조 · 냉동 · 위생, 설비한국설비기술협회, 2004.11

표 12.5 LEED 프로그램의 평가 건축물 유형

New Construction and Major Renovation	높은 성능이 요구되는 상업용, 공공용 프로젝트를 유도하고 차별화하기 위해 개발됨, 예로써 오피스빌딩, 고층 주거용 건물, 정부청사, 휴양시설, 제조용 플랜트, 연구소 등이 이에 해당됨. 현재 2006년 1월 1일부터 version 2.2에 의해 평가해야 하며, 학교시설물은 2007년 4월부터 LEED for Schools에서 평가하도록 함, 이외에도 다양한 유형의 건물이 여러 동 건립되거나 대학시설물인 경우에는 LEED for Multiple Buildings를 통해 평가가 이루어짐
Commercial Interiors	전체 건물의 운영에 대해 통제할 수 없는 임차인 및 인테리어 설계자에게 해당 공간이 건강하고 생산적인 공간이 될 수 있는 기준/척도를 제시, 이를 통해 이들 스스로가 지속가능성 측면의 선택을 할 수 있도록 함
Core & Shell	임대용 건물과 같이 건물의 코어와 외피부문(예, 건물구조 부문, 외피, 냉난방공조 시스템 등)에 지속가능한 설계, 시공이 이루어질 수 있는 평가기준을 제공하며, 건물 개발자로 하여금 지속가능한 코어 및 외피 부문의 건립을 통해 장래 임차인의 확보와 임차인의 그린건물에 대한 투자를 장려할 수 있게 함
Schools	초 · 중 · 고등학교 설계와 시공의 특수성을 이해하고, 학교공간의 특별 요구 성능에 역점을 두어 마련됨, 예를 들어 음환경, 마스터플랜, 곰팡이 발생 방지 및 부지의 환경영향평가 등을 다룸, 2007년 4월 20일부터 LEED for New Construction을 대체
Retail	소매용 건물공간의 설계와 시공프로젝트의 특수성을 이해하고, 소매용 건물공간의 특별 요구성능에 역점을 두어 다룸
Healthcare	높은 시설기준이 요구되는 건강복지 관련시설(의료 관련 사무실, 부속시설, 교육기관 및 연구센터 등도 포함됨)의 지속가능한 계획과 설계, 그리고 시공을 도모
Homes	에너지절약, 수자원 및 자연자원절약, 폐기물 감소, 건강하고 쾌적한 거주자 환경조성 등을 통해 그린 홈의 계획과 시공을 도모
Neighborhood Development	근린지역의 설계를 위한 현명한 그린성장, 도시화, 그리고 그린빌딩 등의 원리를 지역개발을 위한 정부 프로그램으로 융합
Existing Buildings	건물운영과 개선, 유지관리 평가를 위해 건물 소유자와 운영자에게 기준/척도를 제시(예로써, 기존 건물에 대한 전체 청소, 유지관리문제, 리사이클링 프로그램, 건물 외부 유지관리 프로그램, 시스템 업그레이드 등을 다룸)하여 기존건물이 새롭게 인증을 받거나 신축건물시 인증을 받은 건축물이 재인증을 받을 경우에 적용

표 12.6 LEED 주거용 건물(Homs)의 등급 및 점수 (Version 2008)

주거용 건물의 LEED 프로그램 등급구분	획득점수
Certified	45~59
Silver	60~74
Gold	75~89
Platinum	90~136
총 가능점수	136

있다.[5] 2007년 9월 현재 나고야, 오사카, 요코하마, 가와사키 등 전국의 10개 지자체에서는 대규모 건축물을 건설할 때 CASBEE에 의한 평가서 신고를 의무

5) CASBEE 개발에는 국토교통성 주택국 지원하의 산학관 공동 프로젝트로서 설립된 JSBC(Japan Sustainable Consortium, 사무국 (재)건축환경 · 에너지절약기구)가 도구개발과 운영에 나서고 있음

표 12.7 LEED의 주거용 건물(Homes)의 성능평가 프로그램 내용

평 가 내 용	세 부 항 목	배 점: 필수 항목수	배 점: 최소 필요점수	배 점: 최대 취득 가능 점수
혁신 및 디자인 프로세스(Innovation and Design Process)		3	0	11
1. Integrated Project Team	1.1 Preliminary Rating			
	1.2 Integrated Project Team			
	1.3 Professional Credentialed with Respect to LEED for Homes			
	1.4 Design Charrette			
	1.5 Building Orientation for Solar Design			
2. Durability Management Process	2.1 Durability Planning			
	2.2 Durability Management			
	2.3 Third-Party Durability Management Verification			
3. Innovative or Regional Design	3.1 Innovation #1			
	3.2 Innovation #2			
	3.3 Innovation #3			
	3.4 Innovation #4			
위치 및 연결 (Location and Linkages)		0	0	10
1. LEED ND	1.1 LEED for Neighborhood evelopment			
2. Site Selection	2.1 Site Selection			
3. Preferred Locations	3.1 Edge Development			
	3.2 Infill			
	3.3 Previously Developed			
4. Infrastructure	4.1 Existing Infrastructure			
5. Community Resources	5.1 Basic Community Resources			
	5.2 Extensive Community Resources			
	5.3 Outstanding Community Resources			
6. Access to Open Space	6.1 Access to Open Space			
지속가능한 부지계획 (Sustainable Sites)		2	5	22
1. Site Stewardship	1.1 Erosion			
	1.2 Minimize Disturbed Area of Site			
2. Landscaping	2.1 No Invasive Plants			
	2.2 Basic Landscape Design			
	2.3 Limit Conventional Turf			
	2.4 Drought Tolerant Plants			
	2.5 Reduce Overall Irrigation Demand by at Least 20%			
3. Local Heat Island Effects	3.1 Reduce Local Heat Island Effects			
4. Surface Water Management	4.1 Permeable Lot			
	4.2 Permanent Erosion Controls			
	4.3 Management of Run-off from Roof			
5. Nontoxic Pest Control	5.1 Pest Control Alternatives			
6. Compact Development	6.1 Moderate Density			
	6.2 High Density			
	6.3 Very High Density			

수자원 효율 (Water Efficiency)				
1. Water Reuse	1.1 Rainwater Harvesting System 1.2 Gray water Reuse System 1.3 Use of Municipal Recycled Water System	0	3	15
2. Irrigation System	2.1 High Efficiency Irrigation System 2.2 Third Party inspection 2.3 Reduce Overall Irrigation Demand by at Least 45%			
3. Indoor Water Use	3.1 High-Efficiency Fixtures and Fittings 3.2 Very High Efficiency Fixtures and Fittings			
에너지 및 대기 (Energy and Atmosphere)				
1. Optimize Energy Performance	1.1 Performance of ENERGY STAR for Homes 1.2 Exceptional Energy Performance	2	0	38
7. Water Heating	7.1 Efficient Hot Water Distribution 7.2 Pipe Insulation			
11. Residential Refrigerant Management	11.1 Refrigerant Charge Test 11.2 Appropriate HVAC Refrigerant			
재료 및 자원 (Materials and Resources)				
1. Material-Efficient Framing	1.1 Framing Order Waste Factor Limit 1.2 Detailed Framing Documents 1.3 Detailed Cut List and Lumber Order 1.4 Framing Efficiencies 1.5 Off-site Fabrication	3	2	16
2. Environmentally Preferable Products	2.1 FSC Certified Tropical Wood 2.2 Environmentally Preferable Products			
3. Waste Management	3.1 Construction Waste Management Planning 3.2 Construction Waste Reduction			
실내환경의 질 (Indoor Environmental Quality)				
1. ENERGY STAR with IAP	1.1 ENERGY STAR with Indoor Air ackage	7	6	21
2. Combustion Venting	2.1 Basic Combustion Venting Measures 2.2 Enhanced Combustion Venting Measures			
3. Moisture Control	3.1 Moisture Load Control			
4. Outdoor Air Ventilation	4.1 Basic Outdoor Air Ventilation 4.2 Enhanced Outdoor Air Ventilation 4.3 Third-Party Performance Testing			
5. Local Exhaust	5.1 Basic Local Exhaust 5.2 Enhanced Local Exhaust 5.3 Third-Party Performance Testing			
6. Distribution of Space Heating and Cooling	6.1 Room-by-Room Load Calculations 6.2 Return Air Flow / Room-by-Room Controls 6.3 Third-Party Performance Testing			

7. Air Filtering	7.1 Good Filtering			
	7.2 Better Filtering			
	7.3 Best Filtering			
8. Contaminant Control	8.1 Indoor Contaminant Control during Construction			
	8.2 Indoor Contaminant Control			
	8.3 Preoccupancy Flush			
9. Radon Protection	9.1 Radon-Resistant Construction in High-Risk Areas			
	9.2 Radon-Resistant Construction in Moderate-Risk Areas			
10. Garage Pollutant Protection	10.1 No HVAC in Garage			
	10.2 Minimize Pollutants from Garage			
	10.3 Exhaust Fan in Garage			
	10.4 Detached Garage or No Garage			
인지 및 교육 (Awareness and Education)				
1. Education of the Homeowner or Tenant	1.1 Basic Operations Training			
	1.2 Enhanced Training	1	0	3
	1.3 public Awareness			
2. Education of Building Manager	2.1 Education of Building Manager			
LEED for Homes Point Totals		18	16	136

화하는 등 행정상의 유도 시책으로도 이용되고 있다. CASBEE는 평가하는 단계와 건물용도 등에 맞게 여러 가지 도구가 개발되고 있다. 건물의 라이프사이클에 맞는 표 12.8의 4가지 기본도구와 표 12.9의 개별적 목적에 맞는 확장도구가 있어서 이를 총칭하여 'CASBEE 패밀리' 라고 한다.

표 12.8 에너지원별(1차 에너지) 소비현황

단 계	내 용
TOOL 0 : CASBEE-기획 (CASBEE for Pre-design)	프로젝트 기획단계나 기본계획(프리디자인) 단계에서 사용하는 도구로서, 프로젝트의 환경성능 평가 및 적절한 부지 선정에 도움을 주기 위한 역할 수행
TOOL 1 : CASBEE-신축 (CASBEE for New Construction)	계획단계에서 설계사양이나 목표성능에 근거하여 건축물의 환경성능 BEE Value를 평가하는 도구, 설계자나 엔지니어가 건축물의 환경성능 목표를 설정하거나 성능을 확인할 때의 평가도구로서 사용할 수 있으며 건물 라벨링 제도로서도 역할을 수행함. 리모델링이나 개축/재건축 계획에도 적용
TOOL 2 : CASBEE-기존 (CASBEE for Existing Building)	기존 건축물을 대상으로 하는 평가도구로서 건축물 준공 후 최소 일년간의 운용실적에 근거하여 평가가 이루어짐, 운용 중인 건물의 실측데이터 등을 이용함으로써 현시점에서 건물의 환경성능을 평가하며 건물의 자산평가에도 활용할 수 있는 형태로 개발
TOOL 3 : CASBEE-개수 (CASBEE for Renovation)	건물의 대규모 개수공사시에 사용하고 개수공사 전후의 환경성능을 비교함으로써 양호한 개수공사를 실시하기 위한 지원도구로서 개발됨. 건물의 개수공사계획에 대한 제안 등에도 활용할 수 있는 도구이며 라벨링의 운용도 가능

표 12.9 CASBEE 확장도구의 구조 및 주요 예

<table>
<tr><th>항 목</th><th>내 용</th></tr>
<tr><td>패밀리
구 조</td><td>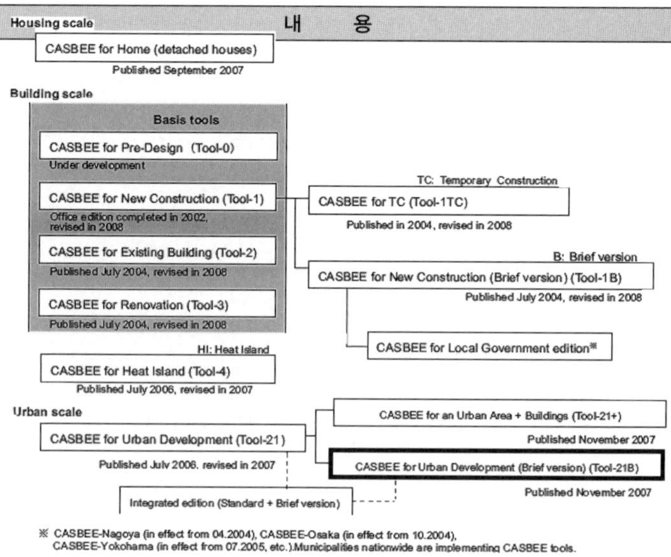
</td></tr>
<tr><td>CASBEE-
거주
(단독주택)</td><td>단독주택을 대상으로 한 평가도구로서 CASBEE의 기본도구에 비해 거주의 종합적 환경성능을 더욱 간단하게 평가할 수 있는 체계를 갖춤. 주택업체나 건설회사 등의 주택공급자뿐만 아니라 거주자가 스스로의 주거를 평가하는 것도 염두에 두고 개발중</td></tr>
<tr><td>CASBEE-
단기사용</td><td>전시, 행사용 가설건축물 등 단기간에만 사용되는 건축물을 평가하기 위한 도구로, 현재는 건물용도를 전시시설에 국한시킨 도구 개발</td></tr>
<tr><td>CASBEE-
신축(간이판)</td><td>예비적 평가와 개략평가 등 신속성을 요하는 장면에서의 평가도구로서 개발된 것으로, 2시간 정도(에너지 절약 계획서 작성시간은 제외)로 간편하게 평가</td></tr>
<tr><td>지자체판
CASBEE</td><td>현재 일부 지자체에서는 CASBEE를 이용한 건축물 환경계획서 등의 신고제도가 실시되고 있음. 지자체판 CASBEE에서는 간이판을 기준으로 비중계수나 일부 평가항목을 각각의 지역성과 중점시책 등을 감안하여 조정함으로써 각 지역에 맞는 독자적 CASBEE를 책정</td></tr>
<tr><td>CASBEE-HI
(열섬현상)</td><td>대도시권에서 중요시되고 있는 건축물의 열섬현상대책을 촉진하기 위한 도구로서 개발됨. 건축물 열섬현상에 의한 부하를 낮추고 여름철 열의 환경완화 대책에 대해 상세하게 평가</td></tr>
<tr><td>CASBEE-
도시개발</td><td>여러 건축물 등으로 구성된 시가지의 재개발사업과 단독주택 단지 등의 프로젝트를 평가하기 위한 도구, CASBEE-도시개발에서는 각 건축물의 환경성능은 평가하지 않으나, 대상이 되는 지구전체의 외부공간 환경성능이나 공공성에 관한 성능, 면적(面的) 에너지 도입에 의한 부하삭감 등 도시로서의 환경성능에 착안한 평가를 실시</td></tr>
</table>

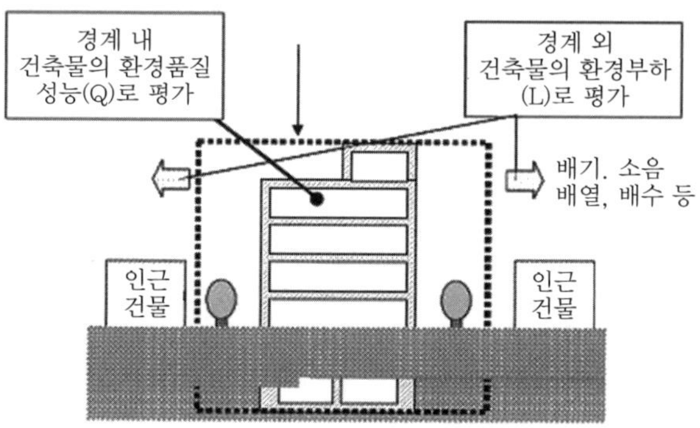

그림 12.6 가상 폐쇄공간의 개념

CASBEE에서는 평가항목을 검토함에 있어 가상 폐쇄공간[6]과 환경성능효율(Eco-Efficiency)이라는 개념을 도입하고, 가상경계를 초월하여 그 외부(공적 환경)에 미치는 환경영향의 부정적 측면을 L, 가상경계 내부에서 건물사용자의

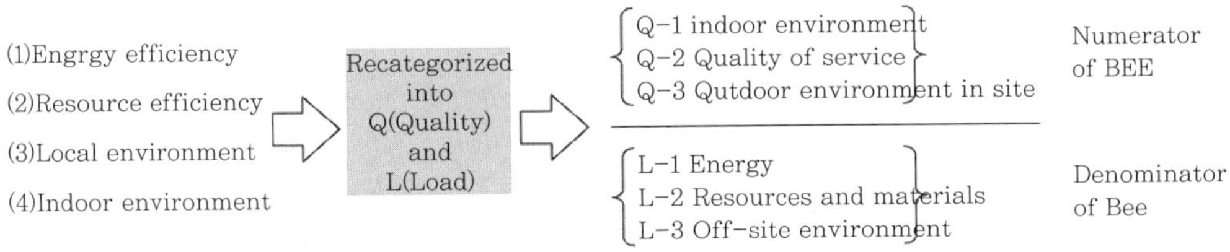

그림 12.7 BEE 계산을 위한 입력 변수

표 12.10 건축물의 환경품질 · 성능 Q의 평가항목

Q1. Indoor Environment	1. Sonic Environment	1.1 Noise
		1.2 Sound Insulation
		1.3 Sound Absorption
	2. Thermal Comfort	2.1 Room Temperature Control
		2.2 Humidity Control
		2.3 Type of Air conditioning System
	3. Lighting & Illumination	3.1 Daylighting
		3.2 Anti-glare Measures
		3.3 Illuminance Level
		3.4 Lighting Controllability
	4. Air Quality	4.1 Source Control
		4.2 Ventilation
		4.3 Operation Plan
Q2. Quality of service	1. Service Ability	1.1 Functionality&Usability
		1.2 Amenity
		1.3 Maintenance Management
	2. Durability & Reliability	2.1 Earthquake Resistance
		2.2 Service Life of Component
		2.4 Reliability
	3. Flexibility & Adaptability	3.1 Spatial Margin
		3.2 Floor Load Margin
		3.3 Adaptability of Facilities
Q3. Outdoor Environment on Site	1. Preservation & Creation of Biotope	-
	2. Townscape & Landscape	-
	3. Local Characteristics & Outdoor Amenity	3.1 Attention to Local Character & Improvement of Comfort
		3.2 Improvement of the Thermal Environment on Site

6) 가상 폐쇄공간은 부지경계를 건물의 상공과 지하까지 확장한 폐쇄계를 지칭함

생활 쾌적성 향상이라는 측면을 Q로 고려하게 된다.

Q측의 3가지 항목에는 표 12.10과 같이 Q-1 실내환경, Q-2 서비스 성능, Q-3 부지내 실외환경, L측의 3가지 항목에는 표 12-11과 같이 L-1 에너지, L-2 자원과 자재, L-3 부지 외 환경의 총 6가지 큰 항목으로 구성되며, 그 아래에 중 · 소 세부항목이 있어 해당 평가항목을 채점함으로써 종합평가가 이루어진다.

표 12.11 건축물의 환경부하 LR의 평가항목

LR1 Energy	1. Building Thermal Load	-
	2. Natural Energy Utilization	2.1 Direct Use of Natural Energy
		2.2 Converted Use of Renewable Energy
	3. Efficiency in Building Service System	3.1 HVAC System
		3.2 Ventilation System
		3.3 Lighting System
		3.4 Hot Water Supply System
		3.5 Elevators
		3.6 Equipments for Improving Energy Efficiency
	4. Efficient Operation	4.1 Monitoring
		4.2 Operation & Management System
LR2 Resources & Material	1. Water Resources	1.1 Water Saving
		1.2 Rainwater & Gray Water
	2. Reducing Usage of Non-renewable Resources	2.1 Reducing Usage of Materials
		2.2 Continuing Use of Existing Structural Skeletons etc.
		2.3 Use of Recycled Materials as Structural Frame Materials
		2.4 Use of Recycled Materials as Non-structural Materials
		2.5 Timber from Sustainable Forestry
		2.6 Efforts to Enhance the Reusability of Components and Materials
	3. Avoiding the Use of Materials with Pollutant Content	3.1 Use of Materials without Harmful Substances
		3.2 Avoidance of CFCs and Halons
LR3 Off-site Environment	1. Consideration of Global Warming	-
	2. Consideration of Local Environment	2.1 Air Pollution
		2.2 Heat Island Effect
		2.3 Load on Local Infrastructure
	3. Consideration of Surrounding Environment	3.1 Noise, Vibration & Odor
		3.2 Wind Damage & Sunlight Obstruction
		3.3 Light Pollution

평가항목 가운데 L은 LR(Load Reduction : 건축물의 환경부하 저감성)로서 채점하게 되는데, 이는 환경부하를 낮추기 위한 대응과 배려가 클수록 득점이 높아지도록 평가기준이 정해져 있기 때문이다.

이상의 Q와 L을 이용하여 건축물의 환경성능 효율성을 BEE(Building Environmental Efficiency) 지표를 이용하여 다음 식 12.1로 평가한다.[7)]

$$\text{건축물의 환경성능 효율}(BEE) = \frac{\text{건축물의 환경품질}\cdot\text{성능}(Q)}{\text{건축물의 환경부하}(L)} = \frac{25\times(SQ\text{-}1)}{25\times(5\text{-}SLR)} \quad \text{(식 12.1)}$$

여기서, 각 채점기준은 건축물의 용도마다 책정되어 있으며 각 항목은 1~5점의 5단계 평가로 채점한다. 3점 레벨은 일반적인 기술 · 사회 수준에 해당하는 레벨로서, 매우 표준적 건물인 경우에는 그림 12.8과 같이 전체 항목이 약 3점에 BEE=1.0에 가깝도록 만들어져 있다.

그림 12.8에서 BEE의 도표는 가로축에 L값, 세로축에 Q값을 그린 좌표로서 그려지며, 좌표를 그린 점과 원점을 연결한 직선기울기가 BEE의 값이 된다. 다시 말해 Q의 값이 크고(환경성능 · 품질이 우수함), L의 값이 작을수록(환경부

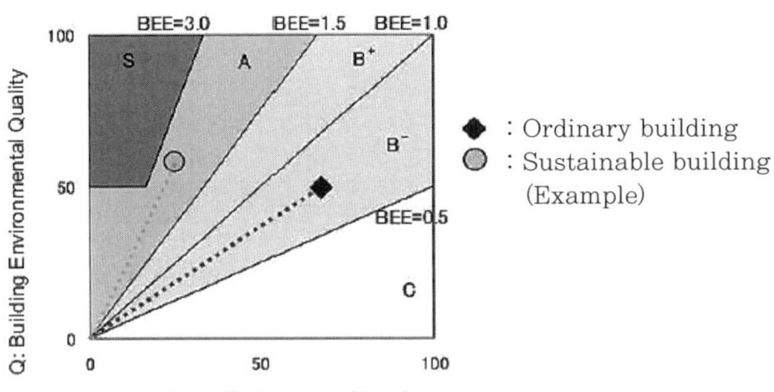

그림 12.8 BEE에 기초한 등급 및 환경라벨링

7) L은 building environmental load로 SLR은 L의 합계를 나타냄

하가 낮음) 경사가 커지며(BEE가 높아짐), 환경성능이 더욱 우수한 건축물로서 평가되는 것이다. 그리고 도표상에서는 BEE가 큰 순서대로 S급(Excellent, ★★★★★), A급(Very Good, ★★★★), B+급(Good, ★★★), B-급(Fairy Poor, ★★), C급(Poor, ★)의 5가지 등급으로 구분되어 대상 건물이 어느 정도의 환경성능에 있는지 한눈에 이해할 수 있도록 되어 있다.

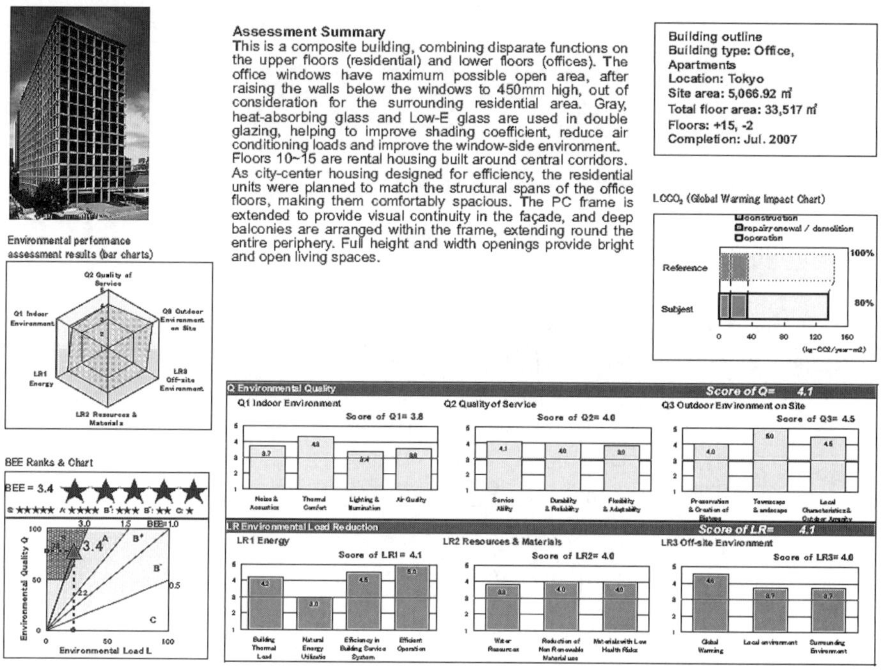

그림 12.9 BEE의 평가결과 시트 예(CASBEE-NC 2008)

12.3 우리나라의 친환경건축 성능평가 제도

국내에서도 친환경건축을 위한 다양한 제도가 마련되어 있다. 대표적인 관련 성능평가 제도로는 친환경건축물인증제도, 주택성능등급제도, 에너지효율등급제도 등이 있으며 이에 대한 내용을 소개하면 다음과 같다.

12.3.1 친환경건축물인증제도[8)]

국제사회에서 1992년 기후변화협약 체결 이후 CO_2 등 환경오염물질에 대한 규제의 움직임이 범지구적 차원에서 일어남에 따라 1999년부터 건설교통부(현, 국토해양부)와 환경부는 친환경건축물 인증과 관련한 제도를 표 12.12와 같이 각각 마련하여 시범적으로 운영해 오다가 유사한 제도가 중복되어 시행되는 경우 혼란이 발생할 수 있으므로 2001년 12월에 두 제도를 통합한 공통의 친환경건축물 인증평가 기준을 마련하게 되었고, 2002년 1월에 대한주택공사 주택도시연구원, 한국에너지기술연구원, 그리고 한국능률협회인증원(현재 큐레비즈큐엠)의 3개 기관을 인증기관으로 지정하여 친환경건축물(Green Building)인증제를 본격적으로 시행함으로써 환경과 건축의 조화, 즉 지속 가능한 건축(Sustainable Building)을 실현할 수 있는 기반을 구축하게 되었다.

표 12.12 에너지원별(1차 에너지) 소비현황

시행기관	인증제도의 원칙	시행기간	내 용
환경부	그린빌딩 시범인증	'99.10~'00.10	• 시범인증기관 : (주)능률협회인증원 · 대상 : 17개 공동주택
건설교통부	주거환경우수주택 시범인증	'00.04~'00.12	• 시범인증기관 : 대한주택공사 주택도시연구원 · 대상 : 8개 공동주택

현재 국내에서 시행중인 친환경건축물 인증제도는 2002년 공동주택의 주거용 건축물을 필두로, 2003년 주거복합건축물과 업무용 건물, 2005년 학교, 2006년 판매시설 및 숙박시설에 대한 기준이 표 12.13과 같이 수립되어 있으며, 앞으로는 리모델링 건축물까지 확대하여 시행할 계획에 있다.

인증을 위한 심사항목은 9개 부문(토지이용, 교통, 에너지, 재료 및 자원, 수자원, 환경/대기오염, 유지관리, 생태환경, 실내환경)에 대해 건물유형별로 19~25 범주, 34~45개의 평가항목[9)]으로 구성되어 있으며, 공동주택의 경우에는 표 12.15와 같이 9개 부문, 25개 범주, 44개의 평가항목 기준이 마련되어 시

8) huri.jugong.co.kr/ecohouse/ 참조
9) 평가항목은 평가항목과 가산항목으로 구분됨

행되고 있다. 배점은 65점 이상 85점 미만인 경우에는 우수 등급, 85점 이상인 경우에는 최우수 등급을 부여하고 있다.

표 12.13 우리나라의 친환경건축물 인증기준 개요

구분		주거용 (공동주택)	주거복합건축물 주거부분	주거복합건축물 주거 이외 부분	업무용	학교	판매시설	숙박시설
시행 공고일		2002.1.1	2003.1.1			2005.3.1	2006.9.1	
운영기관		국토해양부, 환경부						
인증기관		대한주택공사 주택도시연구원, 한국에너지기술연구원, 크레비즈큐엠						
항목수	부문	9 (토지이용, 교통, 에너지, 재료 및 자원, 수자원, 환경/대기오염, 유지관리, 생태환경, 실내환경)						
	범주	25	23	19	21	25	20	21
	평가항목	44	41	34	40	43	36	45
	평가항목 – 평가항목	31	31	25	28	34	30	33
	평가항목 – 가산항목	13	10	9	12	9	6	12
배점		136	128	115	136	124	119	133
	평가항목	100	100	89	100	100	100	100
	가산항목	36	28	26	36	24	19	33

표 12.14 인증등급별 점수기준

등급	심사점수	인증명판 예시
최우수	85점 이상	
우수	65점 이상	친환경건축물의 인증마크의 녹색은 태양과 꽃을 상징하는 이미지로 자연 생태계의 생명력을 표현하고 원모양의 청색은 지구의 영원한 환경친화적인 순환성을 의미하며 인간생활의 근본을 나타내며 건물은 환경친화적 건축물임을 나타냄.

표 12.15 공동주택 친환경건축물 인증심사기준의 평가기준 및 배점

부 문	범 주		평 가 항 목		구 분	배점
1. 토지이용	1.1	생태적 가치	1.1.1	기존대지의 생태학적 가치	평가항목	2
			1.1.2	기존 자연자원 보존율	가산항목	3
	1.2	토지이용	1.2.1	용적률	평가항목	6
			1.2.2	체계적 상위계획 수립 여부	가산항목	2
	1.3	인접대지 영향	1.3.1	일조권 간섭방지 대책의 타당성	가산항목	2
	1.4	거주환경의 조성	1.4.1	커뮤니티 센터 및 시설계획 여부	평가항목	3
			1.4.2	단지 내 보행자 전용도로 조성 여부	평가항목	3
			1.4.3	외부보행자 전용도로 네트워크 연계 여부	평가항목	1
2. 교통	2.1	교통부하 저감	2.1.1	대중교통에의 근접성	평가항목	2
			2.1.2	단지 내 자전거 보관소 및 자전거도로 설치 여부	평가항목	2
			2.1.3	초고속정보통신설비의 수준	가산항목	2
			2.1.4	도시중심 및 지역중심과 단지중심간의 거리	평가항목	2
3. 에너지	3.1	에너지소비	3.1.1	에너지 소비량	평가항목	12
	3.2	에너지절약	3.2.1	대체에너지 이용	가산항목	3
4. 재료 및 자원	4.1	자원 절약	4.1.1	라이프사이클 변화를 고려한 평면개발	평가항목	3
			4.1.2	환경친화적(공업화) 공법 및 신기술 적용	평가항목	3
	4.2	폐기물 최소화	4.2.1	생활용 가구재 사용억제 대책의 타당성	평가항목	1
	4.3	생활 폐기물 분리수거	4.3.1	재활용 생활폐기물 분리수거	평가항목	2
			4.3.2	음식물 쓰레기 저감	평가항목	2
	4.4	자원 재활용	4.4.1	유효자원 재활용을 위한 친환경인증제품 사용 여부	평가항목	3
			4.4.2	기존 건축물의 재사용(주요구조부)으로 재료 및 자원의 절약	가산항목	7
			4.4.3	기존 건축물을 재사용(비내력벽)하여 재료 및 자원의 낭비 절약	가산항목	2
5. 수자원	5.1	수순환체계 구축	5.1.1	우수부하 절감대책의 타당성	평가항목	3
	5.2	수자원 절약	5.2.1	생활용 상수 절감 대책의 타당성	평가항목	4
			5.2.2	우수이용	평가항목	2
			5.2.3	중수도 설치	가산항목	4
6. 환경오염	6.1	지구온난화 방지	6.1.1	이산화탄소 배출 저감	평가항목	3
7. 유지관리	7.1	체계적인 현장관리	7.1.1	환경을 고려한 현장관리계획의 합리성	가산항목	1
	7.2	효율적인 건물관리	7.2.1	운영/유지관리 문서 및 지침 제공의 타당성	평가항목	3
	7.3	효율적인 세대관리	7.3.1	사용자 매뉴얼 제공	평가항목	3
8. 생태환경	8.1	대지 내 녹지공간 조성	8.1.1	연계된 녹지축 조성	평가항목	2
			8.1.2	녹지공간율	평가항목	5
			8.1.3	생태환경을 고려한 인공환경녹화기법 적용 여부	평가항목	4
	8.2	생물서식공간 조성	8.2.1	수생비오톱 조성	평가항목	3
			8.2.2	육생비오톱 조성	평가항목	3
	8.3	자연자원의 활용	8.3.1	표토재활용율	가산항목	1
9. 실내환경	9.1	공기환경	9.1.1	각종 유해물질 저함유 자재의 사용	평가항목	6
			9.1.2	환기 설계의 정도	평가항목	3
	9.2	온열환경	9.2.1	각 실별 자동 온도 조절 장치 채택 여부	평가항목	2
	9.3	음환경	9.3.1	층간 경계 바닥 충격음 차단성능 수준	평가항목	4
			9.3.2	세대간 경계벽 차음성능 수준	평가항목	3
			9.3.3	단지 내 음환경	가산항목	3
	9.4	빛환경	9.4.1	세대 내 일조 확보율	가산항목	4
	9.5	노약자에 대한 배려	9.5.1	노약자, 장애자 배려의 타당성	가산항목	2

※(평가항목 점수합계 100, 가산항목 점수합계 36, 평가 및 가산항목 합계 136)

구 분	설계단계	사용승인
인 증		인증신청 ▼ 인증심사 ▼ 인증수여
예비인증부터 신청하는 경우	예비인증신청 ▼ 인증심사 ▼ 예비인증수여	인증전환신청 ▼ 인증심사 ▼ 인증수여
비 고	예비인증발급 - 분양광고에 활용 인증유효기관 - 사용승인까지	인증서 및 인증명판 발급- 건축물에 부착 인증유효기간 : 5년

그림 12.10 인증심사 절차

인증심사는 준공된 건축물을 대상으로 하는 본인증으로 하되 건축주가 희망하는 경우에는 설계단계에서 인증심사를 하고 예비인증을 수여한다.

친환경건축물인증제도는 제도 시행 초기에 법적 근거 미약으로 제도의 시행과 인센티브 제공 등에서 많은 어려움이 있었다. 2005년 11월에 건축법(제65조 친환경건축물의 인증)에 시행 근거를 마련하게 되었고, 이외에도 친환경건축물 설계기법 개발 · 보급, 친환경건축물 관련 산업의 육성 및 각 자치단체의 친환경건축물에 대한 인센티브 부여 방안 등을 통하여 친환경건축물은 더욱 확산 · 유도되고 있는 추세이다.

12.3.2 주택성능등급제도[10)]

「주택성능등급표시제도」는 주택법 개정(2005년 1월 8일)에 따라 2006년 1월 9일부터 주택의 주요성능을 등급화하여 주택소비자에게 정확한 정보를 제공하고 주택의 품질 향상을 유도하기 위해 시행되었다.[11)]

10) huri.jugong.co.kr/hpac/new/system01.html 참조

11) 관련 법 · 규정으로는 주택법 제21조의 2, 주택건설기준 등에 관한 규정, 주택성능등급 인정 및 관리기준, 주택품질 향상에 따른 가산비용 기준(국토해양부고시 제2008-78호) 등이 있음

공동주택 1,000세대 이상인 경우에는 의무적으로 성능등급을 인정받아야 하며, 입주자모집 공고시 표시하여야 한다. 심사 및 평가는 사업계획승인 설계도서에 따라 소음, 구조, 환경, 생활환경, 화재소방의 5개 부문에 대해 이루어지게 된다.

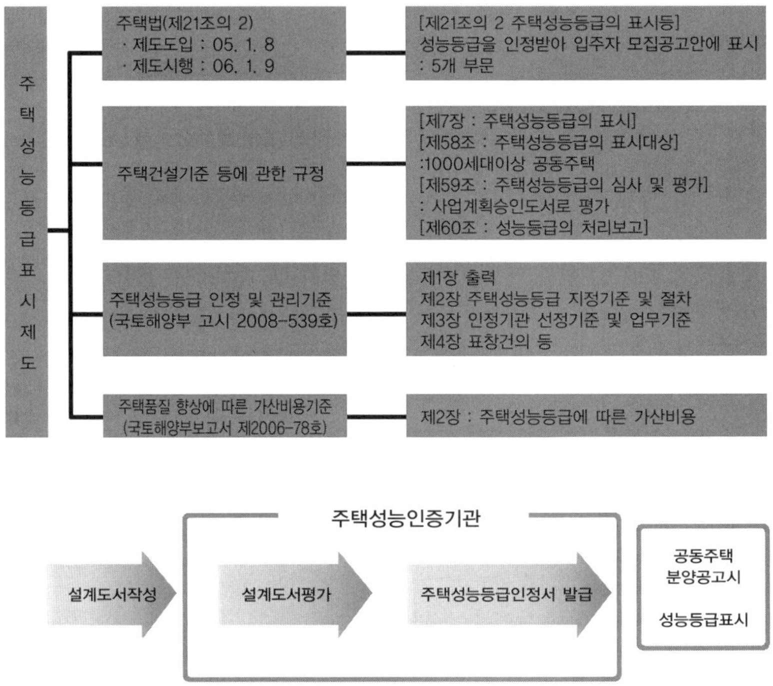

그림 12.11 주택성능등급제도의 관련 법 및 운영체계

여기서, 5개 부문은 표 12.16, 그림 12.12와 같이 14개 범주 20개 항목으로 세분되며, 각 항목별로 1급~4급으로 구분한 등급을 숫자로 표시하여, 1등급이 최상위 등급이고 3~4등급이 법적 기준을 만족시키는 최하위등급이 된다.[12)13)14)]

12) 국토해양부지정 주택성능등급 인정기관에는 한국건설기술연구원, 한국시설안전공단, 대한주택공사, 대한주택보증주식회사, 한국감정원이 있음

13) 주택을 분양하기 전에 사업인가된 설계도서를 대상으로 단지단위로 평가가 이루어짐

14) 성능등급평가지표의 등급은 최상위 등급과 최하위 등급 사이를 3개 등급 내지 4개 등급으로 구성, 최하위 등급의 기준은 법규가 있는 경우는 법규를 최하위 등급으로 설정하였고 법규에 규정되어 있지 않은 경우는 일반적으로 건설되고 있는 현재의 수준을 검토하여 최하위 등급으로 설정하고 있음, 등급의 표시방법은 1급을 최상위 등급으로 하고 숫자가 높을수록 상대적으로 낮은 등급을 표시함

표 12.16 주택성능등급의 성능평가 항목 및 내용

성능부문	성능범주	내 용	평가등급
소음관련 등급	경량충격음	바닥구조체를 통하여 아래층 세대로 전달되는 경량충격음의 차단성능을 확보하여 거주자에게 쾌적한 주거환경을 제공하기 위해 성능별로 평가	4개 등급
	중량충격음	바닥구조체를 통하여 아래층 세대로 전달되는 중량 충격음의 차단성능을 확보하여 거주자에게 쾌적한 주거환경을 제공하기 위해 성능별로 평가	4개 등급
	화장실 소음	화장실 급·배수 소음, AD(Air Duct)를 통한 상하 층간의 공기 전달소음에 대해 저감공법 채택을 유도하여 실내공간의 정온성을 확보하기 위해 채택한 저감공법의 점수를 합산하여 평가	4개 등급
	경계소음	쾌적한 거주공간 창출과 프라이버시 확보를 위해 세대간의 경계벽에 대한 차단능력(공기전달음에 대한 차단성능)을 경계벽의 두께나 차음구조 인정 시험 성적서를 바탕으로 평가	3개 등급
구조관련 등급	가변성	거주자의 공간가변 요구에 쉽게 대응할 수 있는 주거공간을 제공하기 위해 전용면적내 내벽력 및 기둥 길이 비율에 따라 평가	4개 등급
	수리용이성 (리모델링 및 유지관리) – 전용공간	공동주택 전용공간의 리모델링 및 유지관리 계획을 통하여 궁극적으로 장수명 주택을 구현하기 위한 전용공간내 내부 구성재의 점검, 수선 교환의 용이성을 평가	4개 등급
	수리용이성 (리모델링 및 유지관리) – 공용공간	공동주택 공용공간의 공동구와 배관·배선의 내구성, 유지보수 및 갱신성이 우수한 설비 계획수립을 통하여 장수명 공동주택 구현을 위한 설비, 배관의 유지관리 및 리모델링의 용이성에 따라 평가	4개 등급
	내구성	고내구성 계획을 통한 건축물의 수명연장 및 유지관리 비용절감을 위해 내용년수에 따라 평가	3개 등급
환경관련 등급	조경(외부환경) – 외부공간 및 건물외피의 생태적 기능	생태적 기능(자연순환 기능)의 정량적 평가를 통한 대상지 환경의 질적 수준 개선 및 도시생태문제의 근원적 해결 유도를 위하여 생태 면적률에 따라 평가	4개 등급
	조경(외부환경) – 자연토양 및 자연지반의 보전	생태적 기능(자연순환 기능)의 정량적 평가를 통한 대상지 환경의 질적 수준 개선 및 도시생태문제의 근원적 해결유도를 위하여 자연지반 녹지율에 따라 평가	4개 등급
	실내공기질 – 실내공기오염 물질 저방출 자재의 적용	포름알데히드 및 휘발성 유기화합물 저방출 자재의 적용으로 거주자의 쾌적한 실내환경을 유지하기 위하여 유해화학물질 저방출 자재 적용에 따라 평가	3개 등급
	실내공기질 – 단위세대의 환기성능 확보	실내공기환경을 적절한 수준으로 유지할 수 있는 환기성능의 확보를 위하여 환기량 및 환기설비의 설치 여부에 따라 평가	3개 등급
	일조(빛환경)	채광을 목적으로 한 창문의 면적 및 방위를 계산하고 그것을 통하여 외부 자연채광의 도입 가능성을 평가하여 건물의 채광효율을 높일 수 있도록 하기 위해 채광률에 따라 평가	4개 등급
	에너지 성능(열환경)	에너지 절약설계에 따른 난방에너지 절감효과에 대한 정보를 제공하여 난방비 절감을 유도하고 쾌적한 실내온열환경이 유지될 수 있도록 하기 위하여 에너지 절약계획서 산출점수와 건물 에너지 효율등급 인증기준에 따라 평가, 에너지 성능등급의 경우 300세대 이상인 경우 평가	4개 등급
생활환경 등급	놀이터 등 주민공동시설	어린이놀이터, 경로당, 영유아보육시설, 문고 등의 주민공동시설을 확보하고 거주자에게 넓은 면적의 공동시설을 제공하기 위하여 설치면적에 따라 평가	3개 등급
	고령자 등 사회적 약자 배려	고령자, 장애인 및 임산부 등 사회적 약자의 신체상 기능저하를 고려한 주호내부 및 주동내 공용공간에서 이동의 용이성 및 생활의 안정성 확보를 위하여 사회적 약자를 배려한 설계요소적용 채택 수에 따라 평가	3개 등급
화재·소방 등급	화재·소방	공용주택의 화재에 안전한 성능 확보를 위하여 화재감지 및 경보설비, 배연 및 피난설비, 내화성능에 대하여 각각 평가	3개 등급

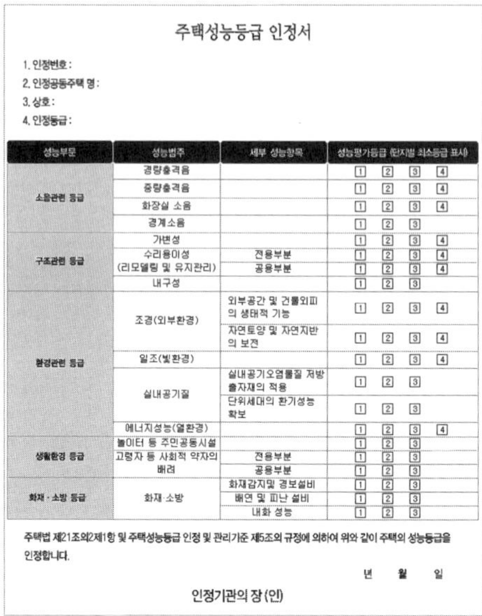

주택성능등급 인정서

1. 인정번호 :
2. 인정공동주택 명 :
3. 상호 :
4. 인정등급 :

성능부문	성능범주	세부 성능항목	성능평가등급 (단지별 최소등급 표시)
소음관련 등급	경량충격음		1 2 3 4
	중량충격음		1 2 3 4
	화장실 소음		1 2 3 4
	경계소음		1 2 3
구조관련 등급	가변성		1 2 3 4
	수리용이성 (리모델링 및 유지관리)	전용부분	1 2 3 4
		공용부분	1 2 3 4
	내구성		1 2 3
환경관련 등급	조경(외부환경)	외부공간 및 건물외피의 생태적 기능	1 2 3 4
		자연토양 및 자연지반의 보전	1 2 3 4
	일조(빛환경)		1 2 3 4
	실내공기질	실내공기오염물질 저방출자재의 적용	1 2 3
		단위세대의 환기성능 확보	1 2 3
	에너지성능(열환경)		1 2 3 4
생활환경 등급	놀이터 등 주민공동시설		1 2 3
	고령자 등 사회적 약자의 배려	전용부분	1 2 3
		공용부분	1 2 3
화재·소방 등급	화재·소방	화재감지및 경보설비	1 2 3
		배연 및 피난 설비	1 2 3
		내화 성능	1 2 3

주택법 제21조의2제1항 및 주택성능등급 인정 및 관리기준 제5조의 규정에 의하여 위와 같이 주택의 성능등급을 인정합니다.

년 월 일

인정기관의 장 (인)

그림 12.12 주택성능등급 인정서 예

주택성능등급을 실시하여 일정점수 이상이 되는 경우 기본형 건축비의 가산비용을 표 12.17과 같이 정할 수 있다.[15)]

표 12.17 주택성능등급 점수에 따른 기본형건축비 가산비용 기준

점 수	가산비율
95점 이상	4%
90점 이상	3%
85점 이상	2%
80점 이상	1%

12.3.3 건물에너지효율등급제도[16)]

해당 제품의 에너지소비효율 또는 에너지사용량에 따라 1~5등급으로 구분하여 표시토록 함으로써(1등급 제품은 5등급보다 30~40% 에너지가 절감) 소비자들이 효율이 높은 에너지절약형 제품을 손쉽게 판단하여 구입할 수 있도록 하는 에너지소비효율등급 표시제도와 같이, 건물 부문에서도 합리적인 에너지 절약을 위해 건물에서 사용되는 에너지에 대한 정확한 정보를 제공하여 에너지

15) 「공동주택분양가격의 산정 등에 관한 규칙」 제14조 별표 1 제3호 및 주택품질 향상에 따른 가산비용 기준 제7조의 규정에 의함

16) www.kemco.or.kr/building/v2/ 참조

절약 기술에 대한 투자 유도 및 인식 제고와 동시에 편안하고 쾌적한 실내환경을 제공하기 위해 건물에너지효율등급 인증제도를 2001년도부터 도입하여 실시하고 있다.[17]

그림 12.13 에너지소비효율 등급과 건물에너지효율 등급

본 제도는 18세대 이상의 신축공동주택(주상복합건물도 가능함)에 대하여 건설사업주체에 의한 자발적 신청에 의해 인증하는 제도로써 건축허가 및 시공단계에서 설계도서로 평가되는 예비인증과 건물 준공단계에서 최종설계도서 및 현장실사로 이루어지는 본인증으로 구분되며, 인증등급은 표준주택 대비 총 에너지절감률에 따라 표 12.18과 같이 3개의 등급으로 이루어지며,[18] 건물에너지효율등급 가운데 1등급 또는 2등급의 예비인증을 받은 건물은 전용면적(m^2)당 1등급은 20만 원 이내, 2등급은 15만 원 이내로 지원할 수 있도록 되어 있다.

평가방법으로는 신청주택의 각 세대 및 단위공동주택별 에너지소요량과 표준주택[19]에 대한 에너지소요량을 산출하고, 이에 대한 총 에너지절감률로서 평

표 12.18 건물에너지효율등급에 따른 절감률

등 급	1등급	2등급	3등급
총 에너지절감률(표준주택 대비)	33.5%	23.5~33.5%	13.5~23.5%

17) 관련법으로는 건물에너지효율등급 인증에 관한 규정(지식경제부 고시 제2008-14호), 에너지이용합리화사업을 위한 자금 지원지침(산업자원부 공고 제2008-19호), 건물에너지효율등급 인증제도 운영규정 등이 있음
18) 신청건물의 에너지효율 평가기관에는 현재 한국에너지기술연구원과 한국건설기술연구원, 에너지관리공단이 있음
19) 표준주택(reference building)은 신청주택의 에너지절감률을 평가하기 위해 기준이 되는 가상의 주택으로서, 현재 가장 많이 설계되고 있는 일반적인 건물 수준을 의미함

가하여 이루어진다. 이 제도는 현재 2008년 3월 기준 155개 공동주택단지, 92,000여 세대가 공동주택 인증을 취득함으로써 건물에너지절감 및 지구온난화에 대응하는 제도로 자리 잡아 가고 있다.

$$\text{단위세대의 에너지절감률(\%)} = \frac{\text{표준주택의 단위세대 난방에너지} - \text{신청주택의 단위세대 난방에너지}}{\text{표준주택의 단위세대 난방에너지소요량}} \times 100$$
$$+ \text{ 단위세대의 가산항목에 해당하는 절감률}$$

⬇

$$\text{단위공동주택의 에너지절감률(\%)} = \frac{\Sigma(\text{단위세대의 에너지절감률 단위세대의 전용면적})}{\text{단위공동주택의 총 전용면적}}$$
$$+ \text{ 단위 공동주택의 가산항목에 해당하는 절감률}$$

⬇

$$\text{총 에너지절감률(\%)} = \frac{\Sigma(\text{단위공동주택의 에너지절감률 단위공동주택의 총 전용면적})}{\text{신청주택의 총 전용면적}}$$

⬇

신청주택의 총 에너지절감률에 해당하는 인증등급 부여

그림 12.14 건물에너지효율등급의 에너지절감률 산출 과정

표 12.19 단위세대의 가산항목 및 절감률

가산항목 (단위세대)	절감률
• 공동주택 각 세대의 현관에 방풍실 설치	0.25%
• 폐열회수형 환기장치	0.25%
• 각 실별 또는 존별 실내온도 자동조절 장치 설치(전용면적 60㎡ 이하인 경우는 1개 이상, 전용면적 60㎡ 초과시는 2개 이상, 전용면적 85㎡ 초과시는 3개 이상 적용)	0.75%
• 거실의 주콘센트가 사용이 편리한 위치에서 전원 차단이 가능하도록 점멸회로가 구성되어 있는 경우 또는 기타 에너지절약의 인증제품 설치(고효율기자재, 전력신기술제품 등)	0.25%
계	1.50%

표 12.20 단위공동주택의 가산항목 및 절감률

항 목	(a)	비율 (b)				절감률 (a×b)
		1.0	0.8	0.6	0.4	
1. 외단열공법의 채택(전체 외벽면적에 대한 시공비율, 옥상부위 및 바닥부위의 외단열은 해당되지 않음)	1.50	45% 이상	40% 이상~ 45% 미만	35% 이상~ 40% 미만	30% 이상~ 35% 미만	
2. 대향동의 높이에 대한 인동간격비	0.25	1.20 이상	1.15 이상~ 1.20 미만	1.10 이상~ 1.15 미만	1.05 이상~ 1.10 미만	
3. 외기에 면한 주동 출입구에 방풍실을 설치하거나 방풍구조로 함	0.25	적용 여부				
4. 냉온수 순환, 급수 및 급탕펌프의 평균효율(%)	0.75	1.16E 이상	1.12E 이상~ 1.16E 미만	1.08E 이상~ 1.12E 미만	1.04E 이상~ 1.08E 미만	
5. 기기, 배관 및 덕트 단열	0.50	건축기계설비 표준시방서에서 정하는 기준의 20% 이상 단열재 적용 여부				
6. 열원설비의 대수분할, 비례 제어 또는 다단제어 운전	0.50	적용 여부				
7. 보일러 또는 공조기의 폐열회수설비	0.50	적용 여부				
8. 생활배수의 폐열회수설비	0.25	적용 여부				
9. 급탕용 설비의 태양열시스템(급탕부하의 20% 이상)	0.25	적용 여부				
10. 지열을 이용하거나 지역냉난방 또는 도시가스 냉난방의 시스템 설치	0.25	적용 여부				
11. 난방 또는 냉난방순환수 펌프의 대수제어 또는 가변속제어 등 에너지절약적 제어방식 채택	0.50	적용 여부				
12. 지하주차장 환기용 팬에 에너지절약적 제어방식 설비	0.25	적용 여부				
13. 컴퓨터 이용 자동제어 시스템 또는 네트워킹·인터넷을 이용한 자동제어 시스템 설치	0.25	적용 여부				
14. 고효율 유도전동기(전동력 시설용량에 대한 적용 비율, %)	0.25	80 이상	70~80 미만	60~70 미만	50~60 미만	
15. 간선의 전압 강하 (%)	0.25	3.5 미만	3.5~4.0 미만	4.0~5.0 미만	5.0~6.0 미만	
16. 변압기를 대수 제어가 가능하도록 뱅크 구성	0.25	적용 여부				
17. 수전전압 25kV 이하의 수전설비에 직접 강압방식	0.50	적용 여부				
18. 최대 수요전력 관리를 위한 최대 수요전력 제어설비	0.25	적용 여부				
19. 수변전설비의 자동제어 설비 채택	0.25	적용 여부				
20. 옥외등은 고휘도 방전램프(HID램프)를 사용하고 격등조명과 자동점멸기에 의한 점소등이 가능하도록 구성	0.25	적용 여부				
21. 승강기 구동용 전동기의 에너지절약적 제어방식 채택	0.50	적용 여부				
22. 급수용 펌프 또는 가압급수펌프 전동기에 가변속 제어 등 에너지절약적 제어방식 채택	0.25	적용 여부				
23. 역률개선용 콘덴서를 집합 설치할 경우 역률 자동조절장치를 채택	0.25	적용 여부				
24. 공동주택의 지하주차장에 300㎡ 이내마다 2㎡ 이상의 채광용 개구부를 설치하며 (지하 2층 이하 제외), 조명시설은 주위의 밝기에 따라 전등군별로 자동점멸 또는 스케줄 제어가 가능하도록 하여 조명전력을 감소	0.25	적용 여부				
25. 분산 제어 시스템으로써 각 설비별 에너지 제어시스템에 개방형 통신기술을 채택하여 설비별 제어 시스템간 에너지관리 데이터 호환과 집중제어가 가능한 시스템	0.25	적용 여부				
합 계	9.50					

참고문헌

1) Sophia and Stefan Behling, Sol Power, Prestel, 1996.
2) www.breeam.org
3) www.usgbc.org
4) www.ibec.or.jp/CASBEE
5) 신인중, 일본의 친환경건축물 평가시스템의 소개, 설비/공조 · 냉동 · 위생, 설비한국설비기술협회, 2004.11
6) huri.jugong.co.kr/ecohouse/
7) huri.jugong.co.kr/hpac/new/system01.html
8) www.kemco.or.kr/building/v2/

ㅊ

ㅋ

ㅌ

ㅍ

ㅎ

기 타

친환경건축의 이해

2009년 9월 5일 1판 1쇄 인쇄
2022년 7월 15일 1판 5쇄 발행

저 자 대한건축학회 부산 · 울산 · 경남지회
발 행 인 강 해 작
발 행 처 도서출판 기 문 당
주 소 서울시 성동구 무학봉28길 4-1
전 화 02) 2295-6171(代)~5
팩 스 02) 2296-8188
출판등록 1976. 10. 7(1-44)
홈페이지 www.kimoondang.com
I S B N 978-89-6225-172-2 93540